海洋文明研究

itime Civilizations Research

（第八辑）

苏智良　主编

薛理禹　郑宁　执行主编

中西書局

图书在版编目(CIP)数据

海洋文明研究. 第八辑 / 苏智良主编；薛理禹，郑宁执行主编. — 上海：中西书局，2023
ISBN 978-7-5475-2155-7

Ⅰ. ①海… Ⅱ.①苏… ②薛… ③郑… Ⅲ. ①海洋-文化史-研究-中国 Ⅳ. ①P7-092

中国国家版本馆 CIP 数据核字(2023)第 154197 号

海洋文明研究(第八辑)

苏智良 主编　　薛理禹　郑宁 执行主编

责任编辑 伍珺涵
装帧设计 黄　骏
责任印制 朱人杰
出版发行 上海世纪出版集团
中西書局(www.zxpress.com.cn)
地　　址 上海市闵行区号景路 159 弄 B 座(邮政编码：201101)
印　　刷 上海肖华印务有限公司
开　　本 787 毫米×1092 毫米　1/16
印　　张 15.75
字　　数 383 000
版　　次 2023 年 10 月第 1 版　2023 年 10 月第 1 次印刷
书　　号 ISBN 978-7-5475-2155-7/P・012
定　　价 68.00 元

目　　录

由航海回归政化：从燕肃《海潮论》看宋代海洋知识的“边缘性”和“地方性” …… 张　健 1

元代西方旅行家有关刺桐(泉州)记录中的文本与历史问题 …… 张平凤　杨晓春 10

晚清面向海洋文明的读本：《瀛环志略》所呈现的世界 …… 邹振环 22

晚清域外游记的多维知识重构——以张德彝“八《述奇》”为例 …… 关书朋　张　强 49

近代上海《地图三字经》与海内外文化交流 …… 周运中 62

舟山外销瓷研究——以宋代古港为中心 …… 陈彩波　颜意笑　潘　玮　贝武权 70

椒香鼓帆越洋行——明代中国与葡萄牙胡椒贸易刍述 …… 金国平 86

明末辽东战事中军粮的海运研究 …… 王露芒 99

乾嘉道年间的吕宋—澳门、广州大米贸易与粤海关的政策演变 …… 朱思成 110

近代中国的日本煤进口与浙江煤号 …… 张　珺 129

浚源疏流：江南在乡士绅的近代化尝试——以民国十五年开浚金山县沈泾河为例 …… 陈　吉　包振欣 144

近代“闯金山”与“珠三角”的社会变迁——以华侨银信为中心的研究 …… 蒙启宙 161

阳澄湖大闸蟹与近代上海文化——以《申报》为基础的考察研究 …… 陈　晔　宁　波 176

中华人民共和国成立初期国家水产经营体制的建立——以浙江为例 …… 叶君剑 183

“入唐”抑或“渡韩”：丰臣秀吉“侵略朝鲜”的战略目标及其重塑东亚秩序构想的溃败 …… 王煜焜 195

1590 年朝鲜赴日使行与丰臣秀吉国书“真相” …… 王鑫磊 215

回顾与展望：清代前中期江南海洋经济研究综述 …… 陆勤洋 231

由航海回归政化：从燕肃《海潮论》看宋代海洋知识的“边缘性”和“地方性”

张　健*

摘　要： 20世纪以来，世界各国学者在科学技术史的范畴中对燕肃的《海潮论》进行了持续、精彩的探讨，其早期研究所关注的问题及诠释的视角与近期的情形有着明显的差别。早期的研究一般聚焦于航海技术和“科学精神”相关的议题，并以此形塑了其后读者对该文的总体印象。自20世纪下半叶以来，学者在探讨燕肃《海潮论》的过程中则更注意本土文化的思想脉络以及宋代行政的制度环境。由此，不仅航海技术这一主题逐渐淡出了学者的视野，早期研究中“经验主义”的认识论以及“海洋”与“陆地”二元对立等设想也受到了挑战。以这一转变为契机，本文试图继续发掘燕肃《海潮论》在科学史上的意义，并以收录该文的笔记和方志为切入点，尝试在这两个具体的语境中考察宋代“海洋知识”的一些特征。在笔记这一语境中，无论是姚宽的“以理存文”，还是王明清的“以人系事”，都显示了以“海潮之说”为代表的海洋知识在宋代学术文化中的边缘地位。而在嘉泰《会稽志》等志书中，燕肃及其《海潮论》则与政治紧密关联，该文不但是宋代地方治理活动的结果，更是进一步移风易俗的线索。在方志的语境中，燕肃的《海潮论》为天子在东南沿海行政、立教的合“理”性提供了佐证，为“地方”作为一种行政的空间尺度提供了依据。因此，以“海潮之说”为代表的海洋知识在宋代又有着鲜明的“地方性”。

关键词： 海洋知识　地方治理　书写　方志　笔记

引　言

北宋文臣燕肃的《海潮论》是中国科技史上的一份重要文献。20世纪以来，张荫麟和李约瑟等学者以西方近现代科技史上的“经验主义”(empiricism)为准绳，介绍并称赞了燕肃在解释潮汐现象时的实证方法和科学精神。原本在宋代学术史上鲜为人知的燕肃，也因此在科技史学者之间得到了广泛而持续的关注。在简要回顾前人的贡献之后，本文试图在《海潮论》所处的具体语境之中解读燕肃这篇文章，旨在以该文所处的“知识文化”(knowledge culture)为参照，探

* 张健，美国密歇根大学历史系博士研究生。

讨它如何体现了宋代士人对海洋的认知的“边缘性”(marginality)和“地方性”(locality)。① 基于这些初步的观察,本文最后在宋代思想文化的范畴进一步推断,指出《海潮论》在诸笔记和方志之间的流转体现了宋代文化生产更深层次的变动,尤其是士人地方视野形成,以及其中知识、政治与社会的纠葛。

一、燕肃《海潮论》的科技史研究

《海潮论》(又称《潮论》《潮候论》)是燕肃于天圣年间(1023—1032)所作的一篇解释海潮现象的论文。② 作者在文章开头首先简要地回顾了既有的海潮诸说,指出它们拘泥于自己有关宇宙论的成见之中,尤其忽视观测的重要性。在介绍了自己以刻漏观察潮汐的方法之后,为了解释他所观测到的结果,燕肃运用“天地元气”和“阴阳消长”等原理,概述了海潮现象与日、月、地相对位置变易的关系并估算了潮水进退的大致规律。在文章的后半部分,燕肃还阐述了浙江潮水的“涨怒之理”,认为江口巨滩的存在导致涨潮时“浊浪堆滞,后水益来”,这才产生了潮水“起而为涛”的现象。

在现代学术史上,燕肃以及《海潮论》所受到的关注主要来自科技史研究,尤其是在航海技术史这一方向上。早在20世纪初,翟理斯博士(Herbert Giles,1845—1935)便在整理中国历史上罗盘的相关史料时,提及了《宋史·舆服志》中有关燕肃“指南车”的记载。③ 在一篇发表于1941年的文章中,张荫麟先生(1905—1942)则考述了燕肃的主要著作和生平事迹,其中就包括对《海潮论》的点校和导论。在赞扬这篇文章以“实证之方法”探究海潮运动规律的同时,张荫麟还称其为“科学史上为创举”。④ 在1971年出版的《中国科学技术史》第三分册《土木工程与海航技术》中,李约瑟博士(1900—1995)在比较中欧航海技术中的“海图志”(rutters)时提及了燕肃的这篇文章并以此佐证航海技术的传承在宋代已经具备了优越的条件。⑤ 然而,这种对于航海技术的专注中却隐藏着现代思想史中海洋想象的一种倾向,即将海洋当作一片广阔无垠、连通各大陆的“平原”,而是否通航则主要取决于各个文明在科学和技术方面的成就。⑥

---

① 本文最初提交至由上海师范大学都市文化研究中心和上海师范大学历史系主办的第八届“海洋文明”学术研讨会“海洋文明与三角洲社会变迁”,特此感谢延安大学杨绍固教授对拙文的评议以及上海师范大学薛理禹教授的支持。

② 燕肃生平事迹及《海潮论》版本相关问题,参见张荫麟《燕肃著作事迹考》,《国立浙江大学文学院集刊》第1集,1941年6月;转引自[美]陈润成、李欣荣编《张荫麟全集》,清华大学出版社,2013年,第1809—1817页。

③ Herbert Allen Giles, *Adversaria Sinica*. Shanghai: Kelly & Walsh, 1909, pp.219-222;以及慕阿德(A. C. Moule, 1873—1957)对其翻译的纠正,参见 A. C. Moule, “The Chinese South-Pointing Carriage”, *T'oung Pao* 23, no.2/3 (1924): 83-98。

④ [美]陈润成、李欣荣编:《张荫麟全集》,第1811页。

⑤ Joseph Needham, with the collaboration of Wang Ling and Lu Gwei-Djen, *Science and Civilisation in China* vol.4 *Physics and Physical Technology*, part 3 “Civil Engineering and Nautics”, Cambridge University Press, 1971, 584.

⑥ Steinberg, Philip E. *The Social Construction of the Ocean*, Cambridge, New York: Cambridge University Press, 2001.在20世纪下半叶以来的世界史书中,以“交通”为基点的海洋想象也是主流。参见钱乘旦《评麦克尼尔〈世界史〉》,《世界历史》2008年第2期;姜凤龙《海洋史与世界史认知体系》,《海交史研究》2010年第2期,第25—33页。“海洋交通”这一主题在现代学术史中的崛起,可以大致归因于19世纪以来经济活动和政治权力在海域的持续拓展和制度化实践。21世纪以来,海洋史理论研究已从思想学术史的角度对该论述倾向进行了多方位的阐释。见张小敏《中国海洋史研究的发展及趋势》,《史学月刊》2021年第6期,第127—128页。

20世纪80年代以来，海内外学者对燕肃《海潮论》的讨论逐渐突破航海技术史研究的范畴，愈发注重在宋代的历史脉络中理解该文的意义。这一发展首先表现在对相关史料本身的叙事方式和阐释原则的重视，尤其是在学者对燕肃文臣身份的充分考量方面。此前，在评价"科学家群体"(scientists)在中国历史上的社会地位时，李约瑟虽然将燕肃视为"达·芬奇似的人物"，却抱怨"他的大部分时间都耗费在了地方官的职务上"，而且从未在技术性的部门任职。① 将20世纪知识生产的主流范式当作一种普世的标准，以此来衡量宋代的知识文化的价值，这一做法自然有待商榷。除却主宰20世纪史学书写的"欧洲中心论"，李约瑟的评断还透露了一种"厚今薄古"的倾向，因此割裂了燕肃文臣身份与其创作《海潮论》的紧密关联，这种态度无益于学者以宋代特有的知识文化来解读该文章。相较而言，张荫麟对燕肃科学成就的评价虽然参照了孔德的知识与社会发展"三段论"(神学阶段—形上学阶段—实证阶段)，却并没有忽视燕肃的士人身份及其生活时代的学术文化，从而正面考虑了燕肃的仕途在他"格物"与"创物"成就中的作用。②

近世学者在考察燕肃及其科技成就时，对"科学家"这一身份的认知则更为宽泛和灵活，且更主动地将燕肃置于宋代特定的社会、制度、经济环境之中。在评述《海潮论》时，王锦光更是考虑了燕肃自己在文中所陈述的写作缘起：

> 燕肃曾在廉州、广州、惠州、潮州、越州、明州等滨海地区为官，他利用这些机会，对海潮进行实地的科学观察，作出系统的记录，为期十年之久，积累大量资料，用心分析，写成文章，并描绘图画，刻于石碑，使之广泛传播。这种实事求是的科学态度，追求真理锲而不舍的精神，值得敬佩与学习。③

据此，"为官"与"科学观察"两者之间不仅没有不可逾越的鸿沟，前者还为后者创造了诸如生活、地点、工具和资料等方面的有利条件。诚然，科学技术发展和进步的宏大叙事依旧主导着科学史的书写，但这并没有妨碍本世纪的学者以"经世济民"的理念来认识《海潮论》，没能阻止他们将视线从航海技术逐渐转向"沿海人民的生产、生活"。④

以上论著虽然沿袭了早期研究中的一些观点，但由于对历史、文化语境的留心，它们不但增进了我们对《海潮论》的理解，还开阔了《海潮论》研究的视阈。就史学史的角度来看，以上成果不仅有助于反思西欧近现代"科学革命"的历史叙事，更是间接参与了海洋史学者对以现代海洋霸权为基调的"文明形态论"的挑战。正如薛凤教授在《工开万物：17世纪中国的知识与技术》中所言："近年来科学史分析上的一个重大进展，便是去揭示某些能够影响科学与技术知识产生的非结构化的'文化性'和'历史性'因素。"⑤而与这一进展不谋而合的是中国海洋史研究中的

---

① Joseph Needham, "Poverties and Triumphs of the Chinese Scientific Tradition", in Crombie, A. C., ed. *Scientific Change; Historical Studies in the Intellectual, Social, and Technical Conditions for Scientific Discovery and Technical Invention, from Antiquity to the Present*, London: Heinesvann, 1963, p.130.

② [美]陈润成、李欣荣编：《张荫麟全集》，第1811页。

③ 王锦光：《宋代科学家燕肃》，《杭州大学学报》1979年第3期，第35页。

④ 白欣、李莉娜、贾小勇：《官员科学家燕肃》，《西南交通大学学报(社会科学版)》2005年第6期，第76页。

⑤ 有关避免将"科学""技术"等排他性的概念奉为圭臬的呼吁，参见Dagmar Schäfer, *The Crafting of the 10 000 Things*, University of Chicago Press, 2011, pp.4-5；中译本有薛凤《工开万物：17世纪中国的知识与技术》，江苏人民出版社，2015年。

一个重大课题,即在中国史"错综复杂的历史场景"中修正和重构"海洋文明"这一极具先验性的概念。① 为了进一步增进我们对《海潮论》的理解,为了充分阐发《海潮论》研究的史学史意义,本文主张在解读该文时参考思想史学者对不同时期学术文化的把握,并借鉴文化史学者对具体文本中语言与书写问题的关注。② 用王翠博士的话说,研究《海潮论》的学者必须"将其放在中国古代传统科技思想体系中进行论述,这样才能更准确地彰显其历史本色与学术价值"③。

二、《海潮论》的历史语境之一:"博闻广识"的笔记

宋代抄录燕肃《海潮论》的笔记和方志构成了理解该文最直接的历史语境,包括姚宽《西溪丛语》(1162年之前)、王明清《挥麈录》(1166年)、咸淳《临安志》(1169年)、嘉泰《会稽志》(1201年)和宝庆《四明志》(1228年)五书。根据前人考察甄别,该文大致首先由姚宽(1105—1162)将从会稽所得的石碑抄录入"会稽论海潮碑"条,经王明清(约1127—约1202)转钞、考证并确定作者身份,再被分别收入《临安志》等方志。④ 但《会稽志》与《四明志》收录该文时并未注明出处,且《西溪丛语》《四明志》《临安志》相较《会稽志》《挥麈录》,收录更为完整,由此或另有流传途径,但未可知其详情。不过,这并不妨碍我们了解燕肃《海潮论》在笔记和方志这两种语境中的意涵。

《西溪丛语》和《挥麈录》中收录的《海潮论》不仅体现了姚宽和王明清两位作者"博闻广识"的学术志趣,也暗示了海潮之说在宋代学术体系中缺乏明确的分类以及特定的传承,不得"人守其学,学守其书,书守其类",无法"人有存殁而学不息,世有变故而书不亡"。⑤ 这也解释了为何姚宽在抄录该文之前会有以下观察:

> 旧于会稽得一石碑,论海潮依附阴阳时刻,极有理。不知其谁氏,复恐遗失,故载之。⑥

在这段文字中,记录者构想了一次从得石碑到读碑文,到赞文义,到思作者,再到恐遗失的经历。不过,这种混杂着惊喜与不安的读碑始末并非简单的陈述而已,文中所谈的端由其实为姚宽下笔抄录这篇名不见经传却令人耳目一新的文章提供了依据。在理学渐盛的宋代,"有理"这一标准看似平淡无奇,在笔记的语境中,这两个字却轻描淡写地为记录"见闻之知"这类"小道"提供了充分的依凭,大有将该文合"理"化的意思。可是,即便姚宽的做法能够体现一种在日常生活

---

① 苏智良、李玉铭:《从海洋寻找历史:中国海洋文明研究新思维——评〈中国海洋文明专题研究〉》,《中国社会经济史研究》2017年第1期;杨国桢:《中华海洋文明论发凡》,《中国高校社会科学》2013年第4期。

② 在新近的一篇文章中,冯瑞教授则从文化史的视角探讨了《岭表录异》中所呈现的"海岸意识"(coastal awareness),认为这类"基于地方的描写"丰富了中国文学传统以及历史书写的模式,值得在认识论层面进一步探讨。Linda Rui Feng, "Producing Knowledge of the Sea Coast: Marine Life and a Tang Geographical Miscellany of Lingnan", *East Asian Science, Technology, and Medicine* 54, no. 2 (October 27, 2022): 268 - 303.

③ 王翠:《〈慈溪县志·潮候论〉考补》,《上海地方志》2016年第4期,第43页。

④ [美]陈润成、李欣荣编:《张荫麟全集》,第1809—1810页;王翠:《〈慈溪县志·潮候论〉考补》,《上海地方志》2016年第4期,第39—41页。

⑤ 郑樵:《通志》,中华书局,1987年,第831页。

⑥ 姚宽撰、汤勤福等点校:《西溪丛语》卷上,《全宋笔记》第4编第3册,大象出版社,2008年,第5—6页。

中检讨学术遗产和文化规范的态度，对《海潮论》的内容，他除了一句概括性的“论海潮依附阴阳时刻”，并没有留下任何评述。换言之，在《西溪丛语》之中，作为一种“可观之辞”“学问之知”，《海潮论》在当时思想体系中的位置是模糊不清的，而其对于认识“圣人之道”和“万物纲纪”的价值则大致只是一种有待后人探究的可能性。① 此外，从宋代商业出版和图书文化的角度观察，《西溪丛语》驳杂的内容也反映了一个兴趣多元的读者群体，以及他们置身于圣贤经传与日常生活之间的旨趣，无论是否与学术有关。②

在《挥麈录》的“姚令威得会稽石碑，论海潮依附阴阳时刻”条之中，王明清则向我们展示了一种在宋代思想文化中更为常见的情况，即利用笔记进行考证。③ 其中，在记忆先友之余，王明清称赞了姚宽在《西溪丛语》中“考古今事”的努力，并在抄录《海潮论》后，增加了自己检索文献、查明作者身份的成果：

> 令威以该洽闻于时，恨不能知其人。（明清）心谓必机博之人。后以《真宗实录》考之，大中祥符九年以燕肃为广东提点刑狱，遂取《两朝史·燕公传》观之，果尝自知越州移明州。卷末又云：尝著《海潮论》《海潮图》，并行于世，则知为燕无疑。④

与姚宽类似，王明清并没有对《海潮论》的内容作出任何具体的分析，仅一句“宜哉”略表推崇之意，在抄录《海潮论》时甚至省略或遗漏了其中一段关键文字。除了彰显自己“知言”的才智和考证的功力，王明清还呼应了《王知府自跋》中有关其父王雪溪辑《国朝史述》的故事：

> 丘明、子长、班、范、陈寿之书，不经它手，故议论归一。自唐太宗修《晋书》，置局设官，虽房玄龄、褚遂良受诏，而许敬宗、李义府之徒厕迹其间，文字交错，约史自此失矣。刘煦之《唐书》，薛居正之《五代史》，号为二氏，而职长监修，未始措辞。嘉祐重命大儒再新《唐史》，欧阳文忠、宋景文各析纪传，故《直笔》《纠缪》之书出。国朝《三朝史》，为大典之冠，而进呈于天圣垂帘之际，名臣大节，无所叙录居多，或有一事，见之数传，褒贬异同。自建隆抵于元符，信史屡更，先人于是《七朝国史》述焉，直欲追仿迁、固，铺张扬厉，为无穷之观。虽前日宗工笔削，不敢更易，但益以遗落，损其重复。如一姓父子兄弟附于本传之次，增以宗室、宰执、世系与夫陟黜岁月三表，如《唐书》之制。绍兴戊午中，执法常公闻其事，诏奉祠中，视史官之秩，尚方给札。奏御及半，而一秦专柄，不尽以所著达于乙览，独存副本私室。先人弃世，野史之禁兴，告讦之风炽，荐绅重足而立。明清兄弟，居蓬衣白，亡所掩匿，手泽不复敢留，悉化为烟雾。又十五年，巨援没而公道开，再命会稽官以物办访遗书于家，但记忆残缺，以补册府之阙而已，故旧文居多。此举盖自先祖早授学于六一翁之门，命意奉于六一，其后先人承之。故先人迁官制云：“汝好古博雅，自其先世。属词比事，度越辈流。”痛哉斯文，虽不传于后代，而王言可训于万世也。明清弱龄过庭，前言往行，探寻旧事，晁夕剽聆，多历年

---

① 关于笔记对思想史研究的价值，参见 Peter K. Bol, “A Literati Miscellany and Sung Intellectual History: The Case of Chang Lei's ‘Ming-Tao Tsa-Chih’”, *Journal of Song-Yuan Studies*, No.25 (1995): 121-151。

② Cong Ellen Zhang, “To Be ‘Erudite in Miscellaneous Knowledge’: A Study of Song (960-1279) ‘Biji’ Writing”, *Asia Major* 25, no.2 (2012): 43-77.因此，关注航海的读者自然有可能经由笔记发现《海潮论》并考虑它对海上航行的用处，但这只是一种猜测。

③ 刘叶秋：《历代笔记概述》，北京出版社，2003 年，第 4—5、95—132 页。

④ 王明清撰、燕永成点校：《挥麈前录》卷上，《全宋笔记》第 6 编第 1 册，大象出版社，2013 年，第 50 页。

所。忧苦摧挫,万事瓦解,不自意全,莫能髣钤,以续先志。乾道之初,窃业祠之禄,偏奉山阴,亲朋相过,抵掌剧谈,偶及昔闻,间有可记,随即考而笔之,曰《挥麈录》。①

此处王明清以古今史学的嬗变为切入点,详细阐述了在这个议论不一、“约史”已失的时代,“探寻旧事”“随即考而笔之”的做法有着“补册府之阙”的重要作用,可以让后人有机会重新认识那些曾经饱受争议的人物和故事,尤其是在涉及一些自己“无所叙录”而又毁誉参半的“名臣大节”的时候。王明清对《海潮论》的考证,以及对其作者为“机博之人”的论断,因此也具有“以人系事”的纪传特色。在《自跋》的后半部分,王明清进一步说明了他对笔记文体的评价,强调在这“信史屡更”的世态之中,基于交游和见闻的手录、笔识能够为学者在经典文化模范的缝隙中发掘一种不拘一格而又有利于学人明事理、辨美恶的著述模式,甚至开辟一个博闻广识、安身立命的场域:

嗟夫!师友之沦没,言犹在耳,孰令听之邪?投老残年,感叹之余,姑以胸中所存识左方。后之揽者,亦将太息于斯作。②

总而言之,就笔记语境中的《海潮论》而言,无论是姚宽的“以理存文”,还是王明清的“以人系事”,都揭示了以“海潮之说”为代表的海洋知识在宋代学术文化中的边缘地位,其生产与发展的前提是士人对“万物之理”的探究。然而,这并不是说笔记这类著述不适合“专门之学”的发展,恰恰相反,宋代士人手自笔录的做法常常伴随着对既有知识门类的调整、改造和补充,更是促进了在更广泛的思想文化领域引出“类例之法”等原则性问题。③ 就《海潮论》而言,这一发展可以说在以上宋代笔记中已然有迹可循,在后世的笔记中则更为显著。比如,在明代郎瑛(1487—1566)的《七修类稿》中就有《潮汐》一目,其中收录了包括《海潮论》在内的四篇相关文章。④

三、《海潮论》的历史语境之二:“有以自观”的方志

以上基于《西溪丛语》和《挥麈录》的观察一定程度上也适用于收录燕肃《海潮论》的几部方志,特别是将该文置于《杂记》之下的嘉泰《会稽志》(1201 年)。该志的编者不仅没有将《海潮论》置于正篇的条目之中,而且把它排除在为“山川土宇,志载之所不及”的内容而设的卷十八《拾遗》之外。由此可见,其收录原则与笔记类似,均是关注一些难以分类的事物。只不过,方志的编者试图广载备书的是“一郡之事”,并非一般意义上的闻见之知,而是与地方治理有关联的文献。⑤ 这一点在编者抄录《海潮论》之后的短评之中也有所体现:

---

① 王明清撰、燕永成点校:《挥麈前录》卷上,《全宋笔记》第 6 编第 1 册,第 53—54 页。

② 同上,第 54—55 页。

③ 宋人有关“类例之法”的论述,参见郑樵《通志》,中华书局,1987 年,第 831 页。宋代笔记、文集和方志中海洋书写的变化,参见黄纯艳《中国古代官方海洋知识的生成与书写——以唐宋为中心》,《学术月刊》2018 年第 1 期,第 178—184 页。有关笔记“边缘性”在学术活动中的积极作用,参见 Christian de Pee, “Notebooks (*Biji*) and Shifting Boundaries of Knowledge in Eleventh Century China”, *The Medieval Globe* 3, no.1 (January 1, 2017): 146 - 156。

④ 郎瑛:《七修类稿》卷一,上海书店出版社,2009 年,第 10—13 页。

⑤ 仓修良:《方志学通论》,华东师范大学出版社,2014 年,第 9—26、207—219 页。

燕公以大中祥符九年为广东提点刑狱，又尝知越州、移明州，故能考论其详如此。有《海潮图》亦其所作。①

《会稽志》的编者在篇首提到了燕肃曾充馆职，官至龙图阁直学士，此处更是尊称燕肃为“燕公”，以其在相关地区的为官经历来解释《海潮论》对海潮现象的洞见。与笔记中不同，《会稽志》的编者们关注的不是这篇文章是否有理，也不是其作者见闻广博与否，而是燕肃及其《海潮论》与地方治理的交集。因此，要考察方志语境中的《海潮论》，知识与政治、教化的关联便成了一个切入点。

在咸淳《临安志》(1268 年)中，《海潮论》被收录在卷三一《山川十》之中，具体位于子目一《江》之下的“浙江”条之下。在对“浙江”进行了一番考证之后，编者观察的焦点转移到了对潮汐现象的解释：

《吴越春秋·夫差内传》载：吴王赐伍子胥死，乃取其尸，盛以鸱夷之革，浮之江中。子胥因随流扬波，依潮来往，荡激堤岸。又《越王外传》：越王赐大夫种死，葬于西山之下。一年，伍子胥从海上穿山胁而持种去，与之俱浮于海。故前潮水审候者，伍子胥也。后重水者，大夫种也。其说荒诞无稽辩论见《祠祀》门忠清庙。诸家所论，惟姚宽《西溪残语》及徐明叔传《高丽录》有可载者。②

附于这段文字之后的便是《西溪残语》和《高丽录》中对应的条目和论述。这两篇论海潮的文章从而与《吴越春秋》中的虚妄且没有根据的解释形成对比，彰显了对“天人之际”的恪守以及对“事物之理”这一认识原则的推崇。此外，这两篇海潮之说虽然有着相似的基本原理，两者对潮水进退与天地运动的基本关系却有着迥然不同的解释。前者认为“大率元气嘘吸，天随气而涨敛，溟渤往来，潮顺天而进退”，而后者预设“天包水，水承地，而一元之气升降于大空之中，地乘水力以自持”。可见，这段文字的追求不在所谓的唯一之“真理”。之所以两说并存，应是认为它们各有其理，都可以揭露旧说的荒诞。此外，它们对《吴越春秋》中的否定还有着明确的政治和教化意义，这一点在文末尤为显著：

每仲秋既望，潮怒特甚，杭人执旗泅水上以迓子胥弄潮之戏，盖始于此，往往有沉没者。治平中郡守蔡端明作《戒弄潮文》斗牛之分，吴越之中，唯江涛之最雄，乘秋风而益怒，乃其俗习于此观游。厥有善泅之徒，竞作弄潮之戏，以父母所生之遗体，投鱼龙不测之深渊。自为矜夸，时或沈溺，精魄永沦于泉下，妻孥望哭于水滨。生也有涯，盍终于天命，死而不吊，重弃于人伦。推子不忍之心，伸尔无穷之戒。所有今年观潮，并依常例，其军人、百姓辄敢弄潮，必行科罚；熙宁中，两浙察访使李承之奏请禁止，然终不能遏也。③

与此前谈及的嘉泰《会稽志》中的情况类似，咸淳《临安志》的编者在此处也关注了与地方治理有关的人物和故事。燕肃的文章所揭示的潮水进退的规律有助于官员们在祭祀活动之外审视海潮现象，进而将其纳入人事和政务的范畴。因此，就沿海地区治理而言，《海潮论》的价值并不局限于对潮水涨退的把握以及对其次生灾害的预防，通过引述该文，《临安志》不但为移风易俗的

---

① 施宿：嘉泰《会稽志》卷一九《杂纪》，《宋元方志丛刊》第 7 册，中华书局，1990 年，第 7065 页。

② 潜说友：咸淳《临安志》卷三一《山川十》，《宋元方志丛刊》第 4 册，第 3642 页。

③ 同上，第 3644 页。

实践提供了具体的指导,还说明了在该地区行政和立教的合"理"性。①

燕肃《海潮论》在方志语境中的政治和教化意义在宝庆《四明志》(1227年)中有着更全面的展现。在卷四《叙水》门之首的条目"水"中,编者写道:"海环府境,东北迤于南,潮入城之东北,各有喉。"并以《海潮论》抄录其后。② 这里凸显的是潮水进退对整个区域的影响,尤其是潮水对明州治所的威胁。下文在罗列潮候之后,编者又逐一介绍了慈溪江、奉化江、日月二湖等重要水体并谈及水面"随潮上下"的情况。处于慈溪江和奉化江交汇入海处的庆元府所面临的水患不仅包括潮水"淫潦泛溢"城内的情况,还包括对城内居民生活、生产持久的影响。在叙述日月二湖时,宝庆《四明志》的编者特别强调了它们作为蓄水池的功能,指出了通过建造它山堰引四明山脉雨水入城对民众日常生活的决定性作用:

> 盖四明山之旁众山萃焉,雨盛则涧壑交会,出为漫流;无以潴之,其涸可立而待。非特民渴于饮,而江纳海潮,以之灌溉田皆斥卤,耕稼废矣。③

该条以下更是逐一追溯了唐代以降地方守令造堰挖渠的故事。由此可见,在宝庆《四明志》中,燕肃《海潮论》对潮水进退的解释成了在浙东地区行政立教的基本前提。

确实,《海潮论》之于地方治理的主要意义并不在于为具体的治理行为提供参考,而在于从理论上构建了一种能够规范地方治理的体制。④ 以宋代的人事制度为例,对海潮之理的把握,能够在某种程度上消除由官员异地任职和频繁流动给地方治理所带来的诸多不确定。因此,这一人事制度下的守令能够在明州"适其俗,修其理"便有了一定的理论依据,而非没有逻辑或是某种武断的安排。这也是方志编纂"以地系事"的宗旨,在《四明志序》中,罗濬便提到:

> 窃尝谓:道地图以诏地事,道方志以诏观事,古人所甚重也。图志之不详,在郡国且无以自观,而何有于诏王哉。欲知政化之先后,必观学校之废兴;欲知用度之赢缩,必观财货之源流;观风俗之盛衰,则思谨身率先;观山川之流峙,则思为民兴利。事事观之,事事有益,所谓不出户而知天下者也。⑤

不同于笔记语境中的《海潮论》所呈现出的"海潮之说"在宋代学术体系中的边缘性,以上结合三部方志的解读则表明了宋代海洋知识生产的地方性。无论是因为燕肃曾宦游东南沿海诸地,还是由于《海潮论》的内容所涉及的区域,都使得《海潮论》更可能为东南地区的方志所收录。结合宝庆《四明志》其他条目,我们也可以发现这一特征。根据《境土》门的内容,海面的距离变得可以测量,并以特有的"潮"为单位。另外,在《风俗》门中,编者介绍了"濒海多飓风"的情况,提醒"济之以雨,尤为可畏,禾已花实而值之,则阖境绝惠,俗之所当备也"。最后,在《学校》这一

---

① 还体现在"浙江"条下文字中详细列出的潮候和捍卫海塘的措施及人物故事,以及《山川》门的其余条目,本文从略。

② 胡榘:宝庆《四明志》卷四《叙水》,《宋元方志丛刊》第5册,第5033页。

③ 同上,第5034页。

④ 唐晓峰:《从混沌到秩序:中国上古地理思想史述论》第12章《王朝地理之学》,第286—311页。这点在欧美学者修正宋代方志发展的"地方化"论述中也有所体现,参见 Fan Lin, "The Local in the Imperial Vision: Landscape, Topography, and Geography in Southern Song Map Guides and Gazetteers", *Cross-Currents: East Asian History and Culture Review*, no.23 (2017): 10-39。

⑤ 胡榘:宝庆《四明志·序》,《宋元方志丛刊》第5册,第4989页。

门之中论及钱粮时，编者又提到“濒海细民”聚集于沙岸以渔为业给地方治理所带来的困境。

结　语

通过回顾燕肃《海潮论》的科技史研究，本文发现20世纪下半叶以来的相关著述逐渐淡化了早期研究中对航海技术的专注，开始着重在宋代的政治、经济和思想环境中解读该文，挑战了传统科学史研究中以“经验主义”为中心，忽视学术、思想活动的历史性的倾向。结合海洋史研究者对“海洋文明”内涵的探索，本文将《海潮论》置于笔记和方志这两个语境中，审视了在以儒家经典（及其阐释）为主导的知识文化中，宋代士人如何为燕肃的《海潮论》这篇学术价值不明的作品觅得些许容身之地。无论是姚宽的“以理存文”，还是王明清的“以人系事”，笔记语境中的《海潮论》显示了以“海潮之说”为代表的海洋知识在宋代学术文化中的边缘地位，其学术前提是士人对“万物之理”的求索和对“教化之源”的探究。宋代笔记中的海洋知识生产因此体现了一种对既有学术价值及其规范的充实、延伸和重构，也造就了诸如“潮汐”等以海洋为认识主体的知识门类的发展。

在三部宋代方志中，燕肃《海潮论》则表现了当时学术文化中有关东南沿海“地理”的认识，以及海潮运动如何在地方这一空间尺度上形塑了以政化为基本价值的地理知识。不过有别于一般意义上的“在地性”，宋代海洋知识生产的“地方性”形成的土壤是以州县为枢纽的（行政）地理格局。除了考虑横向的区域划分之外，我们还需要理解纵向的、以礼制为原则的世界秩序。毕竟方志在宋代的勃兴并非空穴来风，而是王政视野的拓展和衍生。罗濬《四明志》序中的“有以自观”正是这一历史进程中的一个印记。如果说宋代海洋活动的增多有利于海洋知识的增加，那么以方志为典型的地方著述则为丰富当时海洋知识提供了又一有利条件。海洋不再仅仅存在于官方祭祀和宏观的世界想象之中，在地方官员对政务进行考察并付诸文书的同时，海洋变得具体而复杂，与探索教化之原委的学术抱负产生了密切的关联。我们甚至可以推论，在政府的常规职责由京畿之地拓展到天下州县的宋代，一种以政化为宗旨的地方视野正在形成，也正是通过这一视野，燕肃《海潮论》为天子在东南地区行政立教提供了理论前提，其中对海潮运动的理性解释更是直接形塑了相关州县的施政纲领和议程。

基于以上有关燕肃《海潮论》的初步观察，这里就海洋知识的历史研究谈谈笔者在写作过程中的两点反思。其一，在树立“海洋本位”的历史研究取向的同时，需避免放大“海洋”与“大陆”之间的区隔以至于从观念上限缩中国海洋史书写的广阔天地，避免忽视或扭曲陆地活动在其中的角色与价值。毕竟“海陆二元对立”是20世纪文明形态论的理论前提，其在海洋史书写中的先验性需要持续地进行反思，海陆分界这一基本空间意识本身的历史性也值得关注。其二，在认识到海洋史与历史研究其他领域的交叉性之后，应考虑存在于各领域之间的张力以及随之而来的挑战，进而以史料为出发点，让这种创造性的张力启发自己主动检讨常识中的海洋，引导自己的思绪回归具体的语境，以探求当代人对海洋的感知、意象和认识。

元代西方旅行家有关刺桐（泉州）记录中的文本与历史问题*

张平凤　杨晓春**

摘　要：元代著名的西方旅行家马可·波罗、鄂多立克和伊本·拔图塔①的行记中都记载了刺桐（写作 Caiton、Zayton 等）即泉州的情况，展示了泉州与大都、杭州并列为当时中国三大城市的情形。他们的记载揭示了元代泉州的一些基本的特征，如世界知名的海港，大量海外商品的汇聚地，海外商品由此转运中国各地，本地亦是物产丰富，有着众多的寺院，生活着基督教徒、穆斯林以及大量的偶像教徒（佛教徒），等等，这总体上是符合历史实情的。不过不同的记录各有侧重，有的细节需要辩证对待，需要参酌中国史料进行解读。值得注意的是，可以确定来到泉州的鄂多立克的记载，恰恰是不涉及泉州作为东方大港这一基本特征的。

关键词：刺桐（泉州）　马可·波罗（Marco Polo）　鄂多立克（Odoric da Pordenone）　伊本·拔图塔（Ibn Baṭṭūṭa）

引　言

早在中古时代，泉州就已经是一个出洋的重要港口，然而相比于广州、扬州，泉州还是不太受关注。到了宋代，伴随着海外交通的大幅提升，泉州成为市舶司的驻地，并且驾广州而上之。而到了元代，泉州更是绽放异彩，一跃成为东方第一大港。

元代泉州相较宋代泉州的一个巨大不同，在于泉州不但吸引了大量的商人，更是成为世界旅行家的重要记述对象。当时的世界旅行家称泉州为 Caiton、Çaiton、Zayton、Zaitūn 等，学界普遍认为该名就来自“刺桐”——泉州当地的一种开红花的树。② 盛开的刺桐花热烈奔放，早已引

---

* 本文受中央高校基本科研业务费专项资金资助（Supported by the Fundamental Research Funds for the Central Universities）（项目编号：14370403）。

** 张平凤，南京博物院副研究馆员。
杨晓春，南京大学历史学院教授。

① 现在一般译为伊本·白图泰。

② 关于西方所称“刺桐”一名的讨论，包括相关的学术史，可以参考 Paul Pelliot, *Notes on Marco Polo*, Vol. Ⅰ, “Çaiton”, Paris: Imprimerie Nationale, 1959, pp.583 - 597。

起诗人的注意,是泉州的地物标志。唐代诗人陈陶《泉州刺桐花咏兼呈赵使君》其中一首云:"猗猗小艳夹通衢,晴日熏风笑越姝。只是红芳移不得,刺桐屏障满中都。"北宋诗人丁谓《咏泉州刺桐》云:"闻得乡人说刺桐,叶先花发始年丰。我今到此忧民切,只爱青青不爱红。"南宋初年进士王十朋任泉州知州,作《刺桐花》云:"初见枝头万绿浓,忽惊火伞欲烧空。花先花后年俱熟,莫遣时人不爱红。"都点明了刺桐花的红色。

刺桐城与汗八里(大都)、行在(杭州)一道,成为元代中国城市乃至最东方城市的代表。从此,"刺桐"一名漂洋过海,从旧大陆的最东端传到了旧大陆的最西端,一直到近代甚至当代仍不时被人提起,"刺桐"一名也当仁不让成了泉州的国际名片。

统一中国南方之后,元朝的对外活动也顺势在海上展开,已经相当发达的海外贸易和海外关系也就更加繁荣起来。甚至,旧大陆西端的人士也往往借助海上丝绸之路来到泉州,络绎不绝。其中,不乏世界旅行家的身影。同时,旧大陆最东端的知识也开始系统而又准确地传播到西方,前所未有。应该不是巧合,蒙元时代最为知名的三位世界旅行家——马可·波罗(Marco Polo)、鄂多立克(Odoric da Pordenone)和伊本·拔图塔(Ibn Baṭṭūṭa)的旅行记中,都写到了泉州。《马可波罗行记》记马可·波罗从刺桐乘船离华,《伊本·拔图塔游记》记伊本·拔图塔乘船由刺桐登岸,正是刺桐(泉州)作为东方第一大港的地位的体现。

他们三位的旅行记,是历史,是文学,更是传奇,他们对于刺桐(泉州),最不缺乏的就是惊奇与赞叹。或许,我们可以追逐700年前西方旅行家的目光,重温700年前旅行记的只言片语,遐想700年前泉州的城市风貌。当然,这些数百年前的记录是否可靠,也有待检验,需要批判接受。

一、《马可波罗行记》

意大利威尼斯人马可·波罗(1254—1324)出生于一个经商的家族。1271年,马可·波罗随他父亲和叔叔从陆路来中国,1275年到达上都。留居中国17年之后,1291年,从泉州搭船回国,于1295年回到威尼斯。1296年,马可·波罗在威尼斯海战中被俘,他在狱中向同狱的小说家鲁思梯切诺(Rusticiano)口授他的东方见闻,由后者笔录成书,这就是知名的《马可波罗行记》。①

《马可波罗行记》有专门一章——第156章"刺桐城":

> 离福州后,渡一河,在一甚美之地骑行五日,则抵刺桐(Caiton)城,城甚广大,隶属福州。此城臣属大汗。居民使用纸币而为偶像教徒。应知刺桐港即在此城,印度一切船舶运载香料及其他一切贵重货物咸莅此港。是亦为一切蛮子商人常至之港,由是商货宝石珍珠输入之多竟至不可思议,然后由此港转贩蛮子境内。我敢言亚历山大(Alexandrie)或他港

① 以上叙述,参考韩儒林主编《中国大百科全书·中国历史·元史》"马可波罗"条(黄时鉴撰),中国大百科全书出版社,1985年,第62—64页。有关马可·波罗生平,特别是其行记的详细论述,可以参看 Arthur C. Moule and Paul Pelliot trans., *Marco Polo, The Description of the World*, Vol. Ⅰ, "The Introduction", London: George Routledge & Sons Limited, 1938, pp.15-55。

运载胡椒一船赴诸基督教国,乃至此剌桐港者,则有船舶百余,所以大汗在此港征收税课,为额极巨。

凡输入之商货,包括宝石珍珠及细货在内,大汗课额十分取一,胡椒值百取四十四,沉香檀香及其他粗货,值百取五十。

此处一切生活必须之食粮皆甚丰饶。……①

以上所引是冯承钧先生的汉译本,出自沙海昂(Antoine Henry Joseph Charignon)法文新本,沙海昂本则出自《马可波罗行记》重要的旧本之一颇节(Pauthier)本(老法文)。穆阿德和伯希和的英译和合本,以法国巴黎国立图书馆藏 fr. 1116 号抄本(被认为最接近原稿)为底本并以正体字表示,而将其他各种抄本中的异文用斜体字表示,并在书边一一注明其来源,所以内容要比冯译本多出不少,不过主要的内容是一致的。② 和合本底本之外的版本内容相较冯译本多出的具体内容,最主要的是记载称进入剌桐港的是一条大河,河上有五座非常美丽的桥,其中一座居然有三英里长。③ 伯希和在《马可·波罗注》中还对所谓五座桥的问题有所讨论,说其中一座一定是顺济桥,有三英里长的是洛阳桥(又称万安桥)。④ 具体内容方面还值得一说的差异,则均体现在和合本的底本与冯译本的不同,主要有:1. 冯译本称印度来此的船只携带的主要商品是香料,和合本称携带的商品是宝石和珍珠;2. 和合本增加了"剌桐港是大多数商品都会运去的世界两港之一(this is one of the two ports in the world where most merchandise comes)"这一句描述文字;3. 冯译本称宝石珍珠和细货征十分之一的税,沉香檀香及其他粗货征 50%的税,和合本称细货(small goods)征 30%的税,芦荟木、檀香和其他香料及粗货(lign aloe and sandalwood and of other spices and large goods)征 40%的税。

上引可见马可·波罗形容剌桐城甚大,并且说应知道剌桐港就在此处。其中的描述,几乎全部是关于剌桐作为商港的细节。马可·波罗所谓的"蛮子"即中国南方,上述文字将泉州是海外货物在中国的集散地的特征一下子勾勒了出来。另外,则强调了泉州是大汗征税的要地。确实,元朝在泉州设有市舶司管理海外贸易。抽税的具体标准,《元史·食货志》"市舶"有比较详细的记载:"元自世祖定江南,凡邻海诸郡与蕃国往还互易舶货者,其货以十分取一,粗者十五分取一,以市舶官主之。"⑤"十分取一"是相对于粗货而言的,即细货,与《马可波罗行记》中的记载完全可以对应。至元十四年(1277),泉州设置市舶司,是元朝各地设市舶司最早的一处。其职能是"每岁招集舶商,于蕃邦博易珠翠香货等物。及次年回帆,依例抽解,然后听其货卖"⑥。《元史·食货志》"市舶"又记至元二十九年(1292)规定,在泉州已经抽分(实物商税,按比例抽取,即前述十分取一或十五分取一)的商品到有市舶司的地方再出卖,"细色于二十五分之中取一,粗色于三十分之中取一";至元三十年(1293)还规定,泉州"又取三十分之一以为税"。⑦ 看起来,对外国商品的抽税比例还一直在增加。相较《元史》的记载,《马可波罗行记》关于粗货税

① [法]沙海昂注、冯承钧译:《马可波罗行记》,商务印书馆,2012 年,第 341 页。
② Arthur C. Moule and Paul Pelliot trans., *Marco Polo, The Description of the World*, Vol. Ⅰ, pp.350 - 352.
③ Ibid., p.352.
④ Paul Pelliot, *Notes on Marco Polo*, Vol. Ⅰ, "Çaiton", p.597.
⑤ 《元史》卷九四《食货志二》,中华书局,第 2401 页。
⑥ 同上,第 2401 页。
⑦ 同上,第 2402 页。

率的记载显得太高了。

《马可波罗行记》还有一些地方零星提到刺桐,比较重要的是在有关福州的一章中记载了刺桐作为海港的情况。冯译本此处信息相对比较简单,故据和合本翻译如下(原书斜体仍用斜体表示):

> 我要告诉你,*福州*(*Fugiu*)城靠近刺桐港(port of Çaiton)*有六天的路程*,*这个刺桐港*靠近大洋海(the Ocean sea),许多印度(Indie)的船携带大量商品来到这里。①

此处的信息,和前引刺桐专章中的记载是可以对应的。

关于马可·波罗与泉州的因缘,特别值得一说的是,泉州还是马可·波罗离华时所经的港口。《马可波罗行记》记马可·波罗从泉州离华时搭乘的是前往伊利汗国的船舶。第一位伊利汗旭烈兀与元朝大汗忽必烈都是成吉思汗第四子拖雷的儿子,并且旭烈兀在忽必烈争夺帝位的时候还支持过忽必烈,所以伊利汗国与元朝关系特别密切。旭烈兀的孙子伊利汗阿鲁浑(Argon)因他的妻子死了,便派遣了三位使者 Oulatai、Apousca、Coji 到元朝,请忽必烈大汗赐予他一位和他的亡妻同族的女子为妻,忽必烈同意了这一请求,于是有了护送阔阔真(Cocachin)公主嫁往伊利汗国的船舶从泉州启航。抗战时期,杨志玖先生在收集元代回回人的资料的过程中,发现《永乐大典》所引《经世大典·站赤门》中的一段至元二十七年(1290)八月十七日的公文,记录了阿鲁浑汗的三位使者兀鲁斛、阿必失呵、火者取道马八儿(印度东南海岸)回国,他敏锐地发现这三人就是《马可波罗行记》中记载的三人,认为除非亲历其事,不然马可·波罗不可能那么准确地知道阿鲁浑的三位使者的名字,从而有效地讨论了马可·波罗是否到过中国的问题,并且进一步推断马可·波罗离华的时间为前述公文发布的次年,即 1291 年。②

二、《鄂多立克东游录》

鄂多立克(1265—1331)出生于意大利东北部靠近波代诺内(Pordenone)的一个村庄,是一名方济各会(Franciscan Order)修士。他生活的时代比马可·波罗稍晚一些,他从海路到达中国,大约 1322—1328 年间在中国旅行,此后从陆路返回。③《鄂多立克东游录》在西方影响广泛,仅次于《马可波罗行记》。

《鄂多立克东游录》有关刺桐的记载如下:

> 离开该地,经过很多城市和村镇,我来到一个叫做刺桐(ZAYTON)的著名城市,吾人小级僧侣在该地有两所房屋,我把为信仰耶稣基督而殉教的僧侣的骨骸寄放在那里。

---

① Arthur C. Moule and Paul Pelliot trans., *Marco Polo*, *The Description of the World*, Vol. Ⅰ, p.349.

② 杨志玖:《关于马可波罗离华的一段汉文记载》,《东方杂志》1941 年第 1 卷第 12 期;收入杨志玖《元史三论》,人民出版社,1985 年,第 89—96 页。

③ 有关鄂多立克的生平,可以参看 Henry Yule and Henri Cordier, *Cathay and the Way Thither*, Vol. Ⅱ, London: The Hakluyt Society, 1913, pp.3-13; L. Bressan, "Odoric of Pordenone (1265-1331), His Vision of China and South-East Asia and His Contribution to Relations between Asia and Europe", *Journal of the Malaysian Branch of the Royal Asiatic Society*, Vol.70, No.2 (273), 1997: 8-9。

> 此城中有大量各种生活必需品。例如,你用不着花到半个银币便能买到三磅八盎司的糖。该城有波洛纳(Bologna)的两倍大,其中有很多善男信女的寺院,他们都是偶像崇拜者。我在那里访问的一所寺院有三千和尚和一万二千尊偶像。其中一尊偶像,看来较其他的为小,大如圣克里斯多芬像。我在供奉偶像的时刻到那儿去,好亲眼看看;其方式是这样:所有供食的盘碟都冒热气,以致蒸气上升到偶像的脸上,而他们认为这是偶像的食品。但所有别的东西他们留给自己并且狼吞虎咽掉。在这样做后,他们认为已很好地供养了他们的神。
>
> 该地系世上最好的地方之一,就其对人之生活所需说亦如此。关于该地确实有很多别的事要讲,但目前我不再谈了。①

上引为何高济先生的汉文译文,系据玉尔(Henry Yule)的名著 *Cathay and the Way Thither* 所载的英文译本②转译,不过玉尔原书有很多翔实的注释(修订本则又增加高第的注释),基本上都被略掉了。汉译本中的"小级僧侣"系 friars minor 的对译,方济各创立修会的时候,从未考虑要建立一个庞大的组织,自称 friars minor(直译为小修士),鄂多立克是方济各会的修士,故而以此自称。"大如圣克里斯多芬像",原文作"as big as St. Christopher",汉译本中的"像"不够准确,可以删除。

鄂多立克称刺桐是一座著名的城市,是世上最好的地方,有大量的生活必需品且价格便宜,但是并未提到刺桐是世界知名的重要的海港。

鄂多立克着意记述的是刺桐有大量寺院,他访问过其中一座大的寺院,有三千和尚和一万两千尊偶像,看来是一座佛寺,也许就是泉州最为著名的佛寺——开元寺。唐宋以来,泉州佛教发达,寺院众多,有"泉南佛国"之誉。唐宋时期,泉州南安九日山、晋江石佛岩等处有"泉南佛国"榜书摩崖石刻,其中石佛岩摩崖出自南宋泉州知州王十朋之手。③ 及至元代,元末为官泉州的畏兀尔人偰玉立在南安九日山有"泉南佛国"榜书摩崖,④还有《清源洞》诗云"泉南佛国几千界"⑤,元末明初僧人宗泐《清源洞图为洁上人作》诗云"泉南佛国天下少"⑥,都用"泉南佛国"一语来表述泉州佛教的发达。有关元代泉州佛教的知名碑刻《一百大寺看经碑》,立于羊儿年(延祐六年,1319),记述了元初活动在泉州的畏兀尔官僚亦黑迷失出资,在全国各地一百座佛寺看转佛教大藏经或者四大部经,以及举办其他的佛事活动。其中看经,有泉州路大开元寺、水陆寺、法石寺、延福寺、积善寺、西禅寺、香积寺、招福寺、明心寺、清源洞;接待往来僧众,有泉州楞

---

① [英]亨利·玉耳英译、何高济译:《鄂多立克东游录》,《海屯行纪·鄂多立克东游录·沙哈鲁遣使中国记》,中华书局,1981年,第65—66页。

② Henry Yule, *Cathay and the Way Thither*, Vol. Ⅰ, London: The Hakluyt Society, 1866, pp.107-109; Henry Yule and Henri Cordier, *Cathay and the Way Thither*, Vol. Ⅱ, London: The Hakluyt Society, 1913, pp.183-185.

③ 冯登府:《闽中金石志》卷一〇《宋五》"泉南佛国(嘉定)"条、卷一一《宋六》"泉南佛国"条,民国十六年吴兴刘氏希古楼刻本,《石刻史料新编》第1辑第17册,台北:新文丰出版公司,1977年影印本,第12788、12813页。

④ 陈棨仁:《闽中金石略》卷一一《元一》"九日山元人榜书三段·泉南佛国"条,民国《叔庄丛书》本,《石刻史料新编》第1辑第17册,第13043页。

⑤ 顾嗣立编:《元诗选》第6册《三集·庚集·偰玉立》,中华书局,1987年,第377页。

⑥ 宗泐:《全室外集》卷四,日本室町幕府时代刻本,《明别集丛刊》第13册,黄山书社,2016年影印本,第529—530页。

伽接待、清源齐云洞;点照长明灯,有泉州清源洞。碑文正文中还讲道:“……续施钞二百定,与泉州承天、开元二寺。以上置田出息为岁念藏经费。又将元买兴化路仙游县租田二千余石,散施泉州、兴化各处寺院,递年看转藏经。”①虽然也有近水楼台的缘故,不过总体上,元代泉州寺院之多也已可见一斑。关于刺桐多偶像教徒,鄂多立克的记载和《马可波罗行记》还可以对应。元代泉州还有印度教的寺院②及摩尼教寺院③,鄂多立克所谓的偶像教徒的寺院是否还包括印度教寺院和摩尼教寺院,则完全不得而知。此外,鄂多立克还提到基督教在刺桐的情况,这显然和他自己的身份是有所关联的。

鄂多立克在描述刺桐时,两度以他所熟悉的欧洲的事物来进行比对。一是说刺桐有波洛纳(Bologna)的两倍大,Bologna 是意大利的一个城市名,今天通常译为博洛尼亚。一是说刺桐一座寺院中一尊比其他偶像要小的偶像“大如圣克里斯多芬”,这种比较是为了凸显刺桐寺院中偶像的体量之大。玉尔的注释中提到,他估计圣克里斯多芬有 9—12 英尺高,并引了文献说圣克里斯多芬是像巨人雕像那样的男人,在整个欧洲广为人知。④ 以上两个例子是比较典型的西方人士有关东方的旅行记录在描述东方事物时采取的叙述方式,可以加深读者的认识,也可以拉近读者与旅行记描述对象之间的距离。

平心而论,鄂多立克的描述还不足以使读者对元代刺桐城有准确的认识。

三、《伊本·拔图塔游记》

摩洛哥人伊本·拔图塔(1304—1377)是一位职业旅行家。主要根据游记本身可知:1325 年,伊本·拔图塔离开家乡往麦加朝圣,此后决意周游世界。后经过西亚、中亚多地,辗转到达印度并在印度留居八年。1342 年,元顺帝遣使至德里通好,德里算端命伊本·拔图塔率领使团随元朝使节回访中国。但是启航后不久,使团遇风漂没。伊本·拔图塔因未登舟得以幸免。但是也不敢回德里复命,辗转在南亚各地游历,后经海路来到中国。1349 年,伊本·拔图塔回到摩洛哥。1354 年,奉摩洛哥国王之命,口述其旅行见闻,由国王的书记官用阿拉伯文笔

---

① 吴文良原著、吴幼雄增订:《泉州宗教石刻(增订本)》,科学出版社,2005 年,第 593—595 页。有关此碑的研究,参考陈得芝《从亦黑迷失身份看马可波罗——〈一百大寺看经〉碑背景解读》,《燕京学报》新第 26 期,北京大学出版社,2009 年;收入陈得芝《蒙元史与中华多元文化论集》,上海古籍出版社,2013 年,第 119—137 页。

② 有关元代泉州印度教寺院的考古资料,以保存在开元寺中的原属印度教寺院的石柱最为知名。包括开元寺保存的印度教寺院石刻在内的早先的研究状况,参见王丽明《泉州印度教石刻研究回顾与思考》,《海交史研究》2016 年第 1 期。最近的考古发现,则有 2019 年发现的第二块泰米尔文、汉文双语碑铭,该碑铭与之前发现的第一块泰米尔文、汉文双语碑铭关系密切,参见刘震《泉州泰米尔文、汉文双语碑铭增补考》,《海交史研究》2020 年第4 期。

③ 有关泉州摩尼教的一般情况,参见庄为玑《泉州摩尼教史迹初探》,《世界宗教研究》1983 年第 3 期;收入庄为玑《海上集》,厦门大学出版社,2020 年,第 277—284 页。按相关遗迹以“草庵”最为知名,其主体是摩尼佛的造像,当可以理解为一处摩尼教寺院;又按此像的造像题记署作至元五年(1339),时当鄂多立克离开泉州之后。不过据庄为玑文中所述,宋代草庵已经存在,称作“青草庵”。

④ Henry Yule, *Cathay and the Way Thither*, Vol. Ⅰ, p.109, note 1; Henry Yule and Henri Cordier, *Cathay and the Way Thither*, Vol. Ⅱ, pp.184 - 185, note 9.

录成书。①

刺桐是伊本·拔图塔从海路来到中国的第一站,也是有关中国记载比较翔实的仅有的几个城市之一。《伊本·拔图塔游记》首先记道:

> 当我们跨越大海到达的第一个城市是刺桐(Zaitūn)。这里没有橄榄,或者整个中国和印度都没有橄榄,但是却用 Zaitūn 这个名字称它。这是一个巨大且重要的城市,这里生产绒线(Velvet)、锦缎(Damask)、缎子(Satin)织物,以"刺桐"这样的名字而闻名,比产于行在(Khansā,杭州)和汗八里(Khān Bālīq,大都)的要好。这里的海港是世界大港之一,甚或就是最大的。我在这里见到大约一百艘大船(big junks)和不计其数的小船。这里是一个大的海湾,海湾向内陆延伸,直到和巨大的河流混合在一起。②

根据英文译注本的注释,Zaitūn 是阿拉伯文中橄榄的意思,所以游记才会在开头的行文中对见不到橄榄而以橄榄 Zaitūn 称其名字表示疑惑。当然,我们现在已经明确知道了 Zaitūn 得名于刺桐这一种唐宋以来普遍种植于泉州的植物。虽然伊本·拔图塔并未能真切地揭示 Zaitūn 得名的缘由,但是他从一种植物的角度追索 Zaitūn 得名的方向却是准确的。当然这是一种巧合。注意从阿拉伯词汇、知识的角度来认识、解释东方的事物,也正是《伊本·拔图塔游记》记述中的一个特征,例子很多,比如记到 Khansā(行在,即杭州)时说,这个名字几乎就是阿拉伯女诗人 Khansā 的名字。③ 这和前文所述鄂多立克之书用欧洲的事例来辅助描述,有异曲同工之处。

伊本·拔图塔称刺桐是世界大港之一,甚或就是世界第一大海港,充分体现了泉州在当时世界海港中的至高地位。他也像马可·波罗一样,说刺桐是一座大城。

伊本·拔图塔也强调了刺桐在物产方面的突出位置,特别记录了当地的织物——应当是丝织物——比杭州和大都的都要好。查《元史》,载至元三十年(1293)七月己未,"诏免福建岁输皮货及泉州织作纻丝"④。看来元代泉州生产丝织物还是有一定知名度的。冯承钧在注释《马可波罗行记》时引过《伊本·拔图塔游记》的记载,称:"泉州缎在中世纪时颇著名,波斯人名之曰 zeituni,迦斯梯勒人(Castilans)名之曰 setuni,意大利人名之曰 zetani,而法兰西语之 satin,疑亦出于此也。"⑤伯希和在《马可·波罗注》的"刺桐"词条中也讨论了所产织物的问题。他据 Defrémery 和 Sanguinetti 译本,说伊本·拔图塔提到刺桐生产 velvet damasks (Kimḫā)和 satin (aṭlas),以 zāitūniyyah 一名为人所知,并对将Kimḫā翻译为 velvet 表示怀疑;还提到玉尔和 Heyd 都论证 satin 来自 zāitūnī,并表示他也认可这种观点。至于阿拉伯语 aṭlas,书面的意思是剪得很短的(close-shaven)。⑥ 伯希和的注释提醒我们,《伊本·拔图塔游记》原书中是两种织物,一种为阿拉伯文Kimḫā,西文翻译为 velvet damasks(天鹅绒花缎),是丝织物(按:Kimḫā就

---

① 以上叙述,主要参考韩儒林主编《中国大百科全书·中国历史·元史》"伊本·拔图塔"条(陈得芝撰),第 129—130 页。有关伊本·拔图塔生平及其旅行记的更加详细的描述,可以参看 H. A. R. Gibb trans., *The Travels of Ibn Baṭṭūṭa*, *A. D. 1325 - 1354*, Vol. Ⅰ, "Foreword", London: The Hakluyt Society, 1956, pp.ix - xvi。

② H. A. R. Gibb and C. F. Beckingham trans., *The Travels of Ibn Baṭṭūṭa*, *A. D. 1325 - 1354*, Vol. Ⅳ, London: The Hakluyt Society, 1994, p.894.

③ Ibid., p.900.

④ 《元史》卷一七《世祖纪十四》,第 373 页。

⑤ [法] 沙海昂注、冯承钧译:《马可波罗行记》,第 344 页注释 1。

⑥ Paul Pelliot, *Notes on Marco Polo*, Vol. Ⅰ, "Çaiton", pp.594 - 595.

是中国文献多有记载的从西方传入的“金花缎”)。一种是阿拉伯文 aṭlas，应当是一种短绒的丝织物。早年玉尔节译的《伊本·拔图塔游记》正是译作“and in it they make damasks of velvet as well as those of satin, which are called from the name of the city *Zaituniah*”①。吉卜早年的英文节译本，写作“In it are woven the damask silk and satin fabrics which go by its name”②，也作两种织物，并强调了丝绸。不过，要说泉州出产的丝织物是不是就比杭州和大都的要好，似乎还不能肯定。《马可波罗行记》记：“(居人)多衣丝绸，盖行在(杭州)全境产丝绸甚饶，而商贾由他州输入之数尤难胜计。”③《元史》记至元十六年(1279)九月，“诏行中书省左丞忽辛兼领杭州等路诸色人匠；以杭州税课所入，岁造缯段十万以进”④。可见杭州具有相当高的丝绸生产能力。《岛夷志略》详记售卖往南海各地的中国商品，其中就有“苏杭五色缎”和“苏杭色缎”。⑤ 可见元代杭州出产的丝织物在海外也是相当知名的。更何况，早在南宋，杭州的丝织物就非常著名了。至于大都，《马可波罗行记》记载：“百物输入之众，有如川流之不息。仅丝一项，每日入城计有千车。用此丝制作不少金锦绸绢，及其他数种物品。附近之地无有亚麻质良于丝者，固有若干地域出产棉麻，然其数不足，而其价不及丝之多而贱，且亚麻及棉之质亦不如丝也。”⑥《老乞大》是高丽后期的汉语教科书，书中教汉语的基本场景是几个高丽人和一名姓王的中国辽阳人结伴去中国做生意，大都则是最终的目的地。⑦ 全书以对话构成，非常生动，并且尚保留原本，完全可以视作元代历史状况的真实反映。其中高丽商人贩运回去的中国商品，丝织物是最主要的一类。⑧《秘书监志》收载的一则至元二十三年(1286)的公文提到“大都里头一个织可单丝䌷的局有”⑨，可知元大都设有专门的丝织物制作机构。《元史》还记至元二十四年(1287)“以札马剌丁率人匠成造撒答剌欺，与丝䌷同局造作，遂改组练人匠提举司为撒答剌欺提举司”⑩。撒答剌欺即中亚的传统彩丝锦，⑪所谓“与丝䌷同局造作”应当就是和《秘书监志》公文所载的那个“织可单丝䌷的局”一同造作，时代十分接近。按照《元史》中的记载，组练人匠提举司一开始制造丝䌷(“䌷”为“绸”之异体字)，至元二十四年(1287)加上了“成造撒答剌欺”之后才改名为撒答剌欺提举司。撒答剌欺提举司是工部下设的机构。《元史》还记载了将作院下的异样局总管府，下辖有异样纹绣提举司、纱罗提举司。⑫ 当然，这都是为皇家或者政府服务的，也都位于大都。显然，

---

① Henry Yule, *Cathay and the Way Thither*, Vol. Ⅱ, p.486; Henry Yule and Henri Cordier, *Cathay and the Way Thither*, Vol. Ⅳ, p.118.

② H. A. R. Gibb trans., *Ibn Battúta Travels in Asia and Africa 1325 - 1354*, New York: Robert M. McBride & Company, 1929, p.287.

③ [法]沙海昂注、冯承钧译:《马可波罗行记》,第 326 页。按:此段系据剌木学本补。

④ 《元史》卷一〇《世祖纪七》,第 215—216 页。

⑤ 汪大渊著、苏继庼校释:《岛夷志略校释》“加将门里”条、“甘埋里”条,中华书局,2000 年,第 297、364 页。

⑥ [法]沙海昂注、冯承钧译:《马可波罗行记》,第 215 页。

⑦ 原书除了明确用“大都”,还提到“涿州”。按:元代大都路领涿州,不过放置在全书的语境中,似乎可以将有关涿州的描述也理解为是关于大都的。

⑧ 《原本老乞大》,汪维辉编《朝鲜时代汉语教科书丛刊》第 1 册,中华书局,2005 年,第 36—37、48 页。

⑨ 王士点、商企翁编次,高荣盛点校:《秘书监志》卷三《廨宇》,浙江古籍出版社,1992 年,第 54 页。按:“可单”不知作何解。

⑩ 《元史》卷八五《百官志一》,第 2149 页。

⑪ 尚刚:《撒答剌欺在中国》,《南京艺术学院学报(美术与设计)》2019 年第 1 期。

⑫ 《元史》卷八八《百官志四》,第 2228—2229 页。

大都也是元代非常重要的丝绸生产中心,也一定是生产技术高超、品种多样的。伯希和提到福建漳州以及其他地方的丝织物都要通过泉州出口,所以都可以称为 zaitunese。[①] 循着这种思路,我们似乎也可以说在福建之外更为广阔的丝绸产地(主要是江浙行省北部,包括杭州,而元代多数时候,福建地区也归属江浙行省管辖)的丝织物会汇聚到泉州,然后出口,于是也就都被称作 zaitunese(或许可以翻译为"泉州货")。这样解释,似乎与说刺桐的丝织物比杭州、大都的好矛盾了。不过如果仅仅把杭州和大都看作当时西方人所知的与刺桐并列的另外的中国大城市,也便只是具有象征意义,用来衬托刺桐丝织物而已。

《伊本·拔图塔游记》有关刺桐的记载,主要的笔墨倾注在当地穆斯林的状况和他与当地穆斯林之间的交往:

> 穆斯林生活在独立的一城之中。在我到达的那天,我看到有一位长官,是曾经作为使节携带着礼物出使印度的,他曾和我们一道,也曾在那艘沉掉的船上。他和我打招呼,向税务长官介绍我,并把我安排在一个漂亮的住处。我接受了一些邀请,它们来自:穆斯林法官(qāḍī)塔朮丁(Tāj al-Dīn),一位杰出而又优雅的男子;伊斯兰谢赫(Shaikh al-Islam, Shaikh 意为长老)亦思法杭(Iṣfahān)人卡马尔丁·阿布笃剌(Kamāl al-Dīn ʻAbdallāh),一位虔诚的男子;一些重要的商人,有大不里士(Tabrīz)人舍剌甫丁(Sharaf al-Dīn),他是我在印度时借了钱的商人中的一位,也是生意做得最好的。舍剌甫丁默记了《古兰经》,并且经常引用。这些商人生活在"异教徒"国家,因此看到有一位穆斯林到访就很高兴。他们说道:"他从伊斯兰国土来。"然后根据自己的财富给他合法的施舍物,于是他也变成了像他们一样富有的人。在虔诚的谢赫当中有一位可咱隆(Kāzarūn)人不鲁罕丁(Burhān al-Dīn),他在城外有一座救济院,商人们捐献给他,再转给谢赫可咱隆人阿布·亦沙赫(Abū Isḥāq)。[②]

《伊本·拔图塔游记》记录的泉州穆斯林,有商人,也有宗教职业者。20 世纪初年以来,泉州发现了大量穆斯林墓葬石刻,其中相当多的还具有阿拉伯文、波斯文以及少量汉文的铭文,从纪年看,几乎都是元代的,《泉州伊斯兰教石刻》公布了其中的绝大多数。这些历史文物,正是元代泉州聚居了相当数量的穆斯林的体现。《伊本·拔图塔游记》的记载,总体上也可以与之相印证。不过描述中有一个矛盾之处,伊本·拔图塔通过铺垫很少有穆斯林到泉州,以此来解释他作为穆斯林得到泉州穆斯林商人的热情款待;其实泉州作为元代对外交往最为重要的商港,穆斯林,特别是穆斯林商人是常常可以见到的。

通常认为,伊本·拔图塔作为一名穆斯林,会更多关注世界各地的穆斯林状况。这个问题,需要辩证地来看。一方面,我们可以说行记作者的宗教身份有助于作者更多地关注相关内容,从而记录下来,提供很多历史信息;另一方面,作者的宗教身份,可能过多影响其记录的偏好,甚至很容易产生偏差,又从而影响到记录的可靠性。除了伊本·拔图塔对中国穆斯林状况的着重记载,还可以注意 12 世纪的西班牙犹太人本杰明(Benjamin of Tudela)行记中对印度西海岸犹太人的系统记载,及马可·波罗的行记对中国基督徒的大量记载,这种普遍的状况,也许不能仅

---

① Paul Pelliot, *Notes on Marco Polo*, Vol. Ⅰ, "Çaiton", p.595.

② H. A. R. Gibb and C. F. Beckingham trans., *The Travels of Ibn Baṭṭūṭa, A. D. 1325 - 1354*, Vol. Ⅳ, pp.894- 895.

仅从历史写实的角度解释,还需要考虑到行记作者的宗教身份的潜在影响。

《伊本·拔图塔游记》上述记录中也有一个细节与伊本·拔图塔是否到过中国的学术讨论密切相关。中国伊斯兰碑铭中特别知名且时代较早的一方——元至正九年(1349)《清净寺记》,虽然原碑已经佚失,但是明代正德年间的重立之碑还竖立在泉州清净寺内,提供给我们宋元时期,特别是元代后期清净寺以及泉州地方穆斯林生活的重要且可靠的历史信息。① 碑文中提到一位重要的泉州穆斯林人物不鲁罕丁,称"不鲁罕丁者,年一百二十岁,博学有才德,精健如中年人,命为摄思廉,犹华言主教也"。明代的文献,如万历三十七年(1609)李光缙撰《重修清净寺碑记》②、明末何乔远《闽书》③引此碑文字,称他作"夏不鲁罕丁","夏"成了姓氏,应该就来自摄思廉,估计何乔远受到明代人的相关影响而加上了"夏"姓。乾隆《泉州府志》记不鲁罕丁(称"夏不鲁罕丁")子夏敕大师"习回回教,继其业"④,而正德年间重立《清净寺记》碑的掌教为夏彦高,⑤此后直到万历年间,清净寺有住持夏东升、夏日禹,⑥都姓夏,也被认为是不鲁罕丁的后裔。清真寺教职世袭在明代是普遍的现象。不鲁罕丁一名,完全可以和《伊本·拔图塔游记》中的 Burhān al-Dīn 其人对应。并且,据《伊本·拔图塔游记》记载,他的身份是谢赫(Shaikh),也可以和《清净寺记》对应,《清净寺记》中的摄思廉就是 Shaikh al-Islam 的译音。甚至,伊本·拔图塔记 Burhān al-Dīn 是可咱隆(Kāzarūn)人,虽然不鲁罕丁是哪里人在《清净寺记》中并不见记载,但是乾隆《泉州府志》明确记他为"西洋喳啫例绵人"⑦,并且有一系列比较明确的生平记载,并注明出自《闽书抄》。《闽书抄》是明代的作品,当有所本。而"喳啫例绵"与《伊本·拔图塔游记》所载 Kāzarūn 的读音还比较接近。不鲁罕丁的例子,似乎对于肯定伊本·拔图塔记载的准确,并进而推论他来过泉州以及中国颇为有利,是研究中值得重视的细节。⑧ 非常巧,这个例子和前述《马可波罗行记》研究中关于三位使臣的名字的例子一样,两者在两种行记研究中的价值方面颇为接近。

伊本·拔图塔还记载了他从泉州乘船走内河到达广州(Ṣīn Kalān,又称 Ṣīn al Ṣīn),又从广州回到泉州。这一记载是不可信的,泉州和广州之间并没有内河河道可以直接到达。这一点,

---

① 明代重立之碑是否准确保留了元碑的内容,学者有不同意见。请参杨晓春《元代吴鉴〈清净寺记〉相关问题的讨论》,《北方民族大学学报》2010 年第 5 期;杨晓春《元明汉文伊斯兰教文献研究》,中华书局,2012 年,第 41—54 页。

② 福建省泉州海外交通史博物馆编:《泉州伊斯兰教石刻》,宁夏人民出版社、福建人民出版社,1984 年,第 11 页。

③ 何乔远:《闽书》卷七《方域志·泉州府·晋江县》"灵山"条,《四库全书存目丛书》史部第 204 册,齐鲁书社,1996 年,第 131—132 页。

④ 乾隆《泉州府志》卷七五《拾遗上》,《中国地方志集成·福建府县志辑》第 24 册,上海书店出版社,2000 年,第 659 页。

⑤ 吴文良编:《泉州宗教石刻》,科学出版社,1957 年,第 22—24 页;福建省泉州海外交通史博物馆编《泉州伊斯兰教石刻》,第 9 页。并参杨晓春《元明汉文伊斯兰教文献研究》附录一《元明时期清真寺汉文碑刻文字三十九种校点稿》,第 282—284 页。

⑥ 《万历重修泉州府志》卷二四《杂志·寺观宫庙类》,《中国史学丛书》第 3 编第 4 辑第 38 种,台北:学生书局,1987 年,第 1800 页。

⑦ 乾隆《泉州府志》卷七五《拾遗上》,《中国地方志集成·福建府县志辑》第 24 册,第 658—659 页。

⑧ 张星烺先生很早就综合中外史料做过勘同工作,参见张星烺《中西交通史料汇篇》第 3 册,辅仁大学图书馆,1930 年,第 184—185 页。

英译本注释中已经委婉提及。① Ṣīn Kalān 是蒙元时期西方对广州的指称，还见于鄂多立克、马黎诺里、拉施特、瓦萨甫等人的著作，是一个波斯语单词，译自 Mahachín，②马黎诺里解释了它的含义，即"大中国(Great China)"。③ 唐代则用 Khānfū，知名的例子如阿拉伯东方旅行记《中国印度见闻录》，其中有关广州的记载颇为丰富，用的就是这个名词。④ 至于 Khānfū 的来源，现在一般认为来自汉语"广府"。⑤ 历史文献称广州为"广府"者甚多，如《唐六典》《大唐西域求法高僧传》《贞元新定释教录》《开元释教录》等唐代文献以及《旧唐书》等有关唐代历史的基本文献，特别是《大唐西域求法高僧传》屡屡在有关海外交通的记述中涉及，颇能帮助我们想象唐朝时在广州的外国人士很容易接触到"广府"这一名称。因为唐朝在岭南设广州都督府，治广州，故而又俗称广州为"广府"。近来有一种说法认为"广府"来自汉语"广州府"的略写，⑥这是一种误解，唐代并无广州府的建置。那么，为何到了蒙元时期，西方却不用 Khānfū 这一明确的名称来称呼广州，而是用 Ṣīn Kalān 这一内涵不太明朗的名词呢？这也是一个需要讨论的问题，考虑到与本文主旨关系不大，在此不再进一步讨论。

除了到达刺桐之后的集中记载，《伊本·拔图塔游记》其他一些地方还提及了刺桐。比较重要的，是有一处提到中国的王向德里苏丹赠送礼物，包括五百件丝绒布(velvet cloth)，其中一百件产于刺桐，一百件产于杭州。⑦ 这可以和前引有关刺桐的专门记载互相对应。

有一处是在讲到中国的船只时涉及，值得全文引用：

> **中国船只的情况。**中国船只有三种类型：大型的称作 junk，中型的称作 zaw，小型的称作 kakam。大型船配备三到十二条帆。帆是用竹子编成地毯的样子，总是挂着，但是因着风向的不同而转动；船下锚的时候，帆向左悬在风中。一艘船可载总共一千人，六百个水手和四百个军人，军人包括弓箭手、盾牌手和强弩手，强弩手是射出火油的。每一艘大型船由三艘更小的船跟随，有一半大的，有三分之一大的，有四分之一大的。这些船都是只有在中国的刺桐(Zaitūn)(泉州)和辛迦兰(Ṣīn Kalān)——又称 Ṣīn al Ṣīn(广州)生产。⑧

可见刺桐还是最为重要的造船基地，这可以和前引《马可波罗行记》中的记载相印证。前引有关刺桐的专门记载，也用到了 junk 这个表示大船的词。

《伊本·拔图塔游记》还有一处提到，中国只在刺桐(Zaitūn)和辛迦兰(Ṣīn Kalān)生产陶器

---

① H. A. R. Gibb and C. F. Beckingham trans., *The Travels of Ibn Baṭṭūṭa, A. D. 1325 - 1354*, Vol.Ⅳ, pp.895, note 27.

② Mahachín 是一个梵语单词。

③ Henry Yule, *Cathay and the Way Thither*, Vol. Ⅰ, pp.105 - 106, note 3; Henry Yule and Henri Cordier, *Cathay and the Way Thither*, Vol.Ⅱ, pp.179 - 180, note 5.

④ Abu Zayd al-Sirafi and Ibn Fadlan, *Two Arabic Travel Books: Accounts of China and India and Mission to the Volga*, edited and translated by Tim Mackintosh-Smith and James E. Montgomery, New York: New York University Press, 2014, pp.35, 45 - 49, 77 - 79.

⑤ 参看穆根来、汶江、黄倬汉译《中国印度见闻录》，中华书局，1983 年，第 139 页注释 4(中译者注)。

⑥ Abu Zayd al-Sirafi and Ibn Fadlan, *Two Arabic Travel Books: Accounts of China and India and Mission to the Volga*, p.152.

⑦ H. A. R. Gibb and C. F. Beckingham trans., *The Travels of Ibn Baṭṭūṭa, A. D. 1325 - 1354*, Vol.Ⅳ, p.773.

⑧ Ibid., p.813.

(pottery),出口到印度以及世界其他地方,甚至到作者的家乡马格里布(Maghrib)。[①] 吉卜和贝肯汉姆英文全译本用 pottery 一词,和具体描述中的长时间烧、反复烧相矛盾。况且陶器的制作往往不受产地的限制,不像瓷器的烧制有赖于瓷土(高岭土)而有产地的限制。吉卜早年的英文节译本则作 pottery[porcelain],[②]意思是按照原书译作陶器,修正为瓷器。玉尔英文节译本中则作 porcelain,即瓷器。[③] 作瓷器,在文意上完全可取。《伊本・拔图塔游记》关于中国瓷器只产于泉州和广州的记述,是不够准确的。中国瓷器的产地颇多,并不局限于泉州和广州两地。而且元代最为知名的瓷器产地也不是泉州和广州,就中国南方而言,最为知名的当属处州路(龙泉县)和浮梁州(景德镇),宋元时期,两地分别以生产青瓷和青白瓷著称;元代景德镇另又生产青花,但是在出口产品中尚属少数。当然也可以解释,元代大量瓷器从泉州出口海外,容易给外国人留下在此处生产的印象。

综　论

马可・波罗、鄂多立克和伊本・拔图塔三位蒙元时期世界知名旅行家的记录,综合揭示了元代泉州的一些基本的特征,例如世界知名的海港,大量海外商品的汇聚地,海外商品由此转运中国各地,本地亦是物产丰富,有着众多的寺院,生活着基督教徒、穆斯林以及大量的偶像教徒(佛教徒),等等。这总体上是符合历史实情的。

一直以来,明确可知鄂多立克是曾经到达中国(包括泉州)的,而马可・波罗和伊本・拔图塔二人是否到达中国,学界多有争议。然而恰恰是马可・波罗和伊本・拔图塔二人的旅行记,准确描绘了元代泉州作为世界大港的形象,鄂多立克的记录却并不涉及相关内容。对于前近代的世界旅行家,学界通常习惯于通过其旅行记中某些记载内容的可靠与真实来证实整部旅行记的真实性,乃至由此肯定旅行家确实到达了所记载的地方。由三位旅行家记载的泉州的情况看来,这种论证模式的有效性也是值得思考的。到达某地的旅行家的记录未必是关于某地到位的、准确的记载,而未到达某地的旅行家的记录也可以是非常准确的。蒙元时期东西交通大开,大量东方信息在西方传播,为西方人士提供了亲历东方之外的获取足够多的东方信息的可能。

当然,不管马可・波罗和伊本・拔图塔是否到过中国,是否到过泉州,他们的旅行记中所传达的泉州的城市形象是丰满的,是准确的,也是动人的。并且,作为最富影响力的旅行记,不但给当时的西方世界提供了认识远方异域的机会,还代代相传,发挥着其他的著作不可替代的作用。今天,还成了中国人认识历史上的中国——也包括泉州——的有益的读物。

---

① H. A. R. Gibb and C. F. Beckingham trans., *The Travels of Ibn Baṭṭūṭa*, *A. D. 1325 - 1354*, Vol.Ⅳ, p.889.

② H. A. R. Gibb trans., *Ibn Battúta Travels in Asia and Africa 1325 - 1354*, p.282.

③ Henry Yule, *Cathay and the Way Thither*, Vol.Ⅱ, p.478.

晚清面向海洋文明的读本：《瀛环志略》所呈现的世界[*]

邹振环[**]

摘　要：《瀛环志略》是晚清学者徐继畬探求域外知识过程中面向海洋文明所书写的一部世界地理的著作。笔者采取外部研究和内容研究结合的方法，首先讨论中外学者徐继畬与雅裨理在对话与互动中读本的创制，分析《瀛环考略》与《瀛环志略》及其资料来源，以及《瀛环志略》的版本与结构。然后采用文本细读的方法讨论《瀛环志略》的内容与特点，指出该书有以下特点：1. 揭示世界古老文明面对的挑战，提出"古今一大变局"说；2. 发奋图强、透露反侵略之旨意；3. 推崇欧美民主政治制度、颂扬华盛顿；4. 提倡坚船利炮和尚武精神；5. 强调开拓中外贸易和掌控海权的重要性；6."以华释外"的编纂策略。进而揭示《瀛环志略》的流传和影响。"结语"部分运用非体制化共同体和无形学院的理论，分析了围绕《瀛环志略》这一面向海洋文明的读本所形成的晚清中外地理学互动交流圈。

关键词：徐继畬　《瀛环志略》　海洋文明　外部方法　内部方法　地理学共同体

美国学者拉铁摩尔(1900—1989)在其名著《中国的亚洲内陆边疆》一书中指出，中国是一个大陆国家，也是一个海洋国家。直至公元4世纪前，造就中华民族及其文化的重要事件都发生在中国内陆，海洋活动在中国虽然出现得很早，但在历史上的重要性显然处于次要的地位。中国与其大陆边疆以及中国与世界其他各地关系的新表现，可以由世界史上交替出现的大陆与海洋时代来解释。① 自古中国的边患多来自西北，18世纪末19世纪初西力东侵，清朝知识人的地理学视野随着清廷内外关系的变化，也发生了类似历史上交替出现过的大陆西北边患向南方海防的重心转移，由此出现了若干重要的面对海洋世界的文献。乾隆四十八年(1783)，福建人王大海泛海至爪哇，前后侨居巴达维亚、三宝垄等地十年，游踪遍及爪哇北岸及马来半岛诸港口，归国后于1791年完成《海岛逸志》六卷，这是一部关于爪哇岛和马来半岛的游记，内容包括地方志、人物志、方物志、花果类等。稍后广东人谢清高(1765—1821)随商人到海南岛等处从事贸

---

* 本文系复旦大学人文社会学科传世之作学术精品项目"明清江南专题文献研究"(2021CSJP003)的阶段性研究成果之一。

** 邹振环，复旦大学历史学系教授。

① [美]拉铁摩尔著、唐晓峰译：《中国的亚洲内陆边疆》，江苏人民出版社，2005年，第3页。

易,1820年,在举人杨炳南的帮助下,完成《海录》一书,记录了南洋和欧洲各国的地理、风俗、人情、宗教和国俗。不过上述这些读本仍属于关于域外世界的零星记录。根据吴昌绶所编《定庵先生年谱》,道光元年(1821)在国史馆任校对官的龚自珍(1792—1841)在研究西北及域外地理的基础上提出了"天地东西南北之学"。① 这是以一种更为开阔的视野,倡导中国人不仅应该重视西北史地之学,也应该注意四海之学,②这也成为之后世界史地著作,特别是面向海洋文明之读本撰著的发轫。

中国人系统编译介绍世界史地文献,最早可以林则徐主译的《四洲志》为嚆矢。这类著作中,属于面向海洋文明、对后世影响最大的读本要推《瀛环志略》和《海国图志》两书。《四洲志》编译自《世界地理百科全书》,而据此完成的《海国图志》主要是一部西方史地资料百科全书式的汇编。③《瀛环志略》与上述两书不同,属于中国人自己编撰的系统介绍世界地理的著作。无论是资料处理,还是方法运用,在世界地理知识的研究和介绍方面,《瀛环志略》的成就都超过了前两种著述。前人关于《瀛环志略》和《海国图志》两部著作孰优孰劣的问题,多有讨论。清末李慈铭曾比较两书,认为《瀛寰志略》文笔简净,《海国图志》体大思精,这是从两书的编写形式上来评判的;就思想性而言,李氏认为徐继畬轻信夷书,动辄铺张扬厉,《海国图志》则继承了杨光先《不得已》中对天主教的批判,"真奇书也"。④《瀛环志略》思想性究竟如何,历来争议不断,章鸣九比较了两书,认为《瀛环志略》无论学术价值,还是思想内涵,都超过了《海国图志》,颇近于日本著名思想家福泽谕吉的《文明论概略》。⑤《海国图志》几经增补,在介绍世界各国时,把能搜集到的明清有关域外记载几乎一并辑入,虽纲目较乱,差误不少,但属于一部未及精雕细琢的百科全书式的资料汇编;而《瀛环志略》则集中叙述世界各国的地理和历史,对搜集到的资料予以消化,考订严谨,故眉目比较清楚,层次相对分明,在叙述的明晰度和资料运用的准确方面,要略胜一筹。简言之,《瀛环志略》属于晚清中国人在探求域外知识过程中精心编撰的一部面向海洋文明的世界地理著作,《瀛环志略》有很多续编,而《海国图志》则很少有传承者。

20世纪80年代以来,《瀛环志略》(又称《瀛寰志略》,下凡行文和注释中述及该书,简称《志略》)的学术价值受到越来越多的中外学者的重视。有关徐继畬与《志略》的研究,20世纪80—90年代初的成果大多集中收录在任复兴主编的《徐继畬与东西方文化交流》(中国社会科学出版社,1993年)一书中,对徐继畬的生平、著作、思想,该书均有论文涉及,反映了同一时期的研究水平。张其昀曾称《志略》为"中国最早言地理之名著,盛为学者所推重"⑥。潘振平更是认为《志略》是"代表当时中国最高水平的世界地理著作"⑦。周振鹤先生通过《志略》与《海国图志》的比较,指出前者是名副其实的世界地理图志,在对西方的认识方面,远远超过了后者,徐继畬

---

① 吴昌绶:《定庵先生年谱》,龚自珍《龚自珍全集》,上海人民出版社,1975年,第604页。

② 嘉庆二十五年(1820),龚自珍在《己亥杂诗》中称计划将讨论西北边患的《西域置行省议》和讨论海防的《东南罢番舶议》两篇"有谋划合刊之者"。参见《龚自珍全集》,第516页。

③ 邹振环:《舆地智环:近代中国最早编译的百科全书〈四洲志〉》,《中国出版史研究》2020年第1期。

④ 李慈铭:《越缦堂日记》"咸丰丙辰一月廿八日""光绪丙戌十二月二十日",广陵书局,2004年。

⑤ 章鸣九:《〈瀛寰志略〉与〈海国图志〉比较研究》,任复兴主编《徐继畬与东西方文化交流》,中国社会科学出版社,1993年,第157—173页。

⑥ 张其昀:《十九世纪中后叶之世界形势:重印〈瀛寰志略〉序》,台湾商务印书馆影印日本文久辛酉版《瀛寰志略》,第1页。

⑦ 潘振平:《〈瀛环志略〉研究》,任复兴主编《徐继畬与东西方文化交流》,第84—103页。下文简称"潘振平文"。

客观地将中国视为世界万国之一,走出"天下的阴影,进入世界新境,徐氏是清末第一个调整了认识世界的角度,成为'正眼看世界的第一人'"①。美国学者德雷克则对徐继畬及其《瀛环志略》评价极高,认为徐继畬在东亚思想史上影响深远,可与马可·波罗、哥伦布、巴波亚、塔斯曼、库克、白令这样的历史人物比肩,开启了中国人认识世界的视野,堪称"东方的伽利略"。②

既有的研究大多从外部方法切入,讨论《瀛环志略》的创作过程,而较少从内部方法进行文本细读。本文拟在前人研究的基础上,采取外部研究和内部研究结合的方法,首先讨论中外学者徐继畬与雅裨理在对话与互动中读本的创制,分析《瀛环考略》与《瀛环志略》及其资料来源,以及《瀛环志略》的版本与结构;然后采用文本细读的方法③来讨论《瀛环志略》的内容与特点,揭示《瀛环志略》的流传和影响;"结语"部分尝试运用非体制化共同体和无形学院的理论,分析围绕《瀛环志略》这一面向海洋文明的读本所形成的晚清中外地理学互动交流圈。

一、对话与互动:徐继畬与雅裨理

徐继畬(1795—1873)《志略》的成书与一位美国新教传教士雅裨理④有着密切的关系。雅裨理同裨治文一起于1830年2月抵广州传教,又转往南洋,1842年抵厦门鼓浪屿传教。结识福建巡抚徐继畬就在此一时期,雅氏本人的回忆录称其第一次正式会见徐公是在1844年1月27日,当时徐继畬来厦门是为住在鼓浪屿的洋人寻找移居厦门的住所,并确定洋人在厦门内外活动的范围。雅裨理后出任福建巡抚徐继畬与英国首任驻厦门领事记里布(Gribble Henry)会晤的通译。雅裨理在会晤期间向徐继畬传福音,并且送给徐继畬《圣经》以及若干世界地图。徐继畬向他询问了许多有关世界各地的情况。徐继畬就任福建布政使后不久,即于当年11月被派往厦门办理通商事务、勘定外人活动区界址。这次机会促成了他和雅裨理等人的密切交往,

---

① 周振鹤:《随无涯之旅》,生活·读书·新知三联书店,1996年,第101—132页。

② [美]德雷克(Fred W. Drake)著、任复兴译:《徐继畬及其〈瀛寰志略〉》,台北:文津出版社,1990年,第5、49页。巴斯克·努涅斯·德·巴波亚(Vasco Nunez Balboa,1475—1519),西班牙探险家,是欧洲第一个发现太平洋的人。1500年随船前往美洲探险,垦荒失败后转往巴拿马,担任总督和军事指挥官。经由印第安人得知南方有一大海,大海之滨遍地黄金,遂于1513年9月出发探险,发现太平洋。今巴拿马运河的巴波亚港,即为纪念巴波亚发现太平洋而命名。

③ 文本细读是20世纪西方文论的重要概念,也是文学批评的主要方法之一。这一方法强调文本的中心地位以及语境对文本阐释的重要意义。文本细读是文献研究的基础。以文本细读法切入中国近代文献交流史研究,旨在以《瀛环志略》的文本为中心,根据晚清海洋读本的特点,厘清文本中的科学性表述,如创制过程、地理事项、各个区域和国家、名词术语等,以及域外文化信息表达,如人物描写、文化叙事等,分析编者针对不同的内容在编写策略使用上的变通,探究译文对原作改写的内容、方式与程度,同时综合考虑社会、历史、文化等外部因素对海洋文本创制过程的影响。

④ 雅裨理(David Abeel, 1804—1846),美国归正会传教士。1826年毕业于美国新泽西州的新不伦瑞克神学院,同年被按立为牧师。最初受美国海员之友传教会的派遣来华传教。于清道光十年(1830)抵广州,同年年底受美部会派遣去南洋考察。1839年再抵广州,后迁往澳门。1842年抵鼓浪屿,建立布道所。1843年迁至厦门传教,两年后回国。死于纽约。在欧美养病期间曾发表演说,鼓励献身传教工作,颇有影响。著有《旅居中国及其邻国记事(1830—1833)》《一个单身汉写给在印度的单身汉们的一封信》。参见G. R. Williamson, *Memoir of the Rev. David Abeel, D.D., Late Missionary to China*. New York: Robert Carter, 1848;卜沃文(A. J. Poppen)著、享华德译《雅裨理的生平》,香港:香港基督教辅侨出版社,1963年。

获得了撰著《志略》的资料。徐继畬不仅在《志略》的自序中强调了雅裨理对其完成《志略》所给予的关键性的帮助，而且在《瀛环志略》及其底本《瀛环考略》的书稿中多次引用后者的口述言谈，作为《志略》立论的依据。①

雅裨理在1844年1月27日的日记中写道：

> 我们已经见过阁下(按：指徐继畬)数次……他是我们见过的最能追根究底的中国高级官员。在他所问及的许多关于外国的问题之后，我们带给他一册地图集，以便让他了解感兴趣的世界地方之幅员。他对此愉快地表示同意，在一个下午的时间里，我们给他提供了尽可能多的一般性信息。我们还答应送给他传道书。昨天我已经将《新约》和其他一些书打了包。②

雅裨理记录自己与徐继畬的又一次直接交往是在2月19日。徐继畬在返回福州途中被再次派赴厦门，继续解决外国人在厦门的居留地问题：

> 在获悉阁下返回厦门后，我们再次前往拜访，这是一次特别愉快的访问。他说自己已经读过那些传道书并继续提问，主要涉及一些人名和地名。显然，他已认真地阅读过《新约》，由此给予我解释《福音》真理的机会，我祈祷上帝：我的解释能在他的心里留下印象。③

任复兴抄录的雅裨理日记原稿显示，两人还在2月29日和5月13日有两次会面，2月29日雅裨理和徐继畬一起待了近3小时，雅裨理给了徐氏地理学方面的很多指教；而后者在研究雅裨理借给他的地图册之后自行制作了6到8幅地图。他们还一起讨论了外国国名的发音问题。5月13日，雅裨理又和徐继畬花了一下午，由雅裨理给徐氏讲授地理知识，雅裨理看到徐继畬所制作的一些地图，表示这些地图绘制得"十分准确"。在徐继畬提出有关外国的许多问题之后，雅裨理又设法给他带来了一本地图，并把他最感兴趣的地区位置和范围指给他看。从谈话中，徐继畬留给雅裨理的印象是，相对于一些平常的知识，他对关于世界的"基本观念——疆域、政治重要性和贸易，特别是和中国的贸易"有更进一步的关注，且尤为关注英国、美国和法国的情形。④ 考虑到当时徐继畬的地位和雅裨理传教士的身份，如果不是徐继畬为了寻求新知主动与后者接触，雅裨理是不可能见到他的，更不可能整个下午或"近3小时"待在一起。在当时官场排外心理仍较为普遍的情况下，徐继畬与外国人如此密切地接触是要冒一定风险的；而他向被中国士人视为"蛮夷"的外国人寻求知识，则需要更大的勇气。⑤

在《志略》的自序中，徐继畬回顾了五年中搜集资料和反复增补的实况：

> 余则荟萃采择，得片纸亦存录勿弃。每晤泰西人，辄披册子考证之，于域外诸国地形时势，稍稍得其涯略。乃依图立说，采诸书之可信者，衍之为篇，久之积成卷帙。每得一书，或有新闻，辄窜改增补，稿凡数十易。自癸卯至今，五阅寒暑，公事之余，惟以此为消遣，未尝

---

① 吴义雄：《西方人眼里的徐继畬及其著作》，氏著《大变局下的文化相遇：晚清中西交流史论》，中华书局，2018年，第235—266页。

② "Notice of Amoy and Its Inhabitants: Extracts from a Journal of the Rev. D. Abeel at Kúláng sú", *The Chinese Repository*, Vol.13, p.236.

③ Ibid., pp.236 - 237.

④ 《雅裨理1844年日记(节录)》，http://www.xujiyu.cn/Article/ShowArticle.asp[2009 - 02 - 12]。

⑤ 吴义雄：《西方人眼里的徐继畬及其著作》，氏著《大变局下的文化相遇：晚清中西交流史论》，第235—266页。

一日辍也。①

这种探索使徐继畬大开眼界并掌握了丰富的外国史地知识,与徐氏素有交往的外国人士也都一致认为他在这一方面有广博的知识。

徐继畬在《志略》序文中欣然承认了雅氏对该书的巨大贡献,书中至少六次提到雅氏。徐继畬还结识了美国的长老会传教士甘明医生(William H. Cumming,又译高民、库明、甘威廉),在书中曾提到甘明具有丰富的瑞士知识。1844 年夏天,给予徐继畬帮助的还有第一任驻福州英领事李太郭(George Tradescant Lay, 1800—1845),他在城外南台岛帮忙为李氏找到了一处住所。李氏初来华时是个博物学家,二次来华时是个传教士,后来当上了外交官,先任驻广州英领事,后任驻福州英领事。他在中国多年,培养了欣赏中国文化的浓厚兴趣,给徐氏留下了良好印象。徐继畬称自己经常向李氏请教,得到了许多有关中东的知识。《志略》中至少三次提到"英官李太郭"。英国圣公会向中国派遣的传教士四美②于 1845 年访问福州后,说福建巡抚徐继畬"信息最为灵通,来源最广,见解亦是最为开明",在对待外国宗教方面,他较之其同胞"更为大度"。他们在一起会连续几个小时谈论世界地理,一边把中文地名贴在一本豪华的美国地图集上,这本地图集是他的一个广东籍的部下赠送的。他在与英国领事的谈话中,"提及了当时欧洲一些著名的事件,显示出对欧洲政治的一般了解。例如爱尔兰政府因为教皇制度而陷入的困境,比利时对荷兰的反叛,不列颠和西班牙在北美和南美的殖民地分别脱离它们,拿破仑野心勃勃的一生,以及滑铁卢决定性的胜利。他甚至还听说过英格兰因为商议梅诺思(Maynoon grant)授地的结果而欣喜若狂"。徐继畬还要求获得一架地球仪。会讲中文的李太郭夫人玛丽还帮助在一幅世界地图上用彩色的标记标注英国、法国、俄国等国的领土。他甚至会问起在地图上为何不见阿富汗,是否因为被波斯吞并了。不难看出,徐继畬的世界地理知识,已经远远超过同时代的其他官员。③ 表明徐氏编写《志略》时视野非常开阔且虚心好学,他对整个欧洲政治和历史是非常熟悉的。

除了上述外国人,徐继畬写作《志略》很可能还得到一位来自香山的中国人的帮助。这位中国人曾在美国旅居过 4 年,后回国服务于英国皇家战船"都鲁壹号"(Druid)担任船长士密(Capt. Smith)的翻译,这位年轻人曾应徐继畬邀约,为其翻译他从纽约带回来的地理书和历史书的纲要。这则史料证明,徐继畬为了其著作的准确性,利用了当时所能利用的一切条件——包括这位为敌国军方服务的年轻人,利用其语言能力和携带的书籍,为自己开眼看世界的志业服务。④ 道光二十八年(1848),在同僚、好友的怂恿和帮助下,徐继畬把近五年来日积月累的文稿

---

① 徐继畬著、田一平标点:《瀛寰志略》,上海书店出版社,2001 年,第 6 页。(按:下凡引用该书,简称《志略》,仅注页码。)

② 施美夫会督(1815—1871, George Smith,或译史密夫、四美、司蔑)。香港圣公会首任会督(主教,1849—1865 在任)。

③ [英]施美夫著、温时幸译:《五口通商城市游记》,国家图书馆出版社,2007 年,第 294—295 页。译本未标明原书名:George Smith, *A Narrative of an Exploratory Visit to Each of the Consular Cities of China, and to the Islands of Hong Kong and Chusan on Behalf of the Church Missionary Society, in the Years 1844, 1845, 1846*(《1844、1845、1846 年英国圣公会调查访问中国各设领事馆城市及香港和舟山群岛记事》),1847 年,纽约 1 版。

④ Samuel W. Williams, "The *Ying Hwán Chi-lioh*", *The Chinese Repository*, Vol.20, p.170;参见吴义雄《西方人眼里的徐继畬及其著作》,氏著《大变局下的文化相遇:晚清中西交流史论》,第 235—266 页。

整理成书,定名“瀛环志略”,正式付梓,公之于世。

二、《瀛环志略》的资料来源、版本与结构

徐继畬没有机会出洋,对外部世界没有直接的感性认识,只能根据别人的口述或著作来分析比较、查考核实,更给著述带来许多困难。《瀛环志略》前先有初稿《瀛环考略》。

(一)《瀛环考略》与《瀛环志略》及其资料来源

《瀛环考略》分为卷上、卷下,卷上介绍亚细亚和亚非利加,卷下介绍欧罗巴和亚墨利加。卷下之首又有“舆图考略”几个字,可能是徐继畬著书稿时曾经考虑过的不同书名。后来改为“瀛环”,“瀛”指大海,“瀛环”指大海环抱的全世界。《史记・孟子荀卿列传》记述战国末年齐人邹衍在荀子“四海”说的基础上,进一步提出了“大九州”说。这是《禹贡》九州意识向海洋世界的直接放大,由“九州”推论出八十一州和大瀛海,提出:“儒者所谓中国者,于天下乃八十一分居其一分耳。中国名曰赤县神州。赤县神州内自有九州,禹之序九州是也,不得为州数。中国外如赤县神州者九,乃所谓九州也。于是有裨海环之,人民禽兽莫能相通者,如一区中者,乃为一州。如此者九,乃有大瀛海环其外,天地之际焉。”[①]徐氏借“大瀛海环其外”之节略词“瀛环”名书,用以指“世界”。

《瀛环考略》共收地球全图及世界各地区、各国的地图二十八幅,基本上包括了当时整个世界。这些地图是从雅裨理的那本地图册上“摹取”的,但与《瀛环志略》所载地图多有不同,可知徐氏后来另有所本。每图之后都“缀之以说”,“说多得之雅裨理,参以陈资齐《海国闻见录》、七椿园《西域闻见录》、王柳谷《海岛逸志》、泰西人《高厚蒙求》诸书”。[②] 图说之后往往有按语,或为考订文字,或为徐氏本人见解。从撰著时间及内容看,《考略》基本上是徐继畬根据同雅裨理多次交谈所获得的知识整理而成的,只是在涉及南洋、西域等地区时,使用了一些中文资料。这一图说已初具世界地理志的规模,是《志略》的雏形。据任复兴考订,《瀛环考略》前后有两种全稿、四种残稿,《志略》正是在《瀛环考略》的基础上,历经五年不断增补修改而编写的。[③] 徐继畬的知识结构和学术兴趣,都从属于中国传统文化体系,不过在此后几年中,他继续埋头于域外史地知识的探索。对舆地考证之类颇为用心,曾写过《尧都辨》《晋国初封考》《两汉志沿边十郡考略》《西汉幽并凉三州今地考略》等论著,体现出他旧学考据的深湛能力。理解并接受有关近代地理学的新概念和新知识,对于这位旧学家来说,并非易事。但是,他敞开心扉,面对这一新奇而诱人的知识天地,为了掌握更多的地理学新知识,他几乎到了废寝忘食的地步。

“西国多闻之士”雅裨理等人口授的西洋知识,拓展了徐继畬的视野。他进一步搜集西洋人

---

① 司马迁:《史记・孟子荀卿列传》卷七四,中华书局,1977 年,第 2344 页。

② 徐继畬:《瀛寰考略》序言,参见《瀛环考略》,清道光二十四年(1844)稿本,台北:文海出版社,1974 年影印本,第 1 页。关于《瀛环考略》与《瀛环志略》的关系,参见任复兴《〈瀛环志略〉若干稿本初探》,任复兴主编《徐继畬与东西方文化交流》,第 213—229 页;刘贯文《从〈舆图考略〉到〈瀛寰志略〉》,氏著《徐继畬论考》,山西高校联合出版社,1995 年,第 63—83 页;田一平《从〈瀛环考略〉到〈瀛环志略〉》,《史林》2001 年第 3 期。

③ 任复兴:《〈瀛环志略〉若干稿本初探》,任复兴主编《徐继畬与东西方文化交流》,第 213—229 页。

编译的相关资料,如新教传教士马礼逊的《西游地球闻见略传》、郭实腊的《万国地理全集》、玛吉士的《地理备考》等;还特别注意考析明清之际入华耶稣会士的舆地著译,如利玛窦的《坤舆万国全图》、艾儒略的《职方外纪》、南怀仁的《坤舆图说》等。对于这两类著译,徐氏取审慎的分析态度,在该书"凡例"中指出:"泰西人如利玛窦、艾儒略、南怀仁之属,皆久居京师,通习汉文,故其所著之书文理颇为明顺,然夸诞诡谲之说亦已不少。近泰西人无深于汉文者,故其书多俚俗不文,而其叙各国兴衰事迹则确凿可据,乃知彼之文转不如此之朴也。"①由此可见,徐氏更看重道光以后入华的西洋人的"汉字杂书",虽文字俚俗不文,但内容较为可信且切实,有新材料。他在阅读这类"杂书"的过程中,每有疑问即向甘明、雅裨理、李太郭夫妇以及阿礼国夫妇等洋人当面请教,务求真知。此外,徐继畬还广泛参考本国官私典籍,如历朝正史及各种舆地论著——郦道元的《水经注》、顾炎武的《天下郡国利病书》、陈资齐的《海国闻见录》、谢清高的《海录》、王恽的《泛海小录》、邵星岩的《薄海番域录》、黄毅轩的《吕宋纪略》等。在参较中外群籍、口问笔录、详加考证的基础上,徐氏逐步手记成书。他曾细致描述这一过程:

> 明年再至厦门,郡司马霍君蓉生购得地图二册,一大二尺余,一尺许,较雅裨理册子尤为详密,并觅得泰西人汉字杂书数种,余复搜求得若干种,其书俚不文,淹雅者不能入目。余则荟萃采择,得片纸亦存录勿弃,每晤泰西人,辄披册子考证之,于域外诸国地形时势,稍稍得其涯略,乃依图立说,采诸书之可信者,衍之为篇,久之积成卷帙。每得一书,或有新闻,辄窜改增补,稿凡数十易。自癸卯至今,五阅寒暑,公事之余,惟以此为消遣,未尝一日辍也。②

这里所谓"久之积成卷帙",指初编《考略》和续成之《志略》。道光二十四年(1844)初,徐继畬草就《瀛环考略》,同年七月,在《考略》基础上撰成《瀛环志略》初稿,后又修订补充,"稿凡数十易",于道光二十八年(1848)完成十卷本,近十五万言,按洲述各国史地沿革、风土人情、社会变迁,着重介绍西方国家史地、政治、经济状况。

《志略》的资料来源,亦即徐继畬获取外部世界知识的途径,大致包括三个方面:一是与外国人士的直接接触。除了雅裨理外,徐氏还利用职务之便,在接触外国官员、传教士、商人时尽量询问世界各国的情况。雅裨理的朋友、英国传教士甘明亦是徐氏咨询的对象,《志略》有关瑞士的章节引用了其叙述。英国首任驻福州领事李太郭与徐结识后,徐氏经常向他求教,书中有关古希腊文明、古犹太史、古巴比伦史等内容,就有李太郭提供的知识,《志略》中有"余尝闻之英官李太郭云:'雅典最讲文学,肄习之精,为泰西之邹鲁,凡西国文士,未游学于额里士,则以为未登大雅之堂也。'"③李氏的继任阿礼国(Rutherford Alcock, 1807—1897,又译阿利国)及其夫人也多方面地为徐继畬提供外国史地情况。他们所介绍的知识虽然不会那么系统完整,但对于徐继畬比较准确地把握外部世界,特别是欧美各国的历史状况和现实社会,帮助尤大。

二是搜集和阅读外国地图集以及西方人士的汉文书籍。道光二十四年(1844),徐氏的下属、厦门同知霍蓉生为他购得两本外国地图册,"较雅裨理册子尤为详密","并觅得泰西人汉字杂书数种"。此外,他还通过各种渠道罗致流传在东南沿海地区的西洋人编写的介绍世界史地

① 《志略》,第8页。
② 同上,第6页。
③ 同上,第182页。

的出版物。《志略》的"泰西诸国疆域、形势、沿革、物产、时事皆取之泰西人杂书，有刻本、有钞文，并月报、新闻纸之类，约数十种"。① 当时在广东任地方官的黄恩彤在致徐氏的一封信中提及："近日瑛夷郭实拉撰《西洋地理志》一书，殊嫌狠杂，远不及玛基士书之明晰，而文烦事增，亦足供外史之采。此间有人将付剞，厥后续为邮致。"②

三是考查了一批中国的官私文献。在介绍东亚、南洋及印度、西域等地区的情况时，徐继畬较多地参考了中国传统史志的材料。他所引用的文献，一类是历代的正史，如《汉书》《后汉书》《新唐书》《元史》《明史》等；另一类是私家著述的游记或地理志，除了在编写《瀛环考略》时已参考过的几种外，还有郦道元的《水经注》、王恽的《泛海小录》、邵星岩的《薄海番域录》、黄毅轩的《吕宋纪略》、顾亭林的《天下郡国利病书》、谢清高的《海录》等。他还能注意流传的民间文献，称历代史籍虽然"不无记载，但地名、国名展转淆讹，方向远近亦言人人殊，莫可究诘，转不如近时闽粤人游南洋者所纪录为可据"。《志略》"于南洋诸岛国皆依据近人杂书，而略附其沿革于后"。③ 如卷一"亚细亚・南洋滨海各国"，他根据了澎湖进士蔡廷兰所著《安南纪程》，其中记载了当时安南（越南）华人的情况。从广义至谅山一线，在沿线十四个省里都有闽、粤人聚居的地方，"各有庸长司其事，闽则晋江、同安人最多，盖不下十余万也"④。可见当时中国东南沿海到南洋谋生之人的数量之多。

上述三个方面的知识来源中，徐朝俊的《高厚蒙求》曾经是徐继畬撰写《瀛环考略》的主要参考书之一。由于《高厚蒙求》引用了明末清初大量的汉文西书，以致徐继畬竟将徐朝俊目为"泰西人"。《瀛环考略》中明确注明出自《高厚蒙求》的内容均与"墨瓦蜡泥/尼加"（今译澳大利亚）有关。⑤《高厚蒙求》转录《职方外纪》中关于"墨瓦兰"（今译麦哲伦）环球航行及"墨瓦蜡泥/尼加"的内容，⑥借助《高厚蒙求》，徐继畬接触到了明末清初的汉文西书。徐继畬对《瀛环考略》并不满意，他在给好友张穆（1805—1849）的信中称："海图前稿舛陋不足观，数年来于泰西人所

---

① 《志略》，第 8 页。

② 《与徐松龛中丞论西洋诸夷书》，黄恩彤《知止堂集》。信中提及的郭实拉（C. Gutlzaff，1803—1851，又作郭实腊、郭士立等），普鲁士传教士，道光十三年（1833）曾创办中文期刊《东西洋考每月统纪传》，连载其所著《万国地理全集》，1838 年又推出《古今万国纲鉴》等。文中《西洋地理志》，应该是指郭实腊编纂的慕瑞《世界地理百科全书》另一个中文节译本《世界地理全集》，该书凡三十八卷，第一部分是自然地理，凡四卷（卷一至卷四），记述宇宙、地球的形成，简介地圆说、日心说、日蚀和月蚀等自然现象产生的原因，以及地球五大洋等；第二部分为区域地理，凡三十四卷（卷五至卷三十八），其中卷五至卷九有关中国内陆及中国新疆、西域的内容摘自《大清会典》《盛京通志》《海国闻见录》《西域闻见录》等，其他域外信息多采自 1840 年英国伦敦刊行的《世界地理百科全书》第二个修订本之文字翻译。参见庄钦永《万国地理全集校注》"导言"，新加坡：新加坡新跃社科大学新跃中华学术中心，2019 年，页 XX — XXI。

③ 《志略》，第 7 页。

④ 同上，第 23 页。

⑤ 徐继畬《瀛环考略》，台北：文海出版社，1974 年，第 25、26、67、159 页。其中前两条在稿本中已被涂抹，反映了《高厚蒙求》一书退出参考文献的过程。参见陈拓《旧西学与新变局——明末清初汉文西学文献在 19 世纪的再发现》，复旦大学中国古代史博士学位论文，2020 年。

⑥ 参见徐朝俊《高厚蒙求》二集《海域大观》，清道光四年（1824）扫叶山房刻本，第 49—50 叶；《职方外纪校释》，第 141—142 页。参见方豪《十六七世纪中国人对澳大利亚地区的认识》，收入方豪等著《中国史学》，台北：汉苑出版社，1981 年，第 25—59 页；邹振环《开拓世界地理知识的新空间：清末中国人的澳洲想象》，《南京政治学院学报》2015 年第 2 期。

刻杂记,得即摘录,其书皆俚不成文,而事迹颇有可采。每与夷官接晤,辄询以西国事,亦多有新闻。"①因此,从《志略》正文征引书目可知,②随着新资料的增加,至道光二十八年(1848)刊印《志略》时,相比《瀛环考略》,《志略》的域外知识来源已大幅度更新,原徐氏著书的三个知识来源中,晚清西学译著的比重越来越大,甚至占据了主体内容,以至于徐继畬在《志略》自序中重点提及西学译著;中国本土的域外知识,《海国闻见录》《西域闻见录》《海岛逸志》征引的频次已大幅下降,还新增了《汉书》《后汉书》《海录》《薄海番域录》等参考书。而汉文西书则发生了较大变化,《高厚蒙求》被删除,《瀛环考略》卷上的"泰西人所著《高厚蒙求》云:昔有国王遣大臣驾巨船,探海西行,亚墨利加之西,又得大土,部落国土未详,使臣名墨瓦蜡泥,因名其地为墨瓦蜡泥加。又曰火地,因其北萤火甚多也。以今考之,即澳大利亚"③,在《志略》卷二中被改作:"澳大利亚……其地亘古穷荒,未通别土。前明时,西班牙王遣使臣墨瓦兰,由亚墨利加之南,西驶再寻新地。舟行数月,忽见大地,以为别一乾坤。地荒秽无人迹,入夜磷火乱飞,命名曰火地。又以使臣之名,名之曰墨瓦蜡尼加。"作为汉文西书的《职方外纪》取代了《高厚蒙求》。从《瀛环考略》到《志略》,《高厚蒙求》从作为主要参考书到完全被删除,虽仅短短四年时间,却反映了徐继畬西学知识的进步。

(二)《瀛环志略》的版本与结构

《志略》初刻本(戊申本)1848 年在福州问世,士林反应冷淡。因其时正在《南京条约》签订后不久,朝野出于对西方的愤恨,忌讳论及西方长处,而《志略》则对英、美、瑞士等西方国家的近代文明多有正面述评,因此被时人认作"颇张大英夷"(曾国藩语)。该书后于 1850 年重印了一次(庚戌本),仍流传不广。这部优秀的世界地理著作在初版后的十余年间只重印过一次,影响范围相当有限。然而,该书传到日本后却大受欢迎,日本文久元年(1861)推出了德屿小西等同刊的对嵋阁本,由井上春洋等训点,该版在印刷和装帧的质量上远远超过同期的中国版本,地球图用红、黄、绿三色套印,相当醒目,人名、地名有英、日两种文字注音,年代日期也用日本纪年标示。19 世纪 60 年代,随着洋务运动的兴起,《志略》也如同《海国图志》,发生了"出口转内销"的现象,日本刊本流入中国,成了坊间翻刻的摹本。同治五年(1866),徐氏继任总理同文馆事务大臣,总理衙门特别重刻《志略》,列为同文馆的教科书。自 19 世纪 70 年代起,《志略》声誉日隆,不断被翻刻,影响逐渐扩大,成为国人了解外部世界的重要读本。就笔者所知,国内出版的版本至少有 20 种,此列如下:

(1) 道光二十八年(1848)徐氏刻本,6 册(山西图书馆藏)

(2) 道光三十年(1850)红杏山房刻本,6 册(北京师范大学藏)

(3) 同治五年(1866)总理衙门本,6 册(复旦大学图书馆藏)

(4) 同治五年(1866)壁星泉鉴定重订本,6 册(中国人民大学图书馆藏)

---

① 方闻编:《清徐松龛先生继畬年谱》,台北:台湾商务印书馆股份有限公司,1982 年,第 90 页。

② 《瀛环志略》(1848)正文征引书目,参见[美]德雷克著、任复兴译《徐继畬及其瀛寰志略》,台北:文津出版社,1990 年,第 158—159 页。

③ 《高厚蒙求》原文,参见徐朝俊《高厚蒙求》二集《海域大观》,第 49—50 叶。而《高厚蒙求》又源自《职方外纪》,参见《职方外纪校释》,第 141—142 页。

(5) 同治十二年(1873)棪云楼刻本,6册(上海图书馆藏)

(6) 同治十二年(1873)刊本,4册(中国人民大学图书馆藏)

(7) 同治十二年(1873)文藻斋袖珍刊本①

(8) 光绪五年(1879)香港活字版新印②

(9) 光绪六年(1880)楚南周鲲刻本,1册合订本(上海图书馆藏)

(10) 光绪十年(1884)京都琉璃厂会经堂刊本(台湾"中央图书馆"藏)③

(11) 光绪十九年(1893)鸿宝斋石印本,4册(上海图书馆藏)

(12) 光绪二十一年(1895)上海宝文局石印本,3册(上海辞书出版社藏)

(13) 光绪二十三年(1897)上海书局石印本,4册(上海图书馆藏)

(14) 光绪二十四年(1898)新化三味书室校刊本,6册(上海图书馆藏)

(15) 光绪二十四年(1898)上海老扫叶山房铅印本,8册(复旦大学图书馆藏)

(16) 光绪二十八年(1902)汉读楼石印本,6册(北京师范大学图书馆藏)

(17) 出版年不详,崇明李氏刻本(《增版东西学书录》附下之下)。

(18) 出版年不详,槐里堂本④

(19) 出版年不详,广东书局石印本,4册(《涵芬楼旧书目录再续编》1919年商务印书馆版)

(20) 出版年不详,正续《瀛环志略》本,4册(中国人民大学图书馆藏)

《志略》以图为纲,有地球全图和各州、各国、各地区分图43幅,文字近20万。结构严谨,内容丰富,堪称"总揽宇宙之巨观"的"海国破荒之作"。⑤ 该书的结构凡10卷,3卷志亚细亚:卷一分述地球的基本知识和东亚、南洋以及现今大洋洲的情况,其中没有中国部分,这一点与《四洲志》不谋而合;卷二为南洋和东南洋各岛、大洋海群岛,澳大利亚和新西兰是放在亚细亚的"东南洋各岛"和"大洋海群岛"部分来论述的,可见徐继畬并不认为澳洲算一个新大洲;卷三为五印度及西域(即现今南亚和中亚)各国的概述。4卷志欧罗巴:卷四至卷七重点介绍欧罗巴(今欧洲)各国,包括英、法、意、俄、奥、普、希、比、荷、西、葡、丹、瑞典、瑞士等10余国。1卷志阿非利加:卷八叙述阿非利加(今非洲)的情况,相对说来较简略。2卷志亚墨利加:卷九、卷十介绍南、北亚墨利加(今南、北美洲),重点是米利坚(美国)。全书夹叙夹议,内容则包括方位、疆域、地形、山脉、河流、气候、物产、风俗及历史沿革等。引用前人、时人的资料和自己的按语各占一定的篇幅,有学者统计,俄国占全书24页,按语占8页;法国12页,按语占6页;英国45页,按语占20页。⑥ 当时世界上存在的100多个国家和地区,基本上都通过这种方式得以反映,可以说是比较全面地叙述了世界各大洲各地区的情况。

---

① 《袖珍〈瀛环志略〉出售》:"本店现刻袖珍《瀛环志略》一书,寄在上海城内四牌楼松筠阁及北市二马路千顷堂书坊发售,如赐顾者请来交易可也。至图绘详明,校印精审,识为当能辨之。癸酉七月文藻斋主人识。"《申报》1873年9月3日,第4版。

② 《申报》1879年7月17日,第7版广告。

③ 台湾"中央图书馆"编:《台湾"中央图书馆"普通本线装书目录》,1982年。

④ 潘振平文。

⑤ 任复兴:《〈瀛寰志略〉及其历史影响》,《山西大学学报》1989年第1期。

⑥ 徐士瑚:《放眼看世界的先驱——徐继畬》,任复兴主编《徐继畬与东西方文化交流》,第69—83页。

《志略》吸收了某些近代地理科学的概念。其特点是以四大洲(亚细亚、欧罗巴、阿非利加、亚墨利加)和五大海(大洋海、大西洋海、印度海、北冰海、南冰海)来划分当时的世界。徐氏已注意到大陆和海洋的区别,与中国传统文献中以"东南洋""西南洋""小西洋""大西洋"等观念来区别世界上不同地区相比,《志略》的区分显然更接近现代地理科学。而《志略》在介绍各国时,运用了近代区域地理的概念,首叙一洲的概貌,然后根据不同的地理位置,将一洲划分为若干区域,各区之下再按国分述。尽管徐氏本人还没有认识到这类概念的价值,但由于书中实际上已在运用,因而就《志略》对地球全貌的表述而言,已建立在比较科学的基础之上。

徐继畬特别重视地图的作用,指出:"地理非图不明,图非履览不悉,大块有形,非可以意为伸缩也。泰西人善于行远,帆樯周四海,所至辄抽笔绘图,故其图独为可据。"①全书即以图为纲展开叙述,共收图四十二幅,包括东半球、西半球的全图和各洲各国的分图。地图多摹自西方的地图册,虽然比较粗糙,但所勾勒之地的大致形状和位置都比较准确。徐继畬曾计划把《皇清一统舆地全图》置于亚洲全图之后,因为好友张穆的忠告,才不得不违心地在正式出版时将其置于亚洲全图之前。徐继畬的友人刘鸿翱②在《志略》的序言中强调了研读地图的重要性:

> 吾阅康熙年间西洋怀仁《坤舆全图》,周围九万里,宇中山川、城郭、民物,了如指掌。古之言地球者,海外更有九州,今以图考,则不止九州。或曰:"九州,天下八十一州之一。"今以图考,则无八十一州。

同时他亦指出《坤舆全图》资料的陈旧不足:

> 或曰"还则水之溢出于地者,地尽处复有大瀛海环之,天地之际在焉。"图中亦不记。或曰:"日较小于地,故能容光必照。长白何太安《易说》,天一度二千五百里,共八千余万里,如此则日不逾时即周天,地球乃天中之一丸。"图中亦不载。

他认为近期一些地理著述,"即《海国闻见录》与《舆图》尚未尽合,况能详《舆图》之未详乎?"他比较南怀仁的《坤舆全图》,认为《志略》略胜一筹,写道:

> 余读其书,地球环北冰海而生,披离下垂如肺叶,凹凸参差,不一其形。松龛先绘总图,次各绘分图,次考据,次论断,而曰《志略》者,如北冰海,人皆知之。南极之为冰海,怀仁《舆图》弗著焉,故不敢言详也。……松龛幸生车书大同之世,海洋诸国梯航而至,咨其所经历,欧罗巴、阿非利加、亚墨利加者,谨志其所可信,间补怀仁《舆图》之所未北,所以扬至诚配天之烈,百世言地球之指南也。③

地图是表达地理知识最直观的工具,准确的地图会给人以正确的地理观念。"大地之土,环北冰海而生,披离下垂,如肺叶凹凸,参差不一",生动地为国人展示了地球复杂的面貌。书中类似的

---

① 《志略》,第6页。

② 刘鸿翱(1778—1849),字裴英,号次白,山东潍县人。嘉庆十四年(1809)进士,历任太湖司马、徐州太守、台湾道兼提督、台澎学政、陕西按察使、云南布政使、署理闽浙总督、福建巡抚等职。为官清正、严明、察情、恤民,闲暇则研究古文,著有《绿野斋文集》《太湖诗草》等。参见陈玉堂《中国近现代人物名号大辞典》,浙江古籍出版社,1993年,第206页。

③ 《志略》,第2—3页。

地形描述还有不少,如描绘印度:“缅甸之西,两藏之西南,有广土突入南海,形如箕舌,所谓印度者也。”①描绘希腊:“地形如臂入地中海,其尽处槎桠似人掌。”②美洲的形状:“北土形如飞鱼,南土似人股之着肥裤,中有细腰相连。”③描绘意大利:“全土斜伸于地中海,似人股之着履者。”④这些形象的描述,显然来自徐继畬对地图的精细观察。

《志略》对世界地理的研究仍有很大的不足,在吸收近代科学知识方面所表现出的对传统的妥协,显示某些保守和胆怯。如徐继畬明明已经了解到“亚细亚以中国为主”,清楚中国不是全球的中心,但在正式定稿时却要将之改为“坤舆大地以中国为主”⑤;他对耶稣会士汉文地理著述和新教传教士带来的地图文献有过深入的研究,明明了解运用经纬线等的好处,但在叙述、制图时都将之略去。这些都说明徐继畬对近代地理科学的基本知识虽然有所认识,但在具体实践过程中又裹足不前,以致在中国地图史上原本可以跨越一大步的地方畏缩退却,给晚清地理学史留下了遗憾。

三、《瀛环志略》的内容与特点

在中国传统的外部世界知识体系中,有关各处的奇异人种、风俗和物产的记载占了很大比重。直到清朝雍正年间纂修《古今图书集成》,还把“一臂国”“三身国”之类视为“边裔”,列为“西方未详诸国”。这类传说的长期存在,成为人们正确观察和对待海外诸国的巨大思想障碍,以致文人墨客言及海外,便津津乐道于此,把对外部世界的想象和探讨等同于猎奇。徐继畬通过对世界各国的介绍,放弃了明末清初以来介绍欧洲地理知识着力于“求奇”和“求异”的认识,而转变为以介绍域外的“新知识”为主。《志略》所介绍的地理新知识比较准确可靠,使世人由此得到了比较正确的地理新观念。故后人论及此书,都不约而同地称赞其“博采前贤著述,正其并误”和“考核甚精”。

(一) 揭示世界古老文明面对的挑战,提出“古今一大变局”说

晚明至晚清,世界格局和中国内部都发生了巨大的变动,中国从自诩为天朝大国沦落为受列强欺凌的贫国弱国,晚清有百年大变局、千古大变局之说。《志略》介绍了15世纪末之后欧洲人地理大发现的成果,使夜郎自大、自以为中国是世界中心的清帝国臣民,获得了“全世界”的概念,唤起国人正视“古今一大变局”。《志略》在叙希腊、意大利、印度、土耳其时,用了不少篇幅描述这些亚欧古国早期发达的盛况。如古代欧洲文明的发源地——希腊:“当上古时,欧罗巴人草衣木食,昏蒙未启”之时,相当于中国商朝,希腊已经立国于雅典,织羊毛为衣,酿葡萄为酒,取橄榄为油,铸金锻铁为工具,欧洲人文化启蒙,“世自希腊始”。《志略》详述了希腊城邦联盟、联盟公会(今译议会)的重要职能以及联盟依凭地中海的发达贸易成为繁荣富强的国家的种种实况,

---

① 《志略》,第62页。
② 同上,第174页。
③ 同上,第263页。
④ 同上,第182页。
⑤ 同上,第6页。

以及希腊的哲学与文艺的成就。接着引用“泰西人纪希腊古事”(疑即《希波战争史》——引者注)详细介绍希腊和波斯战争的历史。① 意大利当年也曾称霸欧洲,“北扼日耳曼诸部至波罗的海,南服阿非利加北境各国,西辟佛郎西、西班牙、葡萄牙至大西洋海,又跨海建英吉利三岛,东并希腊诸部,括买诺、西里亚,纵横千万里,跨欧罗巴、亚细亚、阿非利加三土。边外弱小诸部皆修贡职为臣妾。居然大一统之势,建都城于罗马,诸国仰之如周京”。② 印度“为佛教所从出,故自古著名。自后汉同中国,唐时屡入贡……东南亚诸部皆听役属”③。而土耳其在“明景泰三年,灭东罗马,取君士坦丁城为国都,……红海、地中海南岸诸国旧属阿剌伯者,或纳土,或称藩,阿剌伯以纳款为属国,复东取波斯,建为大藩,幅员之广,几比胜于罗马全国”④。

《志略》在书中展现了世界一些古老的国家机构与古代历史的信息,表明这些古代政权形式同当时亚欧各国的政治体系既有继承关系,又有根本的不同。徐继畬从战国七雄争强的角度,分析了世界各国互相交往、互相依赖、互相争夺的复杂关系,揭示出清朝在列强环伺中的危局:中国边患自古在西北之背,今则转向东南腹地,敌国技术先进,国势强大。他依据世界史地事实提出:“欧罗巴诸国之东来,先由大西洋而至小西洋,建置埔头,渐及于南洋诸岛,然后内向而聚于粤东。萌芽于明中,滥觞于明季,至今日而往来七万里,遂如一苇之杭。天地之气,由西北而通于东南,倘亦运会使然耶。”⑤西方殖民扩张的浪潮已波及亚洲,中国实际上处于被包围的状态之中。徐继畬在描述天下大势时,认为希腊、意大利、印度、土耳其,特别是南洋等地相继衰弱,不少沦为欧洲列强的殖民地,欧洲的扩张打破了世界各地原来的隔绝状态,这是一个不以个人意志为转移的必然趋势,这个过程造成了世界格局的新变化。他在《志略》凡例中指出:“南洋诸岛国苇杭闽粤,五印度近连两藏,汉以后,明以前,皆弱小番部,朝贡时通,今则胥变为欧罗巴诸国埔头,此古今一大变局。”⑥徐氏惊呼“此古今一大变局”是对世界大势、中外关系的一个总概括,亦成为此后数十年志士仁人“古今变局观”的先声。⑦

(二)倡导发奋图强,透露出强烈的反侵略旨意

对于如何对付西方列强侵略的这一重大问题,《志略》没有作出直接回答,而是通过叙述或评价某些国家、地区的历史沿革,间接地表达了作者的见解。这些见解主要可分为两个方面:一是称颂或同情那些敢于抗击强敌的弱小国家。书中指出:“英吉利蚕食东印度诸部,将及缅界,道光四年,缅王率大兵迎击之,英师败绩。已而英人以兵船入内港(即怒江口),缅人奋力搏

---

① 《志略》,第174—181页。
② 同上,第182页。
③ 同上,第62—63页。
④ 同上,第162—163页。
⑤ 同上,第113页。
⑥ 同上,第7页。
⑦ 淮安板闸秀才黄钧宰(1826—1895)常被认为是“变局论”最早的提出者。1844年,其所著《金壶七墨》(初刊于1863年)中有一段以“鬼劫”为题的文字,记述了黄氏对所谓“变局”的感慨,文中所记述的“中外一家,亦古今一大变局哉”一语,是一段闻自江南来客的耳食之言,实为感叹历来华夷隔绝之天下一变为“中外一家”之世道。或有指出其实最早基于对世界大势提出更系统、多面、深层的变局观者是徐继畬。参见曾燕、涂楠《中国近代新思想的破茧发蒙——徐继畬“古今一大变局”论内涵辨析》,《西南民族大学学报》2012年第7期。

战,为炮火所轰而溃。"①小国苏禄,当年西班牙"欲以苏禄为属国,苏禄不从,西人以兵攻之,反为所败"。徐继畬评论称:"苏禄,南洋小国,独喁喁慕义,累世朝宗。当西班牙、荷兰虎视南洋,诸番国咸遭吞噬,苏禄以拳石小岛,奋力拒战,数百年来安然自保,殆舍族之能自强者哉!"②二是指出治国需居安思危,勉力更新改革。印度之所以被鲸吞,是由于统治者"新人谗佞,大权旁落,国势顿衰……英吉利攻灭孟加拉,乘胜胁降诸部,值赛哥两世得贤主,国治兵强,故英人止戈修好,未尝措意,至是昏庸在位,间隙可乘,遂连年大举深入,侵割其疆土过半"③。对于印度变为殖民地的过程,徐继畬有很详细的总结:"欧罗巴诸国之居印度,始于前明中叶,倡之者葡萄牙,继之者荷兰、佛郎西、英吉利,皆以重资购其海滨片土,营立埔头,蛮人愦愦,不察萌芽。英吉利渐于各海口建立炮台,调设兵戍,养精蓄锐,待时而动,迨孟加拉一发难端,遂以全力进攻,诸蛮部连鸡栖桀,等于摧枯拉朽,于是五印度诸部,夷灭者十八九,哀哉!"④徐氏为之扼腕之余,最后作了点题:"英人自得五印度榷税养兵,日益富强,其陆地与西藏之南界、滇省之西界,虽壤地几于相接,而梯度绳悬,往来不易;水程则自孟加拉至粤东,兼旬可达,迩年英人货船,自印度来者十之六七。昔日之五印度,求疏通而不得;今日之五印度,求隔绝而不能。时势之变,固非意料所及矣!"⑤这些议论系十分明显的抵抗列强侵略、未雨绸缪的警醒之言。对俄国的叙述,同样包含有类似的旨意,如称"彼得罗幼时,其姊贪权,欲居王位,彼得罗避祸隐寺内为僧,既为众所推立,卑礼招致英贤,与图国事,躬教士卒骑射,兼习火器,悉为劲旅,由是政令更新,国俗为之一变。境内既平,乃巡行边界,开通海口,尝以俄人不善驶船,变姓名走荷兰,投舟师为弟子,尽得其术乃归。治舟师与瑞典战,胜之,瑞典割芬兰以讲,遂建新都于海滨,曰彼得罗堡"。接着"疏通波罗的海道,水陆皆操形势,战胜攻取,疆土愈辟。俄罗斯近世之强大,实自彼得罗始也"。⑥ 这里明显在暗示彼得大帝应是中国由弱变强的仿效榜样。彼得大帝之后王后加他邻(今译叶卡特琳娜)嗣位,她"淫荡多嬖而精于理事,招致他国百工,厚给廪饩,教国人以艺事,广延文学,兼修武备",于是国家富强,南攻土耳其,"割其北境,又分割波兰三分之二"。⑦ 徐继畬不无忧虑地写道:"俄罗斯近年疆土日广,其国之南境已尽里海之西、北两岸,由里海之北岸直趋东南,中间所历之鞑靼回部,如机洼之类,皆冗弱无足比数,戎马往来,如若无人。……英人取印度由海,俄人之窥印度也由陆。论巧俄不如英,量力则英不如俄,两国之在西土可称勍敌,数十年后当不知作何变动矣。"⑧徐继畬已经意识到俄国给中国北境造成的陆上威胁,和英国给中国造成的海上威胁不相上下,这种远见卓识已为后来的历史所证明,实在难能可贵。

(三)推崇欧美民主政治制度,颂扬华盛顿

《志略》对近代欧美资本主义民主政治作了富有积极意义的介绍和评论。徐继畬对英国资

---

① 《志略》,第25页。
② 同上,第35页。
③ 同上,第75页。
④ 同上,第76页。
⑤ 同上,第76—77页。
⑥ 同上,第116—117页。
⑦ 同上,第117页。
⑧ 同上,第104页。

产阶级民主机制有着浓厚的兴趣,叙述不厌其详。书中对"欧罗巴强大之国"英国议会政治的概况,特别是英国的君主立宪及上下议院制度作了专门的介绍:"都城有公会所,内分两所,一曰爵房,一曰乡绅房。爵房者,有爵位贵人及西教师处之;乡绅房者,由庶民推择有才识学术者处之。国有大事,王谕相,相告爵房聚众公议,参以条约,决其可否,复转告乡绅房,必乡绅大众允诺而后行,否则寝其事勿论。其民间有利病欲兴除者,先陈说于乡绅房,乡绅酌核,上之爵房,爵房酌议,可行则上之相而闻于王,否则报罢。"①徐氏在这里创译的术语"爵房",相当今天所译的"上议院""贵族院";"乡绅房",相当于今天所译的"下议院""平民院"。并称:"大约刑赏、征伐、条例诸事,有爵者主议;增减课税、筹办帑饷,则全由乡绅主议。此制欧罗巴诸国皆从同,不独英吉利也。"②不难见出,徐继畬在叙述时流露出对西方民主的向往,认为正是这一为欧洲各国所采用的英国议会民主制度,才使之在制度上占有优势,从而打败了中国,称霸世界。

《志略》一书用了相当的篇幅介绍美国,除了提供有关美国地理方面的信息外,徐继畬还详述美国的联邦制及民主共和之政治制度、工商业、财政、教育、交通等方面:"仍各部之旧,分建为国,每国正统领一,副统领佐之……以四年为任满……退位之统领,依然与民齐齿,无所异也。各国正统领之中,又推一总统领专主会盟、战伐之事,各国皆听命,其推择之法与推择各国统领同,亦以四年为任满,再任则八年。"③这一段是介绍美国的联邦制,文中所称之"国",今译作"州";"统领",今译作"州长";而由各"国"(州)共推之"总统领",即今译之"总统"。他也注意到美洲殖民化的过程以及美国独立战争的史实。当华盛顿率领起义军抗英时,"军械、火药、粮草皆无,顿以义气激励之",当美军先胜后败,众欲散去时,"顿意气自如,收合成军,再战而克。由是血战八年,屡蹶屡奋,顿志气不衰,而英师老矣"。④ 最后英国不得不订城下之盟,使美人得以独立。"顿既定国,谢兵柄,欲归田。众不肯舍,坚推立为国王。顿乃与众议曰:'得国而传子孙,是私也。牧民之任,宜择有德者为之。'"众乃推为总统,为期四年,任满又推为总统,通年后即退位归里,与庶民同。徐继畬不仅对美国首任总统华盛顿的胸怀、远见、仁心赞美有加,而且对之倡导的共和民主之制,赞赏备至:"华盛顿,异人也。起事勇于胜、广,割据雄于曹、刘。既已提三尺剑,开疆万里,乃不僭位号,不传子孙,而创为推举之法,几于天下为公,骎骎乎三代之遗意。其治国崇让善俗,不尚武功,以迥与诸国异。余尝见其画像,气貌雄毅绝伦。呜呼!可不谓人杰矣哉。"⑤这里的"推举之法",今译作"民主选举",正是民主共和制的精髓所在,且他以为这一制度真正符合中国三代哲人的传贤不传子的遗意。在美国地志的最后一段按语中,徐继畬指出:"米利坚合众以为国,幅员万里,不设王侯之号,不循世及之规,公器付之公论,创古今未有之局,一何奇也!泰西古今人物能不以华盛顿为称首哉!"⑥他甚至认为墨西哥后来没有随美国而上,就是因为没有英明杰出的华盛顿:"墨西哥拥土自擅,全效米利坚,而治忽殊途,显晦异辙,则无华盛顿其人以为之渠也。立国规模,固全在乎创始之人哉。"⑦1850年,《志略》问世不久,入华美

---

① 《志略》,第235页。
② 同上。
③ 同上,第276页。
④ 同上。
⑤ 同上,第277页。
⑥ 同上,第291页。
⑦ 同上,第296页。

国传教士觅得一部寄回美国。1853年,在华美国传教士将该书中论华盛顿的文字,以中、英两种文字刻于花岗岩碑上,赠送给美国华盛顿纪念馆,该碑后砌于华盛顿纪念塔第10级内壁。《志略》对华盛顿的赞誉,在美国引起反响。

徐继畬叙述英、美两国民主制度及其各自的机构职能和参与国政的程序,说明这一议会民主制度"欧罗巴诸国皆从同,非独英吉利也"①。不仅大国如此,小国皆然,如瑞士虽为"东西约五六百里、南北约三四百里"的小国,但"其地斗绝,人健斗,日耳曼不能收复,亦遂听之。初分三部,后分为十三部,皆推择乡官理事,不立王侯,如是者五百余年,地无犬吠之扰,西土人皆羡之"。瑞士是欧洲较早实行"推择乡官理事"的资本主义民主的国家,徐继畬在按语中称:"瑞士,西土之桃花源也。惩硕鼠之贪残,而泥封告绝,主伯亚旅,自成卧治,王侯各拥强兵,熟视而无如何,亦竟置之度外,岂不异哉!"②上述介绍已初步触及了近代西方资本主义文明的某些主要特征,标志着国人认识西方的一个新水平。

(四) 提倡坚船利炮和尚武精神

中国在与英国打交道的过程中,英国的坚船利炮给中国人留下了深刻的印象。《志略》中对英国的海陆军实力有非常详细的叙述。他指出英国本国"额兵九万,印度英兵三万,土兵二十三万,谓之叙跛兵。兵船大小六百余只,火轮船百余只。其兵水师衣青,陆路衣红,重水师而轻陆路。专恃枪炮,不工技击,刀剑之外无别械"。然后补充英国兵船大者安炮120门,次100门,再次90门、70门、60门不等;有三桅、二桅船,船高六七尺,船腹入水,深者3丈余。"其船行大洋中不畏风浪,其蓬[篷]关捩灵巧,能收八面之风。"③徐继畬指出英国不仅在海陆军兵力,大小数百只兵船、火轮船及船上安装的大炮数目上优于中国,其兵船坚固的形式、木料、构造等,使之在技术与火力上都大大优于中国。这些英国军事上的信息,不仅来自文字资料,也是他协助颜伯焘办理厦门防务并目击厦门为英军陷落时得到的经验,这使他对于英舰炮火的威力感受尤深。

徐继畬还以"欧罗巴普鲁士国"为例,阐述欧人尚武精神,其征兵制度"年二十以上男丁皆入伍学艺,三年放归,每岁秋操阅,赏罚之。故其国兵多而强,额兵计十六万五千,内宿卫一万八千,骑兵一万九千,炮手一万五千七百,步兵十万四千,别有民壮三十五万九千二百"④。在介绍了普鲁士的情况后,他评论道:"欧罗巴人皆称普鲁士为善国,强大不如奥地利,而修政睦邻,不事搂伐,则远过于奥。啡哩特威廉第三遭强邻之难,转败为功,有卫文大布大帛之风。其治军亦得古人寓兵于农之意,岂可以荒裔而忽之哉?"⑤在徐继畬看来,这个国家的政治、军事思想和制度与中国传统思想有相似之处,认为不能因为普鲁士处于荒裔之地而轻视这个国家。

《志略》也叙述了法国的陆海军实力,称:"国有额兵三十万,战船大小二百九十只,水兵五万,船之大者载炮七十二门至一百二十门。亦有火轮船数十只,巡驶地中海。"同时,徐继畬还详述了法人以战胜为荣的尚武精神:"其俗人人喜武功,军兴则意气激扬,面有矜意,临阵跳荡直前,义不返顾,前队横尸杂遝,后队仍继进不已,获胜则举国欢呼,虽伤亡千万人不恤,但以崇国

① 《志略》,第235页。
② 同上,第156—157、161页。
③ 同上,第237—239页。
④ 同上,第142页。
⑤ 同上,第146—147页。

威、全国体为幸。其酋长沉鸷好谋,知兵者多,水战、陆战之法,无不讲求,好用纵横之术,故与诸国交兵,常十出而九胜。”①徐继畬在按语中还特别提醒:“欧罗巴用武之国,以佛郎西为最。争先处强,不居人下,遇有凌侮,必思报复。”②他描述法国 1789 年的大革命和拿破仑的崛起,称:拿破仑“用兵如神……灭荷兰,废西班牙,取葡萄牙,兼并意大里、瑞士、日耳曼诸小部,割普鲁士之半,夺奥地利亚属藩,侵嗹国围其都城,战胜攻取,所向无敌,诸国畏之如虎”③。《志略》如此描述,无非是向国人表明:使中国军队受挫的外国军力,将不仅仅是英国一国而已,法国很可能是潜在的对手。确有先见之明。

(五)主张开拓中外贸易和倡导掌控海权

《志略》贯穿了一个重要的思想,即开拓中外贸易是国家发展的基石。《志略》卷二“亚细亚·南洋各岛”的按语中称:“唐以前之通番,不过求珍异之货,夸王享之仪,其重在贡;而唐以后则榷其货税,以益国用,其重在市。”④唐、宋两朝,番舶乃聚于粤东。“明成祖好勤远略,特遣诏使,遍历各番岛开读。于是诸番岛喁喁内向,效共球者数十族,如吕宋、爪哇、婆罗洲、苏门答腊之类,幅员差广,可称为国。”⑤“内臣侯显、郑和等,招谕西南诸番,暹罗、爪哇以至西洋古里诸国。诸番贡献毕至,奇货重宝,前所未有。”⑥徐继畬指出:“古圣人不贵异物,不宝远物,岂惟谨节制度,杜侈汰之萌,而防患未然之意,亦可深切著明矣!”⑦追溯唐、宋与元朝时期的情况,说明尽管明朝郑和下西洋被当时的文官批评为好大喜功,但是中外贸易互动,对于中国与东南亚诸国保持良好的外交关系,“防患于未然”的意义还是很明显的。随着大航海时代的到来,西方列强纷纷东来,外贸作为近世国力基础的重要性凸显。徐继畬明确认识到中国面对 19 世纪以来严峻的新形势,士大夫们应该抛弃儒家“重农抑商”轻视商业的偏见,清政府必须抱持务实态度去获得可靠的信息,制订出现实的重商主义的政策。

纵观世界各国富强之道,即重视商业利益,以商立国。徐继畬指出:“欧罗巴诸国皆善权子母,以商贾为本计,关有税而田无赋。航海贸迁,不辞险远,四海之内遍设埔头,固由其善于操舟,亦因国计全在于此,不得不尽心力而为之也。”⑧他认识到对外开放通商乃是世界绝大多数国家的抉择,就连非洲小国突尼斯,也是“欧罗巴各国皆与通商”⑨。欧洲诸国,除了俄罗斯与中国通过陆路互市外,其余皆通过海道,“其至粤东贸易者,英吉利船最多,居各国十分之六。西班牙之船,大半自吕宋来,粤东称大小吕宋,不称西班牙,船之多几过于英吉利,而洋米之外少别货。此外则奥地利亚、普鲁士次之,嗹国、荷兰又次之,瑞国又次之。佛郎西货船,每岁来粤,多不过三四只,少则一二只,所载皆呢羽、钟表诸珍贵之物。葡萄牙即居澳门之大西洋,其本国商

---

① 《志略》,第 210 页。
② 同上。
③ 同上,第 203 页。
④ 同上,第 55 页。
⑤ 同上,第 52 页。
⑥ 同上,第 55 页。
⑦ 同上。
⑧ 同上,第 115 页。
⑨ 同上,第 250 页。

船来者甚稀"①。掌控海路,即掌握了海上贸易的咽喉,徐继畬已经意识到掌控海权的重要性。他以荷兰为例,称荷兰虽是一个"欧罗巴小国",却"善于操舟,能行远,故欧罗巴海市之通行,自荷兰始"。② 明朝中叶,荷兰首先派船来到中国南海与爪哇一带,逐渐占领了今天的印尼各岛,还一度占据舟山,以巨炮摧毁普陀山,甚至游弋在澎湖和厦门一带,一度占领过台湾,最后是被郑成功击败的。徐继畬从荷兰的海上称霸史中总结出:"欧罗巴诸国皆好航海、立埔头,远者或数万里,非好勤远略也,彼以商贾为本计,得以埔头则擅其利权而归于我,荷兰尤专务此。其航海东来也,亚非利加、印度、麻喇甲、苏门答腊即已遍设埔头,噶罗巴(即爪哇)一岛,大、小西洋入中国门户,富盛甲于两洋,为诸岛国之纲领,荷兰以诡谋据其海口,建设城邑,流通百货。"东南亚诸岛国都有荷兰设立的埔头,近年以来,有些地方渐渐为英国所占据。③

徐继畬认为欧美列强以商为本的经济,必重视海外贸易。中国与世界的关系已是"求隔绝而不能",因此极力主张通过中外贸易、控制海权来参与世界舞台竞争。

(六)"以华释外"的编纂策略

《志略》善于用中国士大夫们熟悉的语言和思维、论证方式,比较全面地介绍域外世界,在译介域外世界的风俗、政治制度方面,运用对比、归化、异化的编纂策略,经常采用符合中国读者习惯的文言特色的短句,进行相应的本土化处理。在选择域外文献资料的过程中,一方面重视异质性,一方面对相对难以理解的文化现象或异国情调加以解释或者注释,或将一国的地理环境的特点、人种差异、人民的生活风俗习惯与中国进行比较,有助于读者更深入和全面地认识域外事物。

徐继畬在解释外国地理环境时,尝试用中国风水的观念来分析欧洲和非洲:"欧罗巴一土,以罗经试之,在乾戌方,独得金气。其地形则平土之中,容畜沧海数千里,回环吞吐,亦与他壤迥别,其土膏腴,物产丰阜。"④"阿非利加一土,以八卦方向视之,正当坤位。其气重浊,其人类颛愚,故剖判已历千万年,而淳闷如上古,风气不能自开",认为黑人被卖为奴隶,"豢之终身无叛逃者,其又得坤土之柔顺者欤"。⑤ 他也采用与中国地理对比的方法,如称北亚墨利加"有大河曰亚马孙,大如中国之长江"⑥;"米利坚各部在北黄道之北,与中国节候相仿"⑦;"米利坚各国天时和正,迤北似燕、晋,迤南似江、浙,水土平良,无沙碛,鲜瘴疠"⑧;指出"南、北亚墨利加袤延数万里,精华在米利坚一土,天时之正、土脉之腴,几与中国无异"⑨;还将古巴、海地两大岛,"比中国之台、琼"⑩。他从地理和制度角度介绍日耳曼列国时,也多以中国为对照:"日耳曼为欧罗巴

① 《志略》,第110页。
② 同上,第193—194页。
③ 同上,第196—197页。
④ 同上,第112页。
⑤ 同上,第262页。
⑥ 同上,第268页。
⑦ 同上,第269页。
⑧ 同上,第289页。
⑨ 同上,第290—291页。
⑩ 同上,第310页。

适中之地,似中国之嵩洛,其人聪明阔达,西土以为贵种。其分土列爵,似三代封建之制。”①在叙述日本一节时称:“其男女眉目肌理,仿佛华土,信东方秀气之所钟也。”②

欧美地理是《志略》叙述的一个重点,全书用了大约一半篇幅来介绍欧美国家。书中批评关于“澳门之夷,俗呼为大西洋,又称为意大里亚。当其初来,中土不详其部落之名,彼谓从大西洋来,则称为大西洋,而不知葡萄牙在大西洋,不过滕、薛之类也。至称意大里亚为彼土一统之朝,犹之称中国为汉人、唐人耳”③。解释葡萄牙在欧洲的地位,他举出中国周朝分封的诸侯国滕国(前 1122—前 296)和夏商周三代东方的一个诸侯国薛国,都是属于古老的小王国;意大利所谓的统一王朝,也是分分合合,与徐继畬生活的时代的意大利已经判若异朝,犹如称中国为汉、唐。在叙述瑞典的结语中,用生于忧患、死于安乐的观点来解释:“瑞国处穷发之北,在欧罗巴诸国中最为贫瘠,而能发奋自保,不为强邻所并兼。‘安乐者祸之萌,忧患者福之基。’虽荒裔亦如是也。”④在讲述普鲁士威廉第三即威廉三世领兵打仗,转败为胜的事迹时,称赞他“有卫文大布大帛之风,其治军亦得古人寓兵于农之意”⑤。认为威廉第三的做法类似春秋时卫国国君卫文公(? —公元前 635),他在位期间,努力生产,教导农耕,便利商贩,加惠各种手工业,重视教化,奖励求学,任用有能力的人为官;他大力发展军事,在位初期,战车仅三十辆,到其在位晚年,已增加至三百辆。徐继畬还将华盛顿起兵抗击英国殖民者,比为起事抗秦的陈胜、吴广,以其割据雄于曹操和刘备,并认为其“不僭位号,不传子孙,而创为推举之法,几于天下为公”,符合中国尧舜三代的禅让之遗意。⑥ 在介绍土耳其一节中,徐继畬已意识到西方世界也存在着种种危机:“观泰西人所著书,西土之困于苛政也尤甚,胜、广之徒时时攘臂,而彼昏不知,犹晏然为羊车之游,亡可翘足而待土。”⑦一方面隐伏着农民起义的危机,而统治者犹如晋武帝,还在宫中乘羊车选妃,过着“彼昏不知”的荒唐生活。

徐继畬在介绍海外文化制度时,还常常作这样的比附,如讨论希腊的一节,徐继畬借李太郭的一段话称:“雅典最讲文学,肄习之精,为泰西之邹、鲁。”⑧称赞意大利民众“好谈论游戏,喜讴歌,有稷下之风”⑨。在讲述埃及为土耳其所灭时,则将那些不开化的地区比作古代传说中的两个大盗——盗跖与庄跻的老巢:“曩时文物之盛已扫荡无遗,而地中海南岸诸部乃半化为跻、跖之巢穴。”⑩在叙述外国制度时,他经常以中国的官制来作为对照,如讨论噶罗巴(即爪哇国)一节,称“荷兰择其贤能者为甲必丹”,并以小字解释道:“欧罗巴官名,如中国州县之类。”⑪在“亚细亚印度以西回部四国”条中,徐继畬表达了对于基督教的看法:“摩西十诫,虽浅近而尚无怪说,西教著神异之迹,而其劝人为善,亦不外摩西大旨。周、孔之化,无由宣之重译。彼土聪明特

---

① 《志略》,第 156 页。
② 同上,第 14 页。
③ 同上,第 224 页。
④ 同上,第 133 页。
⑤ 同上,第 146—147 页。
⑥ 同上,第 277 页。
⑦ 同上,第 170 页。
⑧ 同上,第 182 页。
⑨ 同上,第 183 页。
⑩ 同上,第 253 页。
⑪ 同上,第 39 页。

达之人,起而训俗劝善,其用意亦无恶于天下,特欲行其教于中华,未免不知分量。”①虽然他认为基督教教义中也有“训俗劝善”的作用,但和中华文化相比,仍属等而下之。换言之,他认为西方传教士想在华传播基督教福音,实在是自不量力。

徐继畬在《志略》中采取“以华释外”的编纂策略,旨在确定 19 世纪中国在海洋万国中的位置,以世界史地的方式,将有关域外各国地理、贸易、政治、经济、物产和民俗的较为翔实和准确的知识,编织到海洋时代复杂的万国网络之中,从而为中国从大陆帝国向海洋时代转型提供互识的基础。

四、《瀛环志略》的流传和影响

正因为《志略》在对世界的认识方面远远地超越了同代人,因此,该书初版后毁多于誉,曾国藩称《志略》“颇张大英夷”②,虽是在友朋书札中的言论,但可以视为清官方早期的一个态度。保守派的代表倭仁更是直指《志略》“以有先人之言,便生一偏之见”③。李慈铭认为《志略》“轻重失伦,尤伤国体”④。史策先更称《志略》“立论多有不得体处,……张外夷之气焰,损中国之威灵……奉旨议处,书版饬令毁销”⑤。均可视为民间保守读者群中对《志略》的评说。《志略》初刊时在国内影响不大,1861 年后,日本推出了红、黄、绿三彩印本,广泛流传,于是发生了“出口转内销”的现象,日本刊本流入中国,成为坊肆翻刻的摹本。1866 年总理衙门才特别刻印,列为同文馆的教科书,该书也成了那一个时代先进中国人认识世界、了解西方的主要知识来源之一。也许由于《志略》“以精约胜”⑥,其精练的篇幅正适宜于携带外出,那个年代,充当使节的官员以及出外游历或考察的国人多随身携有《志略》,以便查阅。《志略》中对世界各国人地国名的译法,后来还成为总理衙门编译外文书籍地名时所采取的标准译法。1867 年出使欧洲的斌椿,1875 年出使欧洲的黎庶昌,1876 年出使欧洲的郭嵩焘和刘锡鸿,1876 年游历欧美的李圭,1890 年出使英、法、意、比四国的薛福成,1894 年出使日本的黄庆澄,沿途都对《志略》的记述进行了仔细的查对。斌椿在 1867 年出使欧洲回国后写道:“自古未通中国,载籍不能考证,惟据各国所译地图,参酌考订,而宗以《瀛环志略》耳。”⑦1875 年至 1881 年出使欧洲的黎庶昌在《西洋杂志》中也盛赞“所经过山川城市,风土人情,《瀛环志略》所载,十得七八,乃叹徐氏立言之非谬”⑧。光绪二年(1876),郭嵩焘赴英首任中国公使时就是以《志略》为指南的。郭嵩焘在出国前也曾以此书叙述英、法诸国强盛为过,及使英,与人书叹曰:“徐先生未历西土,所言乃确如是,

---

① 《志略》,第 93 页。

② 曾国藩:《致左宗棠》,《曾国藩全集·书信(一)》,岳麓书社,1990 年,第 622 页。

③ 倭仁:《倭文端公遗书》卷五,转引自章永俊《鸦片战争前后中国边疆史地学思潮研究》,黄山书社,2009 年,第 243 页。

④ 李慈铭:《越缦堂日记》“咸丰丙辰一月二十八日”条,转引自由云龙辑《越缦堂读书记》,商务印书馆,1959 年,第 480—481 页。

⑤ 史策先:《梦余偶钞》卷一,《近代史资料》1980 年第 2 期。

⑥ 王韬:《上丁中丞》,《弢园尺牍》,中华书局,1959 年,第 105 页。

⑦ 斌椿:《乘槎笔记》,岳麓书社,1985 年,第 102 页。

⑧ 黎庶昌:《西洋杂志》,岳麓书社,1985 年,第 540 页。

且早吾辈二十余年,非深识远谋加人一等者乎!”①尽管他在出使途中发现《志略》有不少信息已经过时,如称“印度产茶岁得二十万斤,今已逾百倍之多矣”,但仍赞扬其译名,如“直布罗陀”译得恰当。②《申报》亦称:“以下皆西报语,按阿富汗即阿甫甘,西国有定音而本无定字,兹特照《瀛寰志略》称之。”③或以之校正错误的译名,如“本报两记秘鲁与吉里国因争硝地启衅一节,今阅《瀛寰志略》,知‘吉里’二字,应作‘智利’,亟补正之”④。

《志略》亦是晚清不少学者和思想家、地理学家海洋知识的重要来源,与林则徐、黄爵滋、龚自珍等在北京结“宣南诗社”的张维屏(1780—1859)研读此书后称赞《志略》:“《瀛寰》真善本,万国入双眸。”⑤王韬在《瀛环志略》序言中写道:“近来谈海外掌故者,当从徐松龛中丞之《瀛寰志略》、魏默深司马之《海国图志》为嚆矢,后有作者弗可及已。”认为《志略》是“当今有用之书”,因为它“纲举目张,条分缕析,综古今之沿革,详形势之变迁,凡列国之强弱盛衰、治乱理忽,俾于尺幅中,无不朗然如烛照而眉晰”。与《海国图志》比较,“各有所长,中臣以简胜,司马以博胜”。⑥ 或有学者从地理学角度比勘该书的内容,如光绪七年(1881)黄彭年(1823—1890)整理编校完成了何秋涛的《朔方备乘》,该书由莲池书院铅印出版,在图说部分取《志略》“诸图勘对”,指出“《瀛寰》图误”,辨证了其中的疏失。⑦ 黄维煊在《皇朝沿海图说》自序中批评《海国图志》“率多臆说”,而《瀛环志略》“得泰西人所绘地图,参以内府图志,最称详备”,但也认为该书“记沿海各国之沿革废置,与夫风土水更而海道之险夷不及焉”。⑧ 戊戌变法维新派思想家领袖康、梁早年曾受《志略》一书的影响。康有为自订年谱载:“同治十三年甲戌十七岁,涉猎群书,始见《瀛寰志略》地球图,知万国之故,地球之理。”“乃复阅《海国图志》《瀛寰志略》等书,购地球图,渐收西学之书,为讲西学之基础。”⑨他还对两书进行了比较,指出:“《瀛环志略》其译音及地名最正,今制造局书皆本焉。《海国图志》多谬误,不可从。”⑩梁启超 1890 年赴京会试途中,在上海“购得《瀛环志略》读之,始知有五大洲各国”⑪。“自是大讲西学,尽释故见。”他讲西学的教材,就是《瀛环志略》《海国图志》《万国公报》《西国近事汇编》等。梁启超也把该书看作西学的基本典籍,在《读书每月课程》中把《志略》看成仅次于《万国史记》后第二本必读的西学书,强调“读《瀛环志略》,以审其形势”⑫。梁启超在《中国近三百年学术史》中还指出:“徐书本自美人雅裨理,又随时晤泰西人辄探访,阅五年数十易稿而成,纯叙地理,视魏书体裁较整。此两书在今日诚为刍狗,然中国士大夫之稍有世界地理知识,实自此始。”⑬著名史学家王先谦 1909 年完成的《五洲

① 方闻编:《清徐松龛先生继畬年谱》,第 107 页。
② 郭嵩焘:《伦敦与巴黎日记》,岳麓书社,1984 年,第 62、85 页。
③ 《申报》1878 年 11 月 2 日,第 2 版。
④ 《再述秘鲁被兵事》,《申报》1879 年 6 月 20 日,第 2 版。
⑤ 张维屏:《四海团扇》,转引自章永俊《鸦片战争前后中国边疆史地学思潮研究》,第 225 页。
⑥ 王韬:《〈瀛环志略〉序》,陈正青点校《弢园文录外编》,上海书店出版社,2002 年,第 226—227 页。
⑦ 黄彭年著、黄益整理:《陶楼诗文辑校》,齐鲁书社,2015 年,第 390—391 页。
⑧ 黄维煊:《怡善堂剩稿》,清光绪十九年(1893)刊本,第 10—11 页。
⑨ 康有为:《康南海自编年谱》,中国史学会编《戊戌变法(四)》,神州国光出版社,1953 年,第 115 页。
⑩ 康有为:《桂学答问》,姜义华、吴根梁编校《康有为全集》第 2 卷,上海古籍出版社,1990 年,第 63 页。
⑪ 梁启超:《三十自述》文集之十一,《饮冰室合集》第 2 册,中华书局,1989 年,第 16 页。
⑫ 梁启超:《学要十五则》专集之六十九,《饮冰室合集》第 9 册,第 4、11 页。
⑬ 朱维铮校注:《梁启超论清学史二种》,复旦大学出版社,1985 年,第 467 页。

地理志略》一书,称国人了解"五洲志地,托始徐书(即《瀛环志略》)。先河之功,实堪并美《雷志》(即美国雷文斯顿《万国新地志》),纲领完密,英伦尤详"①。

近代最流行的报刊传媒《申报》上有多篇讨论《志略》得失的篇文,如1901年《申报》上一篇题为"俄罗斯舆地考略"的文章称:"张鹤融氏之《奉使俄罗斯日记》、丁寿祺氏之《海隅从事录》、图理琛氏之《异域录》、张德彝氏之《值俄日记》,俄国之事独未闻言及得地于阿墨利加乎,曰此事缪君佑孙《俄游汇编》、何君秋涛《朔方备乘》中曾约略言之,而以录松龛中丞所译《瀛寰志略》最加详,若西人绘刊之五大洲方舆图于墨洲边境,注明俄国属地,尤言之有物,信而可乎!"②在一篇题为"保暹罗以固藩封说"的文章中,《志略》与当时权威的日人世界史《万国史记》并列,称:"暹罗南洋大国也,考之《瀛寰志略》北界云南,东界越南,南临大海,西南连所属各番部,西界缅甸西北一隅,界南掌国,有大水二。一曰澜沧江,发源青海,历云南入暹之东北境,至柬埔寨入海;一曰湄南河,发源云南之仙李把根等河,至暹之北境,会诸水成大河,至罗斛南境入海。海口曰竹与,由竹与入内港,至曼谷都城长一千数百里,水深阔容洋艘出入。此暹罗形势之大略也。至《万国史记》中记暹罗之近事……"云云。③《论俄人之残虐》一文称:"俄人之残虐不自今日始也。徐松龛《瀛寰志略》谓俄用刑最酷;《万国史记》谓俄主宜万第四(今译伊凡四世——引者注)性严厉,以峻法治下,晚年益酷,戮臣民数万,群下畏而从之,亦有离畔者。"④

或有在译书中阐明《志略》译名可为翻译之准则,如1883年《申报》记载:

> 上海益闻报馆龚古愚(即龚柴)先生专精地舆之学,辑著《地舆图考》,刊列报内,迄今四历寒暑,凡于山川风土疆域之广狭,开国之远近,世代之沿革,物产之盛衰,人才之优劣,莫不备著于篇。诚为有益见闻,堪资印证者,已兹复先将亚西亚图考,里加参校,裒然成书,出以问世。其外国地名,则大半照徐继畬先生《瀛寰志略》原本,而其详过之。自《地体图说》起至西里亚附考止,计分四卷,洵足嘉思后人。⑤

参与江南制造局翻译馆译书工作的吴宗濂,曾参照他书译成《德国陆军考》,该书"例言"中阐明了翻译该书的缘由与方法,在术语及度量衡翻译方面,译者说明原书"所记里数、尺数、钱数、斤数,多有以法为准则者,除译其原数外,间按华数核注;其记德国钱数处,亦间以华数举隅",同时指出当时"地名、人名之译音,往往言人人殊,遂有一地一人而致数名歧出者",因此译者在翻译时,"除素不经见之地名、人名,姑按音切译外,余皆以《瀛寰志略》原有之名为准,或参用《中德和约》及《万国史记》,以期力矫前弊"。⑥ 1896年法文翻译朱树人在《欧洲防务志译例》(载《实学报》第1册)中亦称:"中土志外域方舆之书,尚无详备善本。惟徐氏《瀛寰志略》为世通行之本。兹译此书,悉以《志略》为主。《志略》所无者,则采用日本人《坤舆方图》及近人所著之《万国舆图》,其他则皆依西音译之";"西国人名地名,诘屈难读,兹仿《瀛寰志略》之例,特用标识,以醒眉目。末附《中西人地名合璧表》,以资考订"。⑦

---

① 王先谦:《五洲地理志略》卷首,清宣统二年(1910)湖南学务公所刻本。

② 《申报》1901年2月11日,第1版。

③ 《申报》1893年7月31日,第1版。

④ 《申报》1900年10月17日,第1版。

⑤ 《留心地学》,《申报》1883年9月6日,第4版。

⑥ [法]欧盟辑著、吴宗濂翻译、潘元善笔述:《德国陆军考》"例言",清光绪二十七年(1901)江南制造局刊本。

⑦ 韩一宇:《清末民初汉译法国文学研究(1897—1916)》,中国社会科学出版社,2008年,第206—207页。

可以说,《志略》成了晚清知识人了解世界概况的必读书,有力地推动了认识世界、走向世界的历史潮流。夏曾佑(1863—1924)1885年日记中有购读《志略》的记录。吕思勉回忆自己11岁在甲午战争那年努力寻找有关世界历史知识的读本,称:“当中日战时,我已读过徐继畬《瀛环志略》,并翻阅过魏默深的《海国图志》”,并得书《五洲列国图》《万国史记》《普法战纪》《日本国志》等,“是我略知世界史之始”。① 徐继畬的同乡阎锡山在辛亥革命光复山西通电全国文中称自己“髫年入塾,窃读乡先正《瀛寰志略》书,每思航海西渡,考察拿破仑、华盛顿之战痕,研究卢骚、孟德斯鸠之法理”②。汤化龙1918年春出国前,为梁善济父亲写《梁公震三碑铭》,精练地评述了徐继畬父子——二徐的学术对民主宪政的推动:“清制,以制艺取士,士竞习剽窃,摭华而不食实,文运凋敝。凡猥庸鄙,满坑满谷如一貉。五台徐广轩司马、松龛中丞父子,毅然以起衰自任。精究天人之奥,旁及诸子百家,乃至重瀛累译之书,靡不属目。故其为文也探原返真,卓然自树为一家。公既传其家学,又得私淑徐氏父子,以是该敏淹贯,前超后绝。每有所作,传诵辄遍远近。”“先是,公从徐氏读《瀛环志略》,恍然于九洲之大,学不可以方域拘也。乃究心当世之务,深悟穷变通久之道,奋然思湔革顽锢之俗。”③张一麐读了此碑文稿后题词,回忆自己少年读《瀛环志略》而对美国的民主政治发生兴趣,称:“余年十六岁时(应为1883年——引者注),得五台徐松龛先生《瀛环志略》,读至华盛顿故事,辄为心醉,自忖民主政体安得及吾身而亲见之。”④

清末的一些书院还专门以《志略》内容为教学题材或书院考题,如《续录广西巡抚丁大中丞奏办省垣大学堂章程》中称:“专门之学其类甚多,约而计之如天文、地舆、兵农工商、声光电化、语言文字、法律等学,……时当亟习者言之,则有数类焉;一曰地舆学,先读《瀛寰志略》《地学浅释》《经纬道里表》,尤宜通晓。”⑤《申报》有《书院改章》一篇称:“松江访事。友人云郡城云间、求忠、景贤三书院向以时文课士,迩者松江府余石荪太守接到苏松太兵备道袁海观观察札文,饬将八股改为策论,因即移文苏州府请录示章程,既而旨下考试果已改章,某山长因于七月望课时以选举茂才异等使绝域论,及读《瀛寰志略》书后命题。”⑥

甚至一些西洋人用汉文著述西洋史地,也是追迹《四洲志》《海国图志》和《瀛环志略》,如1883年英国新教传教士慕维廉(William Muirhead, 1822—1900)重新改写《地理全志》,他在新版序中写道:“今余重纂《地理全志》,其中藏略迹志之,迥非中国之谈地理,仅如地土、风水、造房、安葬诸般,皆为虚而无凭。此所讲之地理,只论地土形势,及水分派洋海湖河,暨万国人民风俗土产等,向中土文人略识之,亦有诸书述其大意,若《海国图志》与《瀛环志略》二书颇有盛名,广行华夏。兹著是集,亦仿其意,专为外国地志为本。希中土儒林,披而获益。”⑦表明西洋人编写的域外汉文史地著述,也受到《志略》等论著的启迪。慕维廉还在光绪九年(1883)重编二卷本

① 吕思勉:《从我学习历史的经过说到现在的学习方法》,李永圻、张耕华编撰《吕思勉先生年谱长编》,上海古籍出版社,2012年,第37页。

② 方闻编:《清徐松龛先生继畬年谱》,第322页。

③ 任复兴:《民党暗杀的民国议长汤化龙立宪名篇》,http://club.kdnet.net/dispbbs.asp? id=7633860&boardid=2[2010-06-30]。

④ 张一麐:《汤济武为梁伯强尊人震三先生墓碑文稿题词》,《心太平室集》卷二,转引自潘振平文。

⑤ 《申报》1902年5月28日,第2版。

⑥ 《申报》1901年9月13日,第2版。

⑦ [英]慕维廉:《地理全志》识语,美华书馆,1899年。

《地理全志》的书名页上题“续瀛寰志略”,表示对徐继畬《志略》的钦佩之意。至于中外学人的辨证、续补、增订、承续之作,更是不胜枚举。如咸丰年间,何秋涛有《〈瀛环志略〉辨正》一卷,附于光绪二十四年(1898)新化三味书室校刊本之后,对该书有关俄罗斯的记述错漏进行订正;光绪十四年(1888)有周官锦撰的《瀛环志略节录》,并附杂碎语;光绪年间有刊载于《小方壶舆地丛钞再补编第十二帙》中的署名“毅”的《瀛环志略订误》;光绪二十三年(1897)新会学堂刊有英人慕维廉辑、陈侠君订《瀛环志略续集》;光绪二十四年(1898)有游五大洲人的《瀛环志略续编》;光绪二十六年(1900)张煜南的《海国公余辑录》收有《辨正瀛环志略》《推广瀛环志略》各一卷,考订和补充了有关资料。① 在续补、增订《瀛环志略》的诸家中,成就最著的是薛福成的《续瀛环志略初编》。《续瀛环志略》“译述非出一人”,各位译者所译的文风不一、体例各异,虽不少译稿曾经薛福成鉴定,但由于主译者过早去世,故大多数译本未经审定,因此,这些《续瀛环志略》的译稿只能算是待编的《续瀛环志略》的资料长编。《续瀛环志略》也未能利用《瀛环志略》当年的声望进入晚清知识界的交流体系之中,从而引起广泛的关注。不过,薛福成主译的《续瀛环志略》是有其自身学术价值和实用价值的。一是补充了《志略》之后的大量地理信息;二是薛福成主持《续瀛环志略》的翻译工作,也为他处理外交事务提供了重要的资料根据;三是该书尽管属于编译的地志、地理学资料长编,但作为主译者和鉴定者的薛福成在资料的取舍上同样反映了其本人的见解。② 晚清“瀛环”一词流行,著述以此命名的还有 1902 年李慎儒③《瀛环新志》十卷(退思轩石印本);1903 年谢洪赉④的《瀛寰全志》⑤,与此书“相辅而行”的还有彩色套印的《新撰瀛寰全图》,该图册收录东、西两半球及山川比较,世界现势图及各国面积比较,小型地文图和大陆剖面图等共 15 幅。《志略》等书东传,其间对译西洋概念的若干新术语也在日本流行开来,成为幕末、明治时期日本使用汉字新词的一大来源。

在清末的短短的几十年间,由如此之多的学者参与的围绕《志略》这一地理学著作所进行的

---

① 张榕轩(1851—1911),名煜南,家名爵干,字榕轩,广东嘉应州松口堡(今梅州市梅县区松口镇)人。青年时代从松口远赴南洋,先追随张弼士在巴达维亚(今雅加达)经商,后转往苏门答腊的棉兰,与弟弟张耀轩一起自主创业,成为当地的华社领袖、著名侨商,印尼棉兰的开埠侨领,被尊为“棉兰王”。他在家乡兴学校、办公益、开银行等,创建了中国第一条民营铁路——潮汕铁路,开启了中国近代民办铁路的先河。他还曾被清政府先后授予四品官和三品官的荣誉官衔,并委任中国政府驻槟榔屿副领事、南洋商务考察钦差大臣、农商部高级顾问等职。参见张煜南辑、王晶晶整理《海国公余辑录(附杂著)》,“近代中外交涉史料丛刊”,上海古籍出版社,2020 年;林馥榆《华侨实业家张榕轩:潮汕铁路的建设者》,《潮商》2012 年第 5 期。

② 邹振环:《薛福成与〈瀛环志略〉续编》,《学术集林》第 14 卷,上海远东出版社,1998 年,第 271—290 页。

③ 李慎儒(1836—1905),字子钧,号鸿轩,镇江府丹徒人。父李承霖为道光二十年(1840)庚子科状元。同治三年(1864)参加乡试,考中举人。后任刑部郎中,光绪年间自京告归。著有《禹贡易知编》十二卷、《辽史地理志考》五卷以及《瀛寰新志》《边疆简览》等,著书以舆地学见长。参见陈玉堂《中国近现代人物名号大辞典》,第 337 页。

④ 谢洪赉(1872—1916),浙江绍兴人,受父亲谢元芳影响,早年信奉基督教。曾帮助传教士潘慎文译出《八线备旨》等科学教科书,后从事宗教著译,青年协会出版的谢著有 48 种,译作有 41 种,在商务印书馆除编有地理学教科书外,还编有《最新理科教科书》以及《最新中学教科书》的几何学、代数学、三角术、生理学、化学、物理学、微积分等多种。其生平参见汪家熔著《商务印书馆史及其他》,中国书籍出版社,1998 年,第 20、188—190 页。

⑤ 《瀛寰全志》是商务印书馆推出的发行量较大的中学地理教科书。该书是编者据东西及本国地志数十种编辑而成的。全书分七编,一为总论,论地球(地形、地广、地动、天象)、地面诸线(地轴、经线、五带、地图)、地之分界(陆之分界、水之分界、世界大势)、天气(同寒暑线、四季、风、雨)、物产(矿产、植物、动物)、人民(人数、种族、性情、言语、社会)、国家(界说、国体、政体)宗教;第二至第七编依次为亚细亚洲、欧罗巴洲、阿非利加洲、北亚美利加洲、南亚美利加洲、海洋洲。该书 1907 年已发行了 9 版。

范围如此广泛的讨论,甚至引起了国内外学者的注意,亦可见此一地理文献的重要价值。19 世纪前半叶的这一次中国学者内部以及中国学者与西方学者互相之间的智力碰撞、砥砺和激发,大大调动了清末地理学学者群体的智慧与热情。

结　语

18 世纪至 19 世纪初,清朝知识人的地理学视野,随着帝国内外关系的变化,也发生了类似历史上交替出现过的大陆西北边疆向南方海疆的重心转移。清水师提督陈伦炯(约 1685—1748)作于雍正八年(1730)的《海国闻见录》、乾隆五十六年(1791)清人王大海的《海岛逸志》和谢清高的《海录》,可以说是清代知识人撰写介绍海外地理新知著作的起点。之后"四海""海洋""海国"等用语渐渐成为清代后期地理学共同体知识人讨论的重要话题。龚自珍在《西域置行省议》的开篇就写道:"天下有大物,浑员曰海。四边见之曰四海。四海之国无算数,莫大于我大清。"①可见他已意识到,尽管中国幅员辽阔,但在整个世界中,属于"四海之国"之一国,"海国"的天下已非"九州"的天下。天下中心主义的观念在利玛窦世界地图的流传后渐渐被破除,有关"四海之国"之海洋文明的认识开始重构清朝与世界的关系。

首先将"海国"作为书名的可能是《海国闻见录》,这是中外海洋文化交流史上影响甚远的一部综合性海洋地理名著,收入《四库全书》,全书分上、下两卷,上卷八篇,记述天下沿海形势录、东洋记、东南洋记、南洋记、小西洋记、大西洋记、昆仑记、南澳气记;下卷地图六幅,包括四海总图、沿海全图、台湾图、台湾后山图、澎湖图、琼州图。李兆洛(1769—1841)将《海录》资料加以整理,编成《海国纪闻》,编纂的资料题名为"海国辑览"附录于后,并撰写了《〈海国纪闻〉序》(收录于《养一斋文集》卷二)。道光二十二年(1842),魏源在《四洲志》基础上完成的《海国图志》五十卷的木活字本,②也用时兴的"海国"一名;并因为《海国图志》的广泛流传,"海国"一词成为晚清学界一个重要的概念。以"海国"为书名的还有 1846 年梁廷枏的《海国四说》,此书由《耶稣教难入中国说》《合省国说》《兰仑偶说》《粤道贡国说》四部书合编而成。《瀛环志略》在晚清也是放在"海国之书"背景下来书写的重要文献,张穆称:"读大著《瀛寰志略》已刻前三卷,考据之精、文辞之美,允为海国破荒之作。"③"瀛寰"(亦作"瀛环")虽与"海国"同时在使用,两者均是指世界,但"海国"似乎强调中国之外的海外世界,而"瀛寰"更在乎将陆地和海洋视为一体,"瀛寰"包括地球海洋、陆地,堪称五洲四海的通称。

著名的美国科学史家托马斯·库恩(1922—1996)指出:"科学尽管是由个人进行的,科学知识本质上却是集团产物,如不考虑创造这种知识的集团特殊性,那就既无法理解科学知识的特

---

① 龚自珍:《西域置行省议》,《龚自珍全集》,第 105 页。

② 一般都认为 50 卷本《海国图志》初版为 1844 年,但孙殿起录《贩书偶记》卷七中录有"邵阳魏源撰《海国图志》五十卷附图一卷",为道光二十二年(1842)刊木活字本。道光二十四年(1844)有邵阳魏氏古微堂木活字 50 卷 20 册本(上海图书馆藏本),道光二十七年(1847)另有邵阳魏氏古微堂木活字 60 卷本(台湾"中研院"历史语言研究所藏),咸丰二年(1852)有邵阳魏氏古微堂 100 卷 24 册重刻本(上海图书馆藏)。

③ 张穆:《复徐松龛中丞书》,《月斋文集》卷三,第 4—5 叶。

有效能,也无法理解它的发展方式。"[①]笔者在《晚清西方地理学在中国》一书中借用库恩"科学共同体"这一概念,[②]创制了"地理学共同体"一词,并将之划分为非体制化共同体和体制化共同体两种。[③] 有类似欧洲所谓的"无形学院"。[④] 19世纪初中期,王大海、谢清高、杨炳南、李兆洛、龚自珍、林则徐、魏源等一批知识人,开始将以海洋世界为中心的域外地理作为研究对象,虽然他们所构成的学术群体属于"非体制化共同体",但地理学共同体的成员往往都有探索研究的共同目标。今人亦注意到,道咸年间出现了一批以研究西北史地学为旨趣的学术群体,他们互为师友,彼此切磋,取长补短,极大促进了西北史地学的发展。[⑤] 牛海桢将之称为"西北实地学派"。[⑥] 19世纪初至40年代前后,几乎同时在中国沿海地区形成了一批非体制化的"海国"地理学共同体,两个"无形学院"和学术社群之间互为关联,其中最有代表性的成果,如魏源的《圣武记》(1842年)、《元史新编》(1853年)和《海国图志》,几乎在同一时期完成。《蒙古游牧记》(1846年)等书的作者张穆虽然没有撰写"海国之书",但他对此的兴趣也影响了《志略》的创作。

"海国"地理学共同体成员不仅有中国学者,也有外国学者。19世纪初东来的西方传教士,编纂了一些西方地理学的汉文小册子,如马礼逊的《西游地球闻见略传》,麦都思的《地理便童略传》《东西史记和合》,米怜的《全地万国纪略》,裨治文的《美理哥合省国志略》,慕维廉的《地理全志》《大英国志》,等等,这些汉文地理学译著开始出现在南洋、广州、福州、宁波与上海,这些以研究全球五大洲的地理状况及其分布规律为特点的著述,受到了以文献考据为基本方法的中国地理学学者的重视。当时这些西方学者也关注着晚清的地理学共同体,1847年在华西人所办的《中国丛报》(*The Chinese Repository*)刊载了一不具作者名的评论文章,记载了《海国图志》的出版,认为该书的发起人是林则徐,编辑《海国图志》的目的在于讨论"蛮夷"的战术能力与长处,以推进中国的适应力。其中亦有批评,如认为《海国图志》介绍美洲和美利坚,都转录自汉文著述,甚少趣味,缺少对美利坚这一"伟大"共和国的确切知识,而对南美的介绍多有疏漏,注意到了矿产资源,但关于南美洲通往南极的海域,竟然以大量宝贵的篇幅来讲述有关海豹和鲸鱼之类如何在夏天进入这片海域嬉戏。[⑦] 郭实腊还为英国当局摘译了《海国图志》的部分内容,刊载于

---

① [美] 托马斯·库恩著、纪树立等译:《必要的张力》,福建人民出版社,1981年,第7页。

② "共同体"是社会学中的一个基本概念,最早使用科学共同体概念的是英国的物理化学家波朗依。他在1942年出版的《科学的自治》一书中对科学共同体概念进行了阐发。科学共同体概念成为科学社会学家普遍应用的概念,是在库恩发表了《科学革命的结构》一书之后。受该书的影响,科学共同体已经成为社会科学家的重要研究主题。(参见刘珺珺《科学社会学》,上海人民出版社,1990年,第167—172页)

③ 邹振环:《晚清西方地理学在中国——以1815至1911年西方地理学译著的传播与影响为中心》,上海古籍出版社,2000年,第309—343页。

④ 英国科学家波义耳在1646年左右曾将英国皇家学会的前身——由十来名杰出的科学家组成的非正式的小群体称为"无形学院"(invisible colleges)。美国著名的科学史学家普赖斯(Derek J. De S. Price)在《小科学、大科学》一书中首次将那些非正式的交流群体称为"无形学院",用来指那些从正式的学术组织中派生出来的非正式学术团体。(参见[美] 黛安娜·克兰著、刘珺珺等译《无形学院——知识在科学共同体的扩散》,华夏出版社,1988年,第23页)笔者还曾尝试用"无形学院"的概念,来认识康熙时代在北京以耶稣会士为中心的一批中外学者围绕所谓科学院展开的科学活动和形成的社会群体。(参见邹振环《康熙与清宫"科学院"》,《中华文史论丛》2002年第1期)

⑤ 贾建飞:《清代西北史地学研究》,新疆人民出版社,2010年,第86页。

⑥ 牛海桢:《清代西北边疆史地学》,《史学史研究》1999年第4期。

⑦ Vol. XVI, September 1847, No.9, *Chinese Repository*, pp.416-425.参见张西平主编,顾钧、杨慧玲整理《中国丛报》(1832.5—1851.12)第16卷,广西师范大学出版社,2008年。

《中国丛报》。英人威妥玛还将《海国图志》内有关日本岛的部分译成英文,在1850年出版单行本。[1] 1851年4月的《中国丛报》又就《瀛环志略》作了报道,认为该书堪称中国地理文献工作上的一座里程碑,有关地球上其他国家的资源、计划、位置知识方面,它较之在华出版的任何一部提供给高级官员和文人阅读的读物,都要高明得多。[2]《瀛环志略》《海国图志》很大程度上就是他们共同注意和吸收知识的文献,也是这一批中外地理学专业工作者形成的社会集团——有类欧洲所谓的"无形学院"——之中的重要的一种文献。他们之间有一定程度的内部交流,对于海洋世界的看法也比较一致。这种共同体的效应,是新兴学科生长点的有力的社会抗体,它不仅能抵御传统研究方法的压力,而且能激活研究系统中的创造力。

中国是海陆文明一体的大国,但在历史上相当长的时期里,尽管中国有发达的船舶制造,直至郑和下西洋时代,仍没有发展出类似欧人地理大发现时代的远洋航海。尽管在郑和时代已出现了航海随使行纪,但尚未有真正意义上整体面向海洋文明的读本。19世纪中期出现的《瀛环志略》和《海国图志》是第一批面向"海国"——海洋文明的划时代读本。尤其是《志略》,不仅利用了明清之际耶稣会士的汉文西书,还充分参考了郭实腊等同时代新教传教士的西学译著,最值得重视的是,徐继畬还广泛利用了直接接触的西人的口述资料,揭示世界古老文明面对的挑战,提出"古今一大变局"说;倡导发奋图强,透露出强烈的反侵略旨意;推崇欧美民主政治制度,颂扬华盛顿;提倡坚船利炮和尚武精神;主张开拓中外贸易和倡导掌控海权;在编纂策略上坚持"以华释外",使该书如《海国图志》一般,成为晚清开启中国人认识域外世界、面向海洋文明的划时代文献。

《瀛环志略》在自然地理、区域地理、地名学、地志学方面为晚清世界地理研究建立了一整套规范。传统汉文文献中大多以"东南洋""西南洋""小西洋""大西洋"来看待世界,即使魏源自以为用"西洋人谭西洋"的方法完成的《海国图志》,其基本框架仍是分洋,而不是分洲。魏源这种先把全球分为东南洋、西南洋、小西洋、大西洋、北洋、外大西洋六大块,并把各洲附于各洋底下的模式,实际上仍是以中国为中心来确定方位,将世界各国地理围绕着中国来叙述。而《瀛环志略》超越了《海国图志》,其卷一"地球"以四大洲(亚、欧、非、美)和五大海(大洋、大西洋、印度、北冰、南冰)来划分瀛寰海洋文明的世界,还特别注意到自然地理上大陆与海洋的区别。在介绍各国时,《志略》也是首叙一洲概貌,然后根据不同的地理位置,将一洲划分为若干区域,各洲之下再分国叙述,这是近代区域地理方法对《瀛环志略》产生的影响。[3] 晚清非体制化共同体,首先在地理学的无形学院中形成和展开,这并非偶然。19世纪前半叶围绕《志略》等"海国之书"展开的这一次中国学者内部以及中国学者与西方学者互相之间的智力碰撞、砥砺和激发,大大调动了清末地理学学者群体的智慧与热情。这种通过地理学共同体形成的交流体系和建立的交流网络,在晚清的新知识和新学科的形成过程中,其意义实在还有进一步阐释的必要。

---

① *Preface of Japan: A Chapter from the* Hai Kuoh Tu Chi 海国图志, *or Illustrated Notice of Countries Beyond the Sea*, translated by Thomas Francis Wade, Assistant Chinese Secretary, Hongkong: Printed at the China Mail Office, 1850.

② [日]大谷敏夫:《〈海国图志〉与〈瀛环志略〉——中国近代始刊启蒙地理书》,任复兴主编《徐继畬与东西方文化交流》,第197—198页;马金科等《中国近代史学发展叙论》,中国人民大学出版社,1994年,第39页。

③ 周振鹤:《随无涯之旅》,第101—132页。

晚清域外游记的多维知识重构

——以张德彝“八《述奇》”为例

关书朋　张　强*

摘　要： 为实现数字人文视域下晚清域外游记的多维知识重组与可视化展示，文章分别构建知识图谱以完成零散知识的系统性关联，时间轴以强调历时叙述的完整性和出洋人物考察游历的时空-情感轨迹图进行动态信息展示。文章以张德彝“八《述奇》”作为实证研究对象，针对静态和动态两类信息分别构建不同的可视化系统，整合空间、时间、情感等多维信息，关联整体进行结果描述与分析，以验证研究框架的可行性。基于“八《述奇》”的多维知识重构，既能深入挖掘近代域外游记史料信息，拓宽中外文化交流史的研究视角；也可为继续完善数字人文视角下近代日记类史料的知识重构和意义发现提供参考。

关键词： 数字人文　张德彝　“八《述奇》”　知识图谱　时空-情感轨迹

“海客谈瀛洲，烟涛微茫信难求。”近代国门被迫打开以后，在西方坚船利炮的刺激下，有识之士纷纷前往海外考察并以行记体的形式记载沿途观象、民俗生活与政治感受等，逐渐层累起丰富的域外游记文本。晚清域外游记的出现，既是近代中国开眼看世界时留下的珍贵档案，亦是西学东渐过程中知识生产与传播的重要载体。其记述内容相当广泛，“举凡气候、物产、人种、城市、港口、建筑、宗教、文化、教育、风俗等”①，一一记述，可谓目游所至皆有关涉。然而囿于时代背景，这类域外游记，不仅文白夹杂，艰涩难读，而且多采用日记体书写，以线性时间展开记述，叙事维度单一，致其长期与读者保持着若即若离的关系。

20 世纪末以来，逐渐有学者意识到近代域外游记在中西文明交流史研究中的重要价值，并系统性地展开汇编整理工作。中国著名出版家钟叔河先生，先后主编 10 卷本“走向世界丛书”②和 55 卷本的“走向世界丛书（续编）”③，开近代域外游记整理先河。2014—2016 年间，近

---

* 关书朋，中国社会科学院大学历史学院博士研究生，中国人民大学数字人文研究院学生研究员。
张强，华中师范大学信息管理学院博士研究生，中国人民大学数字人文研究院学生研究员。

① 曹虹：《晚清人的域外游记》，《江西师范大学学报（哲学社会科学版）》2020 年第 4 期，第 33—40 页。

② 钟叔河：“走向世界丛书”（全 10 册），岳麓书社，2008 年。

③ 钟叔河：“走向世界丛书（续编）”（全 55 册），岳麓书社，2016 年。

代域外游记的汇编性资料集中出版。① 目前,学界关于域外游记的研究仍主要聚焦在人文视域下的近读分析,即针对具体特定的游记或出游者进行细致的案例化解读,缺乏宏观视野下的整体论述。此外,晚清域外游记庞大的文本体量亦导致读者阅读时易浅尝辄止,因而传统模式下的研究进展相对缓慢。史料愈近愈繁,如何用好晚清域外游记,深入详细地展开历史叙事,是史学研究者不得不思考的问题。

近年来,数字人文为传统人文学科的研究引入新视角,为大规模文本的整理和特定文本的深入挖掘提供新路径。为此,本文借鉴目前学界常用的数字人文研究范式,利用知识图谱技术和地理信息系统分析技术(GIS)构建可视化系统,以便关联零散知识,对文本内容和人物行迹进行全面展示和解读。实际上,可视化分析框架的构建,根本目的在于系统性地重构文本,实现快捷检索和利用。因此,本文认为这一研究模式也能够推广至相似史料或同质史料的解读与分析中,如近代名人日记等,从而深化中国近代史的研究。

一、研 究 现 状

借助数字人文研究基本范式,传统人文学科的考察得以在零散知识关联和宏观知识远读等领域实现更大突破。数字人文(Digital Humanities, DH),一般公认始于1949年布萨(Busa)神父借助计算机编制的托马斯·阿奎那作品索引。② 作为文理交叉的新学科,数字人文融合了图书情报与档案学、计算机科学和历史学、语言学、文学、古籍文献学等多门基础学科,借鉴社会科学的方法与理论,基于真实研究案例,步步追问,重构新型的数据叙事。数字人文与历史学结合而延伸出的研究领域,已经出现了包括词频、共现、文本关联在内的多种基本文献分析方法;此外,历史地理信息可视化系统、文本情感识别、人物的社会网络分析等更为综合的研究方法,则在更大程度上激发了史学研究活力,有助于打破传统学科间的壁垒,实现知识生产和交流的新模式。

(一) 晚清域外游记传统研究

晚清域外游记,是因应近代跌宕变化的时局出现的。记述者涵盖早期的宗教信徒、商人海客到官派出洋大臣,再到主动求变的维新思想家;记述内容亦是不断丰富,从海外风物的"述奇"渐次到商务往来的描述,进而深入到政教与思想的考察。③ 这就使得研究者在面对晚清域外游记文献时,必须首先耗费大量时间详细披览史料,否则就难以发现问题。目前的研究成果多囿

---

① 王宝平于2004年出版《晚清东游日记汇编1·中日诗文交流集》《晚清东游日记汇编2·日本军事考察记》(上海古籍出版社)。次年,贾鸿雁出版《中国游记文献研究》(东南大学出版社),文末附录开列民国时期的国人游记600余部,其中域外游记217部,并注明游记作者和首次出版信息,对近代国人域外游记研究是重要的增补性资料。2016年,钟叔河先生整理出版"走向世界丛书(续编)"(岳麓书社),共55册,计65部晚清游记。同年,南开大学王强教授主编的《近代域外游记丛刊》(凤凰出版社)出版,影印近代域外游记90余种。

② Parry M. J., "Defining Digital Humanities: A Reader", *Electronic Library*, 2015.33(4): 864 - 865.

③ 张治:《异域与新学:晚清海外旅行写作研究》,北京大学出版社,2014年;杨梓:《近代域外游记中的欧洲城市——以伦敦和巴黎为中心(1840—1911)》,上海师范大学博士学位论文,2015年。

于具体主题，或者针对某一游记进行详细解读，[①]或者考察某一主题在不同域外游记中的迥异表达，[②]既难以感知整体层面的宏观信息，又缺乏可拓展的研究范式。实际上，晚清因总理衙门制定了较为详细的《出洋章程》，出洋官员的域外游记大都遵循着近似的写作章法，[③]并且这种书写方式延及后来的个人旅行者。因此，在近代域外游记的研究过程中，应该并且也能够探索出一种可拓展的研究方法，以便更快地发现问题，更有针对性地展开论述、发现意义。

（二）知识图谱研究

因能够实现大规模文本内容的快速链接，知识图谱在数字人文领域得到了相当广泛的应用。[④] 引入知识图谱，以可视化形式呈现域外游记记载的内容，既能够消除读者对艰深晦涩的烦冗文本的畏惧心理，又能够随时进行知识的存储、加工、利用和更新，聚焦于多个研究对象。如张云中依据多类型数据库抽取数据，构建起历史文化名人游学足迹的知识图谱，满足了用户的多元化需求，实现了历史文化名人游学资源的浏览、查询和知识发现等。[⑤]

（三）时空轨迹可视化研究

时空轨迹可视化分析系统在数字人文领域的应用方兴未艾。时空研究，即针对同时具有时间和空间属性的数据或数据集的分析，成果多以可视化的形式呈现，展示人物或事件在时间、空间维度上的变化。相比于单一维度的展示，多维的时空轨迹图能够将人物活动或事件发展动态连接起来，改变了以往史学研究重视编年而忽视空间地域分布的论证特点。如位通以《朱熹年谱长编》为例，整合“编年”和“系地”信息，利用 GIS 技术建设的历史人物年谱的可视化平台，实现了“时”与“地”信息的可视化共现。[⑥]

然而，针对时空轨迹数据的分析，也不乏批判者的声音。云南大学成一农教授就曾质疑史学研究中的过度科学化现象，认为一味追求大数据、数字人文和历史地理信息系统的史学研究，实际在某种程度上弱化了历史研究者主观性的参与。[⑦] 批判的声音恰在一定程度上代表了已有时空轨迹研究在数据叙述层面的不足，因此本研究在进行人物行迹分析的基础上引入情感的动态呈现，并发挥历史研习者的长处，结合历史时局发展展开充分论述。

（四）情感分析研究

情感分析是自然语言处理领域重要的研究内容，即利用计算机手段在快速获取、整理文本

---

① 魏欣：《晚清域外游记中的西方女性书写——以王韬〈漫游随录〉为中心》，《社会科学文摘》2020 年第 5 期，第 106—108 页。

② 杨汤琛：《从晚清域外游记看现代国民意识的兴起》，《中国现代文学研究丛刊》2016 年第 9 期，第 144—151 页。

③ 《奕䜣等奏派同文馆学生三名随赫德前往英国游习折》，中华书局编辑部、李书源整理《筹办夷务始末（同治朝）》，中华书局，2008 年，第 1621 页。

④ 宋玲玲、郭晶晶：《科学知识图谱视角下国内外数字人文领域研究分析》，《图书馆杂志》2020 年第 7 期，第 26—36 页；邓君、王阮：《口述历史档案资源知识图谱与多维知识发现研究》，《图书情报工作》2022 年第 7 期，第 4—16 页。

⑤ 张云中、孙平：《历史文化名人游学足迹知识图谱的构建与可视化》，《图书馆杂志》2021 年第 9 期，第 81—87 页。

⑥ 位通、桑宇辰、史睿：《基于知识重构的年谱时空可视化呈现——以〈朱熹年谱长编〉为例》，《中国图书馆学报》2022 年第 2 期，第 62—75 页。

⑦ 成一农：《抛弃人性的历史学没有存在价值——“大数据”“数字人文”以及历史地理信息系统在历史研究中的价值》，《清华大学学报（哲学社会科学版）》2021 年第 1 期，第 181—190 页。

的基础上进行情感类信息的搜集。情感分析与数字人文的结合,虽仍在进一步探索中,但也已出现了不少融合其他数字方法的情感分析类研究文章。① 目前,情感分析技术主要包括基于情感词典的研究、基于机器学习的研究与深度学习领域的研究,也有一些开源工具可供使用,如张华平博士开发的 NLPIR-ICTCLAS 汉语分词系统,是针对中文文本情感识别较为成熟且相对易于操作的工具。然而弊端也很明显,NLPIR-ICTCLAS 汉语分词系统中,情感判定的维度较为简略,只能依据预训练模型,结合关键词将情感识别为负面的消极和正面的积极两类。

综合以上分析可以看出,数字人文视域下的历史研究,一方面是已有数字化技术与历史研究的适配性仍有待提高,部分技术的直接化用反而导致了研究对象的简化和变形;另一方面是传统文史哲研究中的计算思维仍亟待开发,对数字方法依赖于“拿来”却不能更进一步实现“创造”。

具体到本文所涉的晚清域外游记领域,该研究在知识重构方面存在两个重难点:1. 知识重组——针对大规模域外游记文本,如何借鉴数字人文已有研究模型实现数据的提取并进一步完成域外游记知识的融合、存储与转化等;2. 知识多维呈现——针对存储的结构化知识,如何构建成熟的可视化研究系统,使其既能关联起零散琐碎信息,又不致失去与文本来源的联系,且能进一步展开深层次的历史叙事。以此为出发点,本文提出可以分别构建晚清域外游记文本信息的知识图谱、事件发展的时间轴示意图和域外行旅者的人物时空-情感轨迹变化图,综合分析该领域在可视化构建和知识重构层面的可能性与突破,并结合张德彝的“八《述奇》”进行叙事层面的实例验证。

二、研 究 框 架

在参考学界已有知识图谱和人物时空轨迹图构建与应用的基础上,本文侧重传统历史研究视角,建立起晚清域外游记多维知识重构的研究框架,如图 1 所示。依图可见,本文研究主要包

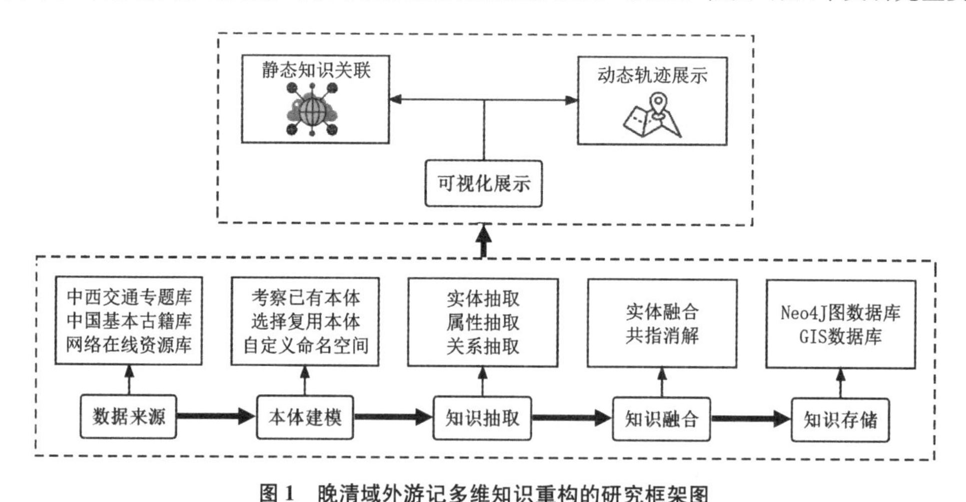

图 1 晚清域外游记多维知识重构的研究框架图

① 高劲松、张强、李帅珂等:《数字人文视域下诗人的时空情感轨迹研究——以李白为例》,《数据分析与知识发现》2022 年第 9 期,第 27—39 页;黄紫荆、邱玉倩、沈彤等:《数字人文视角下的〈拉贝日记〉情感识别与分析》,《图书馆论坛》2023 年第 3 期,第 54—63 页。

括数据来源、本体建模、知识抽取、知识融合、知识存储与可视化呈现，共两个层面六个步骤的内容，前一层次为后一层次的文本信息知识图谱、事件发展时间轴和时空-情感轨迹变化图的构建与应用奠定数据基础。

（一）数据来源

确切可信的数据是研究的起点和前提，研究对象的选择在很大程度上保证了数据的真实性和代表性，是研究价值实现的关键环节。本文所需的数据，主要来源于爱如生“中国基本古籍库”和中华书局“中外交通专题”数据库中的数字文献，并从 CBDB(“中国历代人物传记资料库”)中提取相关联的部分晚清官员数据。此外，纸质文献是重要的增补史料，钟叔河先生主编的“走向世界丛书”“走向世界丛书(续编)”完整地保存了“八《述奇》”的全部内容。

（二）本体建模

该部分旨在厘清研究对象，明确相关概念类与类间关系。依据描述范围，本体模型构建可分为通用本体和领域本体。通用本体，即概念类，能够广泛应用于各类场景；领域本体，则是针对某一具体的专业领域形成的规范知识描述。① 目前，学界较为成熟的通用本体构建模型，典型代表有国际文献工作委员会的概念参考模型 CIDOC CRM；至于领域本体，基于人物考察有社会网络人物本体 FOAF(Friend of a Friend)。晚清域外游记记述的是晚清时人出洋考察时的所见、所闻和所感，是以与出游记述者及记述内容相关联的语义信息就显得格外重要，如出游者身份信息、出游国家与地区、域外考察内容等。为更简洁准确地描述晚清时人域外游记的文本内容，同时基于知识重构可操作性的考虑，本次研究选用人物类(Person)、时间类(Time)、地点类(Place)、事件类(Event)、观象类(Content)和情感类(Emotion)，共六个核心概念类，来完成晚清国人域外游记概念的表达需要。

1. 人物类(Person)

人物类是此次本体构建的核心类。本次研究涉及的人物类是指晚清域外游记中出现的各类人物，包括晚清出洋官员及随使、仆役，往来各国商人，外国君臣，在外华工，船工水手，等等，因此就决定其数据属性而言，需包括姓名、别名、性别、民族、国籍、身份等。

2. 时间类(Time)

时间类是指与人物、事件等相关的时间信息。时间类描述，除具体到某一时刻的时间点外，也包括只能宏观确定的某一时间段，因此时间类下设了抽象时间类和具体时间类两个子类。抽象时间类反映只能笼统概括的某些年代信息，用时间段来表示，如 19 世纪 90 年代初期；具体时间类则是指能具体到某一日的信息，数据属性主要指人物生卒时间、事件发生时间与结束时间、观象记录时间等，如光绪二十三年四月初四日。

3. 地点类(Place)

与时间类相似，地点类主要是与人物、事件、观象记录等相关的地理信息。地点类一般与人物类、事件类、观象类之间存在对象属性关系，如人物出生地与出洋考察地、事件发生地与观象记录地。由于历史地点的考察需要转换为现代地理位置坐标，是以本研究所指的地点类数据属

---

① 岳丽欣、刘文云：《国内外领域本体构建方法的比较研究》，《情报理论与实践》2016 年第 8 期，第 119—125 页。

性,内在地包括了旧时地点名称、现代地点名称与经纬度信息三类。

4. 事件类(Event)

事件类是指晚清国人出洋考察时,所经历或处理的重大历史事件。事件类与人物类、时间类、地点类之间存在对象属性关系,其数据属性是事件发生主体,如事件参与人、事件发生地、事件发生时间与结束事件等。事件类是构成人物类相关知识的核心要素。

5. 观象类(Content)

观象类即人物出洋考察过程中记载的奇观异景。出洋群体对海外有关自然景观、科学技术与政事考察等的观看与记述,构成了观象内容。观象类的数据属性是观象内容,以文本形式存储。观象类与人物类、时间类、地点类形成对象属性关系。

6. 情感类(Emotion)

情感类是出洋群体考察时表现出来的情感倾向。处在中西相遇的漩涡中,晚清出洋群体面对异域文化冲突和西方现代科学技术的发展,情感表达异常充沛。但囿于技术使用,情感类的数据属性仅包括喜、悲和无三类。本研究的情感分析借助张华平博士的 NLPIR-ICTCLAS 汉语分词系统①,针对情感不明或"无"类数据,进一步采用人工标注的方式,以保证研究的准确性。

明确核心概念类后,还需要进一步梳理类间的对象属性关系,如人物与人物、人物与时间、人物与地点、人物与事件、人物与观象、事件与时间、事件与地点、观象与时间、观象与地点等。结合以上分析,本文构建的晚清域外游记研究本体建模示意图如图 2 所示。

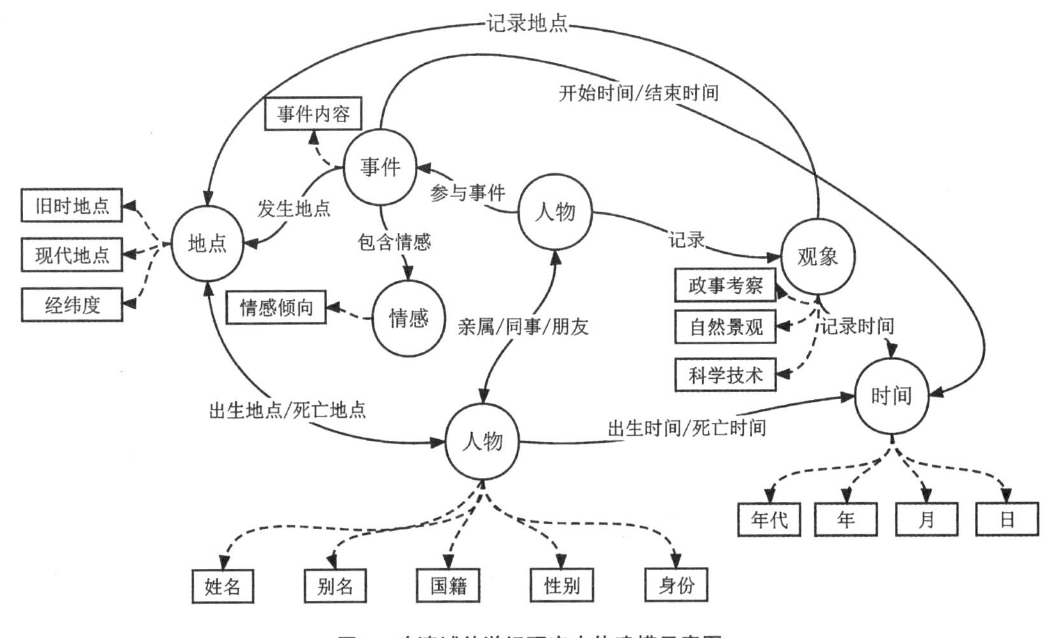

图 2　晚清域外游记研究本体建模示意图

① 张华平:NLPIR-ICTCLAS 汉语分词系统:http://ictclas.nlpir.org/wordpress/(2000-08-19)[2018-12-07]。

(三) 知识抽取

知识抽取,即在数据分析、识别、理解和关联的基础上,根据构建的本体知识模型抽取出其中的实体信息和关联信息,发现并保存其中的有用知识。具体到本研究而言,实体信息的抽取是基于概念类的准确描述进行的,如对人物、时间、地点、观象、事件等的识别;关系信息的抽取,即对三元组知识(S, P, O)的提取,如人物—轨迹—地点、人物—记录时间—时间等。在本体建模的基础上,针对庞杂数据进行筛选,进而存储其中的高质量有用数据,有利于更进一步研究的展开。

(四) 知识融合

知识融合,即有用知识的有机整合。本研究主要是对实体进行共指消解。同一实体会因语境、情感、语体等呈现出不同的表达形式,常见的如晚清官员的姓名、字、号、官职等。晚清国人域外游记,在书写上多文白夹杂,需要对其中的模糊数据和歧义数据进行处理,如"德明""在初"等共同指向"张德彝"这一实体,散见文中的"柏名根"与后面几部《述奇》中的"伯明翰"实为一处。因晚清域外游记中含有大量音译名词与近代新词,是以本研究在系统分词的基础上,主要采用人工识别与判定的方式进行知识融合。

(五) 知识存储

知识存储,即针对融合后的知识进行系统化的整合存储,从而实现知识的多维重构,核心要义在于用户的利用。在得到高质量的研究数据后,建立 RDF 框架,汇聚"实体—关系—实体"的 SPO 三元组集合,如"张德彝—轨迹—伦敦"。基于所得的三元组知识集合,将之分别导入 Neo4J 图数据库和 GIS 数据库中,分别基于 Neo4J 图数据库构建晚清域外游记的知识图谱,基于 GIS 技术构建起出洋人物的时空-情感轨迹图。

(六) 多维知识重构

本次研究将从静态和动态两个层面实现知识的多维重构。在静态层面,知识图谱能以图的形式直观呈现游记内容,时间轴保证了历史时序的逻辑性;两者的结合不仅紧密关联起零散知识,亦能够从中发现隐匿实体,并推理实体间的关系。至于动态领域,构建出洋人物时空-情感轨迹变化图,将人物在时间维度上经历的事件和情感的表达,同时呈现在空间地图中,从而达到"时""地"与"情"的三重关联。多元的重构形式能够更加全面地反映域外游记文本信息内容。

随后,本研究将根据构建的两类可视化研究系统,结合"八《述奇》"实例,展开深度的历史叙事,论证相关研究路径在知识关联、浏览使用和检索查询等层面的可行性。

三、"八《述奇》"可视化展示

全文内容相对完整的近代国人域外游记逾 300 篇,游记著者有 200 多位。[①] 其中张德彝自

---

① 钟叔河:《中国本身拥有力量(修订本)》,江苏教育出版社,2005 年,第 147 页。

1866年首次以同文馆生员出洋,至1906年奉使从伦敦归来,举凡八次出洋经历,历两朝四十年,足迹遍布亚、欧、美的大部分地区,随行随记,每次均写成一部《述奇》,最终构成"八《述奇》",见表1。八部《述奇》,洋洋两百余万言,留下了丰富详尽的史料。况且,张氏出洋期间,正值近代时局跌宕起伏,国内逢"三千年未有之大变局",国际上第二次工业革命如火如荼,科学技术发展蓬勃且迅猛,对其冲击不可谓不大,是以游记内容记述颇丰,较为典型地代表了那一时期正处于中西相遇漩涡中的异域考察者的心理。

表1 "八《述奇》"详细信息

题名、卷数	原 名	出 洋 时 间	国 家	身 份
《航海述奇》4卷	《航海述奇》	同治五年	英、法、荷等	同文馆生员
《再述奇》6卷	《欧美环游记》	同治七—八年	日、美、英、法	翻译
《三述奇》8卷	《随使法国记》	同治九—十一年	法	翻译
《四述奇》16卷	《随使英俄记》	光绪十二—十六年	英、俄、法、德	翻译
《五述奇》12卷	《随使德国记》	光绪十三—十六年	俄、德、奥	随员
《六述奇》12卷	《参使英国记》	光绪二十二—二十六年	英、意、比	参赞
《七述奇》分卷不明		光绪二十七年	日	参赞
《八述奇》20卷	《使欧回忆录》	光绪二十八—三十二年	英、意、比	公使

(一)知识图谱的构建与展示

作为语义网络的一种,知识图谱利用图的结构来揭示语义信息。① 本研究将前述存储的三元组实体数据集合导入Neo4J图数据库中,采用学界常用的自顶向下的研究范式,构建张德彝"八《述奇》"的系列知识图谱,如图3所示。

知识图谱的中心节点表示实体信息,实体间的关系网络密度则展示了实体聚焦程度。一般来说,关系网络密度越高,证明该处实体的地位越显著,影响力也越高。依图所见,文章以其中的高频地点——伦敦为中心,拉出光绪二十八年张德彝在伦敦考察访问时的知识图谱,图中的不同色块代表着不同的实体。这一可视化展示能够清晰呈现张德彝于该处的观象活动以及与之接触的人物等;其中,著名景点和新式发明在图谱中密集度最高,因此不难发现张氏考察和关注的侧重点多为民俗和科技领域。是年,值公元1902年,张德彝赴伦敦出任驻英大臣,同时兼任驻意大利、比利时两国的公使,②居当时清廷驻外外交官员的最高品级,但张氏本人所瞩目的无非是海德公园、圣保罗大教堂、咖啡馆和苦艾酒等,可见后人对其庸碌无所作为的评价还是恰

① 马费成、宋恩梅:《信息管理学基础》,武汉大学出版社,2011年,第236页。
② 马一:《晚清驻外公使群体研究》,广西师范大学出版社,2019年,第26页。

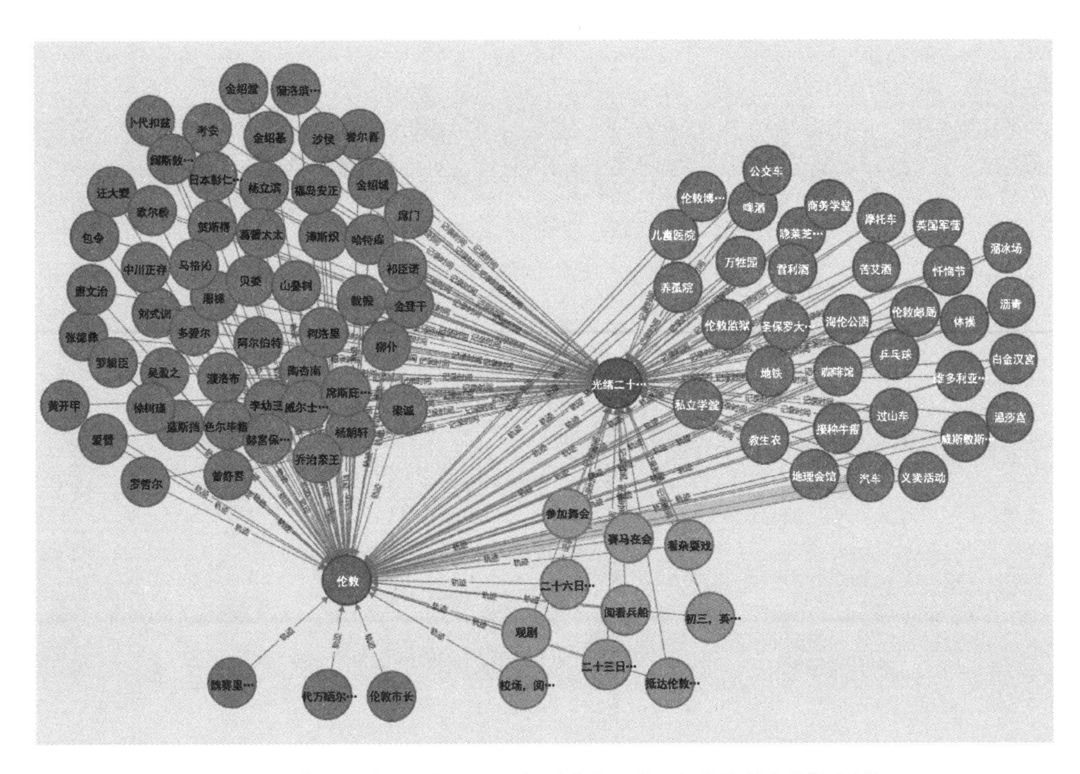

图 3　晚清域外游记研究知识图谱(以光绪二十八年张德彝在伦敦为例)

如其分的。①

此外,因 Neo4J 图数据库采用自研的 Cypher 查询语法进行实体和关系的查询,从而便利了读者和研究者的检索使用,以及后续新实体集合的补充。

(二) 时间轴的构建与展示

知识图谱在关联零散知识的同时,既难以实现对历史发展逻辑的纵向展示,也容易割断文本信息与史料来源之间的联系,不能够很好地与原文内容结合起来。因此,为便利史学研究者使用,本文设想并构建了将“八《述奇》”文本内容与世界历史大事结合起来的时间轴,如图 4 所示。

时间轴主轴标明年份信息,右侧标示“八《述奇》”记载的事件的发生顺序,展示游记文本中人物和事件等实体在线性时间上的变化;左侧借助詹子庆《新编中国历史大事年表》②、中华书局版《中外历史年表》③与网络百科等信息资源补充著者出洋时期的中外大事,以便结合国际局势,在全球史视野中梳理张德彝异域考察时的视野与影响。同时,本研究在时间轴两侧均展示了数据来源,保证了时间轴和“八《述奇》”原文的关联。

---

① 张德彝著,钟叔河、张英宇校点:《八述奇》,岳麓书社,2016 年。

② 詹子庆:《新编中国历史大事年表》,作家出版社,2011 年。

③ 翦伯赞主编,齐思和、刘启戈、聂崇岐合编,张传玺校订:《中外历史年表》,中华书局,2008 年。

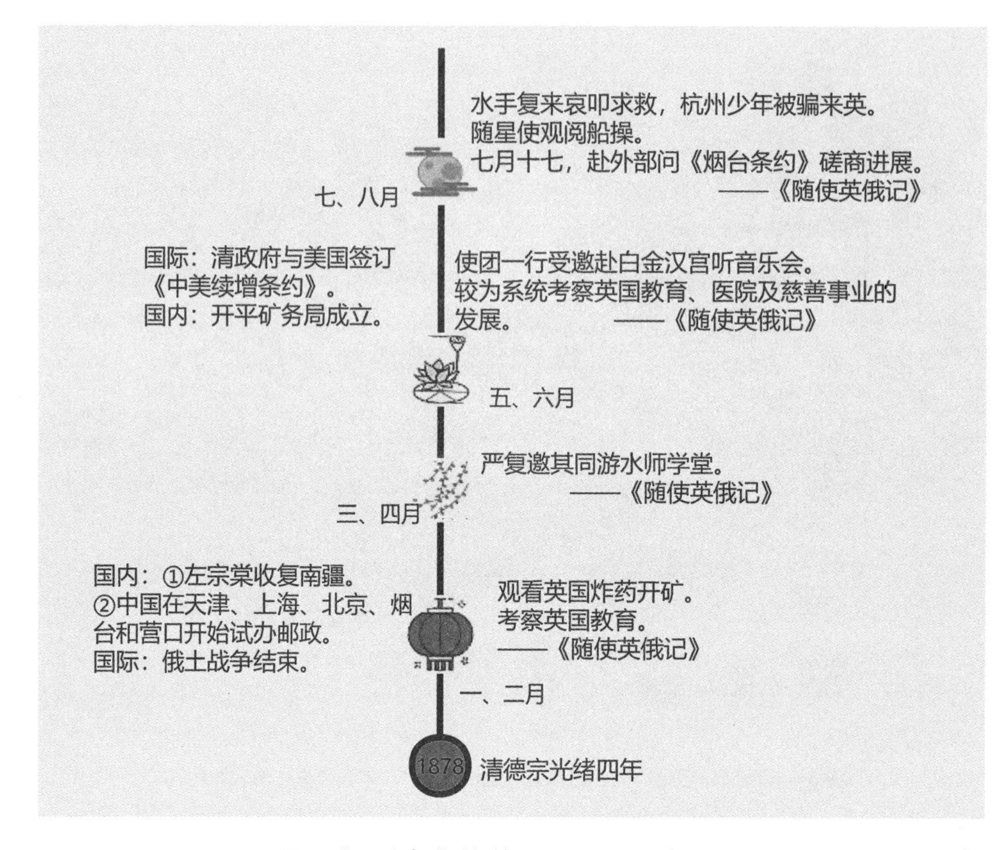

图 4　"八《述奇》"时间轴展示图(以 1878 年为例)

实际上，静态的知识展示毕竟只能笼统地反映内容聚类，未能在微观层面研究的开展与知识重构的完整实现等层面发挥更大效用。为此，本研究引入 GIS 技术，将时间数据、空间数据和其他核心概念类数据整合为一体，构建动态的时空-情感轨迹示意图。

(三) 时空-情感轨迹图展示

将已整理好的张德彝出洋时间数据、空间数据、情感数据、事件数据等导入 GIS 数据库中，可制作出张德彝出洋时空-情感轨迹图。制作该图时，中国区域部分选用矢量化的谭其骧《中国历史地图集》"清代历史地图"部分，①从而保证地图数据的准确。

该图绘有节点，代表张德彝曾经到达过的地点，以红色线条代表运动轨迹，以蓝色箭头点明运动方向。由于采集的地理信息是从一个地点到另一个地点，因而呈现在地图上，表现为简化了实际行程信息的抽象表达，呈现为线段形式。时空-情感轨迹图上的每个地点都可以展开，详细标注该地相关的核心概念类数据值，如途经时间、经历事件、沿途观象与在该地的情感态度等。

此外，绘制该图时，还叠加了张氏途经地点的热力图，以色块色调显示张德彝前往某地的密

---

① 谭其骧：《中国历史地图集》第 8 册《清时期》，中国地图出版社，1996 年。

集程度,偏暖的颜色表示前往该地频次较高,反之较低。据图可知,张氏每一次出洋考察都涉及多国多地,尤以欧洲考察为最。张氏常驻的地点包括:法国巴黎、英国伦敦、俄国圣彼得堡、德国柏林、日本东京等,其中在法国考察的次数最多,共达17次。张德彝第一次到达巴黎,就颇为感慨地记述:"(法国京都巴黎)道阔人稠,男女拥挤,路灯灿烂,星月无光,煌煌然宛一火城也。朝朝佳节,夜夜元宵,令人叹赏不置。"①此后,更是多次流露出对巴黎音乐剧、街道和世博会的欣赏。实际上,巴黎繁华的街道美景一直以来都广受晚清旅外者好评,后来旅欧的王韬直言以巴黎为最爱:"法京巴黎为欧洲一大都会,其人物之殷阗,宫室之壮丽,居处之繁华,园林之美胜,甲于一时。"②巴黎在近代中国的接受,延伸出不少有趣的讨论。③ 另外,张德彝还曾以翻译、参赞和驻外大臣的身份多次常驻伦敦,广泛结交英国各部门的政府要员、往来各国商人、社会名流和英国汉学家等,既增长了见闻,又传播了中华文明。

可以说,地图上的信息能动态反映张德彝出洋期间的所见、所感,与知识图谱和时间轴结合,能够进行深度的知识发现与知识重构。

四、"八《述奇》"情感分析

八部《述奇》朴实地记录着张氏考察过程中的观象内容、经历事件和见闻感受等,知识图谱、时间轴和GIS历史地理信息图也分别从不同面呈现出文本内容。常见考察之外,还可进一步将情感变化与空间轨迹、时间发展结合,以实现时空维度上的情感解析。

(一) 空间-情感轨迹分析

抽取张德彝每到达一个考察地点时日记中记载的初印象,设立"喜""悲""无"三重情感值,分析张德彝出洋考察期间的情感变化,如图5所示。该图显示了张氏途经频次最高的几个地区或国家的情感统计值,其中因"无"情感的出现频次较低,对考察结果影响不大,故而舍去不计。图5中的左侧纵坐标为"喜""悲"的情感值计数,每出现一次"喜"的情绪,将其情感值计为"1",累计相加即为"喜"的情绪在该地的情感值,"悲"的情感值的统计亦是如此,呈现为图中的柱状统计图;至于右侧纵坐标,则是张氏在该地的出行次数,折线段清晰地展示了张氏在某地的出行次数。

据此图不难发现:张德彝经过的热点地域,情感值也颇为丰富。其中"喜"的情感值排在前五位的地域分别是法国巴黎、英国伦敦、美国、德国与荷兰;"悲"的情感值排在前五位的地域分别是英国伦敦、西班牙、法国巴黎、美国和德国。

---

① 张德彝著、钟叔河标点:《航海述奇》第2版,岳麓书社,2008年,第490页。

② 王韬、志瀛绘:《漫游随录图说》,《点石斋画报大全》,1910年。

③ 如1879年抵达巴黎使馆的曾纪泽,记有:"巴黎为西国著名富丽之所,各国富人巨室往往游观于此。"(见曾纪泽撰、喻岳衡点校《曾纪泽集》,岳麓书社,2008年,第328页)1887年途经巴黎的张荫桓记有:"巴黎各埠,风景闲秀,略如江南。"(见张荫桓著,任青、马忠文整理《张荫桓日记》,中华书局,2015年,第172页)1910年考察欧美法庭规制与审判办法的金绍城记有:"巴黎以华丽之名甲天下。"(见金绍城著、谭苦盦整理《十八国游历日记》,凤凰出版社,2015年,第52页)

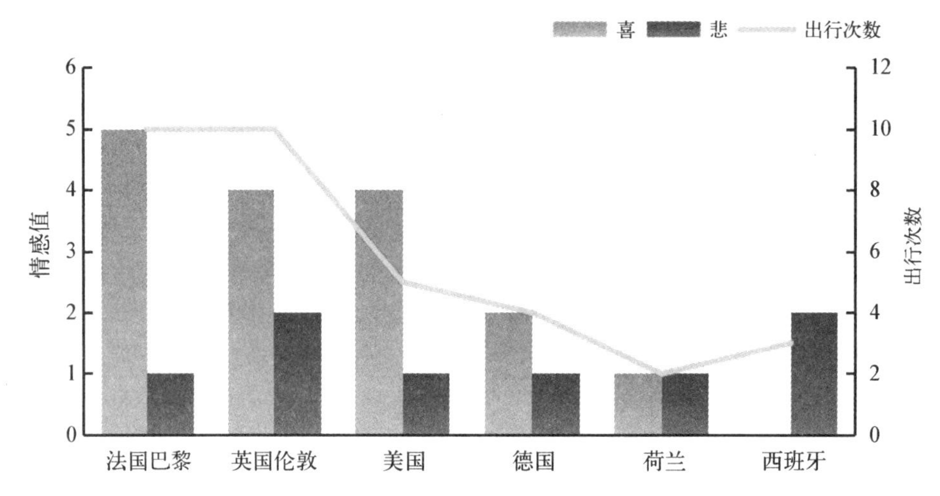

图 5　张德彝情感值在不同地域的分布复合统计图

对于晚清出洋大臣而言,每次出洋都是一次艰辛的挑战,虽“喜”的情感值仍占据多数,但其悲的地点也不少,或是自然因素造成的,或是面对异域的心理映射造成的。一方面,出洋期间不得不面对多种艰辛,如张氏在《四述奇》中记述,一行人将要抵达伦敦时却突然遇上疫病,团中郭嵩焘的仆役染病导致被迫隔离,不仅横生枝节,还要遭受英人对华人不洁的污蔑,①张氏于郁郁中记下此事。此外,光绪二十三年,作为参赞抵达伦敦后,使馆原定的接待人员不在,不得不仓促更换旅馆,入住后又察觉到行李失窃,②举凡种种,令后世读者感叹早期出洋官员的艰辛与不易。另一方面,心理映射带来的挑战也藏于难言的伤感中,张氏曾因西班牙多岛多丘陵的环境而对其初印象极不佳:“一路饶山岭涧壑,然石不成块,木不成材。近都城碎灰石山少,而土山仍部属成行,平顶土黄,遥望如长城之带夕阳。”③地处伊比利亚半岛的西班牙,岛屿众多,沟壑密集,这对于生活在农耕文明的张德彝来说,实在不是膏腴丰沃之地,正反映了晚清出洋考察者将本土情势投射至异域的复杂心理。

(二) 时间-情感变化分析

与空间-情感轨迹变化的分析类似,亦可将情感信息出现频次依出洋考察次数整理叠加进行时间-情感的结果分析。八次出洋经历中,“喜”的情感值出现频次自高到低依次为第一、二、四、三、八、五、六、七次;“悲”的情感值出现频次自高到低依次为第一、三、四、五、二、六(七、八)次,其中第六、七、八次“悲”的情感值出现频次一样。虽然整体上张德彝“悲”的情感值不多,但随着出洋次数增多,“喜”的情感值却逐渐走低,这不仅和张氏个人经历相关,更和当时的海内外局势紧密关联。从同文馆生员到翻译、参赞甚至使馆中最高级别的驻外公使,从单纯地采风、查访洋情到与一国交涉甚至与多国协商谈判,张德彝面对的环境更复杂,背负的责任更重,使得出洋时总是喜忧参半。

---

① 张德彝著、钟叔河校点:《六述奇附七述奇未成稿》,岳麓书社,2016 年,第 26—27 页。

② 同上,第 33 页。

③ 张德彝著,钟叔河、张英宇校点:《八述奇》,第 27 页。

实际上，19 世纪 60 年代以后，随着"资产阶级革命在全球范围内的流行"，清政府的统治危机日益凸显，主要依靠"器物"技术学习的洋务运动也在甲午战争后宣告失败，希图借鉴制度以图自强的戊戌变法和清末新政不过是让更多人看清了晚清傀儡政府的谎言。因此，尽管张德彝对政治不如其他外交官敏感，但内外交织的重重压力下，一面有感于清廷遭受列强蹂躏侵略之深，一面又眼见西方日新月异的发展，终使其郁郁悲愤出行。

结　论

本次研究通过构建知识图谱、时间轴与时空-情感轨迹图，以张德彝"八《述奇》"为实例，展示数字人文应用于晚清域外游记研究的可能性和可拓展性。通过增加时间轴，改善了以往图数据库浏览与检索时与史料原文脱节的弊端，也强调追踪事件在历史发展维度中的叙述，思考数字人文视域下关于史学问题，客观描述与研究者主观参与之间的磨合。此外，文章实现了情感分析技术与时空研究的融合，整理时间数据、地点数据和情感数据，形成数据组，将其展示在 GIS 地图中，详细标注节点信息和方向，助益研究范式的拓展和路径的多元化。至于"八《述奇》"的实证研究，则充分说明该方法可以继续在其他近代域外游记文本中，甚至是近代日记史料文本中实践与发展，从而进一步构建和丰富近代历史研究的多元知识库。

本研究的下一步工作将分别从数字技术和史学传统研究两个方面展开思考：其一，因晚清域外游记是近代国人行走海外时的记述，其中包含了大量外国人名、地名、音译词、近代新词等，利用机器进行实体自动识别与知识融合的效果仍不是很理想，因而将从计算机技术视角出发，思考如何建立专业词库或预训练模型，实现对多语种文本的实体自动识别；其二是本文所构想的研究思路仅以单一域外游记为实例样本进行意义发现，接下来将从更宏观的视角展开对某类游记甚至所有域外游记的整体性认识，以便发现和解决新的历史问题，如进一步探讨同一实体或相关概念类在不同域外游记中的表达，或晚清域外游记的主题与内容在总体上呈现出何种变化等问题。

近代上海《地图三字经》与海内外文化交流

周运中[*]

摘　要：本文作者收藏的写本《地图三字经》，是清末上海人参考西方地图编写的世界地理著作。《地图三字经》的前面是《大学》，反映了近代江南读书人的知识转型。晚清南京李光明庄刻本《舆地三字经》应是参考《地图三字经》而改编，修正了部分错误，增加的内容有新错误，反映出近代国人认识世界地理的曲折历程，以及近代上海输入的西学对江南的影响。近代另有多种西学《三字经》讲到世界地理，用《三字经》的形式讲述地理的传统一直延续到晚近时期，不过改成了讲述国内地理。近代上海的《地图三字经》对传播世界地理知识起到重要作用，上海是近代东西方地理学交流的重要窗口。

关键词：地图三字经　三字经　世界地理　上海　近代

中国古代最有影响的蒙学读物是《三字经》，其实古今《三字经》的版本很多。很多人都改编过《三字经》，章太炎改编本在近代的影响很大，现代仍然有很多人改编《三字经》。近代很多人传播西学时也借助国人原先熟悉的《三字经》形式，从而产生了很多西学《三字经》。

黄时鉴研究了近代西方传教士对《三字经》的译注与评介、基督教《三字经》的传播、太平天国新编的《三字经》、清末新政时潮中的《三字经》，还研究了陆林所编《三字经辑刊》收录的江瀚《时务三字经》、刘曾騄《演三字经》和黄先生在梵蒂冈所见的《西学三字经读本》。①

师福贞的文章介绍了上海南洋官书局在 1905 年出版的《三字经图说》、1906 年上海官书局出版的《华英合编三字经图说》和 1905 年出版的《西学三字经便读》。《三字经图说》是保留《三字经》原文，增编西学知识的图文。②《华英合编三字经图说》是给汉文《三字经》配上英文、插图解说，融入西学知识。《西学三字经便读》开头说："普天下，五大洲，亚非美，合奥欧。洲之外，有五洋。"再介绍天文、地理等西学知识，末尾说："圣天子，治维新。策富强，励兆民。尔童蒙，宜努力。学大成，报君国。"梵蒂冈的《西学三字经读本》结尾相同，开头说："测坤舆，名地球。"内容虽然稍有不同，但也是先讲世界地理，再讲世界历史，再次是西方科技和社会，末尾概述利玛窦以后的中西交流，全文长达 1 260 字，是近代各种新式《三字经》中的集大成者。

---

* 周运中，南京大学海洋文化研究中心特约研究员。

① 黄时鉴：《〈三字经〉与中西文化交流》，《九州学林》2005 年第 3 卷第 2 期。

② 师福贞：《融会中西的三字经》，《中国商报》2008 年 12 月 4 日。

一、近代上海的写本《地图三字经》

2009年10月13日，我在上海的一个旧书店，碰巧买到一部《地图三字经》，据店主说是在上海收到的。这份写本全部用毛笔书写，封面题写有两行字：己卯、金中民书。书写者金中民的生平不太清楚。这份写本的前面是传统四书中的《大学》，封面上的“地图三字经”是“大学”下面的五个小字，反映了近代江南读书人的知识转型。

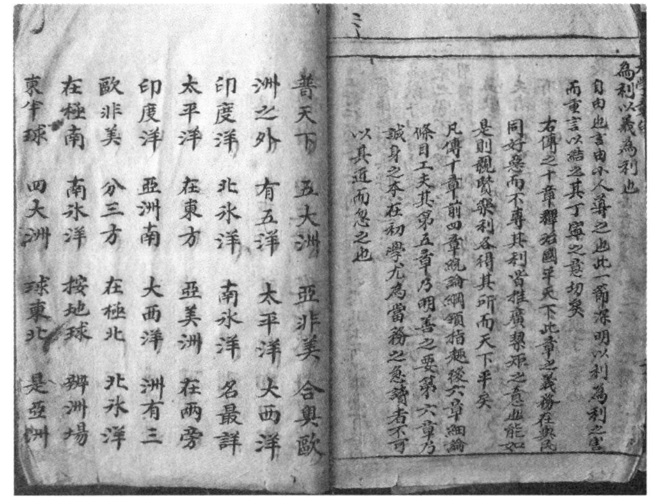
普天下 五大洲 亞非美 合奥歐
洲之外 有五洋 太平洋 大西洋
印度洋 北氷洋 南氷洋 名最詳
太平洋 在東方 亞美洲 在兩旁
印度洋 亞洲南 大西洋 洲有三
歐非美 分三方 在極北 北氷洋
在極南 南氷洋 按地球 辨洲埸
東半球 四大洲 球東北 是亞洲

图1　本文作者收藏的《地图三字经》封面、首页

己卯应该是光绪五年(1879)，不过这很可能是前面的《大学》的书写时间，而《地图三字经》很可能是甲午战争之后才编成的，详见下文。这本《地图三字经》每页8列，每列4句，总共10页960个字，开头说：

普天下，五大洲，亚非美，合奥欧。
洲之外，有五洋，太平洋，大西洋。
印度洋，北冰洋，南冰洋，名最详。
太平洋，在东方，亚美洲，在两旁。
印度洋，亚洲南。大西洋，洲有三：
欧非美，分三方。在极北，北冰洋。
在极南，南冰洋。按地球，辨洲场。
东半球，四大洲。球东北，是亚洲。
球西北，是欧洲。球东南，是奥洲。
球西南，是非洲。西半球，两美洲。
统地球，地无几。三分水，一分地。
曰天圆，曰地方，此类语，甚荒唐。

查泰西,地理志,地是球,可考试。
自中华,向西行,三万里,到大英。
出吴淞,向东行,东之极,即西方。
地之圆,自此悟。统地球,计里数。
运一周,七万余。论对岸,二万余。
因地转,分日夜。球背日,则为夜。
球对日,则为昼。主造化,无遗漏。

原书不分段,至此可以看成全书第一段,讲述地球地理的常识。从“出吴淞”来看,作者是上海人,或长住上海。外国商船都从吴淞进出上海,吴淞是近代对外交通的要冲。下文还说到德国的首都是北宁,即今柏林(Berlin),把北读成入声的 bəʔ,这是典型的吴语。

下文列举中国各地重要城市时,提到埠头,也是江浙方言,指商港。从“主造化”来看,作者很可能是基督教或天主教徒。从“查泰西,地理志”来看,作者显然是看了西方地理著作后才编出《地图三字经》。

这部《地图三字经》接着说:

属亚洲,首中国,大日本,高丽国。
有印度,有暹罗,有波斯,有东俄。
合缅甸,八国家,余小国,无足数。
属欧洲,有英国,有瑞典,法与德。
土耳其,大和兰,有希腊,奥与丹。
曰意国,葡萄牙,曰瑞士,西班牙。
十四国,内有俄。论非洲,小国多。
考全洲,地甚广,仰欧洲,为保障。
新金山,奥洲名,统一洲,属大英。
北美洲,有三国。墨西哥,大美国。
惟坎答,属英治。南美洲,大国四。
巴拉圭,巴西国,合秘鲁,智利国。

至此可以看成全书的第二段,讲地球各国概况。作者深受世界地图的影响,在前一段说:“球东北,是亚洲。球西北,是欧洲。球东南,是奥洲。球西南,是非洲。”其实球体无所谓东西南北,但是因为作者看到的地图,亚洲在右上角,所以他说在地球的东北角。这是受传统天圆地方思想的影响,认为大地是平面。即使按照东西半球的划分,欧洲仍然是在东半球。

亚洲地图包括俄罗斯东部,作者因此称为东俄。又称日本、荷兰、美国为“大日本”“大和兰”“大美国”,19 世纪荷兰的地位虽然不及 17 世纪,但是仍然有印度尼西亚、圭亚那等广阔的殖民地,所以仍然称为“大和兰”。新金山是华人对墨尔本的称呼,相对于旧金山而言,不是澳大利亚的正式名称,这是作者误解。“坎答”是加拿大(Canada)的简译,作者列举了南美洲的四个大国——巴拉圭、巴西、秘鲁、智利,似乎也有问题,因为哥伦比亚、委内瑞拉、玻利维亚都比巴拉圭强大,说明作者对世界地理的认知有限。作者把土耳其认作欧洲国家,大概是因为其都城伊斯坦布尔在欧洲,在东南欧还有不少土地。

接下来的两段，讲述中国各省及省会、中国邻国，说道："在东北，高丽国，号朝鲜，今自主……有日本，名东洋，统琉球，并台湾。"说明《地图三字经》是甲午战争后所撰，说明实际编写日期不是封面所写的己卯(1879)。封面的己卯是作者最初抄写《大学》的时间，到了甲午之后才在末尾空白的十页写下《地图三字经》。

全书最后一段是讲述各国都城：

汉阳府，朝鲜都。曰东京，日本都。
曰伦敦，英京都。曰巴黎，法京都。
华盛顿，美京都。彼德保，俄京都。
曰北宁，德京都。曰罗马，意京都。
安策董，荷兰都。北勒斯，丹京都。
稽尼滗，瑞士都。克斯那，瑞典都。
鄂答瓦，坎答都。曰雅典，希腊都。
麦得底，西班都。滗安那，奥国都。
孔斯坦，提哪北，土耳其，回国都。
巴西罗，葡萄都。

这一段有不少错误，丹麦的首都是哥本哈根(Copenhagen)，不是北勒斯。北勒斯可能是腓特烈斯贝(Frederiksberg)，是哥本哈根大区下辖的自治市，四周被哥本哈根自治市包围，这是作者误读了世界地图。

瑞典的首都是斯德哥尔摩(Stockholm)，不是克斯那。克斯那可能是卡尔斯克鲁纳(Karlskrona)，1680 年被瑞典国王卡尔十一世作为海军基地，地名的原义是卡尔的王冠。1848 年之后的瑞士首都是伯尔尼，不是稽尼滗(日内瓦，Geneva)。这两处错误，都是源自作者误读世界地图。

巴西罗是巴西(Brazil)，但是巴西是葡萄牙最大的海外殖民地，不是葡萄牙的首都，葡萄牙的首都是里斯本。这是作者误把巴西国名后面标注的宗主国葡萄牙当成了巴西的国名，误把巴西当成了都城。这是因为当时中国人对世界还不了解，缺乏研读世界地图的经验，不熟悉图例。

安策董是荷兰首都阿姆斯特丹(Amsterdam)，鄂答瓦是渥太华(Ottawa)，坎答是加拿大(Canada)，麦得底是西班牙的首都马德里(Madrid)，滗安那是奥匈帝国的首都维也纳(Vienna)，孔斯坦提哪北是奥斯曼土耳其帝国的都城君士坦丁堡(Constantinople)。

甲午战争的惨败深深刺激了中国的知识精英，促使很多中国人加速向日本和欧美各国学习西学。这本《地图三字经》出现在甲午战争之后，正反映了当时中国人学习西学的热潮。

二、近代南京刻本《舆地三字经》

陆林编的《三字经辑刊》也收有一种《舆地三字经》，[1]据该书介绍，这本《舆地三字经》是"清

① 陆林编：《三字经辑刊》，安徽教育出版社，1994 年，第 371—376 页。

无名氏撰,有晚清南京李光明庄刻本,亦非易得之籍,所据整理本篇末似有缺页,无从配补,只好付诸阙如”。此书绝大多数内容和我收藏的《地图三字经》完全相同,末尾的外国都城稍有差别。

这种《舆地三字经》末尾说道:

汉阳府,朝鲜都。曰东京,日本都。
曰伦敦,英京都。曰巴黎,法京都。
华盛顿,美京都。彼德堡,俄京都。
曰柏林,德京都。曰罗马,意京都。
唵斯特,荷兰都。哥本哈,丹京都。
伯尔尼,瑞士都。斯德哥,瑞典都。
曰雅典,希腊都。玛德里,西班都。
维也纳,奥国都。君士坦,土耳都。
里斯奔,葡萄都。曰顺化,越南都。
曰曼谷,暹罗都。曰阿瓦,缅甸都。
曰南巴,比利都。加义罗,埃及都。
里约热,巴西都。达拉尔,墨西都。
善提牙,智利都。

其中朝鲜、日本、英国、法国、美国、俄国都城的描述和我收藏的《地图三字经》相同,《地图三字经》的诸多错误在此书中都已经改正。受《三字经》的形式约束,阿姆斯特丹、哥本哈根、斯德哥尔摩、君士坦丁堡的地名无法写全。阿姆斯特丹译作唵斯特,因为唵的古音以 m 为韵尾,印度教的 om 就被译为唵,可见翻译者熟悉古音。

德国的都城,从北宁改译为柏林;奥地利的都城,从滏安那改译为维也纳;土耳其的都城,从孔斯坛提哪北改译为君士坦。这些改译的地名都接近现在的写法,所以南京的《舆地三字经》是晚出者。《舆地三字经》的末尾又增加了越南、暹罗、缅甸、比利时、埃及、墨西哥、智利的都城。加义罗是开罗,里约热是里约热内卢,善提牙是圣地亚哥。因为全书的叙述顺序是从亚洲开始,所以越南、暹罗、缅甸不应该出现在末尾。而且增加的国家都不是强国。比利时没有出现在上文列举的欧洲大国之内,增加的比利时夹在增加的缅甸和埃及之间,顺序错乱,这都证明这些内容是后来增加的。我收藏的《地图三字经》末行没有空白,而《舆地三字经》的末行仅有八个字,留下空白,不及《地图三字经》整齐,也证明《舆地三字经》晚出。

从诸多证据来看,《地图三字经》最早是在上海出现,再流传到南京,而后出现这本《舆地三字经》,这也符合近代西学传播的路线。上文说过的《西学三字经读本》和《西学三字经便读》,讲世界地理时也没有《地图三字经》的那些错误,因此这些书的出版时间已经晚到 20 世纪初。

这本晚出的《舆地三字经》,增加的都城描述也有错误。缅甸的都城已经不是阿瓦(Ava),虽然华人仍然把不远的新首都曼德勒称为阿瓦。达拉尔也不是墨西哥的首都,而是墨西哥城西北紧邻的城市特拉尔内潘特拉(Tlalnepantla),这也是作者误看到其邻近的城市。比利时的首都是布鲁塞尔,不是南巴,南巴或许是鲁汶(Leuven)。这本书改正了《地图三字经》的错误,又出现了新的错误,反映了近代中国人认识世界地图的曲折历程。

三、近代西学《三字经》

成都傅崇矩于 1901 年创办《启蒙通俗报》，在 1902 年第 3 期刊有小万卷楼本的《西学训蒙三字经》，署名是“成都樵新子校刊”，内容比较简略，只有 216 个字，有些地方也不太精确，比如说：“英吉利，只三岛，都英伦，能肇造。法兰西，对海港，画鸿沟，同刘项。法之都，名巴黎，地濒海，史可稽。”这本书把英、法之间的英吉利海峡比作中国古代的鸿沟实在是不合适，鸿沟是陆地上的河流，巴黎不是在海边，这可能是作者看世界地图时产生的误解。这本书的世界地理描述似乎看不到《地图三字经》的影响，可能是四川读书人独立编写，不是来自华东系统。

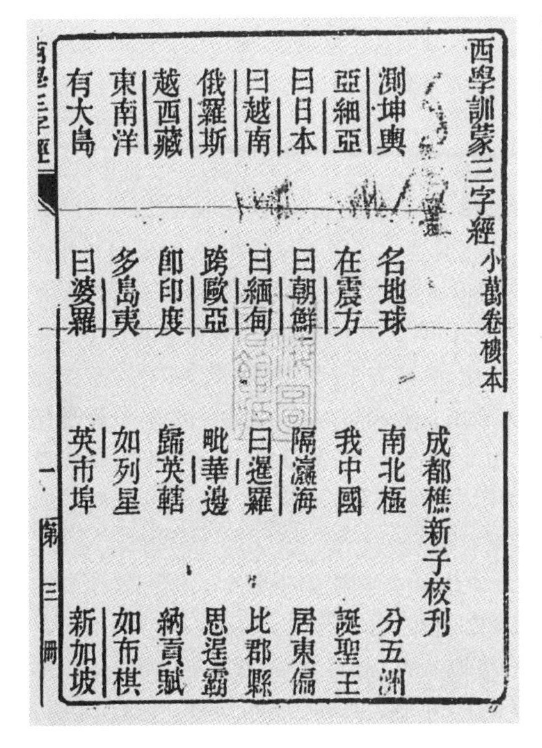
西學訓蒙三字經 小萬卷樓本
成都樵新子校刊
測坤輿 名地球 南北極 分五洲
亞細亞 在震方 我中國 誕聖王
曰日本 曰朝鮮 隔瀛海 居東偏
曰越南 曰緬甸 曰暹羅 比郡縣
俄羅斯 跨歐亞 毗華邊 思逞霸
越西藏 郎印度 歸英轄 納貢賦
東南洋 多島夷 如列星 如布棋
有大島 曰婆羅 英市埠 新加坡
西學三字經 一 第三冊

图 2 《西学训蒙三字经》《今世三字经》首页

1903 年上海出版的《选报》第 46 期，录有《台南报》刊登的日本人松平康国所编《今世三字经》，其中也讲到很多地理知识，比如说：“维五洲，郁蟠屈。南北米，欧亚弗。赤道热，两极寒。中温带，体乃胖。多硗确，地荒芜。多川泽，土膏腴。密斯比，亚麻善，此两河，源最远。喜马拉，安的斯，此两山，势最巍。”南北米是南北美洲，欧亚弗是欧、亚、非洲。密斯比是密西西比河，亚麻善是亚马孙河，作者认为这是最长的两条河。其实世界上最长的河流是尼罗河，其次是亚马孙河、长江、密西西比河。虽然此文作者是日本人，但是该篇用韵非常讲究，上引一段，屈、弗押入声韵，寒、胖的韵脚都是 an，芜、腴的韵脚都是 u，善、远的韵脚都是 an，或许因为日语和汉语的读音接近。《选报》刊出《今世三字经》，说明上海和台湾的文化交往密切。

光绪三十二年(1906)出版的《绘图中东文时务三字经》署名为"奎照楼重编,会稽周天鹏题",此书应是留日的浙江学生所编,我在上海图书馆的古籍部看到了这本书。这本书的总发行所是绍兴大街奎照楼,这是浙江绍兴城里的书局。1936年周作人的文章《关于鲁迅》中说到鲁迅小时候买过两册日本人冈元凤所著的《毛诗品物图考》石印本,就是在奎照楼所买。《时务三字经》的代发行所为上海棋盘街(今河南路)广益书室、会文学社与二马路(今九江路)镜海楼,广益书室即广益书局前身。

这本书的扉页序言说:"溯自海界宏开,五洲洞达,文明之籍入中国者,指欧系为最夥,故识时之俊杰,多以西文提撕后学为亟务。第西文法难而期久,不若东文法简而易获。况日本自维新以来,多吸取西学菁华,而抒其落木,是学东文实为学西文之基础。"作者认为东文(指日文)比西文简单易学,日本也吸取了很多西方文化的精华,所以最好先学日本。

这本书在新式《三字经》文中,夹注日文假名,开头讲述世界地理:"今天下,五大洲。东与西,对半球。亚细亚,欧罗巴。澳大利,阿非加。美利驾,分南北。穿地心,对中国。"阿非加是阿非利加(Africa),美利驾是美利坚,奇怪的是,下文又译为米利坚。

下文又说:"邹衍言,今得实。地球上,国千百。多通商,来中国。英吉利,佛兰西。德意志,俄罗斯。意大利,米利坚。西班牙,比利时。葡萄牙,奥地利。曰日本,曰巴西。曰秘鲁,曰荷兰。曰哪威,曰瑞典。曰丹马,国十七。皆通商,有条约。万国齐,公法立。我不入,悔莫及。"据司马迁《史记》的《封禅书》和《孟子荀卿列传》记载,战国时期的齐国人、燕国人大规模向海外探险,发现东亚岛链的外面是太平洋,得知太平洋之外还有大洲,所以齐国学者邹衍正式提出大九州说,认为大瀛海之外有大九州,改称儒家的九州为小九州,认为中国(中原)是世界的八十一分之一。燕国货币在朝鲜半岛、日本与冲绳地区都有出土,燕齐方士记载大壑(黑潮)中的五大神山也都有实际依据,我已考证出蓬莱山是吕宋岛,方壶山是澎湖岛,瀛洲山是台湾岛,员峤是屋久岛,岱舆山是九州岛。[1] 这本《三字经》的作者认为邹衍的观点得到证实,其实晚明欧洲传教士来华,传入现代世界地理知识,明代人已经发现邹衍的观点得到了证实。这段文字中,佛兰西是法兰西,米利坚是美利坚,哪威是挪威,丹马是丹麦。

这本书也是图文并茂,配有东西两半球插图,还画出了很多国家的国旗,大洋洲译作海洋洲。此时因为大量中国留学生到了日本,文化交流更加密切,所以这本《时务三字经》吸纳了此前的很多西学《三字经》的优点,印刷更加精美,内容更加丰富。

此书中虽然地理的内容不多,但是西学的内容不少,介绍了西方的女校、报馆、电线、轮船、铁路、矿务、机器、商业。作者认为不能守旧,应该积极融入世界。书中还介绍了近代东西方交涉的历史,批评了义和团的行为,歌颂了林则徐和魏源睁眼看世界的先见之明,介绍了洋务运动和清末新政的多项成就。还赞成废除科举,改立新学,列举了各种科学的名称。认为学子不应仇教,而应通西学,近《周礼》,采用西法。还说到五大臣出洋考察,准备立宪。其中很多内容,仍然值得我们今天深思和借鉴。

---

① 周运中:《上古东南海外五大神山考实》,《海交史研究》2016年第1期;周运中:《道士开辟海上丝绸之路》,台北:花木兰文化事业有限公司,2020年。

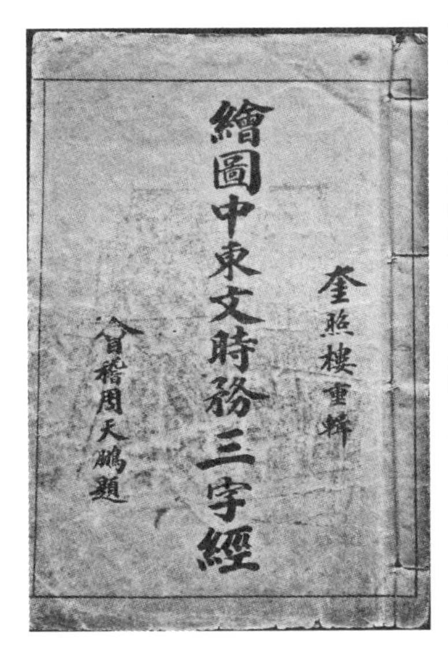

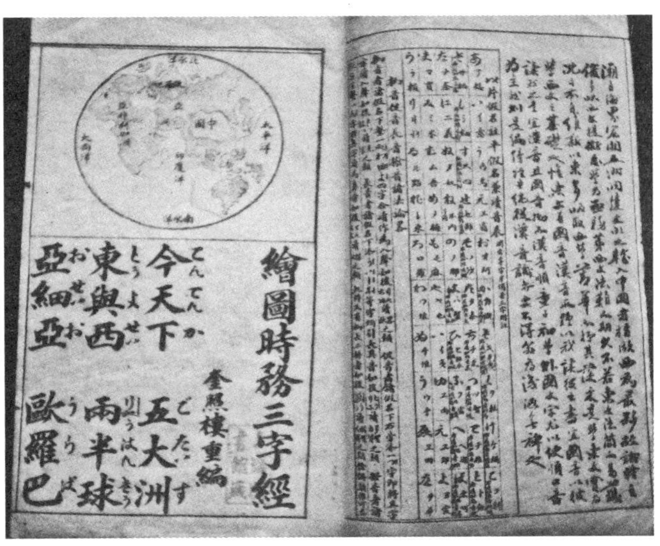

图 3 《绘图中东文时务三字经》封面、首页

四、《地图三字经》的影响

近代《地图三字经》的影响甚至波及当代，1963 年，人民教育出版社编辑出版了《中国地理三字经》，1983 年，该出版社还出了第二版。此书除了用文字讲述中国地理，还配有一幅《中国的行政区域》插图，说道："对地图，看位置。"类似清末的《地图三字经》说"查泰西，地理志"。后来又有人编写《中国地理三字谣》，其实也是三字经。[①] 不过遗憾的是，这些晚近出版的地理《三字经》，都是讲述国内地理，似乎很少看到有讲述世界地理的《三字经》，晚清人编写的世界地理《三字经》传统似乎断绝了。虽然世界地理的教育比过去更普及，人们也更熟悉世界，不过世界地理《三字经》其实仍然可以便利儿童学习。

本文所述的诸多《三字经》，在陆林所编《三字经辑刊》附录《历代三字经分类书目稿》中都没有提到，近代可能还有多种被大家忽视的《三字经》，值得我们再发掘。

上海是近代西方地理学和世界地图传入中国的最重要窗口，近代我国的地图出版社集中在上海，出现了很多重要的地理著作，类似《地图三字经》这样的吉光片羽还有不少。这些书的单本虽然体量很小，但是对近代中国人思想的影响不可谓小。而且这些书的诸多版本可以构成一个个小体系，我们可以梳理源流，从中可以看到近代世界地理知识从儒家经典的附属物转变为单独著作的过程。《地图三字经》等书借助传统蒙学读物的外壳，更方便地传播了西学，让清末的儿童从小就改变世界观。近代东南沿海的很多读书人，孜孜不倦地架起了一座座沟通中西文化的桥梁，最终汇聚为世界文化交流的大道。

---

① 杨殿通、马英平、王希文、王成骥：《中国地理三字谣》，中国展望出版社，1986 年。

舟山外销瓷研究

——以宋代古港为中心

陈彩波　颜意笑　潘　玮　贝武权*

摘　要： 舟山是我国第一大群岛，港口众多。由于舟山群岛海岸线及自然生态保护相对完好，所以在近年的田野调查中陆续发现了一批古代港口，并在古港遗址、遗存获取了大量外销瓷器。这些瓷器具有比较鲜明的浙江、福建、江西地方特征，并且在12—13世纪的日本九州一带多有发现。本文尝试采用产品系统对其进行分类说明，为日后舟山港口考古和瓷器研究提供一个比较清晰的概观。进而揭示宋代舟山对外航海情况和外销瓷输出路径，以及舟山古港与近邻宁波及周边省份的关系。

关键词： 舟山　宋代古港　外销瓷器

舟山古代港口遗址、遗存大多是在考古调查、小面积试掘的情况下发现的，大规模正式考古发掘较少，而且均为抢救性发掘。目前，针对舟山古港出土瓷器和相关遗存的研究，文章数量甚少。最近10年，经过考古工作者的努力，积累了一批舟山古代港口采集和发掘出土的唐、宋、元、明、清遗物，其中以宋元瓷器数量最为丰富，分布范围最广。据初步观察，这些瓷器多来自生产贸易瓷的主要地区福建、江西和浙江等地。因此，有必要对现有舟山古港调查资料和出土瓷器进行整理，为日后舟山港口考古和瓷器研究提供一个比较清晰的概观。通过舟山古港出土瓷器的分类比较、鉴别研究，我们可以进一步了解古代舟山对外航海情况和外销瓷贸易路径，以及舟山与近邻宁波及周边省份的关系。

一、港口调查

海港是古代船舶停靠、装卸货物、避风的重要设施。同时，作为集散地的海港是海洋社会、

* 陈彩波，舟山博物馆馆员。
颜意笑，舟山博物馆馆员。
潘玮，舟山博物馆助理馆员。
贝武权，舟山博物馆研究馆员。

经济、文化体系的中心，也是海洋交通文明的起讫点。近10年，我们对舟山群岛古代港口持续进行了全面、系统的调查，走访了境内2区2县3个功能区所属的60多个住人岛(据统计资料，最多时住人岛为98个)和10余个无人岛，观察村落岙口地表信息190余处，其中重点调查32处(图1)。

调查对象以住人岛屿居民相对比较集中的原生态渔村为主，并侧重于文献有航海贸易等相关记载，以及分布有天后宫、妈祖庙等文物古迹的港湾。调查方法主要包括一般调查和重点调查。一般调查以陆地走访、出海观察、数字图像记录和瓷器标本采集为主；重点调查主要包括整体钻探、主体部位剖面、考古试掘、数字信息采集和出土文物标本归纳整理。为使调查更有意义和更具针对性，调查中对于以前关注比较少的六横、金塘等功能区给予了较多的关注，对于以前已经有过大量工作的舟山本岛，在工作量上有所削减，但也十分注重工程建设中发现的遗址、遗物。

二、遗址概况

本文选取案例，更多地倾向于保存相对完整、获取瓷器比较丰富并代表该区域基本特征的古代港口遗址、遗存。

(一) 金塘岛——化成寺遗址

该遗存位于金塘镇山潭村树弄化成寺水库中央馒头山南方。东之东堠、西堠紧偎西堠门国际航道，西之沥港、北之沥表航路水道交汇贯通，与宁波镇海一水相隔，出入便捷，具备形成古代国际贸易港的自然条件。2010年元月，因舟山跨海大桥施工部门在库区打桩放水，水库库底的外销瓷遗存出露无遗。我们对该遗址进行了清理，清理面积约200平方米，表层拣取古陶瓷样本720余件。初步鉴定这些瓷器主要来自浙江越窑、龙泉窑，江西景德镇窑、吉州窑，以及福建建窑、同安窑等。品种有青瓷、白瓷、影青瓷、黑釉瓷、青花瓷等。器物有罐、壶、尊、豆、盘、碗、杯、盏、碟、盅等。年代自五代、宋元至明清。

(二) 六横

1. *本岛龙头跳沙埠*

龙头跳沙埠地处六横田岙湾，面南临海正对大、小尖苍山，可避北、西北、东北风。该海湾东邻南兆港，西贯孝顺洋，航路四通八达，入口处水深约10米，海底干净无障，在帆船时代是一处较为理想的港口锚地。龙头跳背枕炮台岗(海拔280米)，群山蜿蜒连绵，一条长约千米的山涧流经山村，穿沙滩入海，涧水充沛，终年不绝。龙头跳沙滩长约500米，宽20—40米不等，西北—东南走向。沙岸堆积成丘，高1—5米不等，周广10余亩。

沙埠即土埠，是古代利用自然生成的沙滩、沙岸停靠船只的简易码头。龙头跳沙滩沙质细腻，沙层下为鹅卵石。在龙头跳沙滩、沙丘、沙岸以及被涧水冲刷的鹅卵石堆积中，发现了大量瓷片。瓷片水蚀严重，系海浪搬运冲刷所致。瓷片年代跨度较大，有越窑青瓷、景德镇窑青白瓷，多为明清青花，唐宋元青瓷次之。

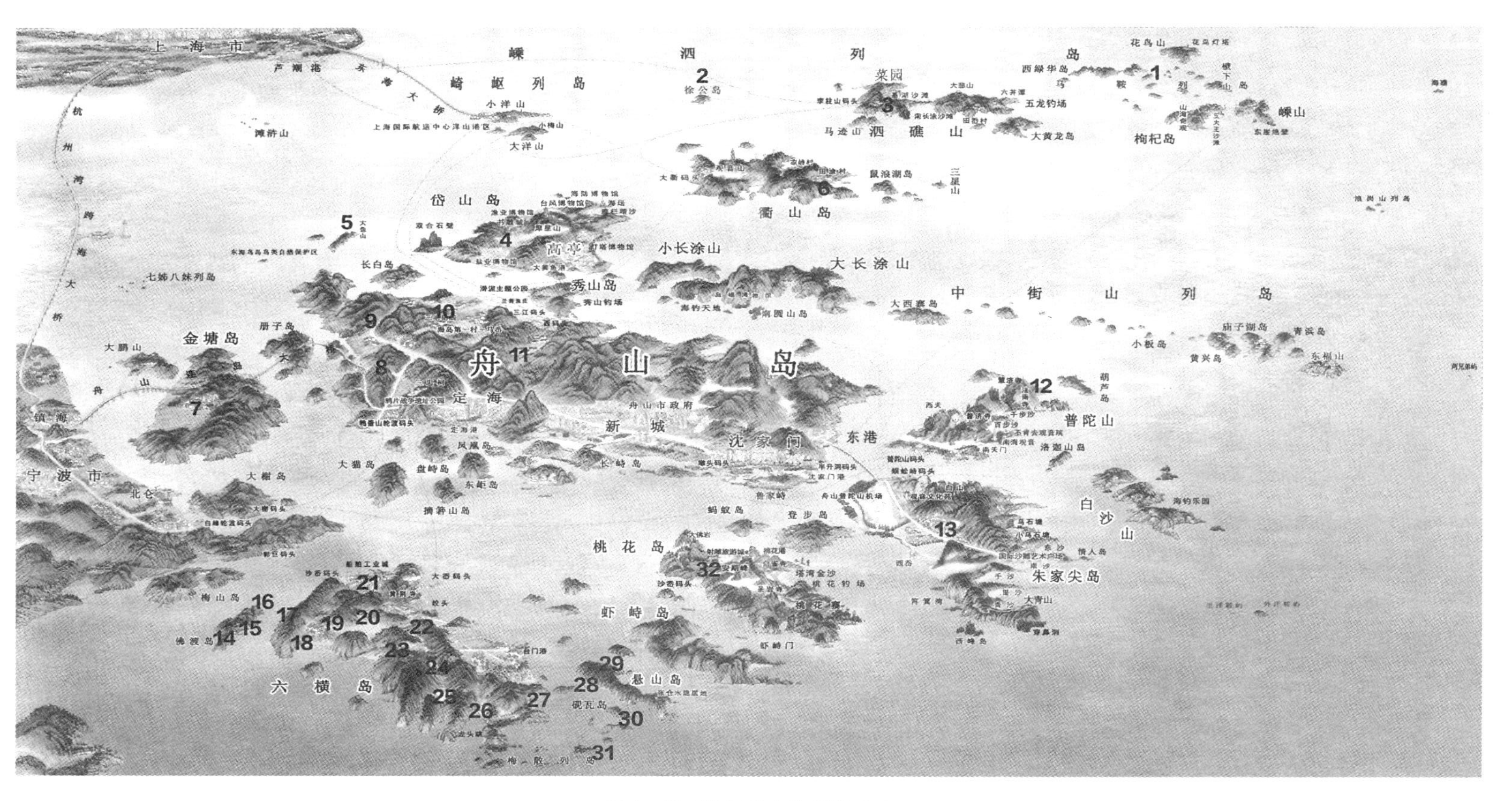

图1 舟山港口出土瓷器的地点

嵊泗 1. 东库山岛 2. 徐公岛 3. 菜园镇中心医院
岱山 4. 东沙外司基 5. 鱼山岛 6. 衢山岛乍浦门
定海 7. 金塘化成寺 8. 岑港外回峰寺 9. 马目港 10. 小沙吉祥寺 11. 白泉柯梅
普陀 12. 普陀山飞沙岙 13. 朱家尖梓岙 14. 佛渡岛石门村 15. 佛渡岛道头咀 16. 牛卵袋岛 17. 六横涨起港 18. 六横小支岙 19. 六横五星岙 20. 六横嵩山大教场 21. 六横龙浦 22. 六横岑山港 23. 六横清港 24. 六横双塘沙头 25. 六横苍洞 26. 六横田岙龙头跳 27. 六横台门港 28. 悬山岛大筲箕湾 29. 悬山岛马跳头 30. 砚瓦山岛 31. 大蚊虫山岛 32. 桃花岛客浦

2. 佛渡岛美女地遗址

佛渡岛位于六横本岛与宁波梅山岛之间，东距六横本岛约 1.8 千米，西距梅山岛约 2.4 千米。岛呈长条形，南北走向，长约 5.1 千米，最宽处约 3 千米，最窄处约 600 米，面积约 7.128 平方千米，最高峰海拔 183 米。该岛在宋宝庆《昌国县志》"县境图"中首称"渤涂山"，明嘉靖《筹海图编》称为"白涂山"，清康熙《定海县志》称"佛肚山"，民国《定海县志》因之，因方言谐音，现通称"佛渡岛"。

美女地遗址在佛渡岛石门村。我们于 2010 年 4 月对该遗址进行了为期 5 天的考古试掘（图 2），在 10 米×2 米的探方里发现了 2 座叠压在一起的古代房基：第 1 层房基约为晚清居住遗迹；第 2 层房基距地表深 0.7—0.8 米，被第 1 期房基紧紧叠压，基层包含龙泉窑、同安窑、吉州窑等宋元时期的瓷片。瓷器碎片系二次生成，原生堆积在遗址上方坡地。

图 2　美女地遗址发掘现场

（三）朱家尖——梓岙码头

梓岙码头在朱家尖梓岙村扳缯山西南。周边群山环抱，自北而南依次为牛角湾、扳缯山、老鹰山，形成"C"形岙口，西北朝向，周广约 500 亩。古码头北接石牛港，南通乌沙门，毗邻福利门水道、乌沙水道，是古代南来北往航经日本列岛和朝鲜半岛的重要港埠。

2010 年，我们在古码头四周进行钻探。钻探表明：古码头四周耕田系围塘淤积滩涂，浅黄色沙土质，无文化包含物。然而，在周边山坳高涂和梓岙村的坡地上，发现了大批宋元青瓷和明清青花瓷。剖面显示，文化堆积层厚 10—30 厘米不等。其包含物为宋元时期福建建窑黑釉瓷系和浙江龙泉窑青瓷系的外销瓷。

(四)嵊泗

1. 徐公岛

徐公岛陆地面积1.299平方千米,西与洋山岛隔海相望,东面是马迹洋及白节海峡,是古今南来北往及航经东北亚、东亚、东南亚诸国船只的必经之地。1072年搭乘宋朝海商孙忠船而来的日本僧人成寻在《参天台五台山记》中写道:"(1072年三月)廿六日丙午,天翳,不知东西,不出船。巳时,天晴,依无顺风,以橹进船。申时,着明州别岛徐翁山,无人家,海水颇黄。西南见杨山,有人家。三姑山相连,有人家。将着徐翁山间,北风大吹,骚动无极。殆可寄岩石,适依佛力,得着别岛宿。"根据成寻的描述,对照舟山海图和古今地名,我们可以确定,"徐翁山"即徐公山;"杨山""三姑山"即今大、小洋山。孙忠商船航经此地,意欲靠泊徐公岛,因"北风大吹",而徐公岛岙口朝西北,不宜靠泊,是故,只得"着别岛宿"。

2009年6月,徐公岛整体开发工程在开山取土时发现大量古代瓷片。我们在岛西北岙口残留土墩及其延伸台地上做了剖面,文化层厚30—40厘米,层积宋、元、明、清、民国时期的瓷片。分别是宋代同安窑系青白瓷、龙泉窑系青瓷,元代吉州窑、建窑黑瓷,以及明清到民国时期的青花瓷。

2. 东库山岛

东库山位于马鞍列岛西北部,岛呈长方形,东北—西南走向,长970米,宽220米。陆域面积0.24平方千米。史载东库山在元代已住人,称东枯(岙)。

东库山古港(图3)是古代利用自然生成的沙滩形成的,面朝南,东—西走向,现存状况较好。我们在长约100米的沙滩上发现了大量瓷片,初步鉴定这些瓷器主要来自浙江越窑、龙泉窑,福建同安窑,以及江西景德镇窑,等等。品种有青瓷、青白瓷、白瓷、青花瓷等。

图3 东库山古港现状

以上港口遗址可分为原生态沙埠、涉水临港坡地、通海淤积河床 3 种类型。它们有一个共同的特点，即同时包含以下 6 个要件：

① 毗邻航道或陆路冲要；

② 有宽阔的锚泊地（候风、站潮）；

③ 有充沛的淡水资源（补淡）；

④ 有人工码头或自然沙埠（港口本体）；

⑤ 有相对平缓的基岩或坡地（仓储、集散）；

⑥ 有妈祖庙、天后宫、泗州堂、龙王宫等宗教建筑或佛寺遗址、遗迹（祈风、祈愿）。

三、出土瓷器与窑口归属

在舟山古港遗址或遗存采集或出土的瓷器多系浙江青瓷、福建瓷器和景德镇青白瓷的组合，经粗略统计，以浙江青瓷和福建产品为大宗。年代最早的是晚唐，仅见三件，都在六横，分别是本岛田岙龙头跳沙埠的玉璧足碗（标本 11）、本岛苍洞大河更遗址的玉璧足碗（标本 12）和双屿水道牛卵袋岛的圈足碗（标本 18）。均系越窑青瓷，底足支烧痕迹明显。

占比最大的是南宋瓷器，约占总量的 35%。产品主要有青瓷、青白瓷、白瓷三种，装饰手法有素面釉装饰、刻划花、印花和贴花四类，以素面釉装饰最常见。器型有碗、杯、盘、洗、执壶、罐、瓶和炉等。主要来自浙江龙泉窑青瓷系统，福建同安窑青瓷系统、磁灶窑青瓷系统，以及江西景德镇窑青白瓷系统。

占比其次的是元代瓷器，约占总量的 33%。产品主要有青瓷、黑瓷两种，以素面釉装饰最常见。器型有碗、杯、盘、盏、洗、罐和瓶等。主要来自浙江龙泉窑青瓷系统和福建建窑黑釉瓷系统。

占比再次的是五代及北宋瓷器，约占总量的 5%。产品来自浙江越窑青瓷系统。其余多为明清青花瓷（不在本文讨论之列）。

试举几例列表如下。需要说明的是：列表选取的瓷片是该遗址出土或采集的年代最早或占比最大或最具特色的一类。备注栏以“A”表示年代最早，以“B”表示占比最大，以“C”表示最具特色。

表 1

行政区属	遗址位置	标本序号	出　土　瓷　片	年代	窑　口	备注
定海区	舟山本岛小沙吉祥寺	1		南宋	同安窑	A

续 表

行政区属	遗址位置	标本序号	出 土 瓷 片	年代	窑 口	备注
定海区	舟山本岛小沙吉祥寺	2		南宋	磁灶窑	C
		3	 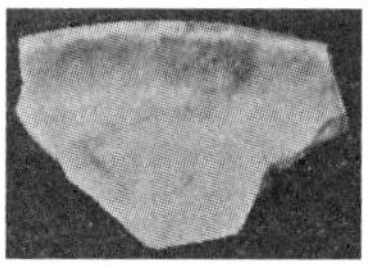	元	龙泉窑	B
	金塘岛化成寺	4	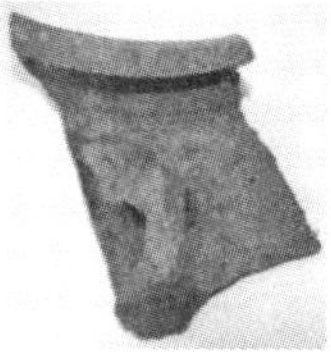	五代	越窑	A
		5	 	南宋	同安窑	C
		6	 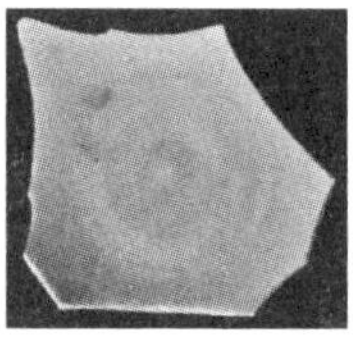	南宋	景德镇窑	B
		7	 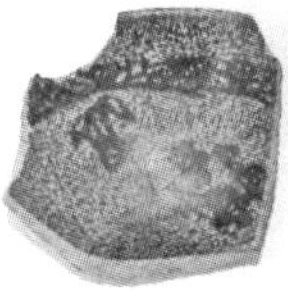	元	吉州窑	C
		8	 	元	建窑	C

续 表

行政区属	遗址位置	标本序号	出 土 瓷 片	年代	窑 口	备注
普陀区	朱家尖梓岙	9		南宋	龙泉窑	B
		10		元	建窑	C
	六横本岛龙头跳	11	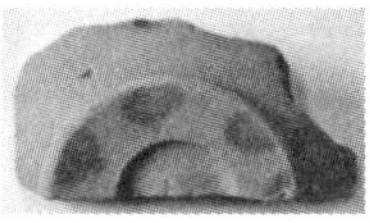 	晚唐	越窑	A
	六横本岛苍洞	12	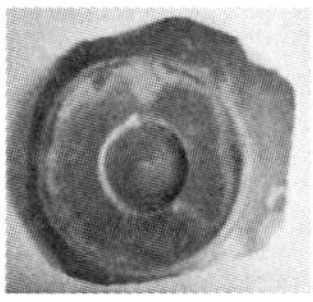 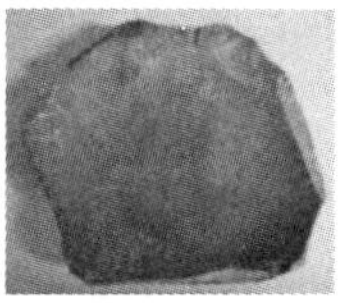	晚唐	越窑	A
	六横本岛岑山	13	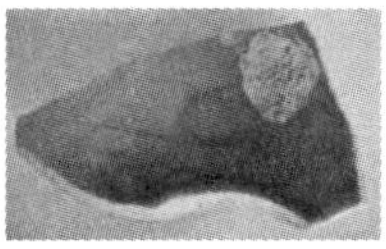 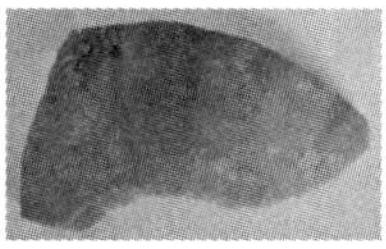	南宋	龙泉窑	B
	六横本岛清港	14	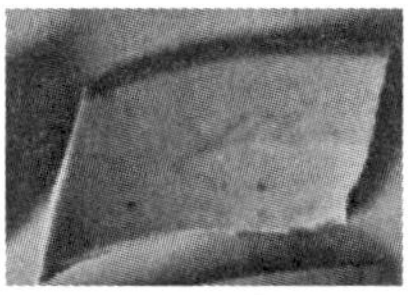	南宋	景德镇窑	B
		15	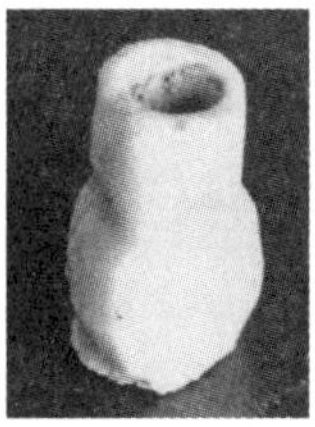	南宋	景德镇窑	C

续 表

行政区属	遗址位置	标本序号	出土瓷片	年代	窑口	备注
普陀区	六横本岛嵩山大校场	16		元	龙泉窑	B
	六横佛渡岛石门村	17		南宋	同安窑	B
	六横牛卵袋岛	18	 	晚唐	越窑	A
	桃花岛客浦	19		元	龙泉窑	B
岱山县	岱山本岛东沙外司基	20		五代	越窑	A
		21	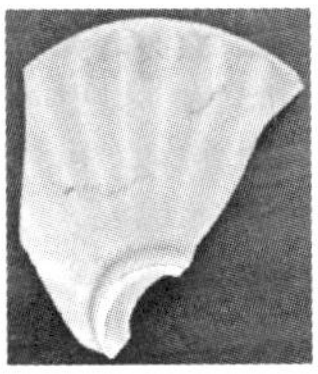 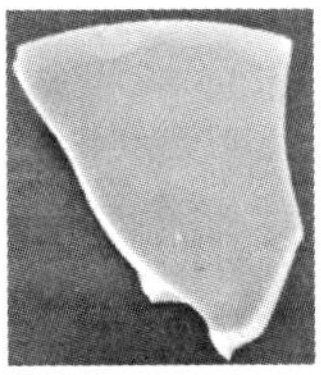	南宋	龙泉窑	B
	渔山岛	22		元	龙泉窑	B

续 表

行政区属	遗址位置	标本序号	出 土 瓷 片	年代	窑 口	备注
嵊泗县	嵊泗本岛菜园镇	23	 	元	龙泉窑	C
		24	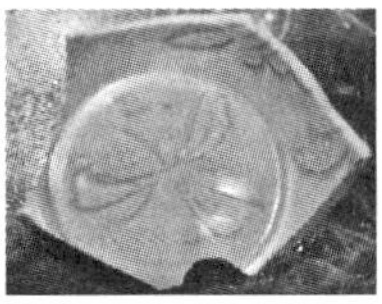 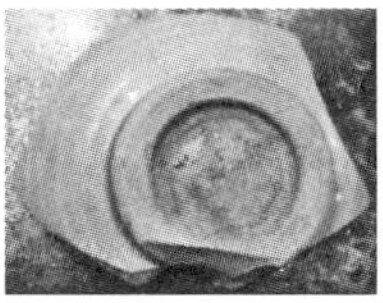	元	龙泉窑	B
	东库山岛	25		北宋	越窑	A
		26		南宋	同安窑	B
	徐公岛	27	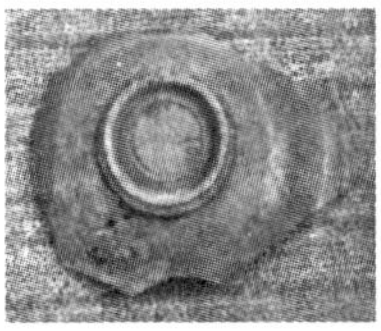	元	龙泉窑	C

宋元时期，商品经济发达，特别是沿海地区生产开放，制瓷业十分兴旺。加之海外贸易需求日隆，经过舟山港转运出口的瓷器为数颇丰，遗存瓷器具有比较鲜明的浙江、江西、福建地方特征，容易辨认。所以，笔者尝试采用产品系统来说明，为日后舟山港口考古和瓷器研究提供一个比较清晰的概观。瓷器产品系统的叙述以生产这类产品的代表性省份窑口、品种排序。

(一) 浙江越窑青瓷系统

越窑是我国古代青瓷名窑，主要分布于浙江东部的宁波和绍兴地区。越窑始烧于东汉，盛于唐，特别在唐朝的中后期，瓷器烧制的技艺已达到纯熟的程度。由于创造了将胚体盛于匣钵之中与火分离的操作法，故而产品器形端正，胚胎减薄，胎质细腻，釉色晶莹。舟山六横岛苍洞出土的晚唐越窑玉璧足青瓷碗,釉质温润如玉,色彩青绿略带闪黄;田岙龙头跳采集的与苍洞出土的一样,只是碗底足残片埋藏在沙土里,经过海浪长期的搬运冲刷,青绿釉层已被剥蚀掉了,胎体上露出清晰的红色支烧痕迹。

唐末五代,临安(今杭州)钱氏偏安浙江,对外贸易有所发展。所以,越窑外销瓷如青瓷四系罐在金塘岛化成寺(标本 4)和岱山本岛外司基(标本 20)港口遗址都有出土,且数量不乏。北宋早中期(10—11 世纪)是越窑发展最兴盛的时期,以慈溪、上虞和鄞县产品较为精良。嵊泗县东库山岛采集的北宋越窑青瓷碗(标本 25),卧足葵口,釉色青绿,胎质细腻。器表附着沙虫、牡蛎等海洋生物。

(二) 浙江龙泉窑青瓷系统

龙泉窑是自北宋中期至元代发展最为兴盛的古代名窑,它所代表的青瓷系统的生产及销售范围甚广。生产以浙江龙泉为中心,遍及丽水、庆元、云和、缙云、松阳、青田和温州等地;销售除了庞大的海外市场,国内南北各地都有需求。浙江龙泉窑青瓷系统的产品在舟山 2 区 2 县本岛及离岛都有分布,年代多为南宋及元代。南宋龙泉窑青瓷造型稳重大方,浑厚淳朴而又不失秀媚。器型有碗、盘、盆、碟、盏、壶、瓶、罐、渣斗、水注、水盂、笔筒等。釉层透明,釉表光泽很强,有粉青、梅子青、豆青、枇杷黄等,不一而足。装饰普遍采用刻花和堆塑法。

元代龙泉窑青瓷与南宋迥异:器型高大、胎体厚重。胎色为白中带灰或淡黄。釉色为粉青带黄绿,光泽较强,釉层半透明。装饰手法有刻、划、印、贴、塑等,以划花为主,花纹粗略,线条奔放,纹饰以云龙、飞凰、双鱼、八仙、八卦、牡丹、荷叶等为多见。此外,还出现了汉文和八思巴文字款铭。嵊泗县菜园镇中心医院在基建中出土了一批元代龙泉窑青瓷,其中 1 件于碗心刻划了八思巴文字款,弥足珍贵(标本 23)。

(三) 江西景德镇窑青白瓷系统

青白瓷也叫"影青""隐青""映青",指的是釉色介于青、白二色之间,青中泛白、白中透青的一种瓷器。青白瓷自北宋中期开始大量生产。产品种类和造型丰富,胎质细腻洁白,仿玉逼真,具有青白淡雅、明澈莹丽、透光见影的特色。装饰手法有素面、划花及印花等,以素面为主。

南宋一代,朝廷倡导海外贸易,商品经济高度发达。此一时期,以江西景德镇为代表的青白瓷系统应运而生,包括江西浮梁景德镇窑、南丰白舍窑、吉安永和窑,湖北江夏湖泗窑,广东潮安窑,福建德化窑、泉州碗窑乡窑、同安窑、南安窑等,广泛分布于南方地区。此外,由北方宋代定窑发明的覆烧工艺也被应用到青白瓷生产中,创烧出一种价廉物美的芒口瓷。芒口瓷器物口沿无釉,虽然使用不方便,但是它采用了覆烧工艺,所以产量高,变形小,迎合了市场。芒口青白瓷碗碎片在舟山各地都有不少发现,尤以六横(标本 14)和金塘两岛最为多见,足见海外市场对青白瓷钟爱有加。

(四) 福建同安窑青瓷系统

福建同安窑青瓷系统以福建同安汀溪窑为典型代表,是宋元时期烧制较粗糙的仿龙泉窑蓖划纹青瓷的产品系统。生产这类青瓷的窑场以泉州为中心,覆盖地区甚广,闽南地区有泉州、同安、南安、厦门、安溪、漳浦、莆田等；闽北地区有福清、南平、连江、建阳和松溪等地，与福建接壤的江、浙、粤地区都生产这类产品。常见的器形有碗、盏、盘、洗、钵、炉、瓶、罐和器盖等，以饮食器最多，外壁多饰刻划纹，内饰蓖划蓖点和卷草纹等，炉、瓶和罐的器表多刻划菱格网纹。舟山发现的福建同安窑青瓷系统器物以碗、盏、洗、盘为主，也发现有少量炉、瓶等残片。金塘岛化成寺遗址采集的青瓷盘(标本 5)，是同安窑系统仿龙泉窑的产品。

(五) 福建磁灶窑青瓷系统

以福建晋江磁灶窑为代表的青瓷系统始烧于东晋南朝，终于元，南宋至元为其盛期。常见的有素面青瓷和青釉褐彩瓷，偶尔发现带弦纹和卷草纹的碗、碟器物，器物装饰单调，胎质粗松，多为灰白色，也有泥黄色。舟山可辨认的磁灶窑青瓷器物的数量非常少，仅见定海小沙吉祥寺外销瓷遗址带弦纹和卷草纹青釉褐彩瓷碗残片 1 件(标本 2)。然而，素面青瓷瓶、罐多见于本地水下考古，如小沙西北灰鳖洋海域出水的 2 件灰白胎青瓷瓶和 1 件泥黄胎青瓷罐，釉色青灰，制作粗糙，留有明显的轮旋刀痕(图 4)。这种粗瓷销量较大，在日本及东南亚国家港口遗址中都有大量发现。它们一般被置于船舱的底部，兼有压舱石的功能。

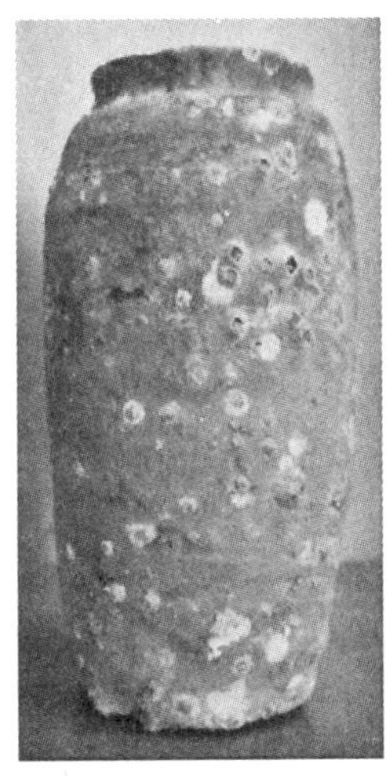

图 4　灰鳖洋海域出水的磁灶窑青瓷瓶、罐

(六) 福建建窑黑釉瓷系统

福建建窑黑釉瓷系统以建阳县水吉镇建窑烧造的最为著名，对福建地区和江西的吉州等地区都有很大影响。建窑创烧于唐代，到了宋代，尤其是南宋为极盛时期，至清代而终。北宋晚期由于“斗茶”的特殊需要，烧制了专供茶饮的黑盏，器型以碗、盏为主。其造型口大足小，形如漏斗，有敞口和敛口两种，以敞口为多。底为浅玉环圈足，有旋坯纹。胎体厚重坚致，胎色紫黑。釉色黑而润泽，器内外施釉，釉不及底，底部露胎，釉汁垂流厚挂。釉面呈现褐黄色、银灰色和褐蓝色。这种瓷器在日本被称为“天目釉”，日本和韩国的茶道都非常重视此物。金塘岛化成寺外销瓷遗址出土的元代吉州窑黑瓷盏，残高 11.5 厘米，宽 7.0 厘米，胎厚 0.3—0.6 厘米(标本 7)。

四、输出路径

中国陶瓷的对外输出，始盛于唐代后半期，至宋、元达到兴盛。东南亚与西亚所发现的晚唐时期的中国陶瓷，主要包括河北邢窑白瓷，浙江越窑青瓷，河南巩义窑青花、三彩与白瓷，湖南长沙窑青釉瓷以及广东仿越窑的粗制青瓷等产品。在印度尼西亚发现的“黑石号”沉船遗物，也包含上述遗址所发现的陶瓷制品。此外，除广东仿越窑粗制青瓷外的产品组合，与扬州唐城发现的陶瓷器内容也颇为一致。“黑石号”沉船被推定是从扬州港出发，途中停靠广州等地装载其他货物之后，再继续航行西亚的商船。在唐代，扬州、广州是当时海外交流的最大的代表性港口，但是与日本等地的交流则以明州及其外港(舟山港)为主要港口。宁波和义路遗迹及舟山诸港出土有越窑青瓷等遗物，据此推测，输往日本与高丽的相同品类的陶瓷器也是以宁波舟山港为出发地。此外，日本九州北部的博多与大宰府遗迹，出土有不少仿越窑粗制青瓷的福州制品，因此推测有一条联结福州—宁波舟山港—博多三地的陶瓷器流通航线。

至五代，中国华北陶瓷的输出量变少，外销瓷器中的青瓷以越窑系、广东仿越窑青瓷为主，白瓷则以安徽繁昌窑的白瓷、青白瓷为主。华北陶瓷的输出量虽少，但在印度尼西亚发现的印坦沉船中有少量磁州窑白釉瓷，井里汶沉船也发现了少量定窑白瓷。这个阶段的主要输出港口是杭州与广州。

北宋时期，外销瓷的主力产品是浙江越窑系青瓷、江西景德镇窑白瓷与青白瓷、广东广州西村窑制品、广东潮州窑白瓷等。另外，耀州窑青瓷、定窑白瓷、磁州窑系等华北陶瓷器也对外输出，不过数量不多。进入北宋末期，龙泉窑青瓷与福建陶瓷开始外销。

至南宋，广东陶瓷与越窑系青瓷的输出数量变少，转以浙江龙泉窑青瓷、江西景德镇窑青白瓷、福建陶瓷为外销陶瓷的大宗。福建泉州港是当时陶瓷外销到东南亚、西亚的最大港口，福建陶瓷逐渐取代广东陶瓷成为占比较高的外销瓷。福建生产的陶瓷种类丰富，包括仿龙泉青瓷(珠光青瓷)、仿景德镇青白瓷、白瓷、黑釉瓷(天目)、酱釉瓷、铅釉陶器，不过品质较龙泉青瓷、景德镇青白瓷要差，应该是倾销的廉价商品。广东海域所发现的“南海一号”沉船(12世纪末—13世纪初，南宋中期)及西沙诸岛的“华光礁一号”沉船(12世纪中叶，南宋前期)，发现有龙泉窑青瓷、景德镇青白瓷和福建产的仿龙泉青瓷、青白瓷、白瓷、黑釉碗(天目)，还有磁灶窑的酱釉和铅釉陶器，数量上以福建陶瓷为最多。福建的青白瓷又以德化窑、安溪窑等闽南的产品占大多数。“华光礁一号”沉船上，不仅发现了闽北松溪窑的蓖梳纹青瓷水注和闽南南安窑的仿龙泉青瓷，闽江下游的白瓷执壶也有出土，福建省广阔区域内窑址烧制的产品和其他地区龙泉窑及景德镇窑的产品被装载在同一艘船中。

从打捞起的陶瓷器来看，这两艘沉船应该是从泉州港出发的。在泉州出发的船只中，不仅有福建生产的陶瓷，远隔千里的龙泉、景德镇的产品也有大量的装载(这并不奇怪，因为将龙泉青瓷及景德镇的产品运送到福建的路线是存在的)。而鲜为人知的是：舟山海域和古港遗址出水(出土)了为数不少的龙泉窑青瓷、福建陶瓷及景德镇青白瓷，足以说明，这三省窑口的产品汇集于宁波舟山港而广为流通是客观存在的。进而言之，由舟山发舶销往东亚、东南亚、西亚也无不可。

检视与“南海一号”及“华光礁一号”沉船遗物年代相当的日本九州一带遗址，其发现的中国陶瓷主要包括龙泉窑青瓷，闽江流域和闽中区域的福建青瓷、白瓷、黑釉瓷(天目)，闽南的酱釉瓷及铅釉瓷(磁灶窑),产地不明的陶器类,以及少量的景德镇青白瓷。日本发现的福建制品以闽北、闽中地域的制品为主,闽南地域的制品除磁灶窑外非常少,与面向东南亚、西亚的贸易船"南海一号"沉船及"华光礁一号"沉船有明显差异。

例如日本奄美大岛(西南诸岛)仓木崎海底遗址发现了大量被认为是12世纪末13世纪初南宋中期的中国陶瓷的沉船货物。除去产地不明的瓷器,打捞出1 593件瓷器,其中龙泉窑青瓷1 173件,占73.6%;福建仿龙泉窑青瓷210件,占13.2%;福建白瓷189件,占11.9%;福建黑釉碗(天目)1件,占0.06%;景德镇窑青白瓷20件,占1.2%。龙泉窑青瓷、福建瓷器、景德镇窑青白瓷之比为73.6∶25.1∶1.2,龙泉窑青瓷占了总数的近3/4,福建瓷器占1/4,景德镇窑青白瓷只占很小的比重。考古报告将730件产地不明的陶瓷多数判定为由福建生产,这样,龙泉窑青瓷和福建陶瓷的碎片数就差不多一样了。所以从运输量上看,龙泉青瓷和福建陶瓷的数量可能并没有太大的区别。

又如福冈博多遗址群祇园站出入口1号灰坑(水井)发现的大量中国陶瓷,与仓木崎海底遗址几乎为同一时期。出土龙泉窑青瓷192件(碗135件、盘29件、碟27件、香炉1件),福建仿龙泉窑青瓷91件(碗1件、碟90件),福建黑釉碗(天目)3件,福建白瓷3件(四系壶),景德镇窑青白瓷13件(碗5件、碟6件、小壶2件)。龙泉、景德镇、福建瓷器之比为64∶32∶4。龙泉青瓷约占2/3,福建瓷器约占1/3,景德镇青白瓷占比很小,显示了和仓木崎海底遗址出土瓷器相似的比例。另外,该遗址还有40件左右的壶、钵等陶器,多数被认为是福建产的。综合这些数据,龙泉窑青瓷和福建陶瓷的数量就相当接近了。

再如九州南部鹿儿岛的持体松遗址Ⅱ期(12世纪中期至12世纪后半期)发现的195件中国瓷器中,龙泉青瓷占66.1%,福建瓷器占33.9%(青瓷26.7%,白瓷7.2%),龙泉窑青瓷和福建瓷器的出土比例近似于仓木崎海底遗址和博多遗址群祇园站出入口1号灰坑。

这种龙泉窑青瓷、福建瓷器、景德镇青白瓷的组合,与舟山宋代古港出土瓷片的各自占比大抵相似。毫无疑问,始于唐代的福建—宁波舟山港—九州的主要贸易线路在南宋时仍持续存在。

余　论

(一) 舟山港口开发历史悠久

舟山古称"甬东"(宁波甬江之东),唐开元二十六年(738)始置县曰翁山县。公元8世纪开始出现的中日新航线,使舟山与日本列岛和朝鲜半岛建立了更为便捷的海上交通。六横岛与宁波咫尺可渡,最短水域跨距2.5千米,间隔双屿港、汀子港、梅山港。已知出土的3件晚唐越窑青瓷碗,均分布在六横本岛国家一级渔港(台门港)及国际深水港(双屿港)附近,从区域地理和国际航运角度考量是合理的。考古资料表明,今亚非各地的遗址和港口往往发现有越窑青瓷器,仅在日本鸿胪馆遗址就有2 500多片。埃及福斯塔特(今开罗南部)遗址出土的越窑玉璧足青瓷碗残片(图5)①与六横古港发现的,两相比较,几无二致。六横作为一个典型,说明舟山港口开发始于晚唐,历史悠久。

① "海上丝绸之路"研究中心编《宁波:东亚海域的商贸中心》,《跨越海洋》,宁波出版社,2012年,第131页。

图5　埃及福斯塔特遗址出土的越窑玉璧足青瓷碗

(二)舟山江、河、海联运始于北宋，盛于南宋至元，是当时中日、中韩等国际贸易的枢纽港

从以上瓷器产品系统相关窑址、生产年代以及舟山出土宋元瓷器的空间分布看，我们发现质量较精的瓷器主要集中在定海区的金塘岛和普陀区的六横岛。而在其他离岛如嵊泗县的东库山岛和徐公岛以及岱山县本岛外司基和离岛渔山，也零星发现质量上乘的瓷器残件。年代介于南宋至元的瓷器，出土地点较多。出土瓷器主要来自浙江、福建和江西等生产贸易瓷为主的省份。瓷器品种有青瓷、青白瓷、黑釉瓷及白瓷，以青瓷和青白瓷产品占比为大，次为黑釉瓷，再次为白瓷。这与宋元时期浙江、福建、江西等省份的瓷器生产，宁波港贸易中心地位的飙升和舟山港自身的发展有直接关系。

舟山始设县治后，至大历六年(771)，因袁晁率起义军占翁山而废。北宋熙宁六年(1073)复设县，按照王安石上奏所言"(舟山)东控日本，北接登莱，南连瓯闽，西通吴会，实海中之巨障，足以昌壮国势焉"，故名昌国县。元初升县为州。明洪武二年(1369)，改州为县，洪武二十年(1387)废。

南宋时期，明州(宁波)市舶司(务)受南宋户部直接管理。元沿宋制，仍设置市舶司管理海舶的验货、征税、颁发公凭并兼理仓库、宾馆等事务。元至元十四年(1277)，庆元(宁波)设置市舶司。至元三十年(1293)，温州市舶司并入庆元市舶司，大德二年(1298)又把澉浦、上海二市舶司并入庆元市舶司，直隶中书省。鉴此，凡日本商船赴元贸易，几乎无一例外地在庆元港寄泊。换句话说，宋元时期，宁波是我国东南沿海举足轻重的对外贸易口岸。朝廷在宁波设立了专门管理对外贸易的市舶机构，而宁波也多次被确定为对日本、朝鲜半岛进行海外贸易的"唯一合法港口"。①

宋赵彦卫《云麓漫钞》云："补陀落伽山(普陀山)，自明州定海(今镇海)招宝山泛海东行，两潮至昌国县，泛海到沈家门，过鹿狮山，亦两潮至山下……自西登舟有路曰高丽道头……""三韩、日本、扶桑、占城、渤海数百国雄商巨贾，由此取道放洋……"宋张邦基《墨庄漫录》记载："宝(普)陀山不甚高，山下有居民百许家，以渔盐为业，亦有耕稼。有一寺，僧五六十……三韩外国诸山，在杳冥间，海舶至此，必有所祷。寺有钟磬铜物，皆鸡林(高丽)商贾所施者，多刻彼国年

① 贝武权：《宁波——海上丝路的千年枢纽港》，王建富主编《海上丝绸之路浙江段地名考释》，浙江古籍出版社，2017年，第25页。

号，亦有外国人留题，颇有文采。”说明宋时普陀山已建有专门接待高丽使节、商旅的海运码头，是日本、高丽等海舶放洋之地。

不独普陀山，岱山亦然。宝庆《昌国县志》记载：“（岱山）普明院……高丽入贡候风于此。”这里的“普明院”亦即日本平安时代中期天台宗僧人成寻（1011—1081）参拜过的“古泗州堂”。他说：“（四月）二日辛亥……午时，到着东茹（岱）山。船头等下陆，参泗州大师堂。”他还看到了福建人在港口行商：“（四月）三日壬子，依西风吹，尚不出船，在东茄（岱）山。福州商人来出荔子，唐果子，味如干枣，大似枣，离去上皮食之。”成寻著有《参天台五台山记》行世，书中卷一以日记的形式详细记录了日本延久四年（1072）三月廿五日到四月四日他航经舟山港的沿途见闻；描绘了一条从黄海沿山东、江苏各省海岸南下，经舟山嵊泗（三月廿六日到徐公岛）、岱山（四月二、三日）、金塘（四月四日）趋往宁波的古老航线。

就考古资料来看，新安海域沉船从一个侧面展示了宁波舟山港历史上对日、韩贸易的规模。1976 年，韩国水下考古经过 10 年打捞，出土了 2 万多件瓷器，其中元代龙泉窑青瓷达 1 万多件，白瓷 4 千多件……该沉船以其装载贸易货物数量之多、质量之精，可称得上元代东亚最大的一艘从宁波港签证出航的贸易船，见证了宁波舟山港与高丽、日本交通贸易的盛况。

基于舟山港独优的自然条件，宋元时期，浙江龙泉窑青瓷系统，福建同安窑青瓷系统、磁灶窑青瓷系统、建窑黑釉瓷系统等，以及江西景德镇窑青白瓷系统等名优特产品，实现了（长）江、（大运）河、（东）海联运，在舟山港完成装卸、仓储（囤积）中转后，重新发舶远航，行销巴基斯坦、伊朗、埃及、日本、高丽等亚非诸国。今天，遗留在舟山古港的一件件碎瓷残片，恰好是那一段尘封历史的考古见证，书写了辉煌的“海上陶瓷之路”。

参考文献：

[1] 贝武权：《吴越时期舟山寺院文化与海外交流》，《浙江海洋学院学报（人文科学版）》2003 年第 1 期。

[2] 招宝山旅游风景区：《“海丝之路”镇海古港的前世今生！》，https://www.sohu.com/a/270809814_467364。

[3] 刘淼：《从沉船资料看宋元时期海外贸易的变迁》，“福建陶瓷与海上丝绸之路：中国古陶瓷学会福建会员大会暨研讨会”论文集，2016 年。

[4] 王淑津：《大坌坑遗址出土十二至十四世纪中国陶瓷》，《福建文博》2010 年第 1 期。

[5] 有马学：《福冈：重塑历史，向亚洲门户城市发展》，https://www.nippon.com/cn/japan-topics/g00808/?pnum=2。

[6] 康昊：《蒙古袭来｜中日贸易与博多—宁波航线》，https://baijiahao.baidu.com/s?id=1679945286902637328&wfr=spider&for=pc。

[7] 魏峻：《13—14 世纪亚洲东部的海洋陶瓷贸易》，《文博学刊》2018 年第 2 期。

[8] 十味生：《史料没有记载的元代沉船，被淹没在韩国海域 700 年的宝藏秘密》，https://baijiahao.baidu.com/s?id=1739278387342393267&wfr=spider&for=pc。

[9] 舟山市计划委员会：《舟山市地图集》。

[10] 舟山市文化广电新闻出版局、国家博物馆水下考古舟山工作站：《蓝色宝藏——舟山水下考古集萃》。

椒香鼓帆越洋行

——明代中国与葡萄牙胡椒贸易刍述

金国平*

摘　要：本文探讨和对比了明代中国与葡萄牙的胡椒贸易。尽管中国人“下西洋”和葡萄牙人东来的历史事件在历史上留下了深刻的印记，但中国的历史文献记录中对于郑和下西洋史料的重视、挖掘和利用仍有待提高。因此，本文补充了一些葡萄牙文献中关于中国船队早期胡椒贸易的信息，以追溯和解释某些历史场景和片段。胡椒是郑和宝船和葡萄牙船队贸易的大宗商品之一。尽管胡椒在产区价格不高，但将其运回中国和葡萄牙后，都能获得大量的利润，尤其是中国皇帝用于给官员发放俸禄，从而获得了近百倍的暴利。

关键词：中国　葡萄牙　胡椒　大宗商品　暴利

一

中葡早期贸易指1513年欧维士(Jorge Álvares)来广东沿海至1557年澳门正式开埠这一时间段的贸易。

郑和下西洋结束于1433年，1498年瓦斯科·达·伽马(Vasco da Gama)到达古里，之间仅相隔六十五载。

关于中国人的西进与葡萄牙人的东来的历史留痕。

七下西洋，无论就其船队规模、人员配置、财力投入及经访国家和地区的数量而言，堪称人类航海史乃至世界史上的一次壮举。令人遗憾和不解的是，在中国人的历史记忆和文字记载中，并未留下很多痕迹。时至近代，研究中不断努力发掘了少量资料，才恢复了某些历史片段和场景。这样一次伟大的航行，在其所到之处，集体记忆难以泯灭，可迄今为止，中国学术界对海外涉及郑和下西洋史料的关注、发掘与利用略嫌不够。

笔者从2000年起至2021年，系统地爬梳了葡萄牙文等拉丁语系史料，喜获一组数量可观

* 金国平，暨南大学澳门研究院研究员。

的关于郑和下西洋船队的资料。①

下西洋之域外史料为郑和研究的高含量“金矿”，可以帮助我们更好地解读已知的汉语史料并补充汉籍之缺。可以说，此类资料从质和量两个方面来考量，毫不逊色于中文史料。如今中国已具备当年船队经访过的国家和地区所有语言的人才，因此，有条件对当地语言的史料进行系统的调研和筛选。如果发现有关史料，还需要对它们进行整理、翻译和解读。这需要提上郑和研究的议事日程并加以有效的组织和实施。总之，应该大力开发和利用这个富矿，以深化和丰富今后的郑和研究。

普塔克(Roderich Ptak)指出：“1500 年前后，胡椒主要产自下列地区：苏门答腊岛西北部各港埠附近，尤其是在巴西(Pasai)②和亚齐(Aceh)地区；苏门答腊岛东南部靠近巽他海峡一带；以及马来半岛的东海岸。中文古籍有关海外历史地理的记载中，有许多关于东南亚不同地区胡椒生产和贸易的记述。葡萄牙文献中也有大量的相关记录。”③

本文的目的便是补充一些葡萄牙文关于中国船队早期胡椒贸易④的资料，来回溯和解读某

---

① 金国平、吴志良：《〈郑和航海图〉二“官厂”考》，《郑和研究与活动简讯》第 20 卷，2000 年 12 月 20 日，第 21—24 页；金国平、吴志良：《郑和航海的终极点——比剌及孙剌考》，《澳门研究》第 18 期，2003 年，第 180—193 页，后收入王天有、万明编《郑和研究百年论文选》，北京大学出版社，2004 年，第 130—136 页；金国平：《葡萄牙史料所载郑和下西洋史事探微》，陈信雄、陈玉女编《郑和下西洋国际学术研讨会论文集》，台南：稻乡出版社，2003 年，第 329—339 页；金国平、吴志良：《葡萄牙史料中所见郑和下西洋史实述略》，《郑和研究》2003 年第 1 期，第 16—32 页；金国平、吴志良：《西方文献中所见中国式帆船龙骨及郑和宝船桅杆资料》，《郑和研究》2003 年第 1 期，第 33—35 页；金国平：《1459 年毛罗世界地图考述》，《郑和研究》2003 年第 F03 期，第 77—79 页；金国平、吴志良：《500 年前葡萄牙史书对郑和下西洋的记载》，《史学理论研究》2005 年第 3 期，第 54—60、159 页；金国平、吴志良：《欧洲郑和研究一部力作〈郑和：形象与理解〉》，《郑和研究》2005 年第 2 期，第 32—33 页；金国平、吴志良：《五百年前郑和研究一瞥——兼论葡萄牙史书对下西洋中止原因的分析》，《世界汉学》2005 年第 1 期，第 163—169 页；金国平、吴志良：《郑和下西洋葡萄牙史料之分析》，姚明德、何芳川主编，郑和下西洋 600 周年纪念活动筹备领导小组编《郑和下西洋研究文选 1905—2005》，海洋出版社，2005 年，第 232—242 页；金国平：《史海摭实：官厂、五屿及巨舶辩考》，Jiehua Cai, Marc Nürnberger, *Zwischen den Meeren/Festschrift für Roderich Ptak anläßlich seiner Emeritierung*, Wiesbaden: Harrassowitz Verlag, 2021, pp.25 - 51。

② 译者注：《元史·武宗本纪》作“八昔”。《明实录》《名山藏·王享记》《明史·佛朗机传》均作“巴西”。《酉阳杂俎》《岭外代答》和《诸蕃志》等书所载之“波斯国”疑皆指此地。

③ [德] 普塔克：《明正德嘉靖年间的福建人、琉球人与葡萄牙人：生意伙伴还是竞争对手?》，赵殿红、蔡洁华等译《普塔克澳门史与海洋史论集》，广东人民出版社，2018 年，第 169 页。

④ 相关主要研究有：J. K. Tien, “Cheng Ho Voyages and the Distribution of Pepper in China”, *Journal of the Royal Asiatic Society*, 113.2(1981): 186 - 197；田汝康《郑和海外航行与胡椒运销》，《中国帆船贸易和对外关系史论集》，浙江人民出版社，1987 年，第 111—126 页；Tsao Yung-ho, “Pepper Trade in East Asia”, *T'oung Pao*, 2.ª série, 68.4 - 5, 1982: 221 - 247；李斌《明代中国与东南亚的香料贸易》，暨南大学硕士学位论文，1998 年；严小青、惠富平《郑和下西洋与明代香料朝贡贸易》，《江海学刊》2008 年第 1 期，第 180—185 页；严小青《中国古代植物香料生产、利用与贸易研究》，南京农业大学博士学位论文，2008 年；田汝英《“贵如胡椒”：香料与 14—16 世纪的西欧社会生活》，首都师范大学博士学位论文，2013 年；田汝英《葡萄牙与 16 世纪的亚欧香料贸易》，《首都师范大学学报(社会科学版)》2013 年第 1 期，第 24—29 页；田汝英《“贵如胡椒”：香料成为中世纪西欧的奢侈品现象析论》，《贵州社会科学》2015 年第 7 期，第 53—58 页；张箭《若干烹调用香料作物的起源、发展与传播》，《暨南史学》2015 年第 1 期，第 11—22 页；田汝英《香料与中世纪西欧人的东方想象》，《全球史评论》2017 年第 2 期，第 101—113、301 页；刘婷玉《从财政角度看明代胡椒及其海内外贸易》，《中国经济史研究》2022 年第 2 期，第 62—79 页。其中《葡萄牙与 16 世纪的亚欧香料贸易》一文最多论及葡萄牙人与中国人的胡椒贸易，但主引英文研究论述而疏于葡萄牙文史料的使用。

些涉及此种香料买卖的历史场景与片段。

二

胡椒(*Piper nigrum Lineu*)为胡椒属开花藤本植物,其果实晒干后,可作药物和香辛料使用。

葡萄牙语作"pimenta",西班牙语名"pimienta",英语称"pepper",加上希腊语的"péperi"、拉丁语的"piper"及阿拉伯语的"filfil",均源自梵语"pippali"。在一本于16世纪末在澳门编写的《葡汉辞典》中,与葡萄牙语词条"Pimenta"对应的汉字为"糊菽"。[①] 汉语中的"胡椒"由"胡"字与"椒"字组成。"胡"原指称北方和西方的游牧民族,后引申称外来物品。"'椒'是香料植物的通称,主要属于花椒属植物。"[②]

中世纪欧洲,胡椒堪称"香料之王",价贵如金,且其贸易又为阿拉伯人和威尼斯及热那亚人所垄断。[③]

1453年,奥斯曼(Império Otomano)帝国封锁了丝绸与香料贸易路线,导致意大利城邦失去了对东方贸易的垄断,而欧洲对东方奢侈品如丝绸、香料等的需求却依然不断。在此情形下,欧洲被迫寻找到东方的替代路线。政治与军事环境影响到了贸易格局的改变,这是最主要的动因。它导致了欧洲地理大发现。此为人类历史上一具有划时代意义的事件。葡萄牙人东来的动机,他们自己总结为找寻"基督徒与香料"。可见宗教原因和商业动机叠加,是推动近代地理大发现的主要诱因之一。早期地理大发现的主角落到了欧洲一蕞尔小国——葡萄牙的身上。

1498年,瓦斯科·达·伽马绕过好望角,通过海路抵达印度的古里。在他到达这里寻找香料之前的百年,郑和船队已来此贸易,所购香料中最大宗者便是胡椒。

通过"东印度航线",亦称"香料之路",葡萄牙人输入欧洲的胡椒数量日增,致使其价格开始大跌,[④]打破了香料贸易的垄断。原来为富人所独享的胡椒开始进入千家万户,成为日常调味品。

在欧洲香料贸易史上,16世纪是"葡萄牙世纪"。[⑤] 东来的葡萄牙人沿着"香料之路",成功建立了一个跨越欧洲、拉丁美洲、非洲和亚洲的"胡椒帝国"。[⑥]

胡椒成了中国人西去和葡萄牙人东来的共同追求与动力。

---

① Michele Ruggieri, Matteo Ricci; John W. Witek, intro.; Paul Fu-mien Yang, historical linguistic introduction, *Dicionário Português-Chinês* (*Pú Hàn Cídiǎn* 葡汉辞典, 1585), Lisbon: Biblioteca Nacional de Portugal; Macau: Instituto Portugues do Oriente (IPOR); San Francisco: Ricci Institute for Chinese-Western Cultural History, 2001, p.130.

② [美]劳费尔:《中国伊朗编》,商务印书馆,2017年,第215页。

③ [美]玛乔丽·谢弗著、顾淑馨译:《初见胡椒》,《胡椒的全球史》,上海三联书店,2019年,第11—21页。

④ 欧洲市场价格的浮动,可见F. C. Lane, "Pepper Prices before da Gama", *Journal of Economic History*, vol.28 (1968): 590-597。

⑤ 关于辣椒的产地、生产和在葡萄牙流通的一个综合研究,可见Vitorino Magalhães Godinho, *Os descobrimentos e a economia mundial*, vol.2, Lisboa: Ed. Presença, 1985, pp.183-188。

⑥ A. R. Disney, *Twilight of the Pepper Empire: Portuguese Trade in Southwest India in the Early Seventeenth Century*, Cambridge, Mass.: Harvard University Press, 1978; Fábio Pestana Ramos, *No tempo das especiarias: o império da pimenta e do açúcar*, São Paulo: Contexto, 2008.

中国人下西洋，葡萄牙人越过好望角东来印度，西班牙人横渡大西洋发现“新大陆”，皆为一盘中物——胡椒。

三

胡椒在东西方同受青睐，至今仍为不同饮食文化圈所不可或缺的主要香料。它历来是香料贸易的主角，价格昂贵。在古代乃是身份、地位以及财富的象征。

此物可药食两用：防疫治病及调味饮食。

胡椒原产于南亚及东南亚等热带地区。于汉晋输入中国，隋唐被冠以“奢侈品”名号，宋元得以初步推广，至明，输入规模扩大，成为大众调味品。明洪武朝，胡椒输入量有波动，船舶往来渠道主要是官方朝贡贸易，民间贸易衰败。郑和下西洋时代一开胡椒入华黄金期，部分由朝贡国进贡，部分则是由郑和下西洋船队带回，整个贸易为官方所垄断。明中后期，胡椒的输入进入常态期，官方与民间同时进行。此时，葡萄牙人与中国私商得以互市。①

关于明代前期香料输入路线，李斌指出：“明代中国的香料输入有三条基本路线，一是中国船只或外国番船以马六甲为中心，直接把香料运到中国沿海，如福建和广东；二是通过琉球中转到福建沿海，主要包括中国船只和琉球商船；三是由暹罗通过陆路或海路转运到两广或云南。”②

胡椒贸易本为一利国利民之事。丘濬在《大学衍义补》中有透彻分析：

> 自造舶舟若干料数，收贩货物若干种数，经行某处等国，于何年月回还，并不敢私带违禁物件，及回之日，不致透漏。待其回帆，差官封检，抽分之余，方许变卖。如此则岁计常赋之外，未必不得其助。矧今朝廷每岁恒以蕃夷所贡椒木，折支京官常俸。夫然不扰中国之民，而得外邦之助，是亦足国用之一端也。其视前代算间架，经总制钱之类，滥取于民者，岂不犹贤乎哉。③

然而“折支京官常俸”却折过了头。官员的俸禄分本色与折色。本色给米，折色则给银钞、布匹、椒木之类。这一做法称“折俸”，④属于一种强制性分配。在胡椒原产地苏门答腊，每百斤值银 1 两；在印度西南岸的柯枝，每百斤作价银 1 两 2 钱 5 分。在洪武末年，运抵中国后，据《明会典》“番货价值”条所载，每斤胡椒价格 3 贯，每百斤价 300 贯，折银价 20 两。当时，15 贯钞合 1 两银，50 贯钞合 1 两黄金。到永乐二十二年(1424)，“令在京文武官折俸钞俱给胡椒苏木。胡椒每斤准钞一十六贯，苏木每斤八贯”⑤。至宣德九年(1434)，胡椒每斤折钞 100 贯，而其西洋产地每斤的价格仅为 1 贯。随郑和多次下西洋的马欢在《瀛涯胜览》的“苏门答剌”条中记载：

---

① 关于私人海外贸易的兴起，可见李斌《明代中国与东南亚的香料贸易》，第 15—18 页。

② 李斌：《明代中国与东南亚的香料贸易》，第 19 页。

③ 丘濬：《大学衍义补》上册，京华出版社，1999 年，第 243 页。

④ 关于明代折俸表，可见李斌《明代中国与东南亚的香料贸易》，第 11 页。关于这个问题的较新研究，可见刘婷玉《从财政角度看明代胡椒及其海内外贸易》，《中国经济史研究》2022 年第 2 期，第 65—69 页。

⑤ 万历《大明会典》卷三九，《续修四库全书》第 789 册，上海古籍出版社，1995 年，第 682 页。

> 其胡椒,倚山居住人家置园种之,藤蔓而生,若中国广东甜菜样,开花黄白,结椒成实,生青老红,候其半老之时,择采晒干货卖。其椒粒虚大者,此处椒也。每官秤百斤,卖彼处金钱八个,直银一两。①

我们看到,在产地价格有所下降的情况下,折俸的比例却还有提高,且幅度不小。这种“得外邦之助”“不扰中国之民”的办法扰了官员,因此,也间接扰了民众。这种低价购入、高价强折,赤裸裸地为宫廷赚取了惊人的利润,却极大地伤害了官僚集团的利益,朝廷内外官怨载道。“折俸”引发的官员集体反对是下西洋终止的原因之一。② 万明指出:“特别是在下西洋之后,进口的苏木、胡椒等海外物品由高端的奢侈品成为百姓的日常用品,③价格已经非常低廉。这种状况下,再也没有产生郑和下西洋的基础了。”④郑和下西洋退出历史舞台也就成为历史必然。

永乐帝一声令下,“俸折”折得他不亦乐乎。这才可以解释皇帝为何会对下西洋津津乐道,竭力推行,而为官者却强烈抵制下西洋。

在郑和下西洋时代,胡椒明明赚头惊人,可还要说什么下西洋“劳民伤财,无利可图”。很难想象雄才大略的朱棣会连续做亏本买卖。事实是,永乐帝靠下西洋赚得盆满钵满,乐不可支,却折得一众大小官员叫苦连天。

下西洋之经济目的显而易见,却不是有目共睹。次次远航获利巨丰,只有永乐帝心里有一本明账。前三次忙不迭,大有迫不及待之势。若不为获大利,如此急迫又为哪般?

永乐帝即位即兴营造,负担沉重,必须找财源。下西洋便是要开辟却又要隐瞒的生财之道。

以修大报恩寺为例。据明代王士性的《广志绎》卷二载:

> 大报恩寺塔以藏唐僧所取舍利。神龙人兽,雕刻精工,世间无比。先是,三宝太监郑和西洋回,剩金钱百余万,乃敕侍郎黄立恭建之。⑤

此言甚明:建造大报恩寺的花费来自郑和下西洋所“剩金钱百余万”。

张岱论曰:

> 中国之大古董,永乐之窑器,则报恩塔是也。报恩塔成于永乐初年,非成祖开国之精神、开国之物力、开国之功令,其胆智、才略足以吞吐此塔者,不能成焉。⑥

下西洋真正体现了朱棣的“开国之精神”。

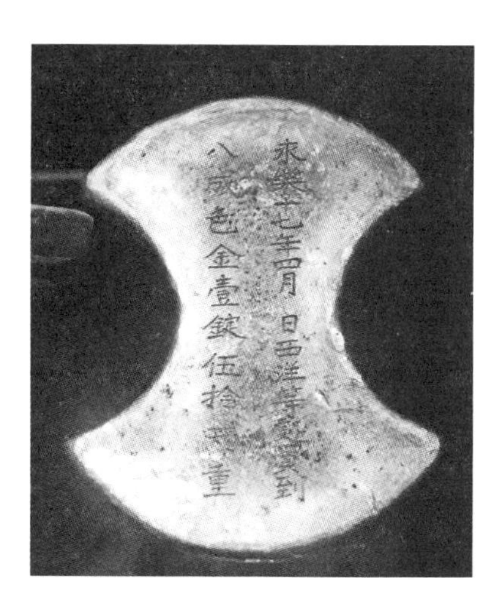

图1　明梁庄王墓出土之金锭

明仁宗朱高炽第九子梁庄王朱瞻垍位于湖北钟祥市

---

① 马欢原著、万明校注:《明本〈瀛涯胜览〉校注》,广东人民出版社,2018年,第41页。

② 万明:《郑和下西洋终止相关史实考辨》,《暨南学报(哲学社会科学版)》2005年第6期,第113—122页。

③ 引者注:关于这个问题,可见李日强《胡椒贸易与明代日常生活》,《云南社会科学》2010年第1期,第127—131页;涂丹、刁培俊《东南亚香药与明代饮食风尚》,《古代文明》2016年第4期,第85—94、112页。

④ 万明:《海上寻踪:明代青花瓷的崛起与西传》,上海中国航海博物馆主办《国家航海》第4辑,2013年,第126页。

⑤ 王士性撰、吕景琳点校:《广志绎》,中华书局,1981年,第23页。

⑥ 张岱著、夏咸淳编:《张岱散文选集》,百花文艺出版社,2005年,第69—70页。

长滩镇大洪村陵墓内出土之金锭。是目前中国考古发现有铭文记载且能证明同“郑和下西洋”有关的唯一一件文物。金锭正面刻有“永乐十七年四月　日西洋等处买到八成色金壹锭伍拾两重”的铭文。永乐十七年，即 1419 年，是郑和第五次下西洋之时。明朝有亲王婚礼定亲礼物为金锭 50 两的制度，因此，此件系由郑和带回并存于内库，后被赏赐给了梁庄王。

铭文中一个“买”字便无可辩驳地证明了郑和船队有买货的行为。

恐怕没有郑和经营西洋的收入，紫禁城也永无建成之日。

我们并不否定下西洋有其政治和外交的考虑，但随着时间的推移，前述因素并非一成不变。显然经济动因日益提高，越发重要。我们认为，下西洋能够连续不断进行七次，其最根本的动因是经济。之前的研究回避过多谈及此点，而是强调政治与外交原因。田汝康先生早就指出：“不管今后深入研究的结果如何，很明显地，郑和的七次海外航行确曾产生过一定的经济影响。它进一步开拓了中国与亚非各国间的贸易关系，扩大了这些国家的商品在中国的销售市场，因而对这些国家的农业生产起了一定的推动作用。”①实际上，郑和下西洋的经济成分显而易见。寻找建文帝大可不必连找七次，宣威也不需要连宣七次。可见这两种以前的主流说法经不住分析。朱棣刚打完靖难之役，财政处处捉襟见肘。赚钱的大好机会岂能错失，所以才以举国之力，大兴下西洋之举。重利驱使之下，当然乐此不疲。

永乐帝巧妙地掩盖了“破费”财力和人力之后的滚滚收入。中国封建社会的等级制度分为“农工士商”。商人地位最低，甚至为人不齿。“中国传统的‘重农抑商’思想左右着明初统治集团对发展海外贸易的价值取向。”②故朱棣及后世文人需以政治和外交的外衣来掩盖其经济实质。概言之，以下西洋行其国家垄断海外贸易之实，实为永乐新政的重要内容。

朱棣用的这个“障眼法”可追溯至汉代。童书业指出：“吴辰伯先生亦曾举《汉书·地理志》‘有译长属黄门，与应募者俱入海，市明珠璧流离、奇石异物，赍黄金杂缯而往，所至国皆禀食为耦，蛮夷贾船转送致之’一段文，谓‘当时译使出发的目的：第一是耀武海外，令诸国奉正朔，来贡献；第二是以国家为主体去经营国际贸易’，其说甚是。”③他还指出：“赵宋以下，海外贸易之风亦并不衰。《宋史·食货志下》云：‘太宗时，置榷署于京师，诏诸番香药宝货至广州、交趾、两浙、泉州，非出官库者，无得私相贸易。其后乃诏自今惟珠贝……禁，榷外他药官市之余，听市于民。雍熙中，遣内侍八人，赍敕书金帛分四路招致海南诸番。”④

一位葡萄牙学者指出：“不应忘记，自 15 世纪以来，中国消耗了东南亚一半以上的胡椒。”⑤更有甚者断言：“中国如同一水泵，整个地球上的白银吸纳一空。消耗了东南亚 3/4 的胡椒和马拉巴尔 1/4 的胡椒。”⑥

葡萄牙人深知，华人酷爱胡椒，其贸易利润极高。“在唐曼努埃尔(D. Manuel)的宫廷里，有

---

① 田汝康：《郑和海外航行与胡椒运销》，《中国帆船贸易和对外关系史论集》，浙江人民出版社，1987 年，第 126 页。

② 李庆新：《明代市舶司制度的变态及其政治文化意蕴》，叶显恩，卞恩才主编《中国传统社会经济与现代化——从不同的角度探索中国传统社会的底蕴及其与现代化的关系》，广东人民出版社，2001 年，第 148 页。

③ 童书业：《重论“郑和下西洋”事件之贸易性质——代吴春晗先生答许道龄、李晋华二先生》，姚明德、何芳川主编，郑和下西洋 600 周年纪念活动筹备领导小组编《郑和下西洋研究文选 1905—2005》，第 245 页。

④ 同上。

⑤ Luís Filipe Barreto, *Macau: poder e saber: séculos XVI e XVII*, Barcarena: Presença, 2006, p.21.

⑥ Vitorino Magalhães Godinho, *Ensaios. II, Sobre história de Portugal*, Lisboa: Livraria Sá da Costa Editora, 1968, p.243.

确切消息说，苏门答腊的胡椒，在中国市场上备受青睐，价格很高。”①为使利润最大化，葡萄牙人垄断了胡椒贸易。“唐曼努埃尔习惯于海上的主导地位，决定对东南亚和中国沿海的胡椒贸易实行垄断，打算将有影响力的暹罗商人排除在这个轴心之外。”②“葡萄牙人一到印度，就设法垄断香料的所有贸易。在整个16世纪和以后的时期，葡萄牙和葡属印度下达的一连串法令和命令都坚持认为，所有的香料贸易专属于葡萄牙王室及其代理。葡萄牙的垄断如果成功，在印度的穆斯林政权、红海和埃及就会丧失获利最为丰厚的香料贸易，而葡萄牙人就能够以便宜的价格从亚洲买进，以高昂的价格在欧洲卖出。”③为了确保垄断，葡萄牙王室于1570年便制定了关于胡椒贸易的立法。④“违反者严惩不贷。官方法令规定，任何违反政策的葡萄牙人将失去所有的财产和薪水；违反政策的穆斯林，将没收其所有货物及运载违禁物品的船只，并遭受监禁。实际上，违反此条令的穆斯林通常立即被杀。偶尔，允许在亚洲内部进行严加管理的贸易，傀儡统治者受到安抚，允许从事数额较小的胡椒贸易。此外，允许返回葡萄牙船只上的船员携带少量的香料，以支付他们的部分工资。然而，仍然可以概括性地进行如下归纳：葡萄牙的确把亚洲内部的所有香料贸易留给了国王的代理。并对通往欧洲的香料运输，以及经由好望角通往葡萄牙的船只进行了限制。”⑤同时，对华商也采取了同样排斥的态度。⑥“葡萄牙人向中国运送大量的胡椒，不可避免地要掂量他们插手此项贸易后与福建商人的关系，孰轻孰重。有无可能继续同闽商保持良好的关系？抑或双方注定要在胡椒贸易上成为对手？如前所述，早在马六甲陷落之前，中国船只就已经驶往东南亚的多个‘胡椒产区’，包括沙慕德拉-帕赛、陂堤里、彭亨、甚至是顺塔-万丹地区。换言之，在葡萄牙人开始涉足东南亚胡椒贸易时，无论在胡椒采购的地理范围上，还是在采购的数量上，中国的胡椒商人都正处于业务扩展的中期。”⑦

一言以蔽之，郑和下西洋实质上是冲破“海禁”祖制，将唐宋元以来的私人海上贸易国有化，到海外去做国家垄断的国际贸易。

---

① António Henrique R. de Oliveira Marques, *História dos Portugueses no Extremo Oriente*, Vol.1, Tom.1, *Em Torno de Macau*, Lisboa: Fundação Oriente, 1998, p.87.关于葡萄牙人在苏门答腊的胡椒贸易，可见 Jorge M. dos Santos Alves, *O domínio do norte de Samatra: a história dos sultanatos de Samudera-Pacém e de Achém, e das suas relações com os Portugueses*, 1500 - 1580, Lisboa: Sociedade Históorica da Indepêndencia de Portugal, 1999。

② António Henrique R. de Oliveira Marques, *História dos Portugueses no Extremo Oriente*, Vol.1, Tom.1, *Em Torno de Macau*, p.155.

③ [新西兰] M.N.皮尔森著、郜菊译：《新编剑桥印度史　葡萄牙人的印度》，云南人民出版社，2014年，第50页。

④ Conselho Ultramarino, *Regimento do trato da Pimenta*, *Drogas e mercadorias da India*, *Boletim do Conselho Ultramarino: legislação antiga*, Vol.1, Lisboa: Impr. Nacional, 1867, pp.120 - 127.

⑤ [新西兰] M.N.皮尔森著、郜菊译：《新编剑桥印度史　葡萄牙人的印度》，第50—51页。

⑥ Paulo Jorge de Sousa Pinto, “Traços da Presença Chinesa em Malaca (século XVI-primeira metade do século XVII)”, in J. M. S. Alves (ed.), *Portugal e a China: Conferências nos Encontros de História Luso-Chinesa*, Lisboa: Fundação Oriente, 2002, p.143.

⑦ [德] 普塔克：《明正德嘉靖年间的福建人、琉球人与葡萄牙人：生意伙伴还是竞争对手?》，赵殿红、蔡洁华等译《普塔克澳门史与海洋史论集》，第170页。更多的论述，可见 H. H. Wake, “The Changing Pattern of Europe's Pepper and Spice Imports, ca. 1400 - 1700”, *Journal of European Economic History*, 8.2(1979): 361 - 403; Roderich Ptak, “Ming Maritime Trade to Southeast Asia, 1368 - 1567: Visions of a System”, Claude Guillot, *From the Mediterranean to the China Sea: Miscellaneous Notes*, Wiesbaden: Harrassowitz, 1998, pp.157 - 191。

四

下面我们来看一些关于郑和下西洋船队和葡萄牙人早期在中国沿海进行胡椒贸易的葡萄牙语文献。

(一) 郑和下西洋船队胡椒贸易

1. 1501 年夏季,第二次航行印度的卡布拉尔(Pedro Álvares Cabral)①船队返回里斯本时,带回了两位克兰加若尔(Cranganor)的景教神父。他们报告说:

> 印度的百货在此汇集。以前契丹人在此贸易时尤甚。契丹人是基督徒,像我们一样白,十分勇敢。80 或 90 年前他们在古里有一个特殊商站(eximie negociabantur)。……这些人名叫大之那(malafines)。他们运输来各种丝绸、铜、铅、锡、瓷器及麝香,换取完全加工过的珊瑚及香料。②

此处"香料"主要指胡椒。

2. 葡萄牙大航海时代权威王室编年史家巴罗斯(João de Barros)记载说:"(华人)当时航行印度海岸。因为香料贸易的缘故,他们在那里有多处自己的商站(feitorias)。"③

在葡萄牙人看来,郑和船队航行于印度海岸、设立商站是为了香料贸易,而胡椒又是其中的大宗货物。

(二) 葡萄牙人早期在中国沿海的胡椒贸易

在马六甲,葡萄牙人便了解到中国人在当地的贸易情况,甚至得知了两地的价格。④

1. 总论

(1) 皮莱资(Tomé Pires)1512—1515 年间撰成的《东方简志》(*Suma Oriental*)中,在涉及"畅销中国的马六甲货物"时说:"大宗货物为胡椒。每年若有 10 条中式帆船满载而至,也会一售而空。"⑤"的确,大商巨贾不乏其人。他们唯一的目的是胡椒买卖。"⑥

(2) 葡萄牙人杜瓦尔特·巴尔伯萨(Duarte Barbosa, 1480—1521)在其约于 1516 年完成的《杜瓦尔特·巴尔伯萨》(*Livro de Duarte Barbosa*)中涉及马六甲和中国之间的贸易时说:

> 商船前来上述马六甲,舶来中国各色物产。在马六甲畅销的产品有铁器、硝石、彩色丝线及其他那些威尼斯商人常常拿到我们家乡出售的那些小东西。返回时装载苏门答剌或

---

① 此人在前往古里的途中,于 1500 年"发现"巴西。

② Fracanzio da Montalboddo, *Itinerariū Portugallēsiū e Lusitania in Indiā et inde in occidentem et demum ad aquilonem*, Milano: Ioannes Angelus Scinzenzeler, 1508, Cap.139, Fol.76r.

③ João de Barros, João Baptista Lavahna, *Quarta decada da Asia*, Madrid: Na Impressaoō Real, 1615, p.284.

④ 关于中国和与马六甲之间的香料贸易,可见李斌《明代中国与东南亚的香料贸易》,第 19—21 页。张天泽著,王顺彬、王志邦译《中葡通商研究》(华文出版社,2000 年)为最早使用西方史料研究这个问题的中国学者著作。

⑤ 金国平:《东方简志新释》,《中葡关系史地考证》,澳门:澳门基金会,2000 年,第 140 页。

⑥ 同上,第 141 页。

> 马拉巴尔出产的胡椒,以及许多来自坎贝的杂货,例如我们称之为鸦片的阿芙蓉、香木、藏红花、珊瑚、坎贝布及帕雷阿卡特(Palcacate)布。①

胡椒在中国销量巨大。每公担价值十五六十字钱②,或根据销售的数量及地点,其价值可能更高。在马六甲的购买价格仅为4十字钱左右1公担(100千克)。

在此,瓦尔特·巴尔伯萨提供了胡椒产地和中国的售价。1十字钱约为白银1两。购入价为每公担4两白银,而运到中国后,每公担售价可达15两或16两白银,甚至更高。这样,中国的每担(100斤)只需支付2两白银。

2. 中国沿海

(1) 粤海

① 澳门开埠前

1513年,初次抵达东涌③的欧维士从马六甲带来的货物中也有胡椒。④

1515—1516年,拉斐尔·佩雷斯特洛(Rafael Perestrelo)乘船抵达广东沿海,也带来了“70或80播荷⑤(bares)胡椒”⑥贩卖。

1516年4月,葡萄牙国王唐曼努埃尔一世(D. Manuel Ⅰ)派遣的首位来华大使皮莱资(Tomé Pires),在费尔南·佩雷斯·德·安德拉德(Fernão Peres de Andrade)船长的护送下入穗城,企图与明朝建立官方关系。

费尔南·佩雷斯·德·安德拉德来中国前专门采购了胡椒:

> 当他到达马六甲时,发现他正要去接的拉斐尔·佩雷斯特洛(Rafael Perestrello)从中国返回。他讲述了许多中国那里的事情,以及他带回的货物如何大有赚头,听得费尔南·佩雷斯(Fernam Perez)及其船队成员群情激奋。费尔南·佩雷斯认为最好先去一趟孟加拉(Bengálla)。根据拉斐尔·佩雷斯特洛的建议,12月,费尔南·佩雷斯前往巴西(Paçem)装载胡椒:因为这是可以在那里出售的最佳商品。⑦

关于费尔南·佩雷斯·德·安德拉德和胡椒的史料很多。⑧

---

① Duarte Barbosa, *Livro de Duarte Barbosa*, in *Academia das Ciências de Lisboa*, *Collecção de noticias para a historia e geografía das nações ultramarinas que vivem nos dominios portuguezes*, publicada pela Academia Real das Sciencias, Lisboa: Typographia da Academia, Tomo Ⅱ, Segunda edição, 1867, p.375.

② 译者注:一枚十字钱约等于一两的价值,参见 George Bryan Souza, *The Survival of Empire: Portuguese Trade and Society in China and the South China Sea* 1630 - 1754, Cambridge (UK), New York: Cambridge University Press, 2004, p.16; Geoffrey C. Gunn, *World Trade Systems of the East and the West Nagasaki and the Asian Bullion Trade Networks*, Leiden: Boston Brill, 2017, p.18。

③ 参见金国平《40年来中国学术界中葡关系研究之回顾与展望》,《行政》第34卷总第132期,2021年,第6—7页。

④ Manuel Teixeira, *Macau e a sua diocese*, Vol.3, *As ordens e congregações religiosas em Macau*, Macau: Impr. Nac., 1961, p.159.

⑤ 译者注:“番秤一播荷,抵我官秤三百二十斤,价银钱二十个,重银六两。”参见费信著、冯承钧校注《星槎胜览校注》,华文出版社,2019年,第36页。

⑥ Rui Loureiro, *Fidalgos*, *missionários e mandarins: Portugal e a China no século XVI*, Lisboa: Fundação Oriente, 2000, p.159.

⑦ João de Barros, *Terceira decada da Asia de Ioam de Barros: dos feytos que os portugueses fizeram no descobrimento & conquista dos mares & terras do Oriente*, Lisboa: Por Ioam de Barreira, 1563, Fo.43.

⑧ 金国平编译:《西方澳门史料选萃(15—16世纪)》,广东人民出版社,2005年,第158、178—179页。

西草湾之战后，葡萄牙人舰队司令末儿丁·甫思·多·灭儿(Martim Afonso de Melo Coutinho)于1521年11月14日从柯枝致函葡萄牙国王称：

> 所有我接触过的人都说，中国可以消耗七八千公担胡椒。
>
> 一年之内，在此数量未销售完前无新的需求。以后一手批发售价可达15十字钱或18十字钱。
>
> 每年前往中国的暹罗人携带一定数量的胡椒。殿下命令我们的人禁止它。我们的人以为此令甚妥。似乎我们的人知道暹罗人同华人的交易。第一手交易落在他们手中是件坏事，然而我寄希望于天主保佑胡椒贸易一事不要阻挠。①

“中国可以消耗七八千公担胡椒”和每公担“以后一手批发售价可达15十字钱或18十字钱”是末儿丁·甫思·多·灭儿到达珠江口得到的信息。

关于末儿丁·甫思·多·灭儿和胡椒的史料很多。②

从浙海与闽海重返粤海后，在上川岛，葡萄牙人还大量经销胡椒。沙勿略(Francisco Xavier)于1552年11月12日从上川的三洲发出致马六甲迪奥戈·佩雷拉(Diogo Pereira)的信说：“我等待着8天以后那商人来接我前往广州。若我不去世，为了胡椒的重利，他一定会来此，因为若将我安全带至广州城，他可赚取350多十字钱。”③3年后，梅尔乔尔(Melchior)神甫于1555年11月23日发自亚马港的致果阿耶稣会修士的信函也提到了上川的胡椒贸易：“此地富甲天下。仅在我们停泊的港口有一条从日本来的大船载30余万公担胡椒及价值10万的白银。这些货物不消一个月便销售一空，原因是允许他们将货物从广州运来上川。在此与华人交易，换取运往印度、葡萄牙及其他地方的货物。据说，每年如此交易。”④想必澳门开埠后，葡萄牙人的地位合法了，胡椒贸易更加繁荣。

总之，葡萄牙人早期在中国沿海活动时，主要经销“来自爪哇和苏门答腊的胡椒……然后在我们永久定居于澳门前，由葡萄牙船只通过在中国海岸所设立的商站，拿到中国和日本诸岛去做‘生意(veniaga)’”⑤。

可见，胡椒乃葡萄牙人贩去日本以交换中国人所需之白银的主要货物。

② 澳门开埠后

香山县境内的澳门为香料而开埠。成化与弘治年间，明廷对香料的需求增加，且由于郑和下西洋的终结和万国来朝局面的不再，香料始告短缺。为走出这一窘境，正德年间吴廷举便有允许番商贸易之议，实际上是借此购买香料。至嘉靖年间，香料仍匮，林富奏请开海，上疏第一条便是“足供御用”。“御用”，当然是指宫廷用香。嘉靖帝欲求长生，修斋建醮，急需海量香料，制作“万岁香饼”所必需的龙涎香尤急。黄佐撰嘉靖《广东通志》称：“西洋交易多用广货，回易胡椒等物。”⑥

---

① 金国平编译：《西方澳门史料选萃(15—16世纪)》，第36页。

② 同上，第154、174、186—189页。

③ 同上，第66页。

④ 同上，第230页。

⑤ Francisco Paulo Mendes da Luz, *O Conselho da Índia: Contributo ao estudo da história da administração e do comércio do Ultramar português nos princípios do século XVII*, Lisboa: Agência Geral das Colónias, 1952, p.200.

⑥ 黄佐：《广东通志》下册，广东省地方史志办公室，1997年，第1722页。

李斌总结说:“明代中葡通商贸易中,香料占有重要的地位。在葡萄牙人最初前来之际,他们以胡椒等香料作为主要的商品和中国进行交换;其香料价格较为便宜,很快便在输入中国的贸易中占据了地位。当嘉靖帝为龙涎香而焦头烂额时,他们又不失时机地赢得了皇帝的好感,趁机占据了澳门。在荷兰人东来以后,葡萄牙人失去了东方贸易,开辟了帝汶、望加锡的航线,并对檀香进行刻意的经济。这时,南洋航线的香料与檀香木贸易,解决了澳门由于生意欠佳而造成的经济萧条的问题。”①

澳门开埠前,葡萄牙人在中国沿海大做胡椒生意。定居澳门后,仍不丢旧业。不光葡萄牙人,东南亚其他国家的人也聚集澳门从事胡椒贸易,如万历年间的广东布政司蔡汝贤在《东夷图说》中叙述:“咭呤……地产胡椒、苏木、豆蔻、象牙,时附舶香山濠镜澳贸易。”②

澳门变成胡椒进入内地的合法集散地和孔道。“通往中国腹地的道路开辟了,甚至进入了鞑靼。从印度来的胡椒有了这个去处,因为荷兰人不阻止来自占碑③(Jambe Andregin)的胡椒,只阻拦来自印度的。为此,我提出了一些补救措施。人们这样做有害无益。实情是,我涉及的爪哇(jaos)人住在这些港口,将胡椒以高价卖给荷兰人。实际上,我们的船也从马六甲去这些港口,装载胡椒去中国。其中一艘船装满了胡椒。从澳门又派出了一艘,它没来马六甲,装了胡椒就回去了。有人帮助荷兰人从印度运走了胡椒。陛下应该加以阻止,夺回王家财政(Fazenda)在胡椒上受到的损失。”④此处“鞑靼”是指中国北方的蒙古和满洲地区。

(2) 浙海

葡萄牙人在1524年左右进入浙海的双屿活动。曾与葡萄牙人交手,转战浙、闽、粤海的俞大猷称:

> 市舶之开,惟可行于广东。盖广东去西南之安南、占城、暹罗、佛郎机诸番不远。诸番载来乃胡椒、象牙、苏木、香料等货。船至报水,计货抽分,故市舶之利甚广。数年之前,有徽州、浙江等处番徒,勾引西南诸番,前至浙江之双屿港等处买卖,逃免广东市舶之税。⑤

从俞大猷的这段文字可以看出,胡椒排在各种货物之首,其重要性由此可见一斑。

指挥摧毁葡萄牙人在双屿居留地的朱纨在其报告中说:

> 佛郎机十人与伊一十三人共漳州、宁波大小七十余人,驾船在海,将胡椒、银子换米、布⑥、绸、缎,买卖往来日本、漳州、宁波之间,乘机在海打劫。⑦

可见在朱纨的笔下,胡椒也居首位。两位亲历者均如是言,其贸易重要性确凿无疑。朱纨还说

---

① 李斌:《明代中国与东南亚的香料贸易》,第33页。

② 蔡汝贤:《东夷图说》“佛郎机”,《四库全书存目丛书》史部第255册,齐鲁书社,1996年,第427页。

③ 占碑即旧港。黄佐撰《广东通志》下册。译者注:《宋史·外国列传》和《明史·外国列传》作“詹卑”。

④ *Relatório sobre o trato da pimenta de Francisco da Costa, escrivão de Cochim, Documentação Ultramarina Portuguesa*, Lisboa: Centro de Estudos Históricos Ultramarinos, 1966, Ⅲ, p.335.

⑤ 俞大猷撰,廖渊泉、张吉昌点校:《正气堂集》卷七《至总督军门在庵杨公揭帖二首·论海势宜知海防宜密》,《正气堂全集》,福建人民出版社,2007年,第196页。

⑥ 引者注:指“松江布”。详见金国平《葡萄牙语和西班牙语中关于“松江布”的记载及其吴语词源考》,《史林》2015年第1期,第52—60、220页。

⑦ 朱纨:《议处夷贼以明典刑以消祸患事》,《甓余杂集》卷二,《四库全书存目丛书》集部第78册,齐鲁书社,1997年,第44页。

明了双屿胡椒的来源：

> 各造三桅大船，节年结伙收买丝绵、绸段、磁器等货，并带军器，越往佛狼机、满咖喇等国，叛投彼处番王别碌佛哩、类伐司哩、西牟不得罗、西牟陀密啰等，①加称许栋名号，领彼胡椒、苏木、象牙、香料等物，并大小火铳、枪刀等器械。②

（3）闽海

隆庆元年，应福建巡抚都御史涂泽民之请，明廷同意在福建漳州海澄月港开放海禁，准许私人出海贸易。至此，明代前期长达200年的海禁宣告结束。隆庆开海后，月港成为进出口商品的合法集散地，香料，尤其是胡椒便大量从月港涌入中国市场，许多贩运椒木的商人来此购货。万历间浙人张应俞的《杜骗新书》中对此多有描写：江西进贤人陆梦麟"往福建海澄县买胡椒十余担，复往芜湖发卖"③；徽州人丁达"往海澄买椒木，到临清等处发卖"④。作为东南沿海海外贸易的中心，月港发展为闽南一大都会。

我们来看葡萄牙方面史料的记载。

《唐曼努埃尔国王纪实》（*Chronica do felicissimo rei Dom Emanuel*）涉及胡椒在福建的销售情况：

> 他（若尔热·马斯卡雷尼亚斯）跑遍了漳州（Chincheo）海岸。这一海岸无礁石，村镇星罗棋布。在此航行中，他遇到了许多远航他地的当地船只。在他停泊的一港口，人们向他提供了位于河口的一座福建大城市（grande çidade de Fuquiem）的情况，他扬帆准备前往那里。当他驶入该城所在的一江口时，收到了费尔南·佩雷斯（Fernam Perez）从陆路发给他的数函，要他返回，因为回航印度的时间已到。他照做了并对此行所见所闻作了汇报。这些省份富庶、物产丰富。还谈到了它的贸易、家畜以及给养的供应情况。胡椒在那里比在广东（China）还畅销。这里的交易货物优于粤地，市场亦优于粤地。⑤

刊于1602年的葡萄牙王家编年《亚洲旬年史之四》（*Decada quarta da Asia*）称：

> 每年有20艘船从中国沿海省份之一的福建（Chincheo）前往那里运送胡椒，因为这个王国（苏门答腊）每年可提供8 000播荷（bares）胡椒，这相当于3万公担（quintaes）。⑥

一份关于胡椒贸易的葡萄牙语报告称：

---

① 关于这四个名字的葡萄牙语原文的考证，可见 Rui Loureiro, *Fidalgos, missionários e mandarins: Portugal e a China no século XVI*, Lisboa: Fundação Oriente, 2000, pp.374－376；［日］中岛乐章《16世纪中期的马六甲与华人海商》，李孝悌、陈学然主编《海客瀛洲：传统中国沿海城市与近代东亚海上世界》，上海古籍出版社，2017年，第365页。

② 朱纨：《三报海洋捷音事》，《甓余杂集》卷四，《四库全书存目丛书》集部第78册，第82页。

③ 张应俞：《杜骗新书》，大众文艺出版社，2002年，第387页。

④ 同上，第456页。

⑤ Damian de Goes, *Chronica do felicissimo rei Dom Emanuel*, Qvarta Parte, Lisboa: Casa de Françisco Correa, Impressor do Serenissimo Cardeal Infante, 1567, Fol.30.

⑥ Diogo do Couto, *Decada quarta da Asia, dos feitos que os portugueses fizeram na conquista e descobrimento das terras, & mares do Oriente: em quanto governaraõ a India Lopo Vaz de Sam Payo, & parte do tempo de Nuno da Cunha. Composta por mandado do muito catholico e invencivel Monarcha de Espanha Dom Filipe Rey de Portugal o primeiro deste nome/Por Diogo do Couto chronista e guarda mór da torre do Tombo*, Lisboa: impresso por Pedro Craesbeeck, no Collegio de santo Agostinho, 1602, p.41.

在(1)598年至(1)604年东印度贸易之家(casa da India)的账本中可以看出销售情况。但要补救胡椒的缺乏非常困难,一方面是由于荷兰人提高了其价格,另一方面是由于输往中国的渠道已经开通。经此每年有大量的胡椒被运往中国。而这样做或同意这样做的人并不考虑对为其国王的服务所造成的伤害。如果考虑及此,此事明明白白,事关国王的特殊利益。

往昔,漳州人/福建人(chincheos)从马六甲周围的国王处收购胡椒,但现在我们替他们做了这件事,将胡椒送至其家门口。这样一来,造成损害的不仅是荷兰人,还有国王陛下的臣民。①

隆庆开海前后,胡椒一直为海上贸易的重要商品,且通过闽海进入中国其他省份。②

五

胡椒这种神奇的香料气味苾勃,微辣带后甜,古今中外,人们爱不离口。为寻获它,东方西方无惧万里,漂洋过海。

大可认为,是胡椒直接诱发和推动了葡萄牙的大航海时代,促进了东西交流,彻底改变了世界历史和人类的命运。

胡椒贸易利润尤厚,高达几十倍。正是在这种暴利的诱使下,郑和七下西洋,葡萄牙人越海东来——皆为它!

明之胡椒贸易与汉唐宋元一脉相承。如果说汉唐为开拓期、宋元乃鼎盛期,那么明可称衰落期。败因有二:其一,郑和下西洋的结束;其二,葡萄牙人之来垄断了东方贸易体系。

随着郑和七下西洋的终结和葡萄牙人在东方的扩张,在明末清初,葡萄牙垄断了亚洲的胡椒贸易,占领了中国的胡椒市场。

中国所失非仅胡椒的贸易权,而是整个国际贸易权易手他人。

葡萄牙早期在广东珠江口地区,后来在双屿港、月港,再后来在上川岛、浪白滘,乃至澳门开埠以后,贸易的主要货物一直是胡椒。它体小、量轻、利高,且被海水浸泡后都不易变质腐烂,在载重量有限的帆船时代,实为首选商品。

澳门开埠前后的中葡贸易"以胡椒换丝绸和麝香"③为主。

历史航程里,可见:世界近代史的风帆为椒粒所鼓动。

财富芗泽中,可闻:椒香始终弥漫于资本原始积累。

胡椒为郑和七下西洋和葡萄牙人东来的历史驱动力。

---

① *Relatório sobre o trato da pimenta de Francisco da Costa*, *escrivão de Cochim*, *Documentação Ultramarina Portuguesa*, Lisboa: Centro de Estudos Históricos Ultramarinos, 1966, Ⅲ, pp.334 - 335.

② 关于这个问题,可见刘婷玉《从财政角度看明代胡椒及其海内外贸易》,《中国经济史研究》2022年第2期,第78—79页。

③ C. A. Montalto de Jesus, *Macau histórico: primeira edição portuguesa da versão apreendida em* 1926, Macau: Livros do Oriente, 1990, p.37.关于香料在中葡通商中的作用,可见李斌《明代中国与东南亚的香料贸易》,第26—28页。

明末辽东战事中军粮的海运研究

王露芒*

摘　要： 万历四十六年(1618)，明与后金在辽东爆发战争。明廷为保障辽东军需粮料的及时供给，决定利用辽东一面临海的地理条件，重新开放辽东海运。战时辽东海运路线多样，或从山东登莱海运至辽东，或从天津出海至辽东，或从江淮地区输送北上后再由港口陆运至辽阳。海运船只包括官船与民船，运输脚价从户部每年筹措的辽饷中拨给。然而，海运中存在行政拖沓、船商贪污等弊病，不但未能保障召买来的军粮顺利至辽，反而造成粮料的虚耗，存在后勤保障的漏洞，严重影响了明军在辽东前线的战事对抗。

关键词： 辽东战事　军粮　海运　后勤保障

万历四十六年(1618)四月，努尔哈赤以"七大恨"告天誓师，率兵直趋抚顺，欲从占据辽东开始，入主中原，辽东战事由此开始。古人早云：兵马未动粮草先行。可见后勤保障在战争中的重要性。而在传统战争的条件下，军粮又是后勤保障中最重要的一环，可以说是前线军队的生命线。在此次辽东战事开始之前，辽东全镇兵员最多6万，①明廷在辽东的军需补给相对稳定，军费方面有常例粮饷、临时战费，粮食供给方面有屯田、民运粮、开中盐、京边年例银等。战事爆发后，北部边镇和内地直省的大量军队被紧急调援辽东，至万历末年，驻辽东兵员数量高达26万余人，猛增4倍之多。② 辽东原有的粮食供给体系完全无法承担战时的巨大需求，由此，辽东战时粮饷供应成为明廷必须解决的后勤难题。

面对辽东粮饷匮乏的情况，户部建议于山东登州、莱州、青州籴买粮料，缓解战需压力。结合辽东地区一面临海的地理条件，明廷决定开放辽东海运，输送军需物资。目前学术界关于辽东军粮运输的研究，主要涉及路线、船只、人员的安排事宜，且仅以《海运纪事》为主要史料，资料上不够全面，缺乏对运输脚价的研究，对运输中存在的弊端分析也较少，总的说来不够详尽深

---

* 王露芒，首都师范大学历史学院博士研究生。

① 《明神宗实录》卷五七二"万历四十六年七月甲寅"条，台北：台湾"中研院"历史语言研究所，1986年影印本，第10811页。

② 《明光宗实录》卷二"万历四十八年七月甲辰"条，第47页。

入,综合的探讨亦不多见。① 军需的运输问题不仅涉及明清战争的战时后勤保障问题,也涉及明末户部的财政问题,其中的复杂性值得进一步深入挖掘。因此,笔者依据《海运摘抄》与《饷抚疏草》②等第一手史料,梳理明末战时辽东海运的具体安排,探讨当时地方、户部、督饷部院之间围绕军需运输问题的合作与争议,从而考察战时的军需保障问题。谨以此文求教于方家。

一、万历四十六年重开海运

自明太祖时起,辽东地区的军需运输便以海运为主,只是时开时禁,并不持久。洪武四年(1371),明廷派遣驻军在山东的马云、叶旺前往辽东担任都卫指挥使。因辽东边疆之地,产粮有限,八月,明太祖诏令山东海运布匹、马匹补给辽东。③ 考虑岁输海上需要的人力、财力不菲,明廷商议若辽东能自供粮料或由周边补给,则可停止海运。洪武三十年(1397)十月,朱元璋与户部讨论此事,认为"辽东海运连岁不绝,近闻彼处军饷颇盈余,今后不须转运。止令本处军人屯田自给,其三十一年海运粮米可于太仓、镇海、苏州三卫仓收储"④。后建文帝即位,朱棣起兵,明廷大乱,辽东海运暂停一事便被搁置。

此后辽东粮料供应主要依靠本地开中盐粮和京发年例银,但布料、棉花等物资仍需山东供给。由此,山东与辽东之间的小规模海运仍在持续。当时棉花、布料取自山东,自登州府新河海口运至旅顺口,再由辽河直抵开原,一日夜便可抵辽东。⑤ 至成化十四年(1478),户部与地方商议以折色银取代物资,"每粮一石,收银四钱,于陆路解送边方,以给军需,庶免漂没而军民俱便"⑥。辽东海运便逐渐荒废。

万历四十六年四月,努尔哈赤带军征战抚顺。明廷方面考虑到辽东地方本色粮料不足,难以应付战时的庞大军需,众大臣皆提议重开辽东海运。

熊廷弼提议于山东登州、莱州、青州召买米粮与料豆,海运输至辽东,其奏称:"山东青、登、莱三郡滨海,可与辽通,发银彼中,雇船买米直抵辽东。……仍将三郡各卫健兵调集数千,委贤能官二三员,领兵领船运米到彼,除将米给散辽军外,留船若干,遥扎水营,一以壮辽阳声势,一

① 目前学界关于辽东海运的研究,可参见王尊旺《晚明九边粮料召买——以辽东镇为中心》,《兰州学刊》2013 年第 4 期,第 40—46 页;陆彬《晚明登莱海运济辽研究——以〈海运纪事〉为中心》,南京大学硕士学位论文,2015 年;刘洋《海陆互动:明清时期的驿站变迁与海运兴衰——以辽东半岛地区为中心》,《学问》2016 年第 5 期,第 43—47 页;杨海英《明代万历援朝战争及后续的海运和海路》,《历史档案》2020 年第 1 期,第 52—61 页。笔者自硕士阶段开始便关注此议题,攻读硕士学位时研究明清战争时期辽东军粮的召买与运输问题。

② 《海运摘抄》为时任"山东等处提刑按察司整饬登州海防总理海运兼管登莱兵巡屯田道副使"陶朗先的奏议汇编,因其处理关于山东登州、莱州粮料海运至辽东的事务,故其奏议能细致呈现辽东海运的具体情况。《饷抚疏草》为时任户部右侍郎督理辽东粮饷协理戎政毕自严的奏议集合,毕自严于崇祯元年(1628)始任户部尚书,留下三部与辽东战事相关的奏议史料,分别为《石隐园藏稿》、户部右侍郎督理辽东粮饷协理戎政(1622)任内的奏议汇编《饷抚疏草》、户部尚书任内(1628—1634)的奏议汇编《度支奏议》。以上史料,是现存记录辽东战事最翔实且最具宏观者。

③ 《明太祖实录》卷六七"洪武四年八月癸巳"条,第 1265 页。

④ 《明太祖实录》卷二五五"洪武三十年十月戊子"条,第 3684 页。

⑤ 《大明会典》卷二八《户部十五·边粮》,《续修四库全书》史部第 489 册,上海古籍出版社,1997 年,第 520 页。

⑥ 《明宪宗实录》卷一七八"成化十四年五月甲申"条,第 3211 页。

以杜奴贼窥伺登莱一路之意，一以俟时急则水兵亦可登岸救援。”①此议一出，地方官员与朝中大臣纷纷响应，时任山东巡抚李长庚对召买安排提出建议：“或辽东差官往籴，即用新饷以充籴本，仍移会东省抚臣借发辽左欠饷数万两，委登、莱府佐各一员，雇船籴粟，再选武职数员，督兵领运。止许装载米豆，不许挟带违禁货物。”②此番提议得到明神宗的认可，碍于时下战争的紧急局势，辽东海运就此重开。

万历四十六年的海运，是明廷时隔多年后对辽东海运的一次重新计划，是在过去海运安排的基础上加以调整，大致上遵照惯例实行，在细节方面则依实际情况作以改动。明廷令李长庚负责辽东海运的整体筹划，令陶朗先为“山东等处提刑按察司整饬登州海防总理海运兼管登莱兵巡屯田道副使”③，处理山东登州、莱州军粮海运至辽东的事务。

该年海运原定于山东登州府与莱州府召买发运，后因辽东粮价不高，周边筹措可以陆运抵辽，便商议登州负责海运粮米 13 373 石，莱州改海运粮米为折色。④ 因此，是年海运仅登州一处。

由于辽东海运禁时已久，一时之间没有官船可供调遣。于是登州府凑雇客商及塘头船只发运，也有少数兵船掺杂在内，以解决运济，救战事之急。时人将仓促准备的船只称为“皆五方乌合之众”⑤。朝廷为保障来年的海运，另“差官陈安国等八员，领价一万九百余两，及委官徐弘谏领银三千两，打造辽船”。陈安国等人领银赴淮安招淮船，登州县主簿徐弘谏前往南方地区打造海船 20 只，以应付之后的海运。⑥

军粮运至辽东港口交卸后，再以马骡等陆运至辽东内地。自盖州套至辽阳，计程 270 里，分为 9 处，每 30 里为 1 接。“每处安置马骡五十四头，以步军十名领之”，1 日 1 接。马骡 1 匹头可驼载米粮 1 石，则 1 天可以运载 50 石。每日分拨 1 名官员押运至辽阳交卸，周而复始，将米粮运输完毕。后因万历四十七年(1619)需要运粮 83 677 石，如果以马骡运，则 10 000 石需运 200 日，过于费时费力，海船亦无法回空作二运之用，相对而言效率低下，于是商议先存放在周边米仓，而后交于辽左地区。⑦

海运粮料的管理比较规范，设置了对照查验机制。送往辽东的军粮皆为押运官审核通过的可用之粮。每船的米豆，需本府委官、该州县委官、押运官、看船夫与船户一同取样本米豆，用纸封固，写明“某船、样米、样豆”，最后由海防厅盖印封装。至辽东交卸时，由收粮官拆开封装，以样米、样豆去查对船运粮米豆料，防止运输途中有人私取官粮而以其他粮料掺入充假的情况发生。⑧

陶朗先在海运规则告示中简单阐明了权责追究事宜：“其有敝坏漏湿等失者，责押运官赔

① 程开祜：《筹辽硕画》卷三，《丛书集成续编》第 242 册，台北：台北市新文丰出版公司，1988 年影印本，第 138—139 页。
② 程开祜：《筹辽硕画》卷六，《丛书集成续编》第 242 册，第 238 页。
③ 陶朗先：《海运摘钞》卷一，于浩辑《明清史料丛书八种》第 4 册，北京图书馆出版社，2005 年，第 227 页。
④ 同上，第 265 页。
⑤ 同上，第 236 页。
⑥ 同上，第 288 页。
⑦ 同上，第 293—294 页。
⑧ 同上，第 299 页。

偿。有不遵约束,当泊不泊,当行不行,致粮有损伤者,船户赔偿。"[1]此外,雇押官与船户之间的权益纠缠还落在船只的使用上:"有将好船应雇而临期易换旧船者,雇押等官不举有失,雇押官赔偿究罪;雇押官已举者,落保人及本船户赔偿追究。"[2]粮料装运于船,需船户置买料物铺垫,以防途中打湿。如有船户不行置买而导致粮料浥烂,耽误军需,则扣其粮上水价每石二分,分拨至船厂作造船的支用。[3] 责任的摊付使得雇押官与船户在利益关系上被捆绑在一起,雇押官不仅负责一路的海运运输,也成为船户的船只落责人,这样的设定加强了押运过程中的监督力度。

从押运结果上来看,万历四十六年的头运在入秋之前顺利抵达辽东,军需保障成功落实。此次海运,负责军粮采购与运输的户部、辽东地方官员、山东地方官员皆参与商议筹谋,虽参考了过往的海运经验,但未尽之处仍多。比如督运人员临时调派,管理欠佳,船只亦存在临时补凑而难以凑齐的问题。这些暴露出来的问题并没有得到及时解决,至第二年,即万历四十七年,陶朗先在奏折中提到海运险阻,淮船不愿应征,而目前用的船只"皆窄小,不能多载,即得十船不能比淮船一只之用"。几度催促造船官员尽快完结船务,并与户部几番讨论,筹划将先运到的米粮存于盖州、金州城内的米仓,使船可作二运之用。所以,"不苦无粮,而苦无船"是战争初期军粮海运的情况。[4]

万历四十六年的海运规划,成为后续海运安排的经验基础。随着明清辽东战事的发展,辽东海运从一次应急事件发展为惯行的措施。自辽东战事起至辽东失守,海运始终实行,并且从辅佐陆运发展为基本代替陆运,成为战时辽东后勤运输的主要保障方式。

二、海运的路线、船只与人员安排

(一) 海运路线

供给辽东的军需粮料,春夏秋初由登州、莱州、天津海运发出,这是南岸的路线;秋深入冬由蓟州、永平陆运发出,这是北岸的路线。[5] 至天启元年(1621),辽阳失守,登莱海运难以继续,改为由天津召买粮料并发运辽东。另有一线,由登州、天津出海发运皮岛,输粮予毛文龙军队,此为鲜运。

山东登州与莱州至辽东仅一海之隔,运船北上在海风顺畅时,速度较快,可以实现一艘运船二运及三运的海运安排。海船装载粮食完毕,从登州海口出发,经铁山岛、羊头凹、中岛、长信(行)岛、北信(汛)口、兔儿岛、深井,至盖州套交卸,盖州套至辽阳陆运约 250 里。[6] 莱州出海则经庙岛、鼍矶岛、皇城岛、旅顺岛,至三犋牛交卸。[7] 三犋牛运至辽阳,可海运,可陆运,此途约 620 里。此为第一年海运初开时的路线。

---

① 陶朗先:《海运摘钞》卷一,于浩辑《明清史料丛书八种》第 4 册,第 244 页。
② 同上,第 245 页。
③ 同上,第 303 页。
④ 同上,第 288 页。
⑤ "南岸"与"北岸"是当时毕自严对路线的称呼。
⑥ 陈仁锡:《无梦园初集》车集三《纪辽海运道》,《续修四库全书》集部第 1382 册,第 433 页。
⑦ 陶朗先:《海运摘钞》卷二,于浩辑《明清史料丛书八种》第 4 册,第 333 页。

万历四十七年，金州道、登州道、总督辽饷部院就莱粮的交卸口是否需要更改等问题进行探讨。原先三月时商议莱粮米粮运至三犋牛后，可存放于金州城米仓内。然而，其时金州与复州城内没有大船，只有沿海的渔船，渔船型小且无棚桅，难以继运，金州道提议在盖州套卸粮。登州海防道认为莱州水路与其东北至三犋牛，不如西北至羊头凹，径抵盖州套更为顺便。金州道复议赞成，并言商船愿意承担海运是因为金钱的利益，如果运至盖州套交卸，增加脚价，“既不难于至金，亦何难于至盖。一船之便省一番盘剥之费；一水之便省一番陆挽之费”。但盖州套没有足够米仓贮存，海船于港口等候卸载耗费时日，会使得原先打算二运三运的船只难以回继，实际上有些耽误。如果在海运难继的情况下实行陆运，则会加重金州城百姓的劳苦。①

登州道的官员复查此事，对盖州套港口的自然形势作出分析，称：“盖州套窄小，浅滩形如半碗，而碗口礁崯岈，势同攒剑，必小船方可进入。而所泊仅可廿数只，又必坚厚小船方可冒险而入。而一入之后，水退撞礁，渗漏可虞。”如果登、莱两地的海船皆停泊于盖州套，不止数量过多难以容停，也难保运船安然。于是提议更改为“经双岛、宗岛，又三百里至北信口交卸”。北信口至辽阳约四百五十里，②港口稍宽，可容船百余只，而泥底无礁，可以避风。若如此，则“陆路至复州不过三十里，将莱粮卸入复州仓最便”，“他日若欲剥至盖州套，亦止水路二百五十里”，可谓水陆两便之处。考虑至此，户部安排莱粮于北信口交卸。③ 由此，莱粮运输路线经过多方斟酌讨论，综合各处利益考量，完成新的制定。

至天启元年，后金军队先后占据沈阳与辽阳，金州、复州、海盖皆为敌有，原先的海运路线不得已被更改。登莱发运已难，辽阳亦无法接收海船停靠。于是明廷改定由天津召买并海运军粮。天津地理位置优越，“津门南北咽喉，水陆要冲，滨临沧海，密迩神京，固俨然畿东一重镇也”④，且港口深宽，能容纳众多运船停留，距离山海关海面七百余里，⑤粮料自各处召买运至津门，再由津门发运往山海关，相对便利，这也成为此后辽东海运的主要路线。

（二）海运的船只安排

负责战时辽东海运的海船包括官船与民船。官船由地方官府领取朝廷经费打造，造船价格有几十两至三百两不等。对于造船样式，官方更偏爱淮船，早前抗倭之时，“海运船只尽取之淮上，兼之以太仓、崇明、辽海等处”⑥。淮船容量大，船身稳固，性价比高，是主要的打造类型。另有辽船、塘头船等。辽船每只“费经八九十两，所载不满二百余石”⑦，加上水手工价、米饭费用，价格不啻于雇船费用。塘头船一只价银 100 两，每只载粮 500 石为率，宽大坚固，实用性高。民船由民间船商自造，规格不同，木料坚硬程度皆有差异，有可载米粮六七百石者，亦有载二三百石者。当官船不足用之时，政府便征召民间船只参与海运。

---

① 陶朗先：《海运摘钞》卷二，于浩辑《明清史料丛书八种》第 4 册，第 326—329 页。
② 陈仁锡：《无梦园初集》车集三《纪辽海运道》，《续修四库全书》集部第 1382 册，第 433 页。
③ 陶朗先：《海运摘钞》卷二，于浩辑《明清史料丛书八种》第 4 册，第 329—334 页。
④ 毕自严：《津兵征调已多管制澄汰已定疏》，《饷抚疏草》卷二，《四库禁毁书丛刊》史部第 75 册，北京出版社，1997 年，第 103 页。
⑤ 毕自严：《转饷多愆闻言增惕疏》，《饷抚疏草》卷一，《四库禁毁书丛刊》史部第 75 册，第 43 页。
⑥ 陶朗先：《海运摘钞》卷一，于浩辑《明清史料丛书八种》第 4 册，第 273 页。
⑦ 陶朗先：《海运摘钞》卷二，于浩辑《明清史料丛书八种》第 4 册，第 412 页。

辽东战争初期,海运初开,诸多事宜准备不足。登州、莱州等地商船甚少,渔船较多,然而渔船太小,至多载粮30石,对于每年以万计量的军粮,实不足用,常常陷入"有粮而苦于无船"的境地。如万历四十六年,登州与莱州困于"船只缺乏,积粮无船",召买来的粮料无法转运,九月,州府便派百户及官员令雇价银10 000余两赴淮安雇船。① 至万历四十七年二月,淮船仍未到登莱。此时的登莱转运,"望船有如大旱望雨",只得令西府、塘头、滨乐等处一带海口,"遇船即雇,船到即装"。二月即得船67只,装蓬莱、福山、即墨等处米豆11 000石。② 后又求得船只百余只,以供当年海运。然一年之局虽完,往后海运仍需船只。陶朗先上奏中央朝廷,求"敕下户、兵二部,再加覆议,除本省青州及利津、沾化一带海船径行道府雇募,此外所仗淮船速为咨催转行"③。

"召商民船"是明廷为应对官造海船不足而采取的应急措施。登莱召买的粮料可以及时装载发运,不必在沿海口岸等待无期而至腐烂。朝廷亦不必等待淮船打造完毕,蹉跎时间,能够及时支援辽东战事。然而,此种方式对于明廷而言是便利,对于民间船商而言却是难以避免的亏损。

海运船只受灾受损为常事,户部称:"海运不能保其无失也。陆运劳民力,而海运用民命也。"④自旅顺运至三犋牛一带,海山险恶,运道梗塞。万历四十七年四月初三日,有莱州发出的运船,"三只凑遇狂风,三日不止,舟成齑粉,粮为乌有"⑤。同年又有海盖道上报"登州船户陈彬,漂损一船三百余石"⑥。海运安危难保,民间船商认为"为一车驴之费尽其骨,何以堪之"⑦,多不愿出行。在海运初期,召船商应运是为难事。然而需船之切,不得不求,陶朗先商量提高运价,以利相诱。

朝廷一面加紧召民间海船,一面着手筹备官船。当时的官船由地方造船厂打造,主要赴淮安打造淮船。也有以地方船厂名义打造,实际钱银从付给船商的脚价银中扣取,船只打造完毕后归属船商所有。⑧ 万历四十七年,登莱把总急求海船,时议打造辽船,但如前所述,辽船一艘造价八九十两,载货只有200石,造价偏高而运载量小,加上水手的劳工价费,总费用超过雇募民间商船的费用,预计的辽饷费用恐不足够。故决定于山东塘头造船,所需不过100两价银,但可运500石米粮,是以多花费20两银,可多运300石米粮,省钱便利。造船费用从船商的脚价中扣取,船则归属船商所有,作为民船。⑨ 此安排是明廷在应急情况下的决定,虽解决了当年海运困境,但船商利益亏损,被迫打造船只,且无法获得原定的脚价。这样的规则严重影响了民船参与海运的积极性,实际上不利于官府征召民船公用。

---

① 陶朗先:《海运摘钞》卷一,于浩辑《明清史料丛书八种》第4册,第266页。
② 同上,第276页。
③ 同上,第285页。
④ 陶朗先:《海运摘钞》卷二,于浩辑《明清史料丛书八种》第4册,第351页。
⑤ 同上,第337页。
⑥ 同上,第399页。
⑦ 同上,第354页。
⑧ 同上,第412页。
⑨ 同上,第413页。

(三) 人员管理

海运前,地方官府招徕并组织船商,与船商谈妥运输脚价及水舵手安排事宜,统一日期装载发运。民船随船的水手、舵手等人员由船商自行招募并支付工资,官府并不负责。

明廷立有运船出洋稽查之法,管理出洋海船。一趟海运,船只数量众多,而船行海上,海波汹涌,运船的组织管理是重要事宜。当时海船于海上以"帮"的形式组织成行,按照数量划分为各帮,每帮海船有押运官管理本帮船只与人员事宜。规定海船以 50 只为 1 帮,每帮设运官 2 员,每 10 船内复立帮长 1 名,互为监督防范。但有侵盗而容隐不举者,运官究革,帮长连坐。①

人员安排会根据实际需求作调整。例如天启四年(1624)的鲜运海船发运,此年共有海船 227 只,其中津淮官民船 136 只,自山东滨州、乐安一带征召到官民船 91 只。出行前,按照"明、王、慎、德、四、夷、咸、宾"分为 8 帮,每帮 20 余只船。每帮有 1 员押运官,以实授守备王文宪等 8 人担任,又有毛文龙派来催粮都司王学易,带管总理鲜运诸项事务。"明、王、慎、德"4 帮共 100 只船为前帮,"四、夷、咸、宾"4 帮共 127 只船为后帮。② 发运时,前、后帮有守备作为负责人管理安排,各帮又有押运官管理,每船船商自行管理水手、舵手。上下层级分明,责任追究可落实到船户各人。

一年的海运分运多次,有头运、二运、三运等,民商船户人多杂乱,涉及甚广。为加强对运输的人员管理,陶朗先令登州、莱州两府每府设"千总"二员,总理运事,另设有"把总"若干,不定人数,随运事"分押快便"而增减人员。每千总一员,月给廪红银五两,并随带书识家丁四名,每名月给工食银九钱;每把总一员,月给廪红银四两,随带书识家丁二名,每名月给工食银九钱。以上人员随运粮船出发,管理海运途中事务。陶朗先令登、莱二府各发口袋二千五百条,以方便至辽东时粮料的搬运。当运船驶至辽东卸粮时,千总负责粮料的分发事宜。此外,登州、莱州每府设"船上看粮夫"一百名看管粮料,可由运官自行选择任命,月给工食银九钱,发配给海运粮料的船只随船出行。运载粮料较多的大船,则每船发配两名看粮夫;小船粮少,则用一名。如果运粮的兵船偶遇捕盗之事,可将运粮托付给渔船,渔船有船户看守便无须发配看粮夫。③

为防止船户贩"禁物"或"携带逃亡,勾引奸细",陶朗先令粮船每船开出长单,记载运载船粮数目、船户及役工姓名并本船雇价等情况。又仿效兵制向海运船户分给字号,船户、舵工、水手皆发给腰牌,以证明身份。④

运船一路行驶,途中经过岛屿,有应急事件可下岛处理。为防止此间趁机夹带杂人,登、莱两府的海防厅必须在出运前行文至沿海地方守御官员,责令其瞭望运船的人员役工。凡有运船停靠岛屿,则申记录并报实情:"或某日经过,或某日湾泊,某日开船,有无船户、水手上岸,有无岸上之人搭船渡海,或因风不顺而湾泊,或因买货物而湾泊。"⑤卸粮完毕后,押运官留一人在港口,命船上看粮夫随船回空登、莱,准备二运之事。如果发生沿途骗害岛民或私带逃兵等事,则船户与押运官都需被追究。

---

① 毕自严:《转饷多愆闻言增惕疏》,《饷抚疏草》卷一,《四库禁毁书丛刊》史部第 75 册,第 43 页。

② 毕自严:《恭报发过鲜运实数及开洋日期疏》,《饷抚疏草》卷二,《四库禁毁书丛刊》史部第 75 册,第 90—91 页。

③ 陶朗先:《海运摘钞》卷一,于浩辑《明清史料丛书八种》第 4 册,第 245 页。

④ 同上,第 240 页。

⑤ 同上,第 300 页。

军粮海运结束后，朝廷对海运、陆运的委官、商民等人员，根据其功绩劳苦、运过的粮数，题加文武职衔，表示奖赏。劳勋多者，咨行吏部与兵部后，即予实授职官管事，给予冠带或重加奖赏。① 初期，登州道因有专管海运的职衔，故能一心料理事务，后随着战事的需求，增加辽东、蓟永、天津、淮扬各道，协同管理，故相关官员均得以封赏。如万历四十八年(1620)二月，巡抚山东都御史与巡按山东监察御史皆上奏举荐万历四十七年海运中有功的武职官员，提名“辽东收粮千总加衔守备黄后恩、登州道中军宁海卫指挥佥事李先春、莱州府撵赶千总登州卫千户李天培”等五员，②以作升官后备，表示激励。

三、海运脚价的制定

海运初期，登莱地方官船不足，明廷以“召商”的形式向民间船商雇佣船只。“脚价”便是政府付给民间船商的雇佣工钱，由于涉及户部预估新年辽饷问题，因此，在海运的前一年，当年脚价便有预估价格。如果在军粮召买或运输过程中发生意外，则酌情变通，保证船商继续担运。

根据运送物资的不同，明廷制定的脚价亦有区别。运送军粮的脚价与运送布料等物的脚价不同，价格总数根据其名下船只的装粮总量计算。万历四十六年海运，由登莱至辽东，给价每石“二钱八分五厘”，“每大船一只装米五百石，脚价银一百两”，这是政府付给船商的钱两。③ 由于当时水手、舵工由船商自行招雇，故而此部分雇佣钱银政府概不负责，由船商自行付给。如若有带运牛皮、翎毛、炮、腰刀、斩马刀等军需物资，则脚价高于运送米粮的脚价，为每石“四钱二分”。④ 遇上兵船有空闲空间之时，也可以带运粮料，设定水脚价为每石“二钱一分”。

由于海运的发运口多，故脚价制定并非固定定价，存在地区差异性。按天启四年九月毕自严预计天启五年(1625)的关运粮料，定由天津发运到山海关，因为津门临近山海关，故脚价相对便宜，为“每石二钱”。至于运往皮岛补给毛文龙的鲜运，则脚价远高于关运。皮岛与津门海面距离三千余里，甚远于至山海关，故鲜运的脚价定为每石“四钱二分”，是关运价格的两倍。⑤ 明末辽东海运期间，关运脚价的变化不大，从万历末年至崇祯年间，基本维持在每石二钱左右，鲜运脚价亦基本维持在每石四钱二分。

如果海运路线发生变化，已定的脚价会随之调整。万历四十七年五月，户部及地方商议将莱州府发运的粮料改卸至北信口，方便莱粮存入复州仓。但改去北信口需要多行海路，途中“宗岛至北信之三百里，礁浅不常”，海途危险更增，船户不愿担运。⑥ 为招诱他们应征，户部决议在原脚价每石“二钱八分五厘”的基础上添加二分，为每石“水脚三钱五厘”。⑦ 海运一船载粮大者六七百石，船商名下多者有四五艘海船，脚价增加的收益诱惑不小。天启四年正月，因广宁失

---

① 陶朗先：《海运摘钞》卷一，于浩辑《明清史料丛书八种》第4册，第229页。
② 陶朗先：《海运摘钞》卷七，于浩辑《明清史料丛书八种》第5册，第250—251页。
③ 陶朗先：《海运摘钞》卷一，于浩辑《明清史料丛书八种》第4册，第232页。
④ 毕自严：《恭报发过鲜运实数及开洋日期疏》，《饷抚疏草》卷二，《四库禁毁书丛刊》史部第75册，第91页。
⑤ 毕自严：《预计天启五年关鲜粮料疏》，《饷抚疏草》卷三，《四库禁毁书丛刊》史部第75册，第155页。
⑥ [明]陶朗先：《海运摘钞》卷二，于浩辑《明清史料丛书八种》第4册，第333页。
⑦ 同上，第367页。

守，海运的粮料原议运至南海口卸，再陆运出关。为方便行事，毕自严与户部商议增添脚价，利诱船商直接海运至辽东，不必在南海口再行转运。根据运送远近增添脚价，至南海口原定脚价“每石定以二钱一分五厘为率”，若运至关外，“至芝麻湾增银二分，至前屯卫增银三分，至中后、中右所增银四分，至宁远、觉华岛增银六分”，从海运厅内支领，后再于津门处报销。此次增价商议，毕自严考虑辽东军士可直接收到运粮，无需等待转运。再者，南海口“奸顽船户贪脚价之多，冒风涛之险，往往在南海口抛洋，营谋打点，以图出关牟利”。① 直运辽东可及时供给辽东军需，减少船商私运的耽搁。

脚价提价是朝廷利诱船商的手段，在更改海运路线与增加发运数量时，常将此纳入考量范围。

关运方面，其脚价最初参照东援朝鲜抗倭的惯例，使用户部、兵部、工部三部的银两，如若不足，则会动用京边年例银。万历四十八年六月，山东海运通查四十七年的新旧辽饷，除扣用外已所剩无几，考虑到接下来的海运与召买需求，便建议动用京边年例银补济。京边年例银是户部太仓每年发给边镇用作军饷的钱银，是独立于辽饷之外的钱银。所以，这等于增加了辽饷的额外花费，给户部增加了财政压力。

鲜运水脚由户部另作筹措，不于辽饷内销算。鲜运有正粮与军需物资，因道途遥远，故脚价难减，每年鲜运近二十万石，所需水脚价近十万两。户部有议以“耗米抵充运价，不足再于轻赍银内处补”，再有不足则从“席苇之费”“关运守冻粮”处补，也有以召买籴本见存银中留取。② 由于鲜运数量远少于关运，水脚费用总数较低，所以相对容易筹措，极少见有鲜运脚价耽搁上报的情况。

四、海运管理条款的调整

海运途中危险重重，“海波汪洋，变态瞬息，秋高风厉，遇飓必伤”③，倾船打翻、损粮丢粮、人员伤亡等种种事故，难以避免。海运事关辽东军粮，为避免不必要的损耗，户部及地方官员对海运赔补条规展开新的商议，商议后的处理方案为：在军粮方面，户部不需重新采购军粮，仅仅将损失的粮料归入辽东未收粮的数目里，遭风的损失最后折算成钱银进入地方政府的库仓；在赔偿方面，官府不会补助遭风民船，反而需要船商自行缴纳赔补，赔偿官府的损失。

海运遭风事件频发，再加上不合理的遭风民船赔补规定，不仅不利于征召船商，也使政府利益亏损。自有辽东海运以来，海船“一遇失风则骸骨沉埋于鱼腹，妻帑肠断于江干”，遇海浪打湿米粮，便有船商“决计抛弃，而诈称失风”，企图减轻责罚。天启四年，毕自严与辽饷道臣钱士晋设法调剂，对海运失风，酌议扣价、朋造等事项作规定调整，以保护朝廷的财政利益。关于追扣失风船只的水脚价，最初，毕自严建议在重究追赔外，如果失风以十分为率，则“免粮七分，追粮三分”。其中船帮赔付一半，船户自身赔付一半，每石米粮折价一两，“连累相纠之意”，罪责分

① 毕自严：《类报天启三年津运抵关实收疏》，《饷抚疏草》卷一，《四库禁毁书丛刊》史部第75册，第31页。
② 毕自严：《鲜运届期飞挽宜亟疏》，《饷抚疏草》卷一，《四库禁毁书丛刊》史部第75册，第58页。
③ 毕自严：《海运失风酌议扣价朋造规则疏》，《饷抚疏草》卷二，《四库禁毁书丛刊》史部第75册，第99页。

摊,但折价的米粮实际是召买价格的两倍。[①] 因此,如有船户伪装失风,则不仅自身赔损巨大,帮内其他船户也要付钱追赔。此一追赔规则可以针对"伪装失风"作为内部监督的措施。

规则的制定与落实中存在现实差距,在实际追赔过程中,难以顺利执行此规则。海运船户贫苦,通常无力承担赔付钱额。至于同帮船户,不仅要负责自身的船只朋造,还要赔补军粮,压力巨大,亦难以承担赔付的连坐责任。地方政府既失米粮,又难追赔付,对于海运而言没有实际的收效。毕自严决议调整规则,"画停摊赔之令而责偿于本船",以船户的水脚作赔补。如:

> 千石之舟,该水脚二百两。除原存下脚二十两外,实领一百八十两。如遇失风,执有所在地方印照,则议蠲免四分,追扣六分。计该脚价一百八两,仍候朋造船只完日,即以后运水脚销其前领运价,分作三次扣完。[②]

此追赔扣留法,虽表面上考虑船户一时无法拿出赔补金额的情况,但更进一步来说,是为朝廷节省水脚价费用。朝廷不用筹备全部脚价银两,因为有赔补可扣除。这完全避免了船户无力赔补的情况,又保障了朝廷的利益。

在追扣挂欠米价方面,原定条规为,运粮短少者,每石折价一两赔补,但实际运输中,出现各类难以预计的情况。如"有大洋遇风,覆没在眉睫间,竟以戽损米豆而获济者",又有"泊岸候卸之舟,偶为颠风怒涛摧裂,其救存之粮皆由人力所获,而抛弃之数原系天灾为梗者"。毕自严认为,如果都按每石一两赔补,则"失多者徼恩,而失少者蒙谴","一遇风波谁不甘心全掷而肯弃命力救",于是决议从戽损数量定追赔价钱。新定"戽粮至二百石以上,止照粮数每石全追脚价二钱;百石以上,每石量追粮价三钱;百石以下,每石量追粮价四钱、五钱不等"。[③] 这就有了脚价及粮价为赔补基础的区分。虽有脚价全追的规定,但照对"失风者"与"戽损者"的赔补区别,易使"失风者无船而补造动须经年,戽损者有船而转聘便可觅利"。失风者照实回报,需要全额赔补;戽损者可转手另卖,赚取赔补与利润差价,亏损实际小于失风者,更容易发生船户谎报戽损实则贪污的情况。

遭风船只舵工、水手的工价也需被追纳。户部称此部分钱额为"在官给船户,则为水脚;在船户给舵水,则为工价"[④]。每船出海,舵工、水手等是船商自行招募,所需工价定价不一,船商在出洋前会给部分工资。在遇难失风之时,舵工、水手常常拿着工钱逃跑离散,工钱无法追赔。船户如无法全纳赔补,则亏损者是政府。毕自严考虑此点,决议在缉拿到舵工、水手后,将其工价的一半收缴交官,这部分从船户应赔的六分之内销算。如果船户令舵工、水手自行缴纳,则可在其扣除六分内减免。这样的赔补方式直接涉及舵工、水手自身利益。为保全自己的利益,他们会参与补救落水米粮,也不会肆意纵容船户假报失风,船户的利益亦得到保障。如果船户能够阻止舵工、水手逃亡并且上交赔补钱额,则自身可以少纳赔补。以赔补的责任分担方式对船户内部进行监督,政府可在更大程度上追到应得赔补。

海运船只数量本就不足,如遇失风,船只毁损,另行朋造需要商议定则。先前规定是户部发放库银给失风船商,令其船帮内部打造船只,之后再将造船钱银扣还于官府。但考虑到有的船

---

① 毕自严:《海运失风酌议扣价朋造规则疏》,《饷抚疏草》卷二,《四库禁毁书丛刊》史部第75册,第95页。

② 同上,第96页。

③ 同上。

④ 同上,第100页。

帮船只数量少，而失风者若多，则自救不够，无法互助朋造；有的船帮内船只或参与鲜运，“令其造于鲜帮，而非同盟之人。令其还于本帮，又为波及之殃”。于是商议在出洋前扣留船商的水脚价以“按粮扣银”的形式存留，用于统一朋造船只。运粮每石扣价“官船八厘，民船五厘，鲜运得利颇厚加扣一分四厘”。官船与民船扣银不同，因为官船必定打造，而民船可由船商决定是否再造，故而民船给价低廉。官定朋造船统一规格与造价，以运载七八百石为率，造价民间海船有的230两，有的180两不等，官定朋造价以200两为率。① 如有价格浮于官定价，则船商自添津补。

新的海运赔补条款对政府而言，保障了海运的正常进行；对船商而言，却是与难以对抗的天灾进行的“赌约”。在难以避免的海运失风下，失风船户一直负责运输却拿不到脚价，船户承担的损失很大，而明朝廷的利益却得到了更多保护。赔补的不公平性不仅影响了船户参与海运的积极性，增加了官府在民间征召船户的困难，也成为船户无法逃避的现实压力。从粮饷赔补效果来看，因为损失的军粮折换成钱银进入地方库仓，所以户部并没有为朝廷节省钱银，船商亏损，辽东无粮，地方政府得到海运赔补的钱款，成为其中的隐形受益者。从军粮保障方面看，毕自严只提及了金钱上的赔补，未提到粮料具体召买补运的事情，所以，就辽东军粮供给上来说，损失的粮料依旧是无法填补的缺口。

余　论

辽东海运重开是为运输辽东军粮，从整体上来看，它基本保障了军粮及时有效地输送至辽东，达到了预期的目的。但因为户部在规划海运时过于保护官府的利益，牺牲了民间船商的利益。失风船户虽然负责运输却得不到脚价，甚至需要赔补官府的粮料损失，这其中的利益过度失衡使得船商参与海运的积极性很低，不利于官府的“召商”与“雇募”，以至于海运常常陷人“有粮无船”或“有价无市”的困局当中。

除此之外，船商为了获得更高的利益，贪污粮料，私自贩卖，造成军需粮料的损耗，严重影响海运的实际效果。在海运具体安排上，山东地方、户部、辽东在行政上存在扯皮推诿的现象，尤其涉及脚价制定、赔补条款制定调整等辽饷的使用问题，户部预估筹备金额与地方实际花费之间存在差异。这一差异导致军需物资筹措不及时，船只发运不及时，无法保障运输的时效性，增加了海运落实的困难。在多种因素的影响下，战时的辽东海运未能提供坚实有效的后勤保障，反而成为一个隐藏的负面因素，增加了户部在规划与筹措战时辽饷中的困难，使得战时后勤保障存在严重漏洞，却又难以修补。没有坚实可靠的后勤保障，前线作战尤为艰难，战士们食不饱，衣不暖，器不精，最后辽东失守，明军战败，庞大的军费问题成为明末财政无法解决的压力。

① 毕自严：《海运失风酌议扣价朋造规则疏》，《饷抚疏草》卷二，《四库禁毁书丛刊》史部第75册，第98页。

乾嘉道年间的吕宋—澳门、广州大米贸易与粤海关的政策演变[*]

朱思成[**]

摘　要：自乾隆末年开始，珠三角地区的缺粮问题愈发严重，为了筹集粮食，两广总督及粤海关监督将视线转向海外，以优惠性政策招徕洋米来粤。在高额米价与免税机会的吸引下，外国商人将吕宋岛等地的大米络绎不绝地运入澳门、广州，缓解了当地的燃眉之急，也开辟了新的获利渠道。在这一进程中，粤海关的政策因时而变，深刻地促进了洋米贸易的繁荣，却无法控制贸易的发展方向。本文利用多方贸易参与者的记录，试图梳理洋米进口贸易的变化趋势，阐述外国商人与粤海关之间的交流过程，以分析粤海关的政策如何随着双方的互动而演变。

关键词：中国澳门　菲律宾　粤海关　大米贸易

18世纪末至19世纪中期，菲律宾吕宋岛的稻米成为中文典籍中"洋米"的象征，"惟洋米产小吕宋国，地在闽、粤之南，土沃水膏，不耕而获，稻米一石值银数钱，由海道来广不过六七日，粤关市舶，每载入口"①，清人作诗称咏道："包括三湖带水萦，湖田万顷稻如京。收成富有仓箱米，装载连船入广闽。"②这一时期，廉价的吕宋米源源不断地输入广东，而澳门则凭借独特的港口区位与税收优势，成为其重要的出口地，继而带动了吕宋—广州大米贸易的兴起。

---

* 本文为国家社科基金一般项目"江南—马尼拉海上贸易西文档案（1769—1776）的整理、翻译和研究"（20BZS154）暨用友基金会第四届"商的长城"重点项目的阶段性成果。

** 朱思成，复旦大学历史地理研究中心博士研究生。

① 魏源：《粤东市舶论》，《海国图志》卷七七，清光绪二年刻本。澳门贸易中常用的重量单位石（担）有3种计量方式，1衡平石（Picul/Pico Balanza）=100斤（catties/cates），1丝绸石（Picul/Pico Seda）≈111斤，1公牍石（Picul/Pico Chapa）=150斤，以上单位的中文名为笔者所译，其中文原名待考，大米的计量单位通常为公牍石，参见Karl Friedrich August Gützlaff, *China Opened; Or, A Display of the Topography, History, Customs, Manners, Arts, Manufactures, Commerce, Literature, Religion, Jurisprudence, etc. of the Chinese Empire*, Vol.2, London: Smith, Elder & Co., 1838, p.23。另外，一包（saco）大米的重量约为50斤，其案例见DOC. N°77 Chapa de Resposta ao Hupû da Praia Pequena sobre o Pezo do Arroz e Nelle，1832年6月2日，金国平、吴志良主编校注《粤澳公牍录存》第8卷，澳门：澳门基金会，2000年，第101页。

② 张煜南：《海国咏事诗》，《海国公余辑录》卷六，转引自中山大学东南亚历史研究所《中国古籍中有关菲律宾资料汇编》，中华书局，1980年，第173页。（按：以下引用时省略转引出处作者。）

一、相辅相成：大米贸易的双边背景

“粤东滨海之区，耕三渔七，幅员辽阔，民食不敷，岁仰广西桂、柳、梧、浔诸府之接济。设粤西年荒，诸郡闭籴，则粤东米价翔贵，小民粒食为艰。”①自清代建朝后，广东人口迅速增长，据曹树基估算，广东全省人口在明末清初已为800余万人，至1776年增至1 844.5万人，至1820年又增长至2 140.5万人。② 人口增长带来了缺粮问题，据陈春声估算，18世纪中期的广东只需将二分之一的田地用于种植粮食，即可满足本省的需求，但因广东农民倾向于种植获利丰厚的经济作物，最终导致本省的粮食供应远远不足。③ 如果说广东的粮食矛盾时常发生，那么澳门粮食供需则更不平衡，除望厦村等地的少许田地，澳门半岛几无本地粮食供应，一向仰赖广府船只载米下澳贩卖，正所谓“广之粟，澳夷十余万皆仰给焉”④。如果广东遭受饥荒，澳门便会面临更为严峻的粮食问题，只能向广东当局求运粮食，以“救活唐夷”⑤。

在粮食短缺时，广东往往需要邻省运米接济，主政官员便会派人前往广西等米谷富余之省采买，而当邻省的粮食也供应紧张之际，进口洋米自然成了一种补充手段。如1786、1787年，粤省缺米，此时正值广西、台湾米船到粤较少，两广总督孙士毅派“招商及委员前往江、楚等省采买米谷”⑥；又听闻“附近吕宋国地方，米谷平贱等语”，于是要求“洋商雇船赴买，运回接济”。⑦ 从数量上看，自18世纪至19世纪前期，广东的洋米进口量并不算多，相较于邻省供应的大米，最多不到其供应量的一成。⑧ 但对于澳门这样“地狭人稠”的外贸港口而言，获取洋米的便利性明显较高，米价高昂时节，洋米便会在粮食市场中占有重要地位。如1795年的前五个月中，澳门共需食米八万余石，而吕宋洋米的供应量达到了三万余石，约占总量的四成，极大地缓解了当年澳门的粮食危机。⑨

“南洋诸国，米多价贱”，大米是东南亚的主食，也是贸易中的最大宗商品。⑩ 于澳门而言，从南洋进口“洋米”的最佳选择非吕宋岛莫属。吕宋岛的大米出口有其地理区位优势，其出口大

---

① 魏源：《粤东市舶论》，《海国图志》卷七七。

② 葛剑雄主编、曹树基著：《中国人口史》第5卷，复旦大学出版社，2005年，第190—195页。

③ 陈春声：《市场机制与社会变迁：18世纪广东米价分析》，中国人民大学出版社，2010年，第18—23页。

④ 王临亨：《粤剑编》卷二《志土风》，楪权、王临亨、李中馥撰，凌毅点校《贤博编　粤剑编　原李耳载》，中华书局，1987年，第75页。

⑤ 如1767年（乾隆三十二年），澳门理事官致函澳门同知，请求从香山县运粮救援。《署澳门同知李为原禀恳请饬令石岐米石照旧装运来澳救活唐蕃行理事官牌》，1767年10月20日，刘芳辑、章文钦校《葡萄牙东波塔档案馆藏清代澳门中文档案汇编》上册，澳门：澳门基金会，1999年，第148页。

⑥ 《恭报雨水粮价情形事》，乾隆五十二年二月十三日，《宫中档乾隆朝奏折》第63辑，台北：台北故宫博物院，1982年，第347页。

⑦ 梁廷枏著、袁钟仁点校：《粤海关志》卷二九《夷商四》，广东人民出版社，2014年，第483—484页。

⑧ 陈春声：《市场机制与社会变迁：18世纪广东米价分析》，第39—44页。

⑨ 并非所有吕宋洋米都供应给了澳门本地，据澳门理事官陈述，有潮州艚船前来买走了部分洋米，数量则难以推知。《署香山县丞王朝彦饬查潮州艚船转运米石出口费用银事行理事官札》，1795年6月25日，刘芳辑、章文钦校《葡萄牙东波塔档案馆藏清代澳门中文档案汇编》上册，第152—153页。

⑩ ［澳］安东尼·瑞德著，吴小安、孙来臣译：《东南亚的贸易时代：1450—1680年》第1卷，商务印书馆，2020年，第29—38页。

米的产地位于吕宋岛西北部的沿海平原地带,相较暹罗、爪哇、湄公河三角洲等大米产地而言,明显距离澳门最近。西班牙人阿雷纳斯(Rafael Díaz Arenas)于1837年记载道:

> 运米的西班牙货船主要从马尼拉(Manila)和其他几个港口出港,这些港口分别是:北、南伊罗戈斯(Ilocos)省的库里马奥(Currimao)和萨洛玛克(Salomague),邦阿西楠(Pangasinan)省的苏阿(Sual),卡皮斯(Capiz)省的卡皮斯(Capiz),卡马里内斯(Camarines)省的帕萨考(Pasacao),阿尔拜(Albay)省的索索贡(Sorsogon)。前三个港口是使用最为频繁的,因为它们位于马尼拉的北部,更靠近中国。也因为这些(港口所在)省份大米的质量很好,尤其是前两个省的大米。①

清人谢清高也在《海录》中记录:"有名伊禄古者,小吕宋一大市镇也,米谷尤富裕。"②

吕宋岛的西北沿海平原地处热带,雨热充足,适宜大米等农作物的种植,但其平原面积不大,限制了种植区域。当地之所以能够出口大量大米,"地狭人稀"是决定性的因素,这一特点使得粮食的供给量远大于需求量。据统计,从伊罗戈斯延伸至邦阿西楠的伊罗戈斯海岸(Ilocos Coast)地带(即今菲律宾伊罗戈斯大区),在1817年仅有人口25.5万人,在1876年也只增长至50万人,可谓人丁稀少。③ 中国广西与吕宋岛的地理条件十分相似,两者都拥有地理距离较近、人口相对稀少、粮食需求少于供给等特点,故两地都向广东供应大米。

除地理因素外,澳门港的优待政策也是一项要因。澳葡当局不仅将西属菲律宾商船列入唯一能入港的外国商船,甚至对其制定了较本国船只更低的关税,以示招徕之意。④ 在澳葡当局外,粤海关也允许西属菲律宾的船只进入澳门港,且同澳葡船只一样给予部分税收优惠。1725年,粤海关制定了"澳额"制度,优待澳门葡萄牙人以招揽贸易,规定澳葡船额为25只,征收的船钞仅为"东洋船例"的四分之一,货物税上也允许澳葡海关"自行抽收"。为国课考虑,粤海关原不允许外国船只顶替澳门船额,但至18世纪90年代,粤海关已经默许了西属菲律宾船只顶替澳门船额的事实,将其视为成例,不过仍按照新船的标准征收船钞,与东洋船无差。⑤ 所以对西属菲律宾商船而言,条件优渥的澳门港始终开放,成了极具吸引力的目的地。

---

① Rafael Díaz Arenas, *Memoria sobre el Comercio y Navegación de las Islas Filipinas*, Cádiz: Imprenta de D. Domingo Féros., 1838, p.17.

② 伊禄古即伊罗戈斯。谢清高:《海录》,转引自《中国古籍中有关菲律宾资料汇编》,第144页。

③ Peter Xenos, "The Ilocos Coast since 1800: Population Pressure, the Ilocano Diaspora, and Multiphasic Response", in Daniel F. Doeppers and Peter Xenos, eds., *Polulation and History: The Demographic Oringins of the Modern Philippines*, Ateneo de Manila University Press, 1998, p.42.

④ 1783年的《王室制诰(Providências Régias)》载明了这一政策,如:"收益方面,主要由上述王库资产的利息及货款利息……及马尼拉的西班牙人(他们是澳门允许进入该港口的唯一的外国人)支付的税款组成";"马尼拉之西班牙船只前往澳门需用现金支付的1.5%的关税维持不变,欧洲葡国船只支付的2%的关税亦维持不变。同时,澳门居民的船只则减至2%"。参见吴志良《生存之道——论澳门政治制度与政治发展》,澳门:澳门成人教育学会,1998年,第386—396页。

⑤ 张廷茂:《清中叶澳门与马尼拉的贸易关系——以清代澳门中文档案为中心》,《文化杂志》中文版第62期,澳门:澳门特别行政区政府文化局,2007年,第48—56页。1795年,粤海关甚至要求前来澳门的吕宋船只自行顶补船额,可见吕宋船只顶补"澳额"已成定例:"查澳门船额,本年尚有十九、二十二等均未回澳,该(吕宋)夷目自应将此船顶额,何以混称澳额无从顶补。"详见"Ofício do Assistente Substituto do Magistrado do Distrito de Xiangshan, Wang, ao Procurador de Macau, sobre as Alterações de Registos de um Navio de Manila que Chegou ao Porto de Macau com Carregamento de Arroz", 1795-07-29, Arquivo Nacional Torre do Tombo, PT/TT/DCHN/1/3/000294。

虽然澳门与吕宋珠联璧合，进行大米贸易好似顺理成章，但事实并非如此。大米贸易的利润空间决定了贸易的可行性，“经验证实，当(大米)销售价格下跌时，无论是小船还是大船，都收不回成本”①，只有当粮食歉收、米价上涨，贸易才有利可图。扣除种种费用后，粜米所得的利润微薄无几，无法与其他大宗商品的利润相提并论，于是商人“即惮风涛之险，又无多利可图，是以罕愿载运”②。对贸易洋米的商人而言，粤海关的政策成了衡量利润的重要砝码，在优惠性的政策下，洋米大规模进口的历史时刻最终到来。③

二、货税或船钞：不同减免政策

清政府针对洋米进口的优待政策由来已久，自雍正至乾隆中期，大量暹罗米涌入闽、广二省，成为该时段进口量最大的洋米种类。④ 乾隆皇帝为示怀柔招徕之意，于乾隆八年(1743)定下成例，减免暹罗商船的货税：“嗣后凡遇外洋货船来闽、粤等省贸易，带米一万石以上者，着免其船货税银十分之五，带米五千石以上者，免征其船货税银十分之三。”⑤乾隆十一年又放宽了减免的门槛：“虽运米不足五千之数，着加恩免其船货税银十分之二，以示优恤。”⑥于乾隆十六年，又以职衔顶戴为赏赐，鼓励内地商民前往南洋运米：“商民有自备资本运米至二千石以上者，按数分别生监、民人，赏给职衔。”⑦

不过乾隆皇帝定下的减免政策只针对暹罗商人贩米来华，如果内地商人前往暹罗运米返华，则毫无货税优惠可言：“若内地商人，载回米石，伊等权衡子母，必有余利可图。若又降旨将船货照例减税，设一商所载，货可值数十万，而以带米五千石故，遂得概免货税十分之三，转滋偷漏隐匿情弊，殊非设关本意。”⑧由此可见，乾隆皇帝的本意是在朝贡体系下优抚远来的夷商，不计成本，以示天朝怀柔之意，同时部分解决闽、粤二省的缺粮问题。当视角从朝贡体系挪向国内，在乾隆皇帝的天平下，国课税银明显是那颗更重的砝码，压倒了不足以影响国计民生的洋米。暹罗米的优待政策，只不过是一种恩抚远夷的方式，不适用于内地商民，而偷漏走私带来的税银流失则是一目了然、可以预见的。

中暹大米贸易由康熙末年发端，以乾隆前期为高潮，一直断续持续至乾隆中期，但因暹罗国内乱、农业荒废等因，在乾隆后期基本停滞，少见于中文史料。自18世纪80年代，吕宋米接替了暹罗米的“洋米”地位，在接下来的半个多世纪中源源不断地输入广东。

---

① Rafael Díaz Arenas, *Memoria sobre el Comercio*, p.17.

② 梁廷枏著、袁钟仁点校：《粤海关志》卷八《税则一》，第173页。

③ 此处属实，但大米贸易成本几何，相较于其他商品的利润如何，还需实际数据的支撑，留待后续研究。另外，此处仅指晚清前洋米的大规模进口，近代的洋米进口规模远大于前，不在本文的讨论范围内。

④ 关于清前中期进口暹罗洋米的问题，前人已多有研究，此处不再赘述，详见李鹏年《略论乾隆年间从暹罗运米进口》，《历史档案》1985年第3期，第83—90页；汤开建、田渝《雍乾时期中国与暹罗的大米贸易》，《中国经济史研究》2004年第1期，第81—88页；陈春声《市场机制与社会变迁：18世纪广东米价分析》，第39—44页；等等。

⑤ 梁廷枏著、袁钟仁点校：《粤海关志》卷二一《贡舶一》，第433页。

⑥ 《高宗纯皇帝实录》卷二七五“乾隆十一年九月下”。

⑦ 《清通志》卷九三《食货略十三》。

⑧ 《高宗纯皇帝实录》卷四二四“乾隆十七年十月上”。

1786、1787 年,粤东收成歉薄,加上台湾林爽文叛乱,台米无法运出,导致广州米价昂贵。两广总督孙士毅听洋商介绍“附近吕宋国地方,米价平贱”,于是令洋商“雇船赴买,运回接济”。于是当年,万和行洋商蔡世文(蔡文官)雇佣英国船长咕咮呃(Jaminson)前往采买,从马尼拉运回米一万余石至黄埔港。① 对于外夷运米来粤,粤海关自然需要优待以示招徕,按乾隆八年的成例“带米一万石以上者,着免其船货税银十分之五”,然而蔡世文却并不需求减免货税,而是禀请免除“钞规(船钞及规银)”,此条并无成例,粤海关又该如何处理呢?

蔡世文寻求减免船钞的原因,很可能是洋船只装载了大米或大部分货物都是大米,同时,“粤海关向无米税”,所以乾隆八年的减免政策无法适用,货税无从减免,只有争取减免船钞才能真正得利。粤海关在考虑以上情况后,同意了蔡世文的请求:

> 夷船进出税钞,一年一次征收,今去而复回,求免似属情理。虽与定例(即乾隆八年的定例)稍有未符,但该船货来粤,应征钞税,业已报纳。兹该船出洋采买,事属因公,自可免其征钞,相应咨覆查照。②

这一船钞减免政策属于特例,但它的惯性却一直延续下去。受广州地区高价粮食市场及政策优惠的吸引,1786、1787 年,西班牙船只圣弗洛伦蒂娜(Santa Florentina)号三次从马尼拉运米返回澳门,又有数艘西班牙货船多次往返运米。③ 同时,又有民人林存天空船出口,挟资出洋买米,专载米石入港,于是得以援引蔡世文的成例,被粤海关免除了船钞。④ 虽然船只之间的情况略有差异,从现有资料无法判断有多少专载米石的船只,但专载米石可以免除船钞的案例由此发端,成为后续屡被援引的成例,乾隆八年的定例则逐渐失去效力。

三、1795 年:免除船钞政策的确立与争端

免除船钞的政策虽然初现雏形,但不免存在许多漏洞与不完善之处,如“专载米石”如何定义、载有其他货物的船只如何处置、是否允许船只载货离港等,而这些问题都为 1795 年的大米贸易争端埋下了伏笔。

约 1795 年年初,广州再次面临缺粮窘境,澳门自然也不例外,为了缓解缺粮情况,两广总督长麟、广东巡抚朱珪、粤海关监督舒玺谕令粤海关澳门总口委员(以下简称“澳关委员”)等人:

---

① 咕咮呃,英国人,其粤语发音与“Jaminson”相同,《粤海关志》误将咕咮呃记作国名。Jaminson 之名由范岱克从荷兰东印度公司档案中析出。详见梁廷枏著、袁钟仁点校《粤海关志》卷二一《市舶》,第 483—484 页;Paul A. Van Dyke, *Port Canton and the Pearl River Delta, 1690 - 1845*, Ph. D. Dissertation, University of Southern California, 2002, p.499。

② 梁廷枏著、袁钟仁点校:《粤海关志》卷八《税则一》,第 173 页;卷二四《市舶》,第 483—484 页。

③ [美] 马士著、区宗华译、林树惠校、章文钦校注:《东印度公司对华贸易编年史(1635—1834)》第 2 卷,广东人民出版社,2016 年,第 157 页;[美] 范岱克:《18 世纪广州的新航线与中国政府海上贸易的失控》,《全球史评论》2010 年第 3 辑,第 298—323 页。

④ “Ofício do Mandarim Substituto Sub-Prefeito de Macau, Li, ao Procurador de Macau, sobre a Intimação aos Navios N.° 6 e Outros a Pagarem os Direitos, e que os seus Carregamentos de Arroz Devem Vender-se Imparcialmente”, 1795 - 04 - 10, Arquivo Nacional Torre do Tombo, PT/TT/DCHN/1/3/000284.

查乾隆五十一、二等年，因米价昂贵，经前总督孙士毅饬令商民人等，如有挟资赴外洋粜济，及自行专载米石到粤者，均免其输纳船钞。现值省城米价昂贵，自应援照办理。查小吕宋为产米之区，其程途又较别国最近，一帆直达，可以计日往还，除另饬委员传谕大班运济外，合就饬知遵照，免其输纳船钞，以示招徕。①

如谕令所言，这一消息迅速通过洋商潘有度（潘启官）与蔡世文通告给西班牙大班阿戈特（Manuel de Agote）②，称："马尼拉的船只如果只装载大米前来，将不用支付任何船只丈量费用。"阿戈特也如实将消息转达给了马尼拉的西班牙人。③

西班牙大班阿戈特在招徕吕宋洋米的过程中起了关键作用。1787 年 12 月，阿戈特由马尼拉到达广州，成为西班牙皇家菲律宾公司驻广州的首任大班，广州、澳门与西属菲律宾等地获得了新的沟通渠道。1795 年年初，招徕洋米的消息顺利通过大班阿戈特传达给了西属菲律宾的商人，大量西班牙商船自发地从吕宋岛运米前来。

从粤海关发布谕令开始，当年共有约 20 艘菲律宾西班牙人或澳门葡萄牙人的运米船只到达澳门，④然而其中绝大部分船只并非只装载了大米，而是同时装载了各色货物，详见下表。

表 1　1795 年运米 500 担以上、进泊澳门港的船只情况表⑤

船　名	吨位	国籍	来自	到港日期	装载货物
Nosotras Señora de las Angustias	180	葡萄牙	马尼拉	1 月 21 日	大米 1 080 担、牛皮 340 张、燕窝 9 箱、鹿筋 8 包、海参 5 担、白银 250 比索
San José	150	西班牙	伊罗戈斯	2 月 23 日	大米 2 400 担、白糖 60 担、沙藤 40 担、木板 225 块、白银 400 比索
Caballo Marino	260	西班牙	马尼拉	2 月 24 日	大米 4 000 担、硫黄 40 担、白银 9 600 比索（3 箱）、黄金 10 两
Santa Getrudis	550	西班牙	伊罗戈斯	2 月 27 日	大米 5 850 担、牛皮 4 226 张（或 20 张）⑥、苏木 323 担、乌木 146 担、槟榔（索综）⑦130 包、燕窝 3 箱、沙藤 1 940 捆、棉花 6 包、白糖 126 包（190 担）⑧、鹿筋 2 包、鱼翅 50 斤、白银 20 000 比索

① 梁廷枏著、袁钟仁点校：《粤海关志》卷八《税则一》，第 173 页；卷二四《市舶》，第 485 页。

② 阿戈特在中文史料中的称呼为"嘛喊"，即其名曼努埃尔（Manuel）。

③ Manuel de Agote, *Observaciones Methearologicas, Diferentes Noticias Ocurridas, 1795*, R. 637, Museo Marítimo Vasco, p.30.

④ 此处的运米船特指载运超过 500 担大米的船只，500 担为笔者暂定之数量，以便后续分析。据阿戈特统计，当年共有 32 艘船进港 37 次，计入以下表格的船有 20 艘，未计入的船有 12 艘。

⑤ 部分船名后标有数字以说明来港次数，部分名词有待考证。资料来源：Manuel de Agote, *Observaciones*, pp.243-250。

⑥ 括号内为粤海关公文的记录，与阿戈特的记录有所不同，见"Ofício do Mandarim Substituto Sub-Prefeito de Macau, Li", Arquivo Nacional Torre do Tombo, PT/TT/DCHN/1/3/000284。

⑦ 同上。按："索综"一词含义不明，或指包索、麻绳之类的绳索工具。

⑧ 同本页注⑥。

续 表

船　　名	吨位	国籍	来自	到港日期	装 载 货 物
San José (2)	150	西班牙	伊罗戈斯	4月6日	大米1 200担、白糖200包、沙藤90担、木板110块、白银400比索
San José	120	西班牙	伊罗戈斯	4月8日	大米800担、沙藤150包、糖塔19件、棉花20包、白银200比索
Buen Viage	400	西班牙	马尼拉	4月18日	大米4 000担、龟甲312担、白糖41担、木蓝33担、火煤20担、棉花2担、燕窝17斤、木板114块、白银21 000比索
Nosotras Señora de las Angustias (2)	180	葡萄牙	马尼拉	4月19日	大米2 050卡邦(cabanes)①
Nosotras Señora del Carmen	400	葡萄牙	孟加拉	5月19日	大米2 000包、鸦片1 082箱、槟榔980包、印度锡166块、小豆蔻3包、红酒3桶、燕窝1箱、衣服2包
Luconia	240	葡萄牙	孟加拉	5月21日	大米1 000包、鸦片1 149箱、铁2 080块、衣服10包、邮包10包、鹰嘴豆10包、毛毯5包、红酒1箱
San Antonio	220	葡萄牙	孟加拉	5月24日	大米1 014包、鸦片416箱、沙藤992捆、儿茶167包、海参100包、衣服6包、鹰嘴豆3包、蹄铁508块
Santa Getrudis (2)	550	西班牙	伊罗戈斯	5月26日	大米5 604担、沙藤3 740捆、糖塔230件、槟榔141包
San Francisco	150	西班牙	马尼拉	6月5日	大米888担、乌木560担、海参160担、龟甲25担、白银12 000比索
Nosotras Señora de la Luz	400	葡萄牙	印度支那	6月12日	大米600担、大米978包、青铜9 160块、木头38件、粗布45匹、槟榔457包、槟榔2 345担、玫瑰木22件、鹰嘴豆50包、树皮122捆、鱼17包
Macao Marchante	300	葡萄牙	印度支那	6月20日	大米1 622担、大米488包、槟榔2 257担、槟榔44包、Siput螺10包、鱼5包、木板7块
Gibao	150	西班牙	印度支那	6月24日	大米174担、大米335包、槟榔601.5担、鱼7包、(鹿)筋4包、木头4块
San José (2)	120	西班牙	伊罗戈斯	6月28日	大米900担
Industria	500	西班牙	马尼拉	6月30日	大米4 413.5担、白银3 500比索

① 1卡邦(caban)约合1衡平担,即100斤。

续 表

船 名	吨位	国籍	来自	到港日期	装载货物
María	360	葡萄牙	印度支那	7月4日	大米1 225担、大米173包、槟榔3 290担、槟榔785包、Cabus鱼13包、鹰嘴豆7包、木板20块
Santa Getrudis	180	西班牙	马尼拉	8月6日	大米1 304.5担、乌木16担、燕窝4担、粗制燕窝4斤、胭脂红5包(zurrones)、胭脂红7包(sacos)、玳瑁6包、水獭皮2箱、火煤4包、海参9包、烟草1箱、邮包3包、白银650比索
Santa Juan Nepomuceno	120	西班牙	邦阿西楠	9月5日	大米2 158篮、乌木334担、白糖154阿罗瓦(arrobas)、棉花98阿罗瓦、金锭20块
Concepción	220	西班牙	马尼拉	9月22日	大米826担、乌木3 000担、海参300担、胭脂红12包、樟脑10包、白银7 700比索
Diana		葡萄牙	巴达维亚	10月19日	大米1 357担、沙藤7 155捆、檀香木6 270件、檀香树根6 080小块、苏木437块、安息香290桶、槟榔676包、亚力酒171桶、亚力酒57瓶、亚力酒15箱、丁香24箱、燕窝11箱、杂物3箱、棉花10包、海参21包、席子50捆、灯油8桶、碎玻璃4筐、罗望子2筐
Jesús María y José		西班牙	马尼拉	11月1日	大米1 886担、燕窝39斤、海参183斤、玳瑁51斤、龟甲41斤、核桃139斤、胭脂红1 664斤、珍珠9件、白银166 000比索、黄金(数量不明)

这些商船并不会听凭一纸文书的要求而专载米石，而是希望利用减免船钞的优势运输更多货物，故而甫一到达澳门，便与粤海关产生了种种矛盾。1—2月，装载各色货物的四艘商船——悲痛圣母(Nosotras Señora de las Angustias)号、圣何塞(San José)号、海马(Caballo Marino)号及圣格特鲁迪斯(Santa Getrudis)号先后由马尼拉、伊罗戈斯到达澳门，分别为船额第十号、第九号、第六号与第十四号。① 虽然它们已然知晓粤海关专载米石方可免钞的谕令，仍以载米之船为借口，请求粤海关免除船钞。粤海关自然不会答应他们的请求，要求四艘船分别船额新旧，照例输钞。② 悲痛圣母号在听闻不能免钞后，径直扬帆出口，驶离澳门。澳关委员在

① 其中第十号“明旺疏夏”、第六号“知古列地”、第十四号“马诺哥思达”为顶补船额，第九号“若瑟亚彼留”为原有船额，详见“Ofício do Mandarim Sub-Prefeito de Macau, Li, ao Procurador de Macau, sobre a Intimação para que o Navio N.°9 e os Navios de Manila que Substituem os Navios N.°6 e N.°14 dos Registos do Porto de Macau Tratarem de Pagar os Impostos e, também, sobre o Caso de Fazerem o Comércio de Arroz Importado por estes Navios”, 1795-03-09, Arquivo Nacional Torre do Tombo, PT/TT/DCHN/1/3/000282。

② “Ofício do Mandarim Sub-Prefeito de Macau, Li, Arquivo Nacional Torre do Tombo”, PT/TT/DCHN/1/3/000282.顶额的新船按东洋船例缴纳船钞与规银，数额较多；旧额船只按本港船例缴纳船钞与规银，数额较少。详见梁廷枏著、袁钟仁点校《粤海关志》卷二九《夷商四》，第557页。

听闻此事后立刻上报,希望粤海关监督饬令澳门理事官追回船钞,然而监督认为此举"似非天朝柔远怀来之道",此次可以姑且免除澳门理事官的责任。但同时,这四艘船都借口米船不愿输钞,如果被其他船只效仿,必然会对国课产生极大危害,粤海关监督饬令澳门理事官让商船"照例分别输钞",这样才能"国课无亏、民食有赖"。①

按照先前的谕令,粤海关的做法自然没有问题,否则谕令便会成为走私与避税的工具。然而,海马号的船主因达特(Pablo Indart)却感到十分不平,他认为,除大米外,他装载的货物在四艘船中是最少的,只有区区价值约 100 比索的 40 担硫黄(船舱中的大米价值约 20 000 比索),②但因为这部分比例极小的货物,他要照数缴纳所有的船钞。更令因达特感到痛苦的是,粤海关澳门总口的户部(Hopo)③加征了他的船钞,按规定最多 720 比索的船钞竟然被户部加至 850 比索(不算上陋规),同时,澳关委员威胁他,如果他不支付船钞和规银,那么没有商人敢去买他的米,甚至他会被送进监狱。④

3 月初,孤立无援的因达特只能向西班牙大班阿戈特求助,告诉他放在船尾的 40 担硫黄只是为了防止大米腐败,并不打算在市场上售卖,将来会一并离港带走,请求阿戈特向粤海关监督申请免除他的船钞。作为皇家菲律宾公司的大班,阿戈特考虑到有责任帮助西属菲律宾的商人顺利进行贸易,于是向两广总督写了一封信函,反映了海马号遭受的困境:

> 大约两个月前,行商潘启官(Pankekua)与蔡文官(Monkua)向我保证,马尼拉的船只如果只装载大米,将不用支付任何丈量费用;根据这一通知,我转告了马尼拉的一些西班牙人,除了大米,不携带其他货物,他们可以驾船安全地前来。但令我非常惊讶的是,最近,一艘名为海马号的西班牙船抵达澳门,只装载了一船大米和一点银子,澳门的户部打算向船长索要 850 比索的丈量费用,而且特别的是,要给户部的仆人一些东西作为礼物(Saguate),如果不支付这笔钱,没有商人能够去他那里买米……这就是正在发生的事情,因为没有商人敢于购买哪怕是他的一担米。
>
> 以您的敏锐洞察力,您会明白,澳门的户部绝对是想虐待可怜的马尼拉商人,这些商人在口碑良好的情况下,在广东和广西两省缺粮的情况下,提供了大米。因此,我恳请阁下命令澳门的户部不要要求任何数量的丈量费,因为他们除了大米和银子,还有一些乌木和苏木,这些都是放在船舱里不可缺少的,用以防止大米的腐败。我寄希望于阁下的正直,您能在此刻下令为这部分人伸张正义,因为这些船只只运载了大米;这些供应的大米,现在将为阁下管理的两个省份提供必要的帮助。⑤

阿戈特的这封信不仅为海马号进行了申诉,也帮助其他已经到来或可能到来的西班牙商船陈

① "Ofício do Mandarim Substituto Sub-Prefeito de Macau, Li, Arquivo Nacional Torre do Tombo", PT/TT/DCHN/1/3/000284.

② 40 担硫黄价值 100 比索为大班阿戈特的估计,4 000 担大米价值 20 000 比索则是笔者根据时价"1 担大米价值 5 比索"得出,见 Manuel de Agote, *Observaciones*, p.32。

③ 西文中的户部指粤海关官员,上至粤海关监督,下至管理关口的委员,都可以被称为户部,粤海关监督有时会被称为"大户部(Hopu Grande)"。此处的户部指澳关委员。

④ Manuel de Agote, *Observaciones*, pp.28 - 31.

⑤ Ibid., pp.29 - 30.

情，使米船能够运载乌木、苏木等“防腐”的特殊物品，放松专载米石的要求。① 当阿戈特委托洋商将信函转交给两广总督时，粤海关监督却通过洋商暗示他不要转交信函，并且承诺会颁布一项满足他要求的公文(Chapa)。同日，粤海关监督的公文便送至阿戈特的手中，这一公文声明：“现在，只运载大米而不卸载其他任何货物的船只，将不必支付丈量费用。”阿戈特拿着公文去找澳关委员理论，澳关委员虽然认可粤海关监督的公文，却一口咬定海马号并不符合公文的标准，以船上仍有 40 担硫黄俟机售卖为由索要船钞。阿戈特竭力解释了 40 担硫黄的用途，依然无法说服澳关委员，最后被警告性地问道：“付或不付船钞?”同时，澳关委员向粤海关监督报告，称海马号已将货物搬运上岸，明显是要进行售卖，于是粤海关监督命令澳门理事官转告大班阿戈特，不可以载米为借口逃纳船钞，必须立刻支付船钞。因粤海关的多次要求，葡萄牙人的澳门议事会也不敢提供任何帮助，无奈的阿戈特只能同意缴纳船钞。

然而，需要缴纳的船钞费用是多少呢? 根据阿戈特的计算，以海马号的大小，需要缴纳的船钞不会超过 720 比索(480 两)，②而澳关委员却需索 850 比索的船钞及约 70 比索的规银，自然是超额的。带着计算结果，阿戈特亲自去了澳关委员家中，称因达特船长准备支付船钞，但如果被要求的费用比公平的费用多 1 文钱，他都将上告至粤海关监督。于是澳关委员只能妥协，声称需要缴纳的船钞就是 720 比索。此日，新的账单被送至阿戈特手中，关于海马号的争执终于以双方的妥协落下帷幕。③

海马号的遭遇并非个例，如率先来到澳门的悲痛圣母号，长阔相乘共 2.967 丈，需要缴纳 238.864 两船钞，远超其应该缴纳的 118.68 两船钞；④又如圣何塞号(120 吨)在最初被征收了 650 比索船钞，但在抗议之下被减至 450 比索。⑤ 极少数的、真正只装载米石的船只，也不免被多索钞银的命运。当悲痛圣母号第二次来到澳门，吸取教训的它这次只装载了米石，但仍被澳关委员索要了约 120 比索，如果不给则不能卸货。⑥

从上述案例可以看出，1795 年年初粤海关推出的船钞免除政策得失各半，从招徕洋米的方面说，它将缺粮的市场信息传递给了西属菲律宾商人，用良好的姿态吸引洋米源源不断地输入澳门，极大缓解了当地的粮食危机；但从执行的角度看，则是彻底的失败。正如大班阿戈特所评

---

① 硫黄、苏木、乌木等物品为东南亚贸易中常见的商品，它们的确与防腐有关系，但根据笔者的推断，它们并不能防止大米的腐败，阿戈特的申诉有意无意地混淆了这些商品的防腐功能。

② 按《粤海关志》，来澳商船按东洋甲板船例征收船钞，其中第三等船“长阔相乘，该十二丈，该纳饷银六百两”，同时“照额减二征收”，“十字花银，应照库平兑收(约为 1 比 0.72)，每银一两补税银八分”，于是 600(两)×0.8÷0.72×1.08=720(比索)，即长阔 12 丈的三等船最多被征收 720 比索白银。另外，“澳例新船规银 70 两、旧船规银 35 两”。(梁廷枏著、袁钟仁点校：《粤海关志》卷九《税则二》，第 186 页；卷二九《夷商四》，第 557 页)按照海马号 260 吨(toneladas)的吨位，该船显然没有超过三等船的大小，远不需要缴纳 850 比索之数。笔者此处仅依靠《粤海关志》的记载进行计算，未必完全符合实际，陈国栋、范岱克等学者已经探明了广州黄埔港的港口费计算方式，但澳门港的港口费计算方式，目前仍不甚明晰，需留待后续研究。

③ Manuel de Agote, *Observaciones*, pp.39 - 40.

④ 此处的 118.86 两船钞由“三等船每尺钞银四两”计算得出，未含 70 两规银。见梁廷枏著、袁钟仁点校《粤海关志》卷二九《夷商四》，第 557 页；“Ofício do Mandarim Substituto Sub-Prefeito de Macau, Li, Arquivo Nacional Torre do Tombo”, PT/TT/DCHN/1/3/000284。

⑤ Manuel de Agote, *Observaciones*, p.40.

⑥ “DOC. N°115 Outra ao mesmo Mandarim”，1795 年 4 月 30 日，金国平、吴志良主编校注《粤澳公牍录存》第 2 卷，第 172—173 页。

价的,运米商人并不一定会配合这一政策:

> 这种现状为菲律宾人提供了多么好的机会,当他们的船只纯粹地运载大米,便能在交易中有望获得真金白银!但最终商人们,特别是船主们,都会做出自己的计算,与他人的想法并不相合。①

由于商人天然的逐利性,在考量成本后,商船仍旧装载了各色货物,大部分无法达到免除船钞的条件。同时,由于澳关委员刻意盘剥,使得载有少量货物的运米船只无法得到宽免,少数真正专载米石的船只也需要"破财免灾"。② 终 1795 年,绝大部分运米商船通过高昂的米价而非政策获利,真正从免钞政策中得益的商船少之又少,约只有两艘之数。

在这种矛盾的政策下,不仅运米商船无法得到实惠,粤海关同样面临着巨大的风险,许多商船希冀通过运载部分大米而获得免除船钞的权利,这无疑传达了商船可能借此逃税走私的信号,而这种风险必须被消灭。于是在与商人的交流与争论中,粤海关逐渐形成了新的定例,不仅力求解决逃税走私的可能性,也试图给予商人一定的盈利空间。

四、政策的症结与演进

(一)压舱货物与"专载米石"原则

自 1795 年年初,粤海关对洋米的优待政策屡有改易,但专载米石却是政策中的核心原则,即使稍有松动,不久后又恢复如初。

1795 年 4 月后,经过了海马号风波的大班阿戈特深感粤海关政策的不合理性,上书向两广总督、广东巡抚及粤海关监督解释运米商船上乌木、苏木及牛皮的保护功能,请求不要因运米商船装载了这些物品而征收船钞。阿戈特的说辞如下:"上述(运米)船只必须在船底和船舷铺上一些垫料,或是各种木材及牛皮,以保护大米不受损害,如果没有这种预防措施,船只就会进水,这是非常可行的,因为在马尼拉至中国的航程中,船只必须穿过宽阔的海面,经历大风大浪。"③阿

---

① Manuel de Agote, *Observaciones*, p.32.

② 此后,澳门总口的过度需索之弊未见改善。如 1809 年,海盗在澳门城中贴出告示斥责澳门同知,揭露他对进口的大米每包抽成 5 分白银,对每艘运送稻谷前往广州的舢板船加收约 50 比索。("DOC. N°160 Declaração de Ladrões Piratas",1809 年,金国平、吴志良主编校注《粤澳公牍录存》第 4 卷,第 320—322 页)商人的相关申诉也持续不断,此处不再列举。

澳门总口之所以肆意加征船钞,不肯轻易放松,与澳门总口的收税方式大有干系。粤海关对于澳门葡萄牙人的征税政策极尽优惠。"惟澳夷之舶,则由十字门入口,收泊澳门,并不向关上税。先将货搬入澳,自行抽收,以充番官、番兵俸饷,又有羡余,则解回本国。至十三行商人赴澳承买,然后赴关上税,是所税乃商人之税,与澳夷无与。"(梁廷枏著、袁钟仁点校:《粤海关志》卷二八《夷商三》,第 549 页)澳门总口征收外国商人的税款共有船钞与货税两项,向来在船只进口时只丈量船只、按新旧分别征收船钞,并不查验船舱货物,当外国商人与外国商人成交货物时,货税由澳葡海关抽收,当外国商人与华商成交时,买货的华商才向澳门总口缴纳货税。(张坤:《澳门船额制度的完善与演变》,《中国边疆史地研究》2010 年第 20 卷第 4 期,第 102—111 页)在这样的收税方式下,船钞始终是澳门总口收入的大宗,所以澳门总口不愿免除运米船只的船钞,在必须免除船钞时,也需要从其他途径增加征收额度。

③ 乌木、苏木、牛皮等商品是否具有保护功能,是否是当时商船通用的防潮物品,笔者暂不得而知,需留待考证,但这三种商品都是当时中菲贸易中常见的商品,它们无疑是具有商业价值的。

戈特的申诉真实性存疑，但在理论上令人信服，两广总督等官员在回函中也谅解了这种说辞，提出运米船只可以载运乌木、苏木及牛皮等必要物品，不必为它们支付船钞，但是必须在入关后支付相应的货税，然后才能获取出关时的牌照。总的来说，粤海关提出的原则是，运米船只可以免除船钞银，但必须为船上装载的其他货物支付货税。①

然而，阿戈特对于粤海关提出的解决办法并不满意，他认为商船携带的货物如果出舱售卖，自然应该向海关缴纳货税，但乌木、苏木及牛皮等物品属于压舱物，并不会被带离船舱，因此不应被算作货物，也不应被征收货税。② 这些意见被阿戈特写成信函，委托洋商转交给总督，然而洋商们在看完信函后便阻止了阿戈特，认为不应该再去麻烦总督。在给阿戈特的回信中，洋商们提出的意见大致有四点：第一，考量中国各关在米价昂贵时的优待政策，基本都是免除漕船船钞，粤海关已经作出了同样的规定；第二，阿戈特的理由看起来非常公正与合理，但实际上，以往船只航行时并不一定需要乌木、苏木及牛皮等防护用品，没有理由说明这些物品是必要的；第三，所谓防护用品，只不过是船主与水手们的一些小便宜与收益，这是众所周知且不无道理的事情；第四，根据中国的习俗，官员做的事情都与公共利益相关，且官员的命令在颁布后，不会再以任何方式被撤销。根据以上理由，洋商们截留了阿戈特的信函，建议他不要因为这些小事去滋扰大员们。洋商们的回复不无道理，含蓄地指出了"防护用品"不过是逃税用的幌子，阿戈特对回信感到新奇与无奈，不再寻求货税的减免。③

那么，粤海关定下的新规是否有效呢？从后世的资料看，它的效力是存疑的，"专载米石"仍旧是一条颠扑不破的原则。1797年年初，虽然米价并未波动，但未雨绸缪的粤海关仍要求澳门理事官转告各国大班："凡有外洋船只自行专载米石到粤者，均免其输纳船钞。"④由粤海关的命令，洋商们嘱托西班牙新任大班富恩特斯(Julián de Fuentes)，⑤希望他能够向菲律宾商人传达消息，富恩特斯却十分为难，他认为西属菲律宾的运米商船不一定会就此前来，委托洋商向粤海关说明。富恩特斯曾担任阿戈特的副手，故十分清楚以往运米商船遭受的风险，他认为："现在米价平等，千里旷洋，若不准带压舱货物，恐往返舵水工食外，资本有亏，恳转禀宪恩，格外施仁，凡有些小压舱货物，准其免钞，至或货多，另行酌议。"另外，鉴于米价平稳，粤海关应给大米确定一个一定的、不变的价格，以便商人可以顺利粜卖。⑥

粤海关一一回应了富恩特斯的提议，关于米价的问题，粤海关认为"断不能预为定价，以昭平允"，否则米价提升时，对卖米的商人也不公平。但关于压舱货物的问题，粤海关的回应则是

---

① Manuel de Agote, *Observaciones*, pp.139 - 142.

② Ibid., pp.142 - 143.

③ 上述洋商指在回信中集体签名的洋商，即：倪榜官(Ni Pankuan)、叶仁官(Ye Jenkuan)、卢茂官(Lu Moukuan)、潘启官(Pan Kykuan)、蔡文官(Cai Uenkuan)、伍钊官(U Kiaokuan)、伍沛官(U Peikuan)、刘中官(Lieu Changkuan)、郑侣官(Cheng Liukuan)。信件全文见 Manuel de Agote, *Observaciones*, pp.143 - 145。洋商的中文名号，参见陈国栋《清代前期的粤海关与十三行》，广东人民出版社，2014年，第228—230页。

④ "DOC. N°138 Chapa do Hupu, Recomendando da Parte dos Mandarins Grandes de Cantão, Se Faça Aviso aos Estrangeiros para que Transportem Arroz de Fora para Macao onde Ficarão Dispensados de Pagar Medição", 1797年3月23日，金国平、吴志良主编校注《粤澳公牍录存》第2卷，第227—228页。

⑤ 阿戈特于1796年12月离任，富恩特斯于同月上任。富恩特斯在中文史料中的称呼为"吠嗹"，即其名胡利安(Julián)。

⑥ 《吕宋大班吠嗹等为寄信回国招商运米来广售卖事致行商覆信》，1797年4月20日，刘芳辑、章文钦校《葡萄牙东波塔档案馆藏清代澳门中文档案汇编》上册，第153—154页。

耐人寻味的:

> 关于乌木、苏木和牛皮等物品……我们已经共同商定,允许每艘商船最多装载十分之二的货物,剩下十分之八是大米。但是,如果超过了这一数额,即装载了十分之三的上述货物,商船将不得不缴纳船钞。根据我们的档案,这一规定业已颁布,澳门理事官和其他澳门官员应早已悉知,他们应该遵照执行。然而,为什么要再次说出"凡有些小压舱货物,准其免钞,至或货多,另行酌议"这种话?夷人太过狡猾,想要利用这个机会囤货居奇,甚至带货走私、逃避纳税。因此,我命令澳门总口将这些规定转达给西班牙大班等人,以便他们能够遵守,另外让大班快速写信回国招徕米船,不要再故作为难,心怀观望。①

粤海关口中"八分大米、二分压舱货物"的规定,应该确立于1795年5月阿戈特的信函后,较之1795年的规定细化了携带压舱货物的比例,理论上便利了免钞规则的执行。然而富恩特斯却丝毫不知晓这一规定,因为除米价一条,富恩特斯的要求与之前阿戈特的提议毫无差异,依旧要求免除因"乌木、苏木及牛皮"等物品产生的船钞。由此推知,关于压舱货物的规定只是一纸具文,未被澳门关口落实,否则富恩特斯也不会旧事重提。至于1797年粤海关发牌强调后,这条规定能否真正落实,依旧存有很大疑问。

粤海关的新规确立了压舱货物与大米的二八比例,乍看之下是越发精细化了,但在根本上仍是模棱两可的。压舱货物是否只包括"乌木、苏木与牛皮"三项,压舱货物是否需要缴纳货税,二八比例按照什么标准计算,诸如此类的问题未得到细致解决。因而,这些漏洞为意图营利的商人与丈量船钞的关吏都留下了利用空间,商人可以辩称船上的某种货物是压舱物,关吏也能以货物不合规的理由拒绝免钞。故在实际中,如果未形成更细致的成例,这条规定的可执行性几乎为零。考量1795年的种种情形,很难相信澳门总口会按此规定免征船钞。

由于史料的缺乏,本文无法确定压舱货物规定的最终落实情形,但从后世资料分析,这条规定很可能无疾而终,米船免钞政策依旧遵循"专载米石"的原则。如1806年,澳门理事官请求粤海关准许七艘携带其他商品的运米船只免纳船钞,遭到澳门同知的驳回,理由是免钞船只应该"专载米石",其中并未提到有关压舱货物的规定。② 其后的中文与葡文史料中,再未出现有关压舱货物的说明,可见此条规定已被粤海关自发性地作废了。

(二)黄埔港与空船出口禁令

除因商人提议而新增的规定外,粤海关也根据实际情况自发地新设规定,"空船出口"即为

---

① 此处的公函本有中文原文,但因档案破损严重,众多文字不可识读,所以结合了葡萄牙语的译文将其还原。《澳关委员萧声远为奉宪谕饬覆吕宋大班禀求米船压舱货物免输税饷事下理事官谕》,1797年4月21日,刘芳辑、章文钦校《葡萄牙东波塔档案馆藏清代澳门中文档案汇编》上册,第154—155页。

② "DOC. N°200 Chapa para o Mandarim Nifú da Caza Branc, Pedindo-lhe Queira Sollicitar dos Mandarins Grandes a Dispensa de Medição p.ª os Navios, q. Transportaram Arrôz",1806年6月18日,金国平、吴志良主编校注《粤澳公牍录存》第3卷,第375页;"DOC. N°203 Resposta do Mandarim Nifú a Chapa que se lhe Dirigio Relativa a Despensa da Medição dos Navios que Transportarão Arroz para Macao",1806年6月22日,金国平、吴志良主编校注《粤澳公牍录存》第3卷,第381—382页;"DOC. N°207 Chapa do Hupú, pela qual Exige se lhe Pague a Medição no Navio Thereza",1806年7月7日,金国平、吴志良主编校注《粤澳公牍录存》第3卷,第391—392页。

最重要的一例，源于粤海关对于走漏国课的担忧。

1795年年初，澳门的高昂粮价及粤海关的免钞政策吸引了多艘商船前来澳门贩米，这些装满各色货物的商船不约而同地谋求免钞权利，又无一例外地被粤海关拒绝。这些商船的举动让粤海关十分狐疑，认为他们意图走私与逃税，于是在当年3月，粤海关修改了之前颁布的“免钞政策”，加入了“空船出口”一条，即专载米石且不装载货物出口的船只才可以获得免除船钞的权利。① 这一规定迅速得到澳门总口的坚定执行。4月，上文中于1月扬帆出口逃税的悲痛圣母号第二次来到澳门，声明船上只装载了米石，并未携带其他货物，请求免除船钞。然而，对于这样一艘难得专载米石的商船，澳关委员丝毫不相信它未携带其他货物，要求澳门理事官查明该船进口携带何种货物，且不许其出口装载货物，让该船不要有意逃纳船钞。②

所谓空船出口，目的是以减少商船利润的方式作出区分，防止商船打着运米的幌子逃纳船钞，继而用售卖走私商品的利润装货回国；同时，让真正专载米石的商船享受政策优惠，不至于让其产生走私的侥幸意图。这种逻辑是十分离奇的，专载米石已让商船损失了部分利润，为何又要为了免除船钞而空船回国，从而失去更多的利润呢？相较于黄埔港而言，澳门港征收的船钞本就不多，商船主们自然能区分船钞成本与载货利润的轻重。整个1795年，几乎未有商船配合空船出口的规定，装载各式货物的商船自不必说，就连专载米石的商船也不打算遵守规定，如6月末到港的工业(Industria)号，只载有4 400担大米和3 500比索白银，早已准备在澳门购买40 000块路砖后返回马尼拉。③ 综上，空船出口这一原则虽然被粤海关屡次声明，但因违背常理，很难被商船接受，也没有被执行的空间。

当工业号到港后，粤海关给予了它难得的免征船钞的权利，但在此之后，粤海关认为米价已经平减，为了避免走漏国课的风险，不能再给洋船优惠，于是下令恢复原来的船钞征收方法：“嗣后如有此等船只载米进澳，仍照向例一体征输。”④于是，从1795年1月至8月，执行共八个月的“免征船钞”政策正式结束，⑤“专载米石”与“空船出口”的成例逐渐向后延续，但“空船出口”的适用范围逐渐由澳门港转变为黄埔港。

1797年，粤海关重新拿出了“免征船钞”政策，但相关史料中只有“专载米石”的记录，并无

---

① Manuel de Agote, *Observaciones*, pp.139－140.

② “Ofício do Mandarim da Alfândega de Macau, Luo, ao Procurador de Macau, sobre as Taxas Aduaneiras da Entrada e Saída do Navio N.°10, etc.”, 1795－05－12, Arquivo Nacional Torre do Tombo, PT/TT/DCHN/1/3/000286.

③ Manuel de Agote, *Observaciones*, pp.169－174.

④ “Ofício do Mandarim Sub-Prefeito de Macau, Wei, ao Procurador de Macau, sobre a Intimação a um Navio de Manila para Sair do Porto de Macau, aonde Chegou com um Carregamento de Arroz”, 1795－08－30, Arquivo Nacional Torre do Tombo, PT/TT/DCHN/1/3/000301.

⑤ 从1795、1797、1806、1809年的案例来看，粤海关每年的免钞政策是有时限的，持续时长均为7—8个月，这是政策延续性的一种表现。自1824年开始，笔者在史料中再未发现对时限的记载，这条规定很可能作废了。“DOC. N°138 Chapa do Hupu, Recomendando da Parte dos Mandarins Grandes de Cantão, Se Faça Avizo aos Estrangeiros para que Transportem Arroz de Fora para Macao onde Ficarão Dispensados de Pagar Medição”, 1797年3月23日，金国平、吴志良主编校注《粤澳公牍录存》第2卷，第227—228页；[美]马士：《东印度公司对华贸易编年史》第3卷，第41页；“DOC. N°103 Chapa de Hó-pû de Macáo para o Pro.cor da Cid.e.”，1809年4月1日，金国平、吴志良主编校注《粤澳公牍录存》第4卷，第218—220页。

“空船出口”的记录,当时的粤海关较有可能并未援引“空船出口”原则。①

1806年,为了应对迫在眉睫的缺粮危机,粤海关重新颁布了“免征船钞”的政策。与以往不同的是,此次粤海关开放了黄埔港作为免钞政策的适用港口,而在1795年及1797年,只有澳门港适用于免钞政策。

米船进泊黄埔的先例早已有之,1795年7月,一艘名为海岸女士(Lady Shore)号的港脚船由孟加拉专程载米进入黄埔,向粤海关要求免除船钞。虽然粤海关未曾允准进泊黄埔港的船只适用于免钞政策,但本着怀柔招徕之意,按特例免除了海岸女士号的船钞,使其成为当年唯一一艘在黄埔被免除船钞的米船。②

1806年的情况与1786、1795、1797等年份相似,都是粤海关向外国公司在华大班求助运米,只不过从当年开始,新增了英国东印度公司这一求助目标。当年3月,两广总督与粤海关监督派潘启官通知英国大班多林文(James Drummond),希望英国东印度公司可以从印度运米来粤,同时,四位洋商已经认捐十万元用于买米。③

受高昂米价及粤海关政策的吸引,英属印度的船只纷纷装载大米来粤。④ 鉴于无法进入葡萄牙人把持的澳门港,英国商人向来只能前往黄埔港贸易,免钞政策扩大至黄埔港便是顺势而为的结果了。不过,两个港口的免钞条件并不一致,黄埔港多了一条“空船出口”的限制:

> 如有夷人情愿载米来粤,进泊黄埔者,果系专载米石,并无别项货物,准免丈量输钞,仍令空船出口。其进泊澳门米船,亦须查无夹带货物,始免完纳钞银,仍准其装货出口。如进口时带有货物,及黄埔米船进出带有些许货物,均不得免输船钞。如此分别办理,庶于民食饷课,两无违碍。

粤海关解释了区别对待的原因:

> ……黄埔夷船一有进出口税,即将船名填入,亲填印簿报部……而澳门夷船出口货物,系由省关报税下载,并不登注船名,止登船户名。⑤

黄埔港的“空船出口”原则是粤海关考量征税程序与国课奏报而量身定制的。每年,根据洋船数量、货物情形及税额盈余,粤海关需要接受户部的考核,而考核所需的税册则需要关口的商人与关吏填写。当洋船进出黄埔港时,需由商人将货物的种类、数目及船只大小如实开单投报,关吏查验后据此算好税额,令商人亲自将税额填入册中,最后将税册上交户部查验。⑥ 然而,当洋船进出澳门时,因澳门的船额定为二十五只,商人并不需要登记船名,只需登记船户名。故而,专

---

① DOC. N°138,金国平、吴志良主编校注《粤澳公牍录存》第2卷,第227—228页。

② Manuel de Agote, *Observaciones*, p.137.

③ [美]马士:《东印度公司对华贸易编年史》第三卷,第41—43页。

④ 终1806年,在黄埔港,英国商人运送印度大米30万担以上,但因米价下跌,无利可图,最终只能请几位洋商平价包买,潘启官强烈反对此事,失去了英国东印度公司的信任。在澳门港,吕宋的运米商船如期而至,除米石外依然携带了各色货物。

⑤ 《香山县丞吴兆晋为奉宪牌外船运米来粤进埔进澳分别办理等事下理事官谕》,1806年4月17日,刘芳辑、章文钦校《葡萄牙东波塔档案馆藏清代澳门中文档案汇编》上册,第157页。

⑥ 陈国栋:《清代前期的粤海关与十三行》,第69—72页。

载米石、空船出口的洋船不需要缴纳船钞及货税，自然也不用填单报册、上报户部，但如果免缴船钞的米船装载货物出口，那么商人在出口时必定要缴税和填单报册，税册上就会出现一艘船船钞的亏空，户部难免要进行追究，怀疑粤海关有营私舞弊的嫌疑。如果免缴船钞的米船在澳门港载货出口，商人并不需要登记船名，不会遭遇户部的盘查。

对于粤海关而言，被朝廷怀疑偷漏国课比偷漏国课的行为本身更值得担忧，因为程序问题，决不能允许米船在免除船钞的同时载货出口。该问题并非没有解决办法，只要将免征船钞的具体办法上报朝廷，请求户部重新确立考核方式，便可脱离营私舞弊的嫌疑，但这样做有相应的政治风险，1806 年的粤海关监督及两广总督并未冒险上奏此事。

道光年间的两广总督阮元，通过上奏解决了黄埔港“空船出口”的问题。1824 年年初，阮元发现港脚商人近年很少运米前往黄埔，得知他们是由于“空船出口”政策无利可图，所以不愿载米前来。阮元悉知，黄埔米船载货出口不被允许，完全是因为“前关使者虑短税不肯行”，于是将情况上奏朝廷，请求免除米船船钞的同时允许其载货出口：

> 合无仰恳恩准，令各国夷船如有专运米石来粤，并无夹带别项货物者，进口时照旧免其丈输船钞，所运米谷由洋商报明起贮洋行，按照市价粜卖，粜竣准其原船装载货物出口，与别项夷船一体照例征收货税，汇册报部。①

经道光皇帝准奏，“空船出口”的规定就此被废除，米船获得巨大的盈利空间，纷纷云集黄埔。据统计，道光四年(1824)，共有约三四十艘米船至粤，运米共计十余万石。② 阮元不无自得地将此事记录成诗歌：

> 西洋米颇贱，曷不运连舳。夷曰船税多，不赢利反缩。免税乞帝恩，米舶来颇速。以我茶树枝，易彼岛中粟。彼价本常平，我岁或少熟。米贵彼更来，政岂在督促。苟能常使通，民足税亦足(以后凡米贵，洋米即大集，故水旱皆不饥)。③

(三) 鸦片走私：繁荣之下的阴影

在阮元的诗歌中，道光四年的米船新政不仅解决了广州粮食短缺的问题，也不致使粤海关损失关税盈余，是一个兼顾多面的好政策。然而，当年农历六月，广东布政使发现了一个严重的问题，许多外国商船竟然开始利用新规的漏洞牟利，这些商船只装载少量的大米以减免船钞，装载货物出口后，便直接将货物带到伶仃岛等走私基地贩卖。针对这一漏洞，布政使建议立刻为政策打上补丁，不允许装载大米 4 500 担以下的商船获得免除船钞的权利，这一建议在总督阮元同意后向商人公告。④

这一权宜之计自然称不上合理，因为“各米船装米，每船多者不过四五千石，少者止二三千

---

① 梁廷枏著、袁钟仁点校：《粤海关志》卷八《税则一》，第 173—174 页。

② 尚不清楚十余万担是黄埔一港接收的数量，还是黄埔、澳门两港合计接收的数量。凌扬藻：《蠡勺编》卷二六《粤海米舶》，商务印书馆，1936 年，第 439—440 页。

③ 阮元：《揅经室集》卷六，中华书局，1993 年，第 1100—1101 页；转引自广东省人民政府参事室等编《广东海上丝绸之路史料汇编(清代卷)》4，广东经济出版社，2017 年，第 151 页。

④ “DOC. N°146 Officio do Hupu da Praia Pequena sobre os Navios de Arros”，1833 年 8 月 6 日，金国平、吴志良主编校注《粤澳公牍录存》第 8 卷，第 191—193 页。

石,在六七千石以上者颇少"①,将运米量限制为 4 500 担以上意味着断绝了中小型船只获得免纳船钞的机会,外商不会接受这样的政策。次年(道光五年,1825)农历二月,外商们委托南海县知县及番禺县知县上了一份联合请愿书,请求取消对大米运载量的限制,无论大小船只,只要满载大米且没有其他货物,就可以获得免纳船钞的权利。随后,阮元便颁布命令,同意了商人们的请愿。②

从结果上看,这种规定依旧无法阻止走私,虽然满载米石的商船才能获得免钞权利,但事在人为,商人可以将商船假扮为专载米石的样子迷惑关吏,并在"满载"大米的掩盖下走私货物。利用道光四年、五年的规定,各式船只以大米与鸦片为核心建立了庞大的走私网络,运米船负责将吕宋等地的大米运载至伶仃岛等走私基地,从走私基地装载货物后回程换米,运货船在走私基地装载大米后以米船的名义进入黄埔售卖,之后满载中国货物返回走私基地,由此往复循环。高效的走私系统带动了洋米与鸦片市场的繁荣,使得走私商逃纳了大量船钞,直至 1863 年,这一走私剧本仍在珠江洋面规律地上演。③

对于严重的走私问题,粤海关并未视而不见,而是试图通过改变政策以解决问题。1833 年,粤海关依照道光四年的成例颁布了免征船钞的政策,却发现尽管众多外国船只运米前来,米价却未能平减。经调查,粤海关认为这种情况是外国米船并未满载洋米所致,之所以未满载洋米,肯定是另外装载了走私货物,而且所谓"洋米"只是从伶仃岛等近海岛屿买来。于是,粤海关命令洋商及澳门理事官等人彻查,查明伶仃岛是否成了走私基地,及夷商进行走私的行为是否属实。④ 洋商与澳门理事官每日都需与外国商船打交道,他们肯定了解走私事实的存在,但鉴于史料因素,已难以知晓他们的回应如何。不过,粤海关监督作出的反应是清晰的:

> 我已命令行商向外国商人转达,让他们遵守我的敕令,即不得秘密购买与进口(广东)本地的大米,借此逃纳船钞。无论船只大小,都必须满载洋米前往广州,同时在未携带其他货物的情况下,才可被免征船钞。当大米的销售过程结束后,大关的一名关口委员,需会同阁下的办事员、黄埔的关吏、保商以及通事一起检查船舱是否干净。确认之后,可装载货物上船。依法缴纳关税、获得出港许可后,船只才可离港。⑤

从这一规定来看,粤海关试图解决的是商船夹带货物进口的问题,如能真正落实,让多人监督商船的卸货过程,理论上可以降低部分走私带来的损失,但因政策只涉及"专载米石"的规定,无法动摇走私流程的核心,作用十分有限。

至道光末年,洋米进口的主要政策并未改变,粤海关给澳门理事官的公牍中仍说道:"如有

---

① 梁廷枏著、袁钟仁点校:《粤海关志》卷二四《市舶》,第 476 页。

② "Canton", *Canton Register*, Vol.5, No.12, 1833-08-05, pp.69-70.

③ 范岱克对于广州贸易中大米与鸦片走私的关系进行了详尽研究,珠玉在前,本文对走私的情形不再赘述,参见 Paul A. Van Dyke, *Port Canton and the Pearl River Delta*, pp.498-507;[美]范岱克著,江滢河、黄超译《广州贸易:中国沿海的生活与事业(1700—1845)》,社会科学文献出版社,2018 年,第 135—137 页。

④ "DOC. N°146 Officio do Hupu da Praia Pequena sobre os Navios de Arros",1833 年 8 月 6 日,金国平、吴志良主编校注《粤澳公牍录存》第 8 卷,第 191—193 页;"Canton", *Canton Register*, Vol.5 No.12, pp.69-70。

⑤ "Canton", *Canton Register*, Vol.5, No.12, pp.69-70.

各国夷船专运洋米来粤售卖者，免其丈输钞饷。"并与时俱进地要求进口米船不得有华商搭回。① 同时，澳门的葡萄牙人也奉行了洋米免钞的政策，免除了进口大米船只的锚地费与关税。② 1849 年，当粤海关澳门行台被迫撤离澳门后，葡萄牙人也依然继承了这一政策。③

结 语

乾嘉道年间的吕宋—澳门、广州大米贸易由粤海关与外国商人共同促成。1786、1787 年，粤海关的免钞政策开启了吕宋洋米入粤的历程，接下来的二十年中，粤海关不断通过外国大班的渠道招徕洋米，外国商人也乐于循着高额米价的信息前来。但由于米价波动与政策风险，洋米贸易并不总是一桩盈利的生意。1824 年后，由于政策的放宽，外国商人逐渐找到稳定盈利的方法，凡米贵，洋米即大集。虽然没有精确的数据清晰反映大米贸易的趋势，但可以肯定的是，洋米贸易在 19 世纪 30 年代迅速发展，规模远超于前。至 1837 年左右，西属菲律宾形成了一批由 25—30 艘船组成的海商，专门从事定期的大米贸易活动，而这批海商在 1830 年只有三四艘船的规模。④ 除西班牙人外，英国怡和洋行(Jardine, Matheson & Co.)专门在马尼拉设立了奥塔杜伊公司(Otadui & Co.)以经营大米贸易。⑤ 据渣甸(William Jardine)1836 年的自述，他在那些年每年进口超过 10 万担大米(1795 年，澳门一地洋米的全年进口量仅为 3 万余石)。⑥

如果只关注粤海关的政策与洋米贸易的发展趋势，洋米进口贸易便会呈现出一派怀柔远夷、繁荣有序的景象。在成例的基础上，粤海关不断更新免钞政策，使其更好适应当下的贸易状况。随着时间的推移，政策不断完善、愈发合理，促进了洋米的进口，也带动了吕宋大米出口业务的繁荣。然而，在实际运作中，这些政策不仅效果存疑，还导致了失序与混乱。1795 年，新推出的洋米免钞政策只使极少数的运米船只获益；1797 年，宽免压舱货物的规定成为一纸具文；1806 年，空船出口的规定使得黄埔港的洋米贸易少利可图；1824 年，改革后的免钞政策吸引了众多米船，也成了走私的工具；19 世纪 30 年代洋米贸易飞速发展，不仅归功于政策，更源于走私的需要。

从现实角度评价，这些政策的制定因事而变，但却忽视了整体市场的真实运作情况，只要洋

---

① "Ofício (Duplicado) do Procurador de Macau, Lourenço Marques, às Autoridades Sínicas, sobre a Chegada de Navios de Manila que Trouxeram Arroz para Macau", 1847-05-27, Arquivo Nacional Torre do Tombo, PT/TT/DCHN/1/10/001376A; "Participação (Duplicado) do Procurador de Macau, Lourenço Marques, às Autoridades Sínicas, sobre a Chegada de Navios de Manila que Trouxeram Arroz para Macau", 1847-05-27, Arquivo Nacional Torre do Tombo, PT/TT/DCHN/1/10/001376B.

② *Chinese Repository*, Vol.14, No.3, 1845, p.152.

③ [葡]施白蒂著、姚京明译：《澳门编年史：19 世纪》，澳门：澳门基金会，1998 年，第 100 页。

④ Rafael Díaz Arenas, *Memoria sobre el Comercio*, pp.16-17.

⑤ 关于英国私商在西属菲律宾经营的鸦片及大米贸易，详见 Ander Permanyer-Ugartemendia, *La Participación Española en la Economía del Opio en Asia Oriental tras el Fin del Galeón*, Doctoral Dissertation, Universitat Pompeu Fabra, 2013。

⑥ "William Jardine in Canton to Howqua, Senior Hong Merchant, and Other Members of the Cohong", 1836-11-04, in Alain Le Pichon, ed., *China Trade and Empire: Jardine, Matheson & Co. and the Origins of British Rule in Hong Kong, 1827-1843*, British Academy, Oxford University Press, 2006, p.290.

商、关吏与澳门理事官的报告在情理上通顺无虞,那么政策便是合理的。或者说,粤海关也并不关心市场的真实运作,并未充分了解市场的真实信息,只依靠片面理解作出不合实际的政策,导致洋米贸易脱离了粤海关想象中的轨道。

18 世纪 80 年代开始,中国—东南亚的贸易格局开始变革,既有的一年一次随季风往返航行的规律被打破,吕宋—澳门、广州大米贸易便是其中的典型,外国商船数次往返两地以运送大米。[①] 粤海关正是这一变革的推手,身在其中,却无法发觉。如果要准确描绘吕宋—澳门、广州的大米贸易的历史图景,必须将其代入时代背景中考察,挖掘其中各方势力的变化。本文仅根据政策演变的过程窥见洋米贸易运作的一角,在这场大幕之下,进口的数量、走私的趋势、来源地的变化、承运人的身份等问题都尚未厘清,有待研究者的后续考证。

① 陈国栋:《1780—1800,中西贸易的关键时代》,张炎宪主编《中国海洋发展史论文集》第 6 辑,台北:台湾"中研院"中山人文社会科学院研究所,1997 年,第 249—280 页;[美] 范岱克:《18 世纪广州的新航线与中国政府海上贸易的失控》。

近代中国的日本煤进口与浙江煤号

张　珺*

摘　要: 关于近代中国进口日本煤的先行研究过于强调日本商社在贸易中的作用,但实际上,浙江煤号在19世纪中期便前往日本长崎设立分店,从事九州与上海之间的煤炭进出口业务,对日本煤拓展中国市场起了重要作用。后来,因为日本商社对煤炭产业之垄断,浙江煤号淡出日本煤的进出口交易,转而发挥在上海作为中间商的功能,利用季节变动等因素,掌握了面向中小消费者的下等煤炭市场,成为上海煤市的中心势力。

关键词: 浙江商人　煤炭　中日贸易

以英国为首的西方国家利用煤炭突破了有限的森林资源导致的能源制约,在工业革命中大幅提高了生产力,促成了世界范围的"高度有机经济"到"能源化石经济"的转型。由此,化石能源的供给成为一国走向近代化的决定要素,煤炭获取手段的有无则左右了初期工业化的成败。① 但是近代中国煤矿深处内陆地区且开发迟缓,所以上海等沿海地区的煤炭需求要用海外进口的煤炭来满足。因此,自19世纪中期起,日本煤大量进入上海市场,并且在长达四十余年的时间里独占鳌头。②

为了保持大量稳定的煤炭供给,煤商的存在尤为重要。因为煤炭的出口对日本综合商社来说起到了海外进出"尖兵"作用,所以关于煤商的研究往往集中于商社。③ 有研究通过分析三井、三菱等商社在中国的经营活动,得出商社通过日本煤的直接出口对近代中日煤炭贸易的成长起到重要作用的结论。④ 而中国商人仅仅是作为其交易对象被提及,其具体的活动及作用则

---

* 张珺,日本东京大学人文社会系研究科博士研究生。

① [日]杉原薰:《世界史のなかの东アジアの奇迹》,名古屋:名古屋大学出版会,2020年,第124页。

② 关于近代上海煤炭市场的情况,可参见张珺《近代日中煤炭贸易——以上海对日本煤炭的进口为中心》,《清史研究》2021年第2期。

③ 《石炭商卖ハ我社商卖ノ骨髄ナリ、三十八九年取扱高》,"三井文库"《支店长谘问会议事录》第6卷,东京:丸善出版,2004年,第135页。

④ 此类研究有[日]山口和雄《近代日本の商品取引——三井物产を中心に》,东京:东洋书林,1998年;[日]畠山秀树《三菱合资会社の东アジア海外支店——汉口・上海・香港》,东京:丸善出版,2014年;[日]山下直登《日本资本主义确立期における东アジア石炭市场と三井物产——上海市场を中心に》,《エネルギー史研究——石炭を中心として》1977年第8卷;等等。

不甚了了。甚至还有研究直言在中日煤炭贸易中,中国商人的影响力颇为低下。①

实际上,浙江的煤炭商人与近代中日煤炭贸易有着深刻的关联。在1898年的四明公所事件中,宁波人因法租界损毁墓地而愤慨,决定一起罢业抗议,其影响波及整个上海煤炭市场,导致"日本煤无不交易稀少,市价看跌"。原因正如在上海的日本领事所言,上海有势力的煤炭商都是宁波人。② 且20世纪40年代有关上海煤炭市场的调查也表明"煤号"是"上海煤炭贸易界的中心势力",而日本煤商不过是将日本煤卖给日本人,并没有中国煤号那般的对市场的掌控能力。③ 然而,目前对于煤号的探究多是关于它们经销中国煤的情况,对其销售日本煤的讨论却几乎没有。

因此,本文将以近代中国最大的煤炭市场上海为中心,探讨浙江商人经营的煤号在近代中日煤炭贸易中的作用。本文利用英国及日本的领事报告、东亚同文书院的调查报告等多种史料,分析浙江煤号在长崎和上海的活动,探究他们与日本商人之间的合作与竞争,以还原日本煤进口的实态。此外,过去关于近代中日贸易中的中国商人的研究多是以福建商人为中心,由此,福建华商的经营模式被视为范式,如他们主要负责海产品、茶叶等传统商品的进出口,这导致人们普遍认为中国商人不会参与煤炭这样的新商品的贸易。④ 而本文要通过与以煤号为代表的浙江商人的比较,再思考中国商人在近代中日贸易中发挥的作用。

一、中日煤炭贸易的开端

在中国,煤自古有"乌金"之美称,关于用煤的记述,最早可以追溯到先秦典籍中,如《墨子》中将煤称为"每",记载其被用于战争的烽火中。《山海经》也记录了煤矿之分布,如"西南三百里曰,女床之山,其阳多赤铜,其阴多石涅"⑤。而在日本,关于用煤的记录最早见于15世纪成书的《筑前续风土记》,其中记述,煤炭最早在日本文明元年发现于九州三池地区,主要作为家庭燃料用于日常炊事,随着濑户内海制盐事业的发展,销路也有所拓展。⑥ 尽管使用煤炭的历史很长,但不论是中国还是日本,近代以前的主要燃料仍是薪柴或木炭。开矿只是煤矿附近的人们的副业,煤炭的使用范围也多限于矿区周边,且用途仅为家庭及锻造、制盐等少数产业,所以煤炭的采掘量不高,技术也较低下。因此,记录江户时期中日贸易情况的《唐船货物改帐》及《归帆荷物买渡帐》中尚未见到煤炭的身影,但是会发现,18世纪中期,曾有乍浦出港的唐船从长崎携

① [日]笼谷直人:《アジア国际通商秩序と近代日本》,名古屋:名古屋大学出版会,2000年,第66页。
② 《上海三十一年中上海输入石炭商况》,《通商汇纂》1899年2月28日第125号。
③ [日]久保山雄三:《支那石炭事情》,东京:公论社,1943年,第16页。
④ 关于在日华商的研究,主要可参见[日]杉山伸也《长崎贸易の连续性と华侨の活动》,《创文》1965年第28号;朱德兰《长崎华商贸易の史的研究》,东京:芙蓉书房,1997年;廖赤阳《长崎华商と东アジア交易网の形成》,东京:汲古书院,2000年;[日]山冈由佳《长崎华商经营の史的研究——近代中国商人の经营と帐簿》,京都:ミネルヴァ书房,1995年;[日]和田正广、翁其银《上海鼎记号と长崎泰益号——近代在日华商の上海交易》,福冈:中国书店,2004年。
⑤ 吴晓煜:《中国古代煤炭开发史》,煤炭工业出版社,1989年,第15页。
⑥ [日]岩崎重三:《石炭》,东京:内田老鹤圃,1937年,第3页。

带数十俵的木炭回国，或可推测当时的浙江商人已参与到中日之间的燃料贸易中。① 另一方面，乾嘉时期以后，上海所用的煤炭主要是湖南、安徽及江苏采掘的泥煤。苏州、上海、嘉兴等地的煤炭商都集中在杭州进行泥煤的集散，并且在闸口栅门外设立了最早的嘉上煤炭公所。②

随着世界贸易的扩大，欧美各国的蒸汽船出现在东亚海域，这伴随着对煤炭补给的需求。日本九州因为富有煤炭资源且交通便利而受到青睐，其出口始于鸦片战争前后，据拥有高岛煤矿的佐贺藩的记录，"因中英鸦片战争，大量英舰云集，由此生煤炭之需求。英舰从长崎之唐船、兰船大量购入炭块，约是壬寅(1842)、癸卯(1843)年间"。即鸦片战争中进入东亚海域的英国军舰为了补给燃料而开始寻找本地的煤炭供给，于是借由往返于长崎的中国贸易船购入日本煤。因为当时的唐船多由乍浦出港，所以可以想见浙江商人是早早就参与到中日煤炭贸易中了。

另一方面，上海在开港之后，各国商船云集，各国商人移寓增多，煤炭的需用自然步步高涨，大量来自英国、澳大利亚的煤炭被输送至此。③ 日本的九州地区也呈现出了煤炭开采的盛况："山代乡采炭之风相竞，甚于由唐津波及至小城郡"④，"近港口的高岛、唐津、平户、肥前各矿山有大量出荷"。对此，驻长崎英国领事评价道："(日本煤)出口量十足，其供给似无所尽"，"足以供给中国、日本的各个港口"。⑤ 于是，煤炭成了长崎最有希望的商品，英国人积极地参与到日本煤的开发与出口事业中。⑥ 佐贺藩与英国商人哥拉巴共同开发的高岛煤矿正是一个典型，其产煤自1860年起由哥拉巴商会正式出口到上海并迅速为上海的汽船公司所青睐，销路一片大好。⑦ 不甘于对外贸易利益为西方人所掌握的日本人也开始自主尝试煤炭的直接出口，1862年派遣到上海的千岁丸可谓其中的先驱。⑧

注意到中日煤炭贸易利益的自然不止西方人和日本人，中国商人自然也希望参与其中。例如，原本在上海路上做街商兜售煤炭的宁波人郁复，在1857年成立了煤号"敦大号"，该号最初是从杭州购入中国产的煤炭，在发现中国产的煤炭难以满足上海的需求后，便前往日本长崎开设分店，从事将日本煤输送回上海的业务。⑨ 道咸年间的开港使煤炭贸易大为繁荣，令大量煤商汇聚到上海，煤炭的集散地也从杭州转移到上海。上海的煤炭商号日益增加，却还没有设立公所来整治行规、商议市价，所以宁波、绍兴等地的煤炭商因其同乡之缘组织起了同业组织，借

---

① [日]永积洋子编：《唐船输出入品数量一览——一六三七～一八三三年—复元唐船货物改帐・归帆荷物买渡帐》，东京：创文社，1987年，第265—268、309、314页。

② 姚鹤年：《上海煤球(煤饼)史话》，《上海地方志》1997年第4期。

③ [日]久米邦武执笔编述、[日]中野礼四郎编纂：《锅岛直正公传》第3编，东京：侯爵锅岛家编纂所，1921年，第146页。

④ 同上，第146页。

⑤ "Marcus Flowers (British Acting-Consul in Nagasaki) to Harry Parkes (British Minister to Japan)", Jan.31, 1867, enclosed in "Harry Parkes to Edward Stanley (British Foreign Secretary)", Mar. 16, *British Parliamentary Papers*, *Commercial Reports from Her Majesty's Consuls in China*, *Japan and Siam*, 1865 - 1866, 1867[3940], p.238.

⑥ "Adolphus Annesley (British Acting-Consul in Nagasaki) to Harry Parkes", Feb.20, 1871, enclosed in "Harry Parkes to Earl Granville (British Foreign Secretary)", Mar. 31, 1871, *British Parliamentary Papers*, *Commercial Reports from Her Majesty's Consuls in Japan*, 1870 - 1871, 1871 [C.431], p.54.

⑦ (日本)长崎市史编さん委员会：《新长崎市史》第3卷，长崎市，2014年，第255页。

⑧ [日]松田屋伴吉：《唐国渡海日记》，《幕末明治中国见闻录集成》第11卷，东京：ゆまに书房，1997年，第43页。

⑨ 姚鹤年：《上海煤球(煤饼)史话》，《上海地方志》1997年第4期。

用原来上海酒业与钱业的会所——浙绍公所的后殿,供奉玄坛神像,同时以东、西两厢作为上海煤炭业的"同业议事之所",为上海的煤炭业同行提供了商谈议事的空间,也发挥着交易所的作用,可谓上海煤炭公所的前身。① 至于为何要借用钱业会所的房间,或是由于上海钱业的由来与煤炭业的关系。乾隆年间,浙江绍兴出身的商人在上海南市做煤炭买卖的同时,利用店内的资金经营银钱汇兑的业务,并且给附近的商店和船家提供贷款,据说这就是上海钱业的鼻祖。②

总之,尽管在清前期的中日贸易中不见煤炭之踪影,但鸦片战争前后,日本煤开始对外出口后,浙江煤号就迅速加入面向上海市场的中日煤炭贸易。但是这一过程中面临着与西方及日本商人的竞争,下文将分析浙江煤号是如何应对这些挑战的。

二、浙江煤号在长崎的活动

江户时代的日本因"锁国政策"而实行"居贸易",即本国人不出海,仅与有限的来到日本的外国商人做贸易,因此往返于长崎的中国商人对当时日本的对外贸易作了极大的贡献。并且,长崎会所赋予了中国商人独占铜与海产品贸易的特权,让他们获利颇丰。然而,"安政开港"给中国商人在长崎的经营与生活带来了极大的转变,从开港之后到《中日修好条规》签订之前,中国人在长崎被当作无条约国民来处理,其在法律上的身份模糊不清。并且随着会所专卖制度的崩坏,在日华商失去了由幕府保护的贸易独占的地位。作为居留地的唐馆的出入限制也已如同一纸空文,因为年久失修,房屋毁坏,在留的中国人不得不移居到附近的广马场或新地。③

不过,开港后的长崎主要的对外贸易并不是与欧美各国间的直接买卖,更多还是和上海、香港等中国港口之间的中继贸易。这就给了中国商人发挥其丰富经验的空间,成为沟通西方商人与日本商人的中间商。他们通过担任买办成为英国等条约国国民的"外国人附属唐人",以此克服中日之间没有条约导致的不利状况。④ 由此,中国商人不仅能够继续以往的茶叶与海产品的贸易,还从日本煤的出口贸易中发现商机。长崎历史文化博物馆所藏的 19 世纪 60 年代华商煤炭贸易的诉讼文书正是例证,其中一则题为"英国コロウル附属支那人久记号より本笼町住居商人菱屋安兵卫へかかり候一件"的文书记载,英国人附属的华商久记号因煤炭的滞纳而起诉日本商人。⑤ 并且,依据长崎的《清国人鉴札簿》发现,久记号于 1867 年在长崎开业,彼时担任店长的是宁波人虞青庵,此外还有宁波出身的周阿耄、沈旭旦及嘉兴出身的马耕禾等三名伙计。虞青庵还在长崎三江帮的形成中起到过重要作用,他与诸位商人联合于 1868 年在兴福寺设立了三江祠堂,后于 1878 年设立三江会所。⑥

---

① 《历叙煤炭公所缘起》,彭泽益编《中国工商行会史料集》下册,中华书局,1995 年,第 812 页。

② [日] 根岸佶:《上海のギルド》,东京:日本评论社,1951 年,第 96 页。

③ [日] 蒲地典子:《明治初期の长崎华侨》,《お茶の水史学》1977 年第 20 卷。

④ 《长崎县史》"对外交涉编",东京:吉川弘文馆,1986 年,第 893 页。

⑤ 《英商コロウル附属支那人久记号より本笼町住居商人菱屋安兵卫へかかり候一件·庆应三年》,日本长崎历史文化博物馆藏,原始编号:14 106-4。

⑥ 《明治二年清国人鉴札簿》,《幕末·明治期における长崎居留地外国人名簿》第 3 卷,长崎:长崎县立长崎图书馆,2002 年,第 460 页。三江帮指浙江、江苏、安徽、江西等四省的商人的联合。

1871年,《中日修好条规》的缔结令中日贸易终于走上了正轨。获得条约保护权益的中国商人蜂拥来到长崎。当时,在长崎西洋商社的管事、仓库管理者等无一例外均是中国人,而中国人自己经营的商店也相继开业。有学者指出,那时在日本经营进出口贸易者,实际上接触的大多是中国人。① 西方人不清楚中国市场的需求,日本人因为开海不久而对获取海外情报的方法及国际贸易中的种种惯例都不甚了解,因此在明治初期日本的对中贸易中,中国商人拥有独占性的优势,其他国家的商人难以分到一杯羹。② 于是,长崎的中国商人不仅维持着从前在海产品等贸易中的优势地位,在煤炭贸易中也是举足轻重。据当地报纸《镇西日报》的记载,直至19世纪80年代末,在长崎经营日本煤出口上海业务的日本商人仅有三井一家,可以说,中国商人独占了商权,日本煤"直输出"的销途十分有限。③ 如图1所示,19世纪70年代从日本向上海出口的煤炭中,中国商人经手的比例是相当高的。

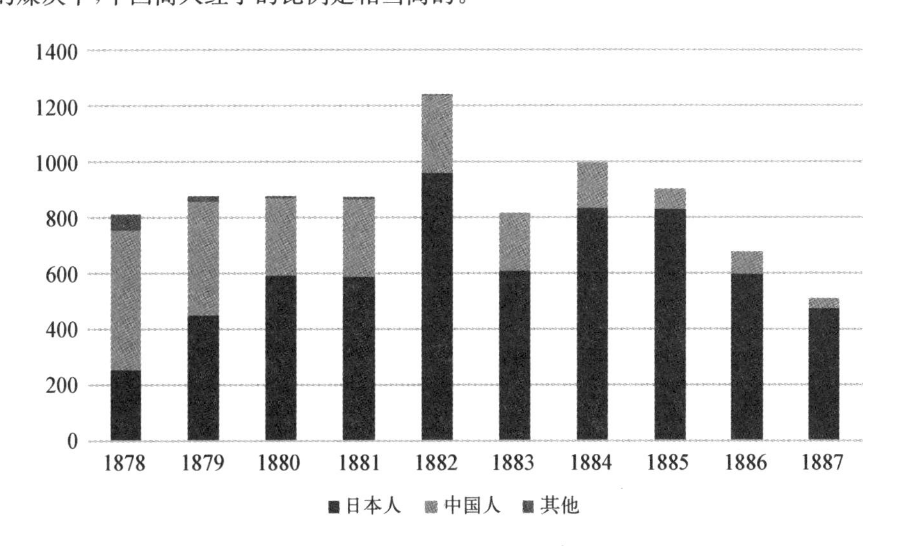

图1　各国商人经营的日本煤炭出口情况(单位:元)

资料来源:[日]町田实一《日清贸易参考表》,1889年,第21页。

当时,外国商人在长崎进行交易时需要支付货款的0.5%,即所谓"五厘金",作为长崎市的公共费用。因此,详细记录了交易日期、商人姓名、买卖商品及其数量价格的"五厘金纳帐"成了分析长崎华商活动的极佳史料。表1基于1884年的"买入五厘金纳表",从中可以发现不少中国商人在经营海产品等传统商品的贸易的同时,还参与了煤炭的贸易,更出现了"敦和号""涌记号""敦记号"等专门从事煤炭贸易的商人。居留地外国人调查报告中记载道:"屋号:敦大号、涌记号、荣泰号、老顺号、元生号、三余号。营业:煤炭。原籍:浙江。"可见这些进行煤炭买卖的商人全都来自浙江省。而且,他们的居住地集中在梅香崎九番。④ 梅香崎原来是唐船停靠的港

① [日]蒲地典子:《明治初期の长崎华侨》,《お茶の水史学》1977年第20卷。

② "Report by Consul Flower on the Trade of Nagasaki", Mar.28, 1874, enclosed in "Harry Parkes to the Earl of Derby (British Foreign Secretary)", Oct.26, 1873, *British Parliamentary Papers*, *Commercial Reports from Her Majesty's Consuls in Japan*, 1873, 1874 [C.1081], p.81.

③ 《石炭直输》,《镇西日报》1886年1月30日;《石炭商の竞争》,《镇西日报》1886年1月17日。

④ 《幕末·明治期における长崎居留地外国人名簿》第3卷,第120页。

口,1863年进行填埋工事后,自庆应年间起成为外国人的居留地。因此与从唐馆转移到新地或广马场的原有华商不同,居住在梅香崎的华商或许多是自安政开海后才从中国渡来的。

表1　经营煤炭贸易的中国商号及其出口的商品

商　号	出口额合金(日元)	主要出口商品(按金额比率)		
怡德号	16 634	鯣 21.6%	煤炭 18.4%	材木 13.6%
泰记号	12 966	煤炭 39.0%	纸 26.0%	硫黄 21.7%
信记号	12 520	煤炭 39.0%	木炭 10.3%	硫黄 5.4%
恒记号	9 284	椎茸 31.4%	蛏 22.3%	煤炭 17.6%
恒和号	8 549	煤炭 67.7%	木炭 14.0%	材木 8.1%
宝丰号	4 715	煤炭 43.8%	纸 23.3%	樟脑 10.3%
敦和号	3 738	煤炭 100%		
涌记号	2 900	煤炭 100%		
敦记号	1 061	煤炭 100%		

资料来源:《买入五厘金纳表》(1855年),原康记《明治期长崎贸易における外国商社の进出とその取引について一中国商社の场合を中心に》,《经济学研究》1991年第57卷。

如在长崎的英国领事代理所言:"在长崎的中国商会多数是其本国富裕商人的代理店。"①煤炭贸易商也不例外,原本在上海经营煤炭业的浙江商人发现了中日煤炭贸易的巨大利润空间,继而纷纷来到长崎,上文提到的敦大号正是其中一员。下文这则1896年《申报》刊登的关于煤炭买卖的纠纷中指出了当时浙江煤号经营形态的典型模式:

> 一八九六年一月一日。上海某煤号购办日本煤,均派人在长崎坐庄,大半先付定银,日商即以其银向山客定购。携有巨本者,历来仿此章程……涌记、福昌两号所付定银,日商竟意存吞没,以致两号皆延请讼师兴之。②

涌记等煤号在上海开设本店,在长崎设立分店并派遣店员进行管理,通过交定金下注的方式经由日本煤炭商向矿主订购煤炭,再输送回中国。另有一具体事例,1887年一名叫毛纪的商人从浙江携带资本金三万两银前往长崎,替涌记号管理其长崎支店。在他的经营下,涌记号的煤炭年贸易额高达70万元,成为上海煤炭三大家之一。③

于是,西方人渐渐被排除出日本煤的进出口市场,浙江煤号经手出口的日本煤占据半数以

① "Adolphus Annesley to Harry Parkes", Feb.20, 1871, enclosed in "Harry Parkes to Earl Granville", Mar.31, 1871, *British Parliamentary Papers*, *Commercial Reports from Her Majesty's Consuls in Japan*, 1870－1871, 1871 [C.431], p.60.

② 《申报》1896年1月1日。

③ 《浙江官报》1909年10月4日。

上(图 1)。在长崎与上海之间煤炭贸易路径形成的过程中,浙江煤号发挥了极为重要的作用。反观日本煤商的情况,19 世纪 80 年代进行煤炭直接输出的日本商家仅有三菱及三井物产两家。① 而在长崎经营煤炭贸易的日本中小商人,所做的不过是将煤炭倒卖给外国人罢了。所以,日本煤商自然想要加强自身的团结,以打破如此不利的局面。一位名为三原启三郎的长崎煤商于 1886 年 3 月在平户町设立了贸易石炭会社,包括社长本人在内,役员有 5 名,社员有 7 名。② 其规模并不算大,未加入该组织的长崎煤商也大有人在。因此,在贸易石炭会社成立之后,社内外的商人们发生了严重的竞争,煤炭甚至跌价到无需中介手续费即可交易,结果是两败俱伤。而中国煤商却可"鹬蚌相争,渔翁得利",趁双方打价格战的机会得以低价收购煤炭。③

贸易石炭会社的尝试虽然算不上成功,却得到了长崎县劝业课的赞赏。为了进一步振兴煤炭贸易,团结长崎的煤炭业者,在长崎政府的鼓励之下,1886 年 6 月 13 日,长崎石炭会社成立。④ 在长崎的所有日本煤商被要求加入该组织,禁止一切个人买卖。其目的就是,"各处矿坑所有者同盟一致计划直输贩卖,断然废止向清商售卖"。先行研究指出,长崎石炭会社实质上是要求长崎港的所有煤炭贸易商都参与的煤炭委托贩卖兼金融借贷公司,特点是社长与副社长由县厅选定。⑤ 也就是说,长崎石炭会社与浙江煤商自发组织的煤业公所不同,其形成受到行政方面的干预,这也为该会社未来的不和埋下了种子。

长崎石炭会社的努力一时间有所奏效,设立之后,浙江煤号经手的煤炭出口减少了大半。⑥ 然而,对强制参加感到不满、对该组织持有反对意见者也不在少数。煤号便注意到了这些不愿加入同盟的日本商人,与他们订立了购买协议而不与该会社做任何交易。在浙江煤号看来,这个公司不过只有三万日元的资本金,不出三四个月就会瓦解。⑦ 如他们所料,长崎石炭会社为了对抗中国煤商导致出货迟缓乃至滞销,引发了矿主们的抗议。最终,煤炭出口的大半还是回到了浙江煤号的手中。⑧ 在这样的情形下,1888 年 5 月末就有四名社员以"独立营业"为由脱离了该会社。1891 年 8 月,长崎石炭会社取消了长崎的日本煤商均须加入该组织的要求,于是社员四散,连发起人之一的武末坂次郎也退社了,这令其越发形同虚设,最终于 1894 年改组为长崎石炭合资会社,成了一般的煤炭贸易商。⑨

中小企业联合而成的长崎石炭会社以失败告终,而掌握着煤矿权益的大商社们则有着不同的发展。高岛、三池等炭矿原本属于佐贺藩和三池藩,藩负责煤炭的采掘,而出口则委托给西洋商社等煤炭商人。1873 年,煤矿收归为明治政府的官营事业,但是政府并不会直接进行煤炭的售卖,而是将出售的工作交给商社。1876 年,三井物产会社应运而生,负责官营三池炭矿的输送及贩卖,并作为"御用商贩"负责三池煤炭的海外出口业务。翌年,三井物产在上海开设支店,

---

① 《上海定时通信》,《镇西日报》1886 年 12 月 2 日。
② 《新长崎市史》第 3 卷,第 255—256 页。
③ 《石炭の下落》,《镇西日报》1886 年 6 月 5 日。
④ 《石炭会社创立会议》,《镇西日报》1886 年 6 月 15 日。
⑤ [日]原康记:《明治期长崎贸易における外国商社の进出とその取引について一中国商社の场合を中心に》,《经济学研究》1991 年第 57 卷。
⑥ 《清国上海输入各种石炭商况》,《通商报告》1888 年 7 月 23 日第 73 号。
⑦ 《居留清商の气构え》,《镇西日报》1887 年 8 月 31 日。
⑧ 《清国上海七月中石炭商况》,《通商报告》1888 年 9 月 29 日第 82 号。
⑨ 《新长崎市史》第 3 卷,第 256 页。

经营日本煤炭及日本各种物产的进出口。在很长的一段时间内,三井物产上海支店是上海唯一的日本煤炭商。① 作为日本煤出口主力之一的高岛煤矿在收归国有后,仍旧将销售委托给英国商人。1881年,高岛煤矿不再归国有,而变为三菱合资会社的所有物,其产煤的贩卖由邮船公司及在上海的英国商人代理。三菱真正在上海开设支店要比三井晚上三十年,是1906年的事情。②

1880年以后,随着长崎及三池地区煤矿的减产,以三井、三菱为代表的日本商社们进入筑丰地区进行投资,导入了先进的采掘技术,于是筑丰地区的产煤量快速上升,从1885年的23万吨、占比全国的18%,发展到1887年的272万吨、占比全国的52%。③ 如表2所示,日本产煤的六成以上掌握在大商社的手中。商社在担任矿主的同时,也是负责销售的商人。如三菱合资由三菱商社的营业部,古河矿业由古河商社的商事部门,三井矿山由三井物产,明治矿业由安川松本商店负责其产煤的销售。④ 此外,1889年,门司、若松等港口成为煤炭的特别出口港,由此,日本煤的出口中心也由长崎转移到北九州地区。商社在当地部署了支店、卖炭部、出张所等机构。如此一来,以长崎为据点的浙江煤商的经营就陷入困难的境地。在煤炭产业的各个环节都为日本商社所把控的情况下,浙江煤号将如何转变自己的经营模式将在下文中详细分析。

表2 日本商社对煤矿的占有情况

排 序	商 社	份额(%)	旗 下 煤 矿
1	三井	19.6	三池、田川、本洞、山野
2	三菱	13.4	高岛、相知、新入、鲇田、上山田、金田、方城
3	北炭	6.8	夕张第一、夕张第二、幌内、空知、几春别
4	贝岛	6.3	大之浦、大辻、津波黑
5	明治	5.6	明治、赤池、丰国
6	官营	5.0	二濑、御德、新原、大岭
7	古河	3.4	盐头目尾、下山田
8	常磐	2.7	内乡、小野田
9	麻生	2.3	芳雄、豆田
10	住友	2.1	中限
小计		67.4	10 466 267(吨)
其他		32.6	5 068 018(吨)
全国共计		100	15 535 285(吨)

资料来源:[日]高野江基太郎《日本炭矿志》,福冈:筑丰石炭矿业组合事务所,1911年,第34—35页。

① (日本)三菱矿业セメント株式会社高岛炭矿史编纂委员会编:《高岛炭矿史》,东京:三菱矿业セメント,1989年,第105页。

② (日本)三菱商事株式会社编:《立业贸易录》(1958年),东京:ゆまに书房,2009年,第22页。

③ 《长崎县史》近代编,第285页。

④ [日]山口和雄:《近代日本の商品取引——三井物产を中心に》,东京:东洋书林,1998年,第148页。

三、浙江煤号在上海的活动

如前所述,三井、三菱、古河等综合商社直接掌握了日本的大部分煤炭资源,并对旗下的煤矿实行采掘、运输、贩卖一体化的管理,自行开采煤矿并利用自营的铁路、航线来运输,利用出张所及支店等贩卖部门来销售。在经营自社煤炭的同时,商社还与中小矿主签订销售协议,进行社外煤的销售。比如,三井物产除了销售三池等旗下煤矿的产煤外,还经销贝岛、麻生、平冈等公司的产煤,占比有其销量的一半之多。① 如此一来,日本商社牢牢把持了日本煤炭业的命脉,所以在上海的邮船公司、大工厂等需要大量优质煤炭的消费者必须与掌握着煤炭供给的日本商社订立契约,由其直接供煤。就20世纪初的情况而言,上海进口的煤炭中七成以上为日本商社经手,由浙江煤号进口的仅有一两家小煤矿的产煤罢了。②

不过,上海煤炭市场的日常运转是依靠进口商、中间商和零售商三者协作来完成的。其中,日本商社作为进口商将海外煤炭输送到上海。优质高价的煤炭直接提供给轮船公司和大工厂等大额消费者,其余的则批发给中间商,再由其分销给小型工厂等小额消费者及零售商。③ 最末端的煤炭零售商与民众日常生活关系紧密,他们或开设店铺,或走街串巷叫卖。就如竹枝词的记载:"沿街煤炭店争开,半向行家转运来。篮卖各商消用广,肩挑车载略分财。"④

至于为何上海会形成这两种煤炭销售的渠道,东亚同文会调查报告的解释是,"煤炭零售商和小规模的消费者没有能力和煤炭进口商直接签订购煤合同",而"煤炭进口商亦觉得与小工厂等签订契约颇为繁杂,不如在煤炭栈桥出售便利"。⑤ 小额消费者及零售商因为购入量不足,难以成为日本商社的交易对象,所以需要从作为中间商的浙江煤号手中以批发、零售及消费契约等形式购入煤炭,上海周边乃至内地的煤炭消费者也可以通过类似形式从中间商处购煤。⑥ 消费者中尤以中国人经营的制丝、纺织等工厂为多。⑦ 如表3中所见,浙江煤号掌握着各大华资制丝厂的煤炭供给。

另一方面,商社则是为了节省经营成本,将廉价的品种煤或者九州杂种煤炭的贩卖交给中间商。以三井物产向上海输送的煤炭为例,三分之一供给邮船公司,另三分之一供给大工厂,剩余的都交给煤号来销售。⑧ 煤号与特定的日本商社保持着合作关系,在获取稳定的煤炭供应的同时,拓展了煤炭的销路,例如"义泰兴专门与三菱交易,泰记与古河,协成行、荣昌、涌记、裕昌等则与三井常有往来"⑨。从三井物产上海支店石炭课社员立川团三的记述可以看出中日煤商

① [日]山口和雄:《近代日本の商品取引——三井物产を中心に》,第76页。
② [日]畠山秀树:《三菱合资会社の东アジア海外支店——汉口·上海·香港》,第107页。
③ 《第十三期(大正七年度)调查报告书》,东亚同文书院《中国调查旅行报告书》第37卷,东京:雄松堂出版,1996年,第32—36页。
④ 顾炳权:《上海洋场竹枝词》,上海书店出版社,1996年,第101页。
⑤ JACAR:B03050535200(第45—46画像),《第九期调查报告书》。
⑥ 东亚同文会《支那省别全志》第15卷《江苏》,东京:东亚同文会,1920年,第919页。
⑦ 《第十三期(大正七年度)调查报告书》,东亚同文书院《中国调查旅行报告书》第37卷,第31—32页。
⑧ 同上,第26页。
⑨ 《支那省别全志》第15卷,第920页。

联络之紧密。据立川所言,他当时就住在裕昌煤号的二楼,每天同老板一起进出,或去监督运煤的苦力,或去茶馆调查市况进行买卖。裕昌煤号也成了三井物产的重要交易对象,其主人还曾被三井的总本家招待到日本游玩。[①]

表 3　上海的制丝工厂及其煤炭供应商

煤　号	制丝工厂的釜数
宏顺	信昌(536)　统益(256)　协济(240)　新纶(240)　宝记(208)
义泰兴	永泰(533)　公和永(442)　纯元(336)　久成(512)　裕康(260)　恒(280)　大纶(258)　又财(240)　协安(230)
开平煤矿	瑞纶(600)　圭瑞纶(280)
信义兴	聚纶(448)
泰记	锦成(450)　进纬(332)　久成(512)　协隆(264)　大成(240)　协盘昌(208)　余成(208)　又新(208)　通纶(162)　振成(612)
聚顺	仁和(280)
荣昌	伦萃(400)
信义公	勤昌(416)　永康(600)　庆华(252)
涌记	协和(378)
同益	阮昌(312)
信昌	振昌(200)
宏昌	德成(244)

资料来源:JACAR:B03050535200(第 35—36 画像),《东亚同文会ノ清国内地调查一件》,《第九期调查报告书》第 4 卷(日本外务省记录 1.6.1.31-9-4)。

煤号在上海的势力成长十分迅速,一部分是零售商,一部分是与日本商社进行交易的中间商,后者主要有捷成、世和、义泰兴、泰记、裕昌、涌记、信义公、荣昌、宏昌、义成新、信昌、元一、宏顺、怡成、协成兴、三和新、慎昌等十数家,其经营为合资形式,且经营者都是浙江出身,以宁波人为多。[②] 为避免同业之间的竞争,达到一致改善业界的目的,浙江煤号设立了同业组织煤炭公所,由此而紧密团结在一起,这样"同业相扶持"的精神正是中国煤号能够"恣意窘迫日本煤商"之理由。[③] 开港之后原本设置在杭州的煤炭公所转移到了上海的浙绍公所,并在 1876 年设立上海煤炭号董事会,宁波及绍兴出身的煤商丁昌熙、韩云鹏等被选拔为董事。随着贸易的扩大,煤号渐渐发觉与酒业、钱业共用浙绍公所之不便,于是从 1876 年至 1882 年间,上海的 243 家煤

① [日]立川团三:《私の歩んだ道》,东京:同兴纺绩株式会社,1970 年,第 81、115 页。
② 《支那省别全志》第 15 卷,第 920 页。
③ 《本年一月中上海商况》,《通商汇纂》1897 年 5 月 1 日第 64 号。

炭商号与 11 家木炭商号集资，在福佑路 102 号购入房屋，设为煤炭公所，以煤炭出自山如玉韫于山之意，将煤炭公所命名为“韫山堂”。① 以“同业事情不致纷错，即遇有外侮，亦可赴公所商理，庶使吾同人既可联桑梓之情，并可广陶朱之业”为目的议规如下，显示出煤业同业公会之团结一致、共同发展之意：

一议煤行进货每吨提厘银一分，店家进货每吨提银二分，无论白煤、煤屑，统归一律。一议行家进货售与洋商并地灯及制造局等处，均一律抽厘。一议行家上栈之货，先行每吨抽厘一分。一议行家划货，或出售或上栈，均宜每吨抽银二分。一议炭行进货炭每担提钱一文，店家进炭每担提钱二文。一议收取厘金均由司月汇收，数成百千即行起息，酌定每月一分。一议收取之款存庄、存店，须公同酌议。一议厘金收有成数，购地造房公同斟酌，择便而行。一议如查货数，于行内抄帐[账]，与店家对核，不得隐匿。一议无论洋行、建广行所出船货以及栈货，一概不准给付平费，倘有私自给付，察出照例倍罚。一议收取银洋悉照市价，不得高抬。一议各洋建广各行有货进浦招买者，恐吾业中知信往彼处看准货色，还价若干，必须关照同业实情，不准欺饰。即同业中亦不准私自添加独买，只能知信面商合买，如违照例倍罚。②

20 世纪 20 年代，上海的煤炭业得到持续的发展，煤号达到 328 家之多，市场分为位于华界的南市和位于租界的北市。南市的煤炭公所即韫山堂，是一直以来的同业团体，兼为木炭业的公所。而在北市英租界九江路设立的煤炭工会，则是 1917 年根据北京政府制定的工商同业工会规则而设立的新式工会组织，专营煤炭行业。后于 20 世纪 30 年代，根据国民政府的商会法与工商同业公会法，南、北市的同业公会合并为上海特别市煤业同业公会。依据当时的名单可以发现，委员全都是浙江省出身，且除了 3 名绍兴人以外，其余的 17 名都是宁波人。③ 可见浙江商人，尤其是宁波商人，始终是近代上海煤炭市场的中流砥柱。

浙江煤号通过紧密无间的合作将上海市场除“特约品”之外的煤炭市况都掌握于手中。④ 所谓的“特约品”就是提前签订了合约按时送货的优良煤炭，而煤炭市况具体说的是今福、唐津、多久等稍廉价的九州杂种煤炭的市场动向。这类煤炭主要供应给小工厂、老虎灶、茶馆、浴场及家庭等使用。这些消费者因消费量过少且价额不高，难于与商社进行直接的交易，所以要从煤号处购买煤炭。进而如表 4 所示，此种煤炭的消费总量竟能占到上海进口煤炭的近半数，其实是一个不可小觑的市场。

表 4　上海市场各种日本煤的销售量(单位：吨)

	高岛块煤	高岛粉煤	三池块煤	三池粉煤	九州杂种
1878 年	10 191	9 731	970		21 048
1884 年	4 772	16 540	42 832		32 395

① 《历叙煤炭公所缘起》，彭泽益编《中国工商行会史料集》下册，第 812 页。

② 彭泽益编：《中国工商行会史料集》下册，第 814 页。

③ 王昌范：《老上海的煤业公所》，《现代工商》2012 年第 10 期。

④ 《上海石炭商况》，《通商汇纂》1903 年 6 月 5 日第 35 号。

续 表

	高岛块煤	高岛粉煤	三池块煤	三池粉煤	九州杂种
1887 年	27 461	55 060	48 083	6 650	86 936
1888 年	23 960	58 425	51 534	11 410	88 572
1889 年	48 262	15 842	91 956	14 901	130 514

资料来源:1878 年的数据是第一季度,1884 年的数据是下半年。出自《通商汇纂》该年度各号。

尽管部分先行研究注意到了煤号的存在,但对其影响力却持有怀疑的态度。① 下文将列举几条上海日本领事关于中国煤炭商人的记述予以反驳:

> 九州杂种……此种煤炭从来就归于清商的手里。②
>
> 七月中输入货多属唐津下等品及今福,货主皆为清商。③
>
> 三池粉炭,前月来持续好况,云为清商之手买取……九州杂种,其商况属佳好,其入货概由清商买取。④
>
> 九州杂种炭自从前……本品尤为清商交易,除此无其他需要。⑤

可以看出中国商人作为主要的买手,掌握了上海的九州杂种煤炭市场。上海日本领事还表示:"当时在上海清商之恶弊,采取连和持久策,恣意窘迫我邦炭商,等待以不当低价的抛售,再行购入。"⑥由此可知上海的煤号以协力等待市价之下跌方才交易的手段来翻弄九州杂种煤炭的市场。

至于这种手法为何得以成行,就需要从煤号与日本商社之间的交易模式来说明了。日本商社与邮船公司、大工厂等消费者之间的交易按买卖契约严格执行,而商社与中间商,即煤号之间的交易则按中国的习惯来进行,东亚同文会的调查者将其称为"旧来的陋习"。在煤炭贸易中提前签订契约进行交易的方式是主流,即买卖双方按契约书面上规定的时间、地点、数量来完成煤炭的买卖。但是,对于煤号而言,即便签订了契约,那也不过是纸片一张,真正的交易是靠信用来完成的。⑦ 当市况对煤号不利时,他们会找个各种借口不执行合约乃至解除合约。而市况对煤号利好时,他们就会要求比约定数量更多的交易额。总之,煤号对市况采取机敏灵活的应对,以此规避损失,追求更大的利益。⑧

浙江煤号的商人们将茶馆作为灵活有效的情报交换与商业交易的场地。每天的午后时分,他们汇聚于英租界四马路的青莲阁茶馆,坐在茶楼的二、三层,一边观赏上海第一的繁华街四马路,一边在一碗茶的谈笑之间进行交易有无、货物多少、市价高低等关于上海煤市最新情报的交

① [日]畠山秀树:《三菱合资会社の东アジア海外支店——汉口・上海・香港》,第 107 页。
② 《清国上海输入各种石炭商况》,《通商报告》1888 年 7 月 24 日第 73 号。
③ 《第三季间上海石炭商况》,《通商报告》1887 年 2 月 1 日第 7 号。
④ 《本年十月中清国上海石炭商况》,《通商报告》1887 年 12 月 10 日第 45 号。
⑤ 《上海石炭商况》,《官报钞存通商报告》(明治二十三年 9 月)1890 年 10 月 25 日。
⑥ 《本年一月中上海商况》,《通商汇纂》1897 年 5 月 1 日第 64 号。
⑦ 《上海调查二》,东亚同文书院《中国调查旅行报告书》第 67 卷,第 15—16 页。
⑧ 《第十三期(大正七年度)调查报告书》,东亚同文书院《中国调查旅行报告书》第 37 卷,第 38—39 页。

换，同时商议针对外商竞争之对策等商业上的战略。煤炭从业者的营业方针、同业之间的规约制裁以及关于商业的重大事件等，原本应当在煤业公所进行协议，但是上海煤商利用茶馆形成临机应变的应对机制。他们通过每日在茶馆的集合，议定了市价，签订了买卖合约，对煤炭市场的动向产生了重大的影响。① 如三井物产上海支店所言，清商用其得意之术，壅塞货物之销路，待市价下跌，日本商人疲倦不堪之时，才抄底买入，这就导致三井物产开店初期就陷入收入仅仅与费用相抵，纯利润几乎没有的困难境地。②

接下来将以浙江煤号利用煤炭市场的季节性操纵市价为例，说明其"得意之术"。关于上海市场的季节性，有学者认为："通常从秋天到冬天煤炭的需求会增加。秋季，米和棉花等农产品迎来收获的季节，远洋航路和内河航路对船舶燃料的需求变多，加工农产品的工厂所需要的煤炭也在增加。冬天又会增加取暖用煤的需求。与之相反，从春天到夏天，上述需求会减少。"③实际上，上海煤炭市场的情况与此截然相反，从秋季到冬季，市场逐渐呆滞，一年中最寒冷的12月到次年2月是最为沉寂的时期。而随着温度的回升，从春季到夏季，煤炭需求慢慢增加，市场逐步恢复活力。

这样的变化与作为上海煤炭消费主流的航运业的季节性变动有着密切的关系。北方的天津、牛庄等港口在冬季有结冰期，所以北洋航线从11月起就因"航路之闭塞将近"而繁忙地备货。原来在九州—上海航线上的船只也一时转移到北洋航线上，使得从日本进口的煤炭减少。④ 12月以后，天津、牛庄与上海之间逐步停航，往返芝罘的船只也减少许多，船舶用煤的需求日益下降，价格下滑。另外，随着农历新年将近，中国商人忙于年终结算、过年准备及来年计划等，实际进行的交易大幅减少。正月时，中国商人还会放假两周，商业活动全面暂停。⑤ 年末年始的上海市场全面停滞，煤炭的买卖也不例外。一般来说，冬季因供暖所需，煤炭消费确实有所提升。但上海煤炭消费的主流是船舶和工厂，取暖用煤的占比甚小，不足以撼动整个市场的走向。

尽管煤炭交易不活跃，价格呈低迷的状态，可上海的日本煤商却在大量地进口。这是因为北洋航线停航而富余的运力转移到了九州—上海航线上，运费十分便宜，所以煤炭进口商趁机大量囤货，期待价格回升再销售。但是冬季的囤煤行为会造成"滥输入"的恶果，令上海港口的煤炭堆积如山。但是煤炭存货每吨每月需要支付0.25两白银的仓储费用，囤积时间越长，则销售成本越高。而这样的情况往往为中间商所利用，他们约定直到煤炭价格跌到底为止都不购买，并利用同业网络打探日本商社的储煤情况与价格，等待进口商忍耐到极限的抛售时刻才进行交易。每年的冬季，煤号与日本商社都在上演这样的拉锯战，而胜利往往归于煤号之手。⑥

3月中旬以后，北洋航线重开，商品的流动唤起了煤炭价格的上涨。不仅如此，在上海贸易中占比极高的生丝和茶叶都是典型的季节产品。每年的五月是新年度的茶季和丝季的开始，直到10月交易的热潮结束。茶叶在5月到6月进入决胜时期，各家洋行争相把这一年的新茶向

---

① 东亚同文书院：《清国商业惯习及金融事情》，东亚同文书院，1904年，第138页。

② 《上海居留日本商人ノ景况》，《商务局杂报》1879年6月第27号。

③ ［日］畠山秀树：《三菱合资会社の东アジア海外支店——汉口・上海・香港》，第107页。

④ 《支那省别全志》第15卷，第902页。

⑤ 《二十六年十二月中上海商况》，《通商汇纂》1894年4月7日第3号。

⑥ 《上海ニ于ケル日本石炭商况》，《通商汇纂》1893年11月1日第28号。

世界各地出口,同时蚕丝也纷纷向各地出口,大大刺激了船舶用煤的需求。且上海及周边地区以纺织业为主的工厂,5月也会进入缫丝的时期,又为煤炭市场注入了活力。由此,春季到夏季的煤炭需求一直呈现增加的趋势。① 这时煤号便竞相出售手中低价购入的煤炭,从而获利颇丰。

20世纪20年代以后,上海的煤炭需求结构有所转变,船舶用煤的比例大幅下降,发电、工业及家庭用煤的数量上涨,因此上海煤炭市场的季节性也发生了逆转。冬季工厂和家庭取暖及照明的需求使煤炭消费量上升,每年的8月到次年的3月成了上海煤炭市场最为繁盛的时期。而煤号依然使用着种种手段,维持着其在上海煤炭交易中的中心势力。其中之一是通过经销中国煤炭来影响上海煤炭市场的供给情况。

如前所述,日本商社贩卖的是面向邮船公司、铁道及大工厂的优质煤炭,面向小工厂及家庭的廉价煤炭则由煤号经销。于是,上海为数众多的小工厂需要从煤号处购用煤炭。然而,工厂方面未必熟悉煤炭的品质,作为供给者的煤号就需要为消费者进行挑选。比如,义泰兴煤号就会为顾客选用最合适的煤炭并送货上门,因此广受工厂的好评,坐上了上海煤号中的头把交椅,还将支店拓展到了杭州、无锡等地。② 开滦煤矿的买办刘鸿生在推销时注意到浙江煤号具有为顾客选炭的职能,想到大量的工厂使用的煤炭是由煤号来选定的,如果能成功向煤号销售开滦煤的话,那么上海数量众多的工厂自然就会大量使用开滦煤。③ 于是,开滦矿务局与上海数一数二的煤号义泰兴订立了买卖合约。该合约每年更新,煤炭市场价格上升时,合约价格不变,而煤炭市场价格下跌时,契约价格也随之下降。据当时义泰兴店员的说法,每出售1吨开滦煤,义泰兴就有0.4—0.5两银的纯利润。如此一来,开滦煤在上海市场的销路渐开,刘鸿生也依次与涌记、泰记等煤号订立合约。开滦煤的销售情势一片大好,从1910年的20万吨增长到1920年的88万吨。④ 因此,无论上海的煤炭供给如何变化,浙江煤号通过发挥其中间商的功能保持着在市场上的重要地位,反观三井、三菱等日本商社,并没有这般左右市场的能力。⑤

所以说,虽然日本商社对煤业之垄断,使浙江商人在进出口贸易中失势,但煤号却作为中间商及零售商活跃于上海市场,成为上海煤炭市场中不可或缺的存在。日本商社掌握着优质煤炭的贩卖权,直接向邮船公司和大工厂供货,这一市场已没有煤号的立足之地,所以煤号选择成为经销下等煤炭的中间商,从而掌握了大批中小型消费者。于是,上海的日本煤市场呈现出中上等煤炭由日本商社掌握,下等煤炭由煤号销售的情形。浙江煤号通过同业密切的联结,利用季节性等特性掌控着上海煤炭市场。在中日煤炭贸易中打下了事业基础的煤号在20世纪10年代后通过经销国产煤继续积累着财富,并且涉足了关联产业。如创设煤炭栈桥与煤球公司以及设立煤业银行等金融机构,还直接参与柳江煤矿等国产煤的开发,并投资了水泥、火柴等其他产业,对近代中国的经济发展颇有贡献。⑥

---

① 《明治十九年第一季上海杂货商况》,《通商报告》1886年10月26日第1回。

② 杨剑方编:《上海物资流通志》,上海社会科学院出版社,2003年,第331页。

③ 上海社会科学院经济研究所编:《刘鸿生企业史料》上册,上海人民出版社,1981年,第3—7页。

④ 同上,第7—8页。

⑤ 李振东著、[日]加藤健日译:《支那の石炭——その资源と经营》,东京:生活社,1939年,第78页。

⑥ 上海社会科学院经济研究所编:《刘鸿生企业史料》上册,第157页。

结 语

本文讨论了浙江煤号在近代中日贸易中起到的重大作用。在批判先行研究过于强调日本商人作用的观点的基础上，解明了中国商人，尤其是浙江煤号参与日本煤进出口的情况，以及近代日本煤炭面向上海出口的流通及销售的实况。日本煤的输出始于鸦片战争前后唐船商人向英国军舰兜售九州煤炭。随着上海煤炭需求的增加，在上海设有本店的浙江煤号注意到了中日煤炭贸易的巨大利润，纷纷前往长崎设立分店，开始从事九州与上海之间的煤炭进出口贸易，为日本煤进入上海市场起到重要的作用。19世纪70年代后期，在日本煤占据上海市场半壁江山的同时，日本商社也开始进驻上海，三井物产上海支店正是其中代表。日本商社一手掌握了煤炭的开发、输送、贩卖的权利，因而由商社经营的日本煤出口大为繁荣。这使得浙江煤号经营的日本煤进出口业务的范围变窄，仅限于部分签订有合约的小煤矿。另一方面，煤号转变为上海煤炭市场的中间商，利用季节变动等因素，掌握了面向中小消费者的下等煤炭市场。在日本商社与中国煤号的竞争与合作之下，上海市场中，日本煤的销路日益拓宽，其进口量从1866年的不足1万吨增长到1910年的近80万吨。随后在日本煤为中国煤所取代的时期，开滦煤利用了浙江煤号手中掌握的面向中小工厂的销售路径，成功打开市场，跃居上海煤市的首位。

在本文的末尾，笔者想要探讨近代中日贸易中浙江商人的历史特点。先行研究往往关注的是留下了账簿、书信等大量史料的福建商人的贸易活动，由此形成了中日贸易中华商的传统形象。以泰益号为代表的福建商人通常是在长崎设立本店，在上海等中国的港口设立支店或代理店，以此进行海产品、药材等中日贸易传统商品的进出口活动。他们的交易网络往往是以宗族、同乡关系等为中心构成的。与此相对的是，浙江煤号是以上海为基盘，从事着煤炭这类新商品的贸易。这些浙江商人虽然一度在长崎设立过支店，但随着日本出口煤炭形势的转变，他们也从进口商转型为上海市场的中间商。并且浙江煤号之间并不仅仅靠血缘和地缘联络，更重要的是同业之间的紧密结合。这样的同业组织在与外国商人的竞争与合作中发挥了极大的作用。以往的研究总是将中日贸易中的中国商人一概而论，本文通过对浙江煤号经营模式的探讨，展现了其相较于传统的福建商人而言不可忽视的特点。

浚源疏流：江南在乡士绅的近代化尝试

——以民国十五年开浚金山县沈泾河为例*

陈　吉　包振欣**

摘　要：民国十五年(1926)，筹备一年有余，迭经军阀混战与政权更替的金山县沈泾河，终于在以高燮为首的在乡士绅们的共同努力下顺利开浚。此次工程，他们在政府"无形之手"的引导下，抓住当地权力格局全面洗牌的历史机遇，主动承担起地方的水利事业，重塑了自身在地方事务中的话语权。尽管沈泾的河道养护和干河分浚两项计划，受限于地方羸弱的经济状况，并未也无法落实，但通过水利委员会和沈泾河工局，在乡士绅们成功将一个区域的人民与土地同时纳入水利共同体的范畴，继而结成组织化的公共权力网络，帮助政府实现政权建设和社会治理的双重目标，从此开启了地区近代化的新征程。

关键词：民国　在乡士绅　近代化　开浚　沈泾河

引　言

近代以来，从中央到地方的有识之士，大都有感于日益加剧的内忧外患，强烈意识到国家必须自强以图存的必要性和紧迫性。然囿于保障资金不充足、人才储备不充裕、民智开发不充分等诸多制约因素，他们的近代化改造运动，容易烙上违背社会发展自然规律、急功近利的印记。尤其在以上海为中心的长三角地区，随着近代工业的兴起与运输网络的形成，诸县往往会将开浚干河航道作为重要的民生工程，以此加强腹地市镇与周边村落的贸易联系，继而提高自身在区域社会中的结构层次和经济地位。然而实际负责工程的社会贤达，却又因为教育背景和自我认知的局限，容易提出带有功利主义和浪漫主义色彩的建设方案并加以实施，致使当地的近代化努力因治标不治本而付诸东流。

---

* 本文为国家社科基金重大项目"南社文献集成与研究"(16ZDA183)、2022年上海市金山区文化和旅游局"量地制邑，度地居民——基于金山历史地图和行政区划变迁的研究与思考"项目(22WLJ002)的阶段性成果。

** 陈吉，上海师范大学博士研究生，上海市金山区博物馆文博研究部馆员。
包振欣，上海市金山区图书馆古籍部馆员。

不同于黄浦江①及吴淞江②，民国金山县域范围内的水利工程是由县级政府统一领导、在乡士绅积极配合完成的，处于近代化前夜公共物品由单一提供主体向多元合作治理转变的阶段。其特点是：1. 财政经费以上级拨款为主，以历年寄存的市镇米捐等各项贴费为辅；2. 工程先期勘测不甚专业，后期养护难以到位，区域系统治水更是无从谈起；3. 工程既无新技术，亦不采用新能源，全程依靠人工作业。民国十五年(1926)由南社成员高燮、陈光辉等人负责的沈泾河工便是如此。

一、机 构 管 理

民国二年(1913)2月28日，江苏省行政公署先于全国③公布《江苏水利委员会组织条例》，④积极筹办本省水利处。翌年，该机构由南京移驻苏州并改名江南水利局(下简称江南局)，⑤负责协调包括金山在内28个县的河道疏浚事宜。⑥ 民国八年(1919)，江、浙两省为联合整治江南运河，又成立太湖水利工程局(下简称太湖局)，但此时江南局仍然存在，该局直到民国十六年(1927)才被撤销。⑦ 两者并存时期，金山的水利事业由江南局统一规划和管理，⑧但亦离不开太湖局的鼎力支持。⑨

县级层面负责筹浚全邑干河的自治组织，成立于民国九年(1920)张泾河疏浚前夕，⑩是受时任知事监督的金山县水利委员会(下简称金水委)。它作为政府专设的管理团体，由各市乡深谙水文的地方耆老或在乡士绅组成(表1)，以贯彻中央集权行政为目标，将地方自治承担的公

① 民国疏浚黄浦江航道，系经奈格(John De Rijke，又译为德里克、特来克)等外国专技人才实地勘测，提出专业方案，在此基础上不断调整完善，经过30多年的系统治理，黄浦江方大为通畅。参见单丽等《黄浦江航道的疏浚与上海近代化——以技术人才和疏浚方案为中心》，上海中国航海博物馆主办《国家航海》第2辑，上海古籍出版社，2014年，第88—97页。另参龚宁《清末黄浦江治理之争与浚浦局的设立》，《清史研究》2021年第6期；常嵩涛《水利、主权与市政视野下的上海浚浦局(1905—1938)》，华东师范大学硕士学位论文，2019年；等等。

② 民国疏浚吴淞江河道，迭经江南水利局、吴淞江水利协会和沪北米业联合会等机构主持，经费充足，但因毗邻租界，致使相关问题充满不确定性。参见武强《产业与内港：吴淞江与近代上海城市经济社会变迁》，上海中国航海博物馆编《"上海：海与城的交融"国际学术研讨会论文集》，上海古籍出版社，2012年，第199—219页。另参胡吉伟《民国时期太湖流域水系治理研究》，南京大学硕士学位论文，2014年；等等。

③ 扫叶山房北号：《河工水利各省水利委员会组织条例》，《政府公报分类汇编》1915年第25期，第171—173页。

④ 应德闳：《民政江苏省行政公署训令第五百三十一号》，《江苏省公报》1913年第106期，第18—20页。

⑤ 《筹办苏省水利处》，《时报》1914年9月14日。

⑥ 《训令江宁等二十八县知事文》，民国《江南水利志》卷二。

⑦ 国民政府秘书处：《通知苏浙太湖水利局江南水利局浙西水利议事会一并交由太湖流域水利工程处接收函(中华民国十六年五月十三日)》，《国民政府公报》1927年，第47—48页。

⑧ "径启者案，奉江南水利局指令……"参见陈光辉等《金山县知事公署公函(1926年6月28日)》，《金山沈泾河工载记》，1927年铅印本，第29页。

⑨ 如太湖局曾介绍陈如璋携工人用特种器具清除金山张泾河各坝基淤泥。参见高燮等《报竣河工缴还图记呈县文》，《金山张泾河工征信录》，1924年铅印本，第29页。

⑩ 《呈报开局日期并请颁发钤记文》，《金山张泾河工征信录》，第16页。"民九之春，冯前知事为筹划水利经费及规定全县干河事宜，邀集各界组织水利委员会……"参见《规定全县干河案》，《金山沈泾河工载记》附载二，第131页。

用事业编入行政环节,①旨在以地方之财,办地方之事。其事业经费大率由田亩带征并逐年增加,设立专款,②但也杯水车薪,时常入不敷出。以民国十三年(1924)为例,金山全年的水利带征仅为13 000余元,一来需要清偿1923年疏浚张泾河所留垫款,二来已经支付本年高泾河工程费用,③虽有市河贴费和干巷米捐两项补贴,亦无力同时负担预算在25 000—30 000元区间的沈泾河工开支。

表1 民国十三年(1924)金山县水利委员会名单

行政区划	委员名单
朱泾市	黄端履、陈贻芬、张良朔、丁瑞珍
张堰市	高煌、丁运嘉、姚光、何震生
东一乡	叶心严、陈思亮
东二乡	蔡模、潘玉振
吕巷乡	沈嘉树、钱祖绳
卫城乡	徐宗熙、刘鎏
西乡	曹汝康、张锡圭
北乡	黄明璋、吴祥祉

资料来源:《施工日志》,《金山沈泾河工载记》。

至于金水委下属的临时机构沈泾河工局,则迁延至民国十五年(1926)2月16日方才正式宣告成立,分南、北两局,南局驻张堰米业公所,北局驻干巷商会。其财政管理员由办事人开会决议,直接任免。而名誉董事和各段段董,则先需四位办事人分途物色,后行决议,再报县府,由其分别予以承认和聘委,多为当地的在乡士绅。至于其他员役,则统由局里雇佣,以便于施工之时能够一体供职。竣工后,又由办事人编制决算细账,汇录《河工载记》,实现对疏浚工程的闭环管理。

表2 沈泾河工局职员表

姓名	号	局别	职务	姓名	号	局别	职务
高夑	吹万		办事人	倪广心	仰之		办事人
沈经	伯才		办事人	陈光辉	端志		办事人
姚后超	石子		名誉董事	丁运嘉	泰来		名誉董事

① [日]田中比吕志:《民国初期における地方自治制度の再编と地域社会》,《历史学研究》(日本)2003年第2期。
② 金山县鉴社:民国二十四年《金山县鉴》第四章《财政地方款产》。
③ 《沈泾河工施工计划书》,《金山沈泾河工载记》,第3—4页。

续 表

姓　名	号	局　别	职　务	姓　名	号	局　别	职　务
莫宝勋	伯筹		名誉董事	张孝章	端甫		名誉董事
徐兆兰	延祚		财政管理员	宣　猷	子宜		测量主任
莫宝贤	叔略		测量员	曹瑞海	中孚		测量员
倪道鸿	若水		测量员	褚士荃			测量员
姜　仁	伯承	南局	段董	沈　礼	立三	北局	段董
姜梦花		南局	段董	卢汝益	卓仁	北局	段董
陈葆璜	季梅	南局	段董	张桂侯		北局	段董
张奇峰		南局	段董	褚士超	自操	北局	段董
干子卿		南局	段董	倪廷硕	梅生	北局	段董
沈云卿		南局	段董	俞秀桥		北局	段董
卫少卿		南局	段董	陈葆璋	文勋	北局	段董
顾惠兰		南局	段董	叶颂安		北局	段董
罗才德		南局	段董	干德经		北局	段董
干益舟		南局	段董	杨效贤		北局	段董
金思永	慎修	北局	削滩监视员	周世发		北局	段董
沈士勋	景韩	北局	削滩监视员	陈奇元		北局	段董
屠世昌		北局	削滩监视员	陈振华		北局	段董
张明曜	君明	北局	削滩监视员	干景芳		北局	段董
杨世恩	道弘	南局	文牍员	陈光辉	端志	北局	文牍员
黄涤新		南局	书记员	倪廷柱	仲谋	北局	书记员
沈　经	伯才	南局	会计员	张晓帆		北局	会计员
俞心恭	肃斋	南局	庶务员	陆清红	善宾	北局	庶务员
沈维仁	仲云	南局	庶务员	朱行三		北局	庶务员
丁运嘉	泰来	南局	稽查员	夏应祖		北局	稽查员
杨世恩	道弘	南局	稽查员	汤廷弼		北局	稽查员
陈靖	墨林	张堰警佐	总巡	徐贯一	杆烦	干巷巡官	总巡

资料来源：《沈泾河工局职员表》,《金山沈泾河工载记》。

图1　南局全体职员

图2　北局全体职员

总的来说,民国时期金山的水利工程是由国家实际掌控,地方负担经费,金水委具体落实的。境内任何一项疏浚工程,都会先期由金水委联络"能够凝聚乡村社会的本地有威望的人,出面组织和参与"①,负责编制施工计划及经费预算并交议会鉴核。而在实施过程中,政府又会通过政治赋权与财权让渡,给予办事人员充分的自主权,同时借助名誉嘉奖激发局属员役的工作热情,并设置财政管理员保证经费保管和使用的公开透明,具备完全主导全局的能力。②

二、河 道 开 浚

毋庸讳言,沈泾河疏浚工程实施的年代,恰逢军阀混战、政权更替时期,也是个人利益、地方利益和国家利益冲突的高峰期。各种因缘际会作用下,它从动议到完工,竟然延宕三年之久,甚至险些胎死腹中。但所幸,金山张堰和干巷两地的在乡士绅,抓住了当地权力格局全面洗牌的历史机遇,主动承担起地方的水利事业,也重塑了自身在地方事务中的话语权。但须知,此时县级政府看似孱弱的"无形之手",才是幕后掌控全局演变的决定因素,③这与黄宗智提出的"士绅社会"④不同,而更接近沈怀玉"有议会的多数议决"形式的官绅合治。⑤

(一)工程筹备

作为干河张泾的枝津,沈泾以往并不被看成邑内的重要河流,也不易淤塞,故其开浚亦"不若张泾之勤"⑥,遍查清代方志,也只有嘉庆十三年(1808)时任知县郑人康主持疏浚该

---

① 王媛元:《清末民初江南乡绅参与公益事业的动力机制分析》,《中国文化与管理》2019年第2期。

② 参考冯贤亮、林涓《民国前期苏南水利的组织规划与实践》,《江苏社会科学》2009年第1期。

③ 陈岭:《民国前期江南水利纷争与地方政治运作——以苏浙太湖水利工程局为中心》,《农史研究》2017年第6期。

④ [美]黄宗智:《长江三角洲小农家庭与乡村发展》,中华书局,1992年,第330页。

⑤ 萌芽时期的自治,只限于士绅层次,而选举由于只选议员,并不包括地方首长在内,所以自治的形态仍旧是官绅合治,但因为有议会的多数议决,较诸传统的官绅合治已有进步。参见沈怀玉《清末地方自治之萌芽(1898—1908)》,台湾"中研院"编《近代史研究所集刊》1980年第9期,第291—320页。

⑥ 《沈泾河工施工计划书》,《金山沈泾河工载记》,第1—5页。

河的记载，①且仅限于干巷市河段，并非全河的系统工程。然自晚清以来，沈泾作为腹地交通的干河，日渐成为汽船往来之孔道，②其地位与作用日益凸显。与张泾河一样，它也深受黄浦江浊流的困扰，③河道中淤积了大量泥沙，两岸又被长期侵占或围垦，致使河身蜿蜒束狭，水速缓慢无力。因此，为了改善城乡之间的通航条件并提高沿河地区的灌溉能力，沈泾河也逐渐形成"二十年一浚"的惯例，其上一次动工是在光绪十八年(1892)，即张泾河工竣工的第二年。④

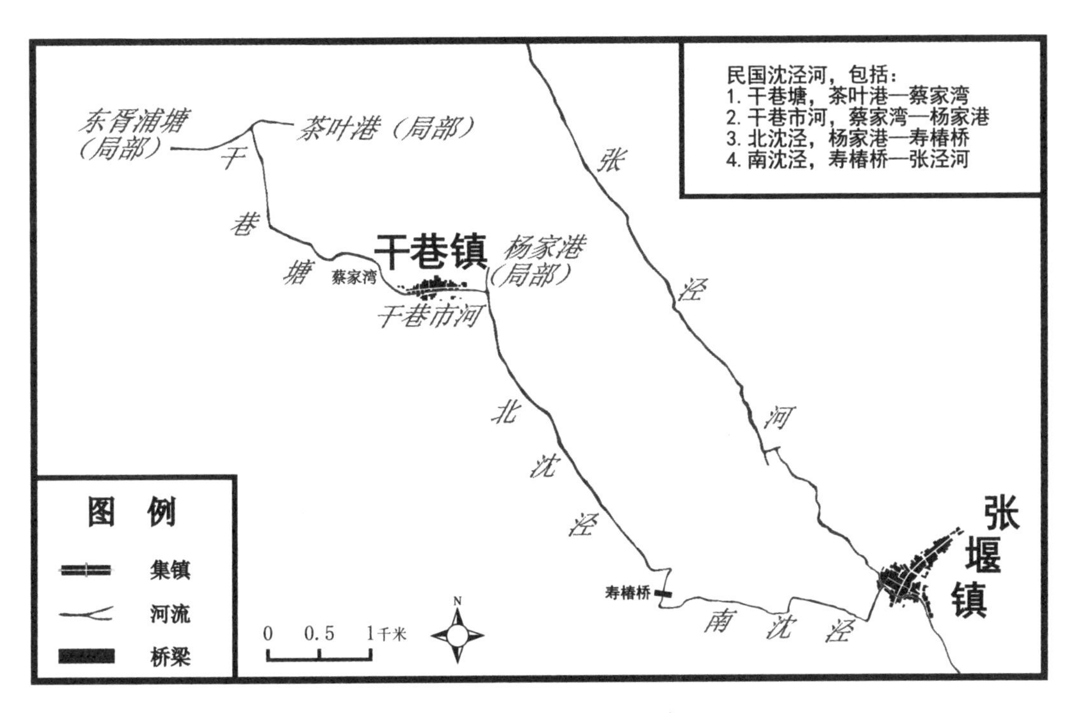

图3 民国沈泾河地理位置示意图

资料来源：江苏陆军测量局《张堰镇》(1∶25 000)，民国四年(1915)。

民国建元(1912)，百废待兴，本应提上日程的沈泾河工，虽有张堰籍邑绅高煌等人的极力倡导，却又因经费无着而迟迟未能启动。及至民国十二年(1923)张泾全河疏浚完毕，⑤它才被当事者重新提起。翌年，经县水利委员会会长黄明璋、副会长黄端履提议，县知事李瑞奇拍板，定以民国十四年(1925)春为开工时期，并正式委任高燮、沈经、陈光辉、倪广心四人为河工办事人，⑥开始筹备沈泾一河的疏浚事宜。

---

① 龚宝琦等：光绪《重修金山县志》卷六《山川志下・水利》。

② 金山县鉴社：民国二十五年《金山县鉴》第一章《总说》。

③ "本县水流受浦潮之影响，河身变迁，几于岁易而月更……其影响最大、关系最切者，张泾之外即推沈泾。"参见《沈泾河工施工计划书》，《金山沈泾河工载记》，第1—5页。

④ "上届开浚，在张泾开浚后一年……沈泾水性，十五年一浚，至多不得过二十年。"参见《沈泾河工施工计划书》，《金山沈泾河工载记》，第1—5页。

⑤ 上海市金山县张堰乡人民政府：《张堰乡志》，上海社会科学院出版社，1994年，第67—68页。

⑥ 《金山县知事公署委任令(1924年4月6日)》，《金山沈泾河工载记》，第15页。

1924年8月1日,高燮等四人正式就职,10日,借县立第四高等小学①(倪广心创办),举行沈泾河工的第一次会议,除公推高燮为河工主席外,大会还决议:

一、决议河工局为办事便利起见,分设南、北两局,南局设张堰镇,北局设干巷镇。

二、决议腰坝地点,假定在楼屋桥附近。一俟初丈告竣,再行定夺。

三、决议初次测量,南、北局分途赶办,尽于月内告竣。一切手续,概由陈光辉主持,并聘请莫宝勋、宣猷、曹瑞海、倪道鸿协同办理。

四、决议推定陈光辉起草《施工计划书》及编制《经费预算册》,送县审核。②

8月15日起,河工局按照计划着手丈量全河,凡沈泾"水流之缓急、水位之高低、河身之曲直、河床之起落",无不一一留心和注意。随后,陈光辉又在此基础上,汇编成《施工计划书》和《经费预算表》,呈县鉴核。③

无奈9月3日,江浙战争一触即发,④直系的江苏督军齐燮元与皖系的浙江督军卢永祥在宜兴大打出手,战火很快蔓延至金山。10月2日上午,孙传芳麾下的闽军约两个营,由朱泾步行经过干巷,意欲兵分两路支援齐军,一路沿张泾河北上包抄松隐,一路沿沈泾河东进袭击张堰,⑤干巷和张堰两地居民因此大量逃往邻近的平湖县新仓镇。⑥ 12月28日,为了彻底肃清辖区内的皖系残余势力,孙传芳又向陈乐山宣战,⑦并在全县范围内"捉船拉夫",即便"文弱之辈"亦在其列。⑧ 考虑到时局艰难,河工局只得公开对外宣布"暂缓开浚沈泾"。

毫无疑问,江浙战争彻底打乱了之前的节奏和部署,但却阴差阳错地送来了张晋知事(1925年2月—1926年5月在任)。⑨ 1925年2月10日,孙传芳突然派兵驻扎县城,以武装劝令省府任命的赵尔枚(1924年10月—1925年2月在任)交卸,随即直接委任张晋为新一任金山县知事。⑩ 此举虽遭江苏省长韩国钧的坚决抵制,但却迅速成为定局。正是在张晋的领导下,沈泾河工相关提案很快于是年10月30日通过县参事会,获得重新启动的资格。⑪

12月13日,高燮、陈光辉、倪广心借闲闲山庄(高燮宅)举行沈泾河工的第二次会议,重点讨论水利经费来源及财政管理员人选。

1. 水利经费。若照战前编定的《经费预算表》,则上级拨款不敷尚巨。拟按民国十二年(1923)张泾河工先例,由财政管理员先行筹备10 000元,并以1927年和1928两年水利带征为

---

① 即金山干巷中心小学前身,由倪广心于光绪三十一年(1905)创办,位于今干新路以西、金张公路以北。参见上海市金山县干巷乡人民政府《干巷乡志》,上海科学普及出版社,1993年,第164、167—168页。

② 《施工日志》,《金山沈泾河工载记》,第102—103页。

③ 《奉令遵办拟具〈施工计划书〉粘呈请求鉴核交议文(1924年9月1日)》,《金山沈泾河工载记》,第15—16页。

④ 民国二十四年《金山县鉴》第九章《社会·灾害》。

⑤ 《战讯干巷》,《社会钟(旬报)》1924年10月20日;另参《浦南张堰金山卫战事之经过》,《申报》1924年10月10日。

⑥ "……红十字分会因干巷、张堰之贫民多逃往新仓,拟赴新设收容所……"参见《地方通讯平湖》,《申报》1924年10月9日。

⑦ 《孙陈两军开战中之松江》,《申报》1924年12月30日。

⑧ 朱炎初等:《金山县志》第二十七编《军事·兵事》,上海人民出版社,1990年,第721页。

⑨ 此人在江浙战事期内,由浙督孙传芳委派。参见民国二十四年《金山县鉴》第三章《政治组织》。

⑩ 《浙孙派兵占据金山之反响》,《时报》1925年2月19日。

⑪ 《金山县知事公署公函(1925年11月22日)》,《金山沈泾河工载记》,第17页。

抵。后因干巷市河段（见图 3）开河堆泥等承包工价增加，决议限日提取历年寄存的干巷米捐 2 000 元（12 月 20 日决议）作为贴费。工程结束后，局中职员又将所余桩木、杂物等分别标价卖出，充作水利经费（见下文表 5）。

2. 财政管理员。因姚光曾在张泾河工中长期担任该职，锱铢必较，涓滴归公，[①]获得政府和乡里的一致好评，[②]故初议仍推他担任财政管理员。然是年秋，姚光经金山县党部第二次代表大会改选，继任临时执行委员，[③]还要负责筹备张堰图书馆，[④]无暇分身，故另选徐兆兰执掌财政。[⑤]

1926 年 2 月 4 日，高燮、沈经、陈光辉借松韵草堂（姚光宅）举行沈泾河工的第三次会议，除确定姚氏不能出任财政管理员外，明确了河工机构的设置及各项职员人选。

1. 河工机构。再次重申战前第一次会议的决议，将沈泾河工分为南、北两局，明确南局驻张堰米业公所，北局驻干巷商会，并于是年 2 月 16 日正式开局。[⑥]

2. 各项职员。第二次会议曾初议由办事人先行分途物色合适人选，至此则将推定之名誉董事及段董，分别报县聘委。同时明确其他员役，需河工局统一聘雇。至于承挑河夫等，则于开局前再行招募。

除此以外，高燮等四位办事人还于开工前致函县府出示晓谕，令沈泾河沿线地保转饬辖区村民，务必将河岸两滩所有障碍悉行除去，以便拆滩及堆泥之用。为了确保工程质量，各地保正于施工时均须到场照料，而张堰、干巷两地警察所亦需各派河警梭巡两岸，以备弹压。[⑦] 对此，县知事张晋给予全力支持。[⑧]

（二）落河开挑

1926 年 2 月 16 日，农历丙寅年正月初四，雨雪交加，高燮率领全体工作人员正常举行开局典礼。翌日，天公依然不作美，大雨滂沱，朔风凛冽，然两局职员的热情并未因此有所褪减，悉数准时参加了当天的联席会议，[⑨]共同商讨工程施工的细节与步骤。至此，沈泾河工始由筹备期进入实施期。

2 月 18 日，疏浚工程既筹水利经费按照 2∶3 的配比发放至张堰南局和干巷北局，以备开支。随即，沈泾全河的细丈工作应声启动。与此同时，自愿报名承包枝津河段的挑夫，即日起须按照《挑夫须知》办理相应的承挑手续。

2 月 25 日，全河各坝同时合垄，河工局布告：

> 径告者，沈泾河工大小各坝，业已合垄。在施工期内，凡沈泾及断流支港，两旁所有田

---

① 《呈县张泾河工告竣财政管理员一职应予卸任文》，《金山张泾河工征信录》，第 27—28 页。

② “操守清廉，舆情允洽。”参见《金山县知事公署批复（1923 年 9 月 25 日）》，《金山张泾河工征信录》，第 28 页。

③ 民国二十四年《金山县鉴》第二章《党务》。

④ 张堰图书馆：《纪录张堰图书馆筹备会记事》，《张堰图书馆协赞会年报（中华民国十四、十五年度合册）》，1927 年铅印本，第 1—2 页。

⑤ 《金山县知事公署公函（1926 年 2 月 12 日）》，《金山沈泾河工载记》，第 20—21 页。

⑥ 《定期开浚环请出示晓谕并呈报设局文（1926 年 2 月 6 日）》，《金山沈泾河工载记》，第 18—20 页。

⑦ 同上。

⑧ 《金山县知事公署指令（1926 年 2 月 15 日）》，《金山沈泾河工载记》，第 20 页。

⑨ 《河工告竣谨将经过情形据实呈报文（1926 年 8 月 20 日）》，《金山沈泾河工载记》，第 30—37 页。

亩、沟渠,不准放水。市河两岸之阴沟,亦应即日封闭,并不准用水倾弃河中。如有视为具文故意违犯者,定当遵照局章送官处罚,勿谓言之不预也。切切此布。

通知书附:径启者沈泾河工,一俟戽水告竣,即行落河。市河两岸房屋、水橺、木踏渡等,凡有碍河身者,均须一律拆去。业于前日郑重布告尊处,亦在被拆之列,务希于三月四日以前,按照后开之数,迅即拆除。如过期不拆,则办事人为沈泾全河潮流计,又为干巷将来市面计,只得由局雇工代拆,一概不予通融,谨先奉达,诸希鉴察。①

3月1日,细丈告竣,南局凡需浚河9段98号,②筑坝34处;③北局则需浚河15段152号,④筑坝58处。⑤

3月2日,即有挑夫落河开挑。按照规定,他们须在12日内完工。其河底最浅处,需要往下直开5尺,而河面最狭处,则需开至3尺(均以淮尺计算)。至于两岸房屋、坟墓之碍及河道者,则可依照标准自行将其收进。⑥

然是夜起"霾云密布,大雨倾盆",至6日方晴。9日又复下雨,以致全河停工。⑦ 积水反复盈渠,徒增戽水工作总量,此开挑进度缓慢之缘由一也。

13日,局部河段发生岸滩崩裂,究其原因,系挑夫未能按照规定,呈约45度倾斜角堆泥所致,加之施工期间阴雨连绵,冷暖悬殊,水流渗入土中越发容易出现裂痕,故"失之急直者,岸旁难免崩坍;失之缓弛者,底旁难免裂陷"⑧,只得相应增加预算,仍令承包者赶速挑去,此开挑进度缓慢之缘由二也。

干巷市河段,向来即为开浚的难点。一则两岸屋址日侵月削,积重难返。二则干巷居民因循规避,百计阻挠,故初议将此河段悉数承包给周浦籍河夫,但其人数过少,影响进度,⑨如3月10日,北局第3段第6号即已报竣,而此时市河动工犹未及半,只得改由河工局雇工帮挑,此开挑进度缓慢之缘由三也。

在此期间,县知事张晋曾应高燮等人之请,于3月19日亲自莅河巡视,⑩认为其"开浚宽深,均甚合度"。4月1日,全河开挑完毕,南、北两局布告奖励工程迅速与成绩优美者(见表3)。

4月2日,沈泾河大小各坝在统一领导和指挥之下,于16时依次将坝桩、坝泥起出,同时开去进水。不料,翌日6时,新开河北段忽然坍陷8丈之多。局中职员见状,赶紧冒雨冲风,四出招夫,临时得雇数百人。众人同心协力,终于赶在中午时分恢复旧观,工程也因此幸未贻误。当天,第四科长丁廷康⑪即代表县知事张晋来局视察并勘视河道一周,至此宣告沈泾全河竣工。

---

① 《施工日志》,《金山沈泾河工载记》,第108—109页。

② 《全河各段号工价河夫保人总表(南局)》,《金山沈泾河工载记》,第77—82页。

③ 《大小各坝工价包头保人总表(南局)》,《金山沈泾河工载记》,第91—93页。

④ 《全河各段号工价河夫保人总表(北局)》,《金山沈泾河工载记》,第82—90页。

⑤ 《大小各坝工价包头保人总表(北局)》,《金山沈泾河工载记》,第93—96页。

⑥ 《沈泾河工业已动工恳请迅赐巡视文(1926年3月18日)》,《金山沈泾河工载记》,第21页。

⑦ 《河工告竣谨将经过情形据实呈报文(1926年8月20日)》,《金山沈泾河工载记》,第31页。

⑧ 同上,第31页。

⑨ 同上,第31—32页。

⑩ 《金山县知事公署指令(1926年3月19日)》,《金山沈泾河工载记》,第22页。

⑪ 丁廷康,字子慎。民国二十四年《金山县鉴》第十章《人物旅外邑人表》。

表 3 沈泾河工各段号获得奖金之河夫明细一览表

张堰南局					干巷北局				
段	号	河夫	保人	工价	段	号	河夫	保人	工价
1	1	陈宝山	卢补金	76.40	3	6	沈四全	朱祝三	72.62
2	1	朱友三	高子卿	69.50	7	6	干阿毛	顾秋倌	36.43
3	6	顾来根	杨俊泉	50.20	7	8	王有来	曹鉴泉	56.60
5	3	王阿狗	沈颂尧	71.70	8	3	甄汝功	康学林	72.52
6	2	龚友根	宋雨生	68.40	11	1	干丙芳	沈月甫	94.53
6	8	许红生	张宗义	70.30					
6	9	胡效坤	时书生	70.90					
7	3	沈坤涛	姜　来	67.60					
8	7	陆少泉	金全倌	76.30					

资料来源：《沈泾河工全河各段号工价河夫保人总表》，《金山沈泾河工载记》。

（三）善后结算

随即，沈泾河工便由实施期转入善后期，先是解决遗留的民事纠纷，再行追缴积欠的工程款项，照数偿还涉及的地基费用，并着手编制工程的决算事宜。

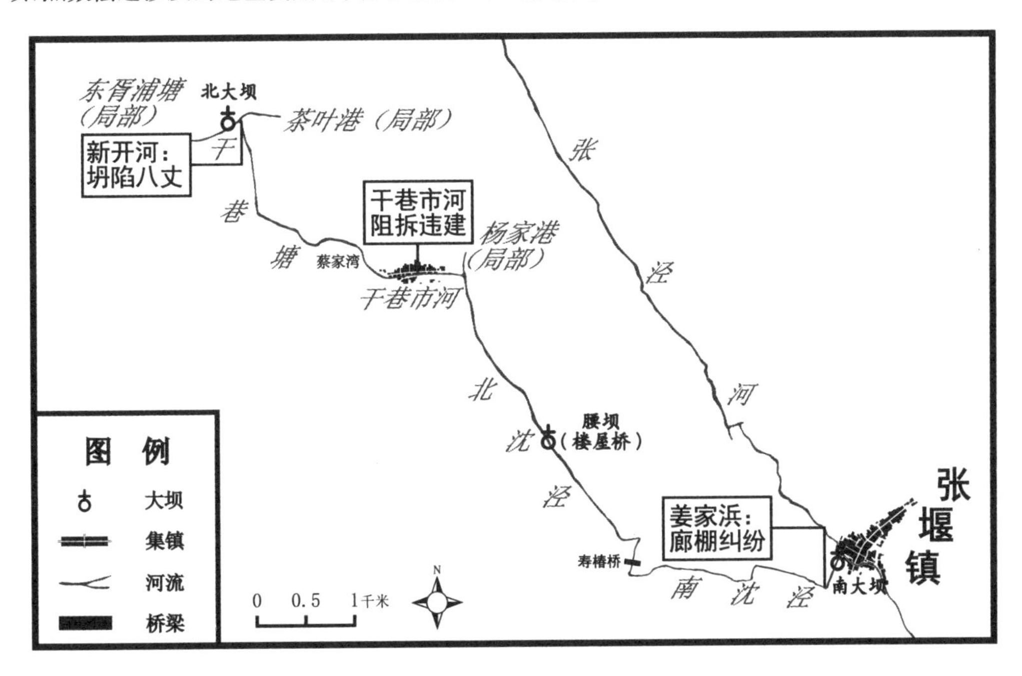

图 4 沈泾河工大坝及民事纠纷位置示意图

资料来源：江苏陆军测量局《张堰镇》(1∶25 000)，民国四年(1915)。

首先是处理"姜光熊事件"。据姜光熊称,其祖上在沈泾河滨有一泥梗,面积五亩六分七厘一毫,手续齐全,纳粮无间。光绪十九年(1893)疏浚沈泾时,未尝稍动一毫。而此次开浚,待河水戽干之后,他因担心泥梗界限不明,自购桩木百余根遍插埂沿,以清疆域。但南局却否认该泥梗系其私产,实行武装拔桩,间杂恫吓,致其横遭损失,徒增抑郁。又反观对岸姜伯承家廊棚,沿河建筑得到南局应许,非但没有如期拆除,反而在此基础上增筑突出河面的五尺长堤。① 而实际情况则是,泥梗确非姜光熊私有,既无印串(田契),亦无所谓纳粮情形。此次开浚,凡有碍河身之障碍物,按照公议一律开去。其自购之桩木,也旋即予以归还。且经过协商,以每根 20 元照价赔偿,双方自此达成共识。至于其所称姜伯承家廊棚,实际并未碍及河身,且自愿主动收进,并不存在违规现象。② 县知事张晋认为此事处理"十分公允"。③

其次是催缴干巷米捐。如前所述,1925 年 12 月 20 日,北局办事人即召集相关人士进行磋商,决议限日提收干巷米捐作为贴费。实际上,政府历年向属地米行征收的米捐,其初衷即是补贴干巷市河的开浚工程,除一部分提存当地殷户外,其余悉存镇区米行。沈泾河工启动后,因干巷市河段承包价格上涨,故决议以之作为市河贴费,补助 2 000 元。然此举却遭各户"饰词延宕"或"故意措匿",只得于开工后额外征收市房门面捐,正街每幢洋 2.5 元,后街每幢洋 1.5 元,拢共勉强凑至 1 200 余元(见表 5)。因此,高燮等人认为"历年米捐为地方储金,公款固不可任意挥耗,储金亦不可私相授受",恳请县府饬令法警,限日追还,④但最终或因张晋他调而不了了之。

再次是照数偿还新开河所占田亩地价及干巷市河假地堆泥津贴。新开河方面,当陈光辉提出"网船埭曲折处开成直线"的疏浚方案后,即得高燮等人赞同,又蒙该地地主高煌允许,尽数捐弃地基,⑤故涉及经费为零;假地堆泥方面,则于 4 月 24 日起,由河工局派遣专员估计工价津贴地主,凡 554.8 元(见表 4)。

表 4 干巷市河假地堆泥津贴明细一览表

地 主	津贴(元)	地 主	津贴(元)	地 主	津贴(元)	地 主	津贴(元)
第四高小	16.80	王来德	10.00	潘少泉	12.00	唐友三	3.00
怀新轩	150.00	沈志豪	3.00	陈二倌	4.00	吴三弟	4.00
干阿新	10.00	沈杰兴	5.00	杨效贤	5.00	夏应祖	15.00
资训堂	60.00	潘来倌	1.00	王和尚	5.00	干子均	2.00
马老太	10.00	潘二和尚	5.00	顾菊生	2.00	钱连如	15.00

① 《金山县知事公署公函(1926 年 4 月 2 日)》,《金山沈泾河工载记》,第 23—24 页。
② 《沈泾河工局复县公署公函(1926 年 4 月 7 日)》,《金山沈泾河工载记》,第 24—25 页。
③ 《金山县知事公署批复(1926 年 4 月 21 日)》,《金山沈泾河工载记》,第 25 页。
④ 《河工米捐各户措匿不交恳请饬警严追以便编制决算文(1926 年 5 月 21 日)》,《金山沈泾河工载记》,第 27—28 页。
⑤ 《金山沈泾河工载记》附载一,第 115 页。

续　表

地　主	津贴(元)	地　主	津贴(元)	地　主	津贴(元)	地　主	津贴(元)
马引姊	35.00	吴三弟	6.00	顾志全	3.00	倪姓地	3.00
俞银锠	60.00	沈教时	20.00	倪道英	3.00	吴皮大	2.00
曹天生堂	2.00	王来发	5.00	倪道章	20.00	薛桂芬	3.00(不受)
王阿土	15.00	夏子云	10.00	陆梦周	4.00	倪姓坟地	10.00
金姓坟地	10.00	丁姓坟地	5.00	沈姓坟地	4.00	总计	554.80

资料来源：《市河假地堆泥津贴工价总表》，《金山沈泾河工载记》。

最后是编制决算册。1926年7月30日，新任金山县知事陈简文鉴于沈泾河工经费关系地方款项，虽竣工已久，却迟迟未见决算细账送交金水委审核，故致函高燮等四位办事人，命其克日造册送署，以便及时提交议事会进行核销。① 8月20日，高燮等即将河工经过情形据实呈报县署，②但未提交决算细账。8日后，县府又迭奉江苏省厅屡次催报，再次致函高燮等人，务希其赶造决算细账送县。③ 9月起，金山地区“虎疫”横行，毙命者众，④10月12—18日，又有巡警在干巷街头强拉民夫，⑤故办事人直至10月20日才向县公署造册报销并缴还河工专用印章。⑥ 11月10日及翌年1月18日，县议事、参事两会相继通过沈泾河工决算册案。3月4日，决算专册又经县议会讨论最后通过。⑦

表5　沈泾河工局决算简表

	款　别			南　局	北　局	共　计
收入门	第一款		水利经费	10 000.000	17 800.000	27 800.000
	第二款		市河贴费		1 277.133	1 277.133
		第一项	米捐		681.676	681.676
		第二项	门面捐		595.457	595.457
	第三款		拍卖物件	556.918	571.850	1 128.768
	收入总数			10 556.918	19 648.983	30 205.901

① 《金山县知事公署公函(1926年7月30日)》，《金山沈泾河工载记》，第29—30页。
② 《河工告竣谨将经过情形据实呈报文(1926年8月20日)》，《金山沈泾河工载记》，第30—37页。
③ 《金山县知事公署批复(1926年8月28日)》，《金山沈泾河工载记》，第37—38页。
④ 金山县张堰镇镇志办公室：《张堰镇志》，上海交通大学出版社，1995年，第234页。
⑤ 上海市金山县干巷乡人民政府：《干巷乡志》，第9页。
⑥ 《造册报销并缴图记文(1926年10月20日)》，《金山沈泾河工载记》，第38—39页。
⑦ 《金山县知事公署公函(1927年3月4日)》，《金山沈泾河工载记》，第39—40页。

续 表

	款 别			南 局	北 局	共 计
支出门	第一款		桩木	610.000	1 523.751	2 133.751
	第二款		筑坝	318.900	365.100	684.000
	第三款		戽水	1 492.100	1 179.624	2 671.724
	第四款		开挑	7 000.800	13 771.823	20 772.623
	第五款		工具	57.562	150.423	207.985
	第六款		局用	946.512	1 374.754	2 321.266
	第七款		特支	98.000	924.800	1 022.800
		第一项	津贴新河地价		70.000	70.000
		第二项	津贴新河堆泥	98.000	554.800	652.800
		第三项	测验水位及编印河工载记		300.000	300.000
	支出总数			10 523.874	19 290.275	29 814.149
收支相抵尚余数				33.044	358.708	391.752

资料来源:《沈泾河工局决算总表》,《金山沈泾河工载记》。

三、经验教训

沈泾河工以后,两岸田亩旱得以灌,涝不致淹。自此,“无以治水,即无以治田”的观念开始深入民间,[1]从河道养护到干河分浚,均为有识之士所重视。他们又受太湖局“治水需要有系统规划,不以流域为范围”[2]的启发,在扬弃前人治水思想实践的基础上,开始着眼从全局、系统的角度出发,[3]寻找彻底整治全邑水利的良方。然限于制度、资金、技术、民智、战争等多种因素,金山民国初年的水利建设在向近代化转变的探索中依旧举步维艰,只能被迫采取治标不治本的补苴之策。

首先是河道养护措施。与张泾河一样,[4]1926 年 4 月,沈泾河工告竣后,高燮等即向县府申请出示晓谕,[5]得到县知事张晋首肯:[6]

---

① 《河工告竣谨将经过情形据实呈报文(1926 年 8 月 20 日)》,《金山沈泾河工载记》,第 33 页。

② 陈岭:《民国前期江南水利纷争与地方政治运作——以苏浙太湖水利工程局为中心》,《农史研究》2017 年第 6 期。

③ 冯贤亮、林涓:《民国前期苏南水利的组织规划与实践》,《江苏社会科学》2009 年第 1 期。

④ 《县公署勒石永禁布告》,《金山张泾河工征信录》,第 23 页。

⑤ 《河工告竣以后对于行旅养河一切善后事宜恳请出示晓谕文(1926 年 4 月 15 日)》,《金山沈泾河工载记》,第 25—27 页。

⑥ 《金山县知事公署指令(1926 年 4 月 21 日)》,《金山沈泾河工载记》,第 27 页。

一、沿河居民，架搭水棚、房屋，以不占河身者为限；

二、各种船只停泊时，以不妨碍来往行旅者为限；

三、两岸河泥，不得堆积河沿；

四、竹排、木排，不得停泊河中；

五、不许抛弃砖石，并禁止养鸭；

六、不许倾弃垃圾，并禁止架设鱼虾蟹簖。

谁知一年以后，原河工主席高爕惊讶地发现，沈泾干巷市河段两岸居民竟又争相侵占河道，以私害公，公然违抗县政府的晓谕和禁令。他痛感"枉费人力，虚糜公款之事小，交通阻梗、灌溉无从之事大"，随即以沈德祥田横坍去岸滩、俞秀桥侵占驳岸的两个典型案例上报县府。[①] 而知事焦忠祖虽复函应允并照会干巷公安分局对妨碍水利的违规建筑严行取缔，对违法行为依法制裁，[②]然终因当地赋税沉重、[③]民智未开，"阳假拆卸为美名，阴行巩固其基岸"[④]者甚众，而未取得良好效果。

其次是干河分浚计划。1926年底，陈光辉曾将全境河流"考之以水性，察之以交通"，按走向与位置遴选出自西向东、自南向北和与邻邑接壤的三类干河，并据其缓急规定分年开浚之期，[⑤]提交了一份通盘筹划全邑水利的草案。而县议事会考虑到经费来源有限，年仅万余金，故对方案作出些许调整，依照"水性为先，交通次之"的原则，重新将境内干河划分为大、小两类，大干河悉由水利经费开支，"折编雇役"，[⑥]而小干河仍照业食佃力的办法开浚（表6）。[⑦] 此举也获得县参事会的大力支持。[⑧] 然囿于政治环境与北伐战争（1927年），该计划直至1928年起才被予以部分执行，并于1937年侵华日军于金山卫登陆后戛然而止。在此期间，明确有开浚记载的仅有新河与界东河（1928年）、长三河[⑨]和惠高泾[⑩]（1935年）、旧运盐河和石臼浦[⑪]（1936年）等。实际上，"切实展开水利调查，通盘考虑水利规划"[⑫]，必需省级及以上机构自上而下推行，方可既治标又治本。而金山水系的症结恰恰在于"浙水微弱、浦潮倒灌"[⑬]，故无论是治理嘉兴境内自西向东的浙水，还是减少浦江浑潮自北向南倒灌，均不是自下而上仅凭一县之力即可解决的。

---

① 《高爕等致县政府函（1927年8月8日）》，《金山沈泾河工载记》，第40—41页。

② 《金山县政府复函（1927年8月16日）》，《金山沈泾河工载记》，第41页。

③ 民国二十四年《金山县鉴》第四章《财政·杂捐》。

④ 《后序》，《金山沈泾河工载记》，第140页。

⑤ 《规定全河干河案》，《金山沈泾河工载记》，第131—136页。

⑥ ［日］鹫尾浩幸：《1914年的地方自治停办与江南水利事业》，唐力行主编《江南社会历史评论》第13辑，商务印书馆，2018年，第28—48页。

⑦ 《县议事会决议案》，《金山沈泾河工载记》，第137—139页。

⑧ 《县参事会决议案》，《金山沈泾河工载记》，第139页。

⑨ 民国二十四年《金山县鉴》第六章《建设·水利》。

⑩ 金山县水利局：《金山县水利志》，上海社会科学院出版社，1996年，第17页。

⑪ 民国二十五年《金山县鉴》第五章《建设·水利》。

⑫ 冯贤亮、林涓：《民国前期苏南水利的组织规划与实践》，《江苏社会科学》2009年第1期。

⑬ 《杨道弘与陈端志讨论水利第一书》，《金山沈泾河工载记》，第115—117页。

表6　1926年金山干河分浚计划表

序　号	级　别	经费来源	组　别	河流名称	备　注
1	大干河	水利经费	甲组（自西而东）	新河	
2				山塘	
3				胥浦塘	
4				面杖港	
5				周家埭港	
6				秀州塘	
7				泖港	
8				横潦泾	
9			乙组（自南而北）	躯塘(六里塘)	
10				惠高泾	
11				五龙港	
12				掘挞泾	
13				沈泾	
14				温河泾	
15				新运盐河	
16				张泾	
17				大汉口	议事会新增
18				长三河	
19	小干河	业食佃力（贴补戽水、筑坝费用）	甲组（自西而东）	归泾(大茫塘)	
20				六湾泾	议事会新增
21				市泾	
22				东泖港	议事会新增
23			乙组（自南而北）	庄公塘	
24				新开河	
25				箬榻港	议事会新增
26				六里湾	议事会新增

续 表

序 号	级 别	经费来源	组 别	河流名称	备 注
27	小干河	业食佃力（贴补戽水、筑坝费用）	乙组（自南而北）	界河	
28				白泾	
29				沐沥港	
30				单溇	议事会新增
31				石臼浦	
32				旧运盐河(旧港)	
33				乡界泾	
34				六里堰	议事会删减
35				长泖	议事会删减

资料来源：《规定干河全案》《县议事会决议案》,《金山沈泾河工载记》。

余 论

显而易见,民国十五年(1926)由金山在乡士绅推动的这次近代化尝试,以事实上的失败而告终。实际上,作为基层社会地方自治的重要一环,民国时期江南的水利事业,至少需要江南局、县政府和在乡士绅的三方共同努力并获得民众的普遍认可,方可达成预期的开浚目标。具体而言,即江南局统筹区域治理,指挥统一行动;县政府制定配套政策,保障经费来源;而在乡士绅则负责具体落实,并保证公开透明。但有趣的是,民间实际对于普惠大众的水利活动,呼声其实并不大,或者根本不愿意修治水利。① 他们习惯性地侵占浅滩与河岸,以之作为谋利之途。而政府通常情况下非但不积极制止,反而放任与纵容,并"规取其税",默认私占合法化。这固然不能简单地归因于民智未开、民德卑劣,而实应归咎于金山地瘠民贫而又赋税沉重。因此,发展才是解决一切问题的基础和关键。否则,即便熟谙水利如夏元吉、潘季驯,并有省级或以上行政机关自上而下殚精擘画,亦无法避免最终走向失败的命运。

但所幸,政府基于"中国社会结构的传统性和士绅势力的宗法性"②,主动任命富有恋乡情节③的在乡士绅担任基层自治组织的首领,其献身家乡公益事业的做法,直接或间接将一个区

① 冯贤亮、林涓:《民国前期苏南水利的组织规划与实践》,《江苏社会科学》2009 年第 1 期。

② 魏光奇:《清末民初地方自治下的"绅权"膨胀》,《河北学刊》2005 年第 6 期。

③ "(高燮)寒舍所居,适近是港(按: 丙寅港,系沈泾枝津)之尾,于是父老之责备愈严,佥以桑梓之义务应尽……"民国二十五年《金山县鉴》第五章《建设》。

域的人民与土地同时纳入水利共同体①的范畴，继而结成组织化的公共权力网络，②"意外"达到了政权建设和社会治理的双重目标。③ 从这个意义上来说，有别于早先纯粹疏浚的张泾河工，此次开浚沈泾河的近代化尝试无疑是成功的。自此以后，国家的行政权力进一步向社会基层渗透，调动稀缺资源与乡村社会资源的能力也随之加强，而地区的近代化进程也随之悄然开启。

总而言之，研究民国时期金山在乡士绅为改善当地通航条件和生态环境所做出的努力，不仅能为当今社会实施全局水域治理提供一定的参考和借鉴，也能帮助我们厘清中国民主的发展历史脉络，深刻体会地方先贤在内忧外患中秉烛探索的艰辛与不易，从而更加坚定当下沿着改革开放、建设中国特色社会主义道路前进的信念和立场。

---

① [日]森田明著、郑樑生译：《清代水利社会史研究》，台北：台湾编译馆，1996年，第364页。

② 魏光奇：《清末民初地方自治下的"绅权"膨胀》，《河北学刊》2005年第6期。

③ 王媛元：《清末民初江南乡绅参与公益事业的动力机制分析》，《中国文化与管理》2019年第2期。

近代“闯金山”与“珠三角”的社会变迁

——以华侨银信为中心的研究

蒙启宙*

摘　要：近代“珠三角”地区海洋贸易发达，社会生活富裕，金融契约机制完善，为华人大规模海外移民提供了独特的地缘经济基础。美国加利福尼亚州等地发现金矿后，大量来自“珠三角”的华人乘坐“金山船”，从珠江口出发经上海来到美国。华侨“闯金山”所形成的巨额侨汇收入弥补了国内的国际贸易逆差，平衡了侨眷生活，也改变了“珠三角”的社会格局。

关键词：近代　闯金山　珠江三角洲　社会变迁

中国之海外移民就其发展之地域可分为两个支系：一由山东出发经伪满洲国至朝鲜，及自西伯利亚赴欧俄；一由闽粤经海道至南洋、澳大利亚东达美洲而至欧洲。“前者多直鲁人，后者多闽粤人。”①因此，“吾中国之善殖民者莫鲁粤人。若陆行而北经直隶东三省至俄罗斯业商业役劳役者多鲁人，水行而南至南洋群岛西至美洲业商业役劳役者多粤人”②。“闽粤地处滨海，其民习于海行”③。“金山船”的出现促进了粤省与美洲④之间的海洋国际贸易，为粤人大量移民美洲提供了可能。“美洲华侨几皆粤人。（粤侨）作工者多，经商者少。（在美洲华侨中）经济及知识以美国华侨为优，与国内关系亦较他国为深。”⑤

一、“闯金山”的地缘经济

“旧金山为美国太平洋海岸之重大商港”，“1769 年（乾隆三十四年）始有第一艘（海轮）驶

---

* 蒙启宙，中国建设银行广东省分行高级经济师。

① 今吾：《中国海外侨民述略》，《侨声》创刊号，北京华侨协会侨务科，1939 年 1 月。

② 邹鲁：《发刊辞》，《潮州留省学会年刊》1924 年第 1 期，第 1 页。

③ 姚蔚生：《英属新加坡历届人口统计中之华侨地位》，《南洋华侨》，商务印书馆，1933 年，第 77 页。

④ 这里的“美洲”是泛美洲的概念。1941 年底，参加泛美洲会议的国家有 22 个。为了叙述上的方便，本文沿用民国时期的研究习惯，将近代海上移民的区域分为南洋和美洲。欧美、大洋洲等统称为美洲。

⑤ 丹徒、李长傅：《华侨》，中华书局，1927 年，第 127—131 页。

人。其后逐渐繁荣","华侨及留学生赴美者均由旧金山登陆"。① 据美国移民局记载,1820年便有华人来到美国。但在此后的28年间,在美国的华人只有40人左右。② "华侨大量移殖美洲实自十九世纪中叶始。"1849年加利福尼亚州发现金矿时,该处只有323名华人,2年后便达到2 500余人。美国南北战争结束后,贯通东西的2条铁路大干线开始修筑,美国在华大量招募华工。1880年,留美华侨已达10万人。③

"华侨之初抵美国","登陆地为加省(加利福尼亚)之旧金山"。④ 随之出现的金山船、金山庄、金山客、金山银、金山箱为这段历史留下了特殊印记。"闯金山"也就成为近代华侨大量移民美洲的统称。

"闯金山"需要一定的地缘经济作支撑,包括发达的海洋贸易、富裕的社会生活以及完善的金融契约机制等。

(一)发达的海洋贸易

"海运初通,外船大都集中于广州和厦门"两地。⑤ "一口通商"使广州独揽中国对外贸易业务85年。嘉庆二十五年(1820)前后,美国夏威夷商人运载"檀香至广州发卖,是(美国)与中国通商之始",也是美国商人"首次桅船派赴广东福建招工",夏威夷出现了第一批华人"合同工人"。⑥ 海洋国际贸易的形成与发展为粤人"闯金山"提供了条件。

美洲各国为增加税收、促进经济发展,将移民人数与海洋贸易的规模联系起来。在海洋洲(大洋洲),光绪七年(1881),澳大利亚规定"每船一百吨,每次准载华工一人,并纳入口税十镑。后增至三百吨许载一人,而入口税增至百镑"。新西兰政府"限制华侨入境。每船十吨许载一人,纳入口税十镑。光绪二十三年则每船二百吨,始许载华侨一人,入口税一百镑"。在北美洲,加拿大"政府限制华侨登陆。凡船五十吨,许载华侨一名,纳税五百元"。⑦ 一些私营办庄在从事海洋贸易的同时,通过引导华侨随船出洋以谋求更高的商业利润。这些"代理侨胞收购土货,运送出口及办理出国手续等事宜,转拨(华侨)汇款为其兼营业务"⑧的私营办庄被称为"金山庄"。因此,与外洋有密切的国际贸易关系以及一定数量的海洋贸易办庄是华人大量移民美洲的前提条件之一。

海上交通工具的使用对华侨出洋的人数及海外分布起到间接作用。受造船工艺水平和文化习俗等的影响,不同地域的华侨出洋所使用的海上交通工具并不同。"下南洋"所需的船只比较简单。"1850年华侨之由四方帆船及沙艇移往"南洋。⑨ "华侨南渡的都只得用帆船,这种出洋的帆船在汕头俗称'红头船',在闽南俗称'青头船',在广州香港一带称'大眼鸡',又称'二枝

---

① 《闲话旧金山》,《广东商报》1946年4月17日,第2版。
② 陈汝舟:《美国华侨年鉴》,纽约:中国国民外交协会驻美办事处,1946年。
③ 区琮华:《美洲华侨与侨汇》,《广东省银行季刊》1941年第1卷第1期。
④ 丹徒、李长傅:《华侨》,第128页。
⑤ 区琮华:《劝导华侨投资几个问题》,《广东省银行季刊》1941年第1卷第2期。
⑥ 陈汝舟:《美国华侨年鉴》,第386页。
⑦ 丹徒、李长傅:《华侨》,第119、141、101—102页。
⑧ 姚曾荫:《广东省的华侨汇款》,商务印书馆,1943年,第10页。
⑨ 姚蔚生:《英属新加坡历届人口统计中之华侨地位》,《南洋华侨》,第80页。

桅’，又称‘桅棒船’。”①由于帆船的远航能力差，因此“广东人之多殖南洋者，首推东江区”②。“侨居南洋一带者多属潮梅籍或琼崖籍”华侨。③“闽侨多半集中于南洋，在澳洲美洲的极少。”④

图1　《1828年槟榔屿》⑤

图2　《金山船启锭》⑥

作为珠江流域连接南海的出海口，珠江三角洲地区的造船工艺水平先进、海洋国际贸易繁荣，各种技术先进、性能可靠的大型海轮穿梭于珠江口、上海与美国旧金山之间，成为既经营海洋国际贸易，又从事移民美洲的“金山船”。金山船的运载能力和远洋能力是同时期机动帆船所无法比拟的。由于“金山船”不受海洋洋流和季候风等的影响而到达海洋的每一个角落，拓展了粤人海外移民的地域，使“海水到处有华侨”⑦成为现实。

乘坐金山船移民美洲的时间相当漫长。金山船“经珠江而过香港”，“从香港出发又经月余，然后抵沪”，“由沪解缆，从兹便出国门”，“扁舟如叶，日夕向西而行，约数旬之久才抵达金门港”。⑧ 乘坐金山船的手续也相当繁琐，需要集中在广州等候出航通知，“侨胞在穗候轮有时逾两个月者”。需要获得出洋贷款资助的侨胞需提前到广州“沙面（美国）领事馆候取”出洋贷款金。⑨ 从外地前往广州乘坐金山船移民美洲的华侨，不但需要支付一些额外的费用，而且要留有充裕的时间。因此，“闯金山”的主要是广州及附近城镇的民众。“闯金山”的华侨“以广州附近为多。分为三邑（南海、番禺、顺德），四邑（新会、新宁、恩平、开平）等”帮派。⑩ 由于“美洲的侨民大部分籍属四邑、中山、鹤山及番禺诸县，非洲的侨民大多隶属花县一带”⑪，“粤侨比闽侨

---

① 刘征明：《南洋华侨问题》，国立中山大学社会研究所编辑，金门出版社印行，1944年，第48页。

② 刘征明：《南洋华侨问题》，第47页。

③ 容华绶：《广东侨汇回顾与前瞻》，《广东省银行季刊》1941年第1卷第1期。

④ 刘征明：《南洋华侨问题》，第224页。

⑤ 星洲日报社编纂：《星洲十年（星洲日报十周年纪念特刊）》，1940年。

⑥ 参见《新加坡汇业联谊社特刊》，新加坡：新加坡汇业联谊社，1947年。

⑦ 《海水到处有华侨》，《大同日报》1942年2月25日，第2版。

⑧ 司徒献：《少小离乡老大回》，《纽约华侨餐馆工商会游河特刊》，纽约：纽约华侨餐馆工商会，1922年8月。

⑨ 《华侨一批明日赴美》，《前锋日报（广州版）》1946年10月20日，第3版。

⑩ 丹徒、李长傅：《华侨》，第131页。

⑪ 姚曾荫：《广东省的华侨汇款》，第2页。

(在海外)分布的区域更广阔"①,"而广东人之侨居美洲的汇款能力又特别大",因此"广东的侨汇远非福建的所可及"②。

(二)富裕的社会生活

近代中国"天灾频降,政局紊乱,商者顿于市肆,农者困于畎亩,故人民不得不舍其固有之资财,而向海外另觅生路"③,以"寻求理想之世界"④。人多地少、自然灾害频发等恶劣的自然条件,经济动荡、民不聊生等残酷的社会现实,被认为是华人漂洋过海、出洋谋生的主要原因。例如,"韩江流域得天独薄,山多田少,地瘠民贫。因而居民生活困顿颠沛",当地民众被迫"远涉汹涌重洋,跨过南洋地带的处女群岛,以血和汗去作不歇的工作"。⑤"闽省地瘠,境内多属山地,岗岭杂叠。其耕地面积在中国各省份中仅比贵州省的耕地多一些",人多地瘠加上社会动荡不安,使闽人"视汪洋巨浸为衽席"而纷纷出洋谋生。这使闽省华侨人数仅次于粤省名列第二。因此"海外移民最基本的动因是找寻食料"。⑥

与"下南洋"不同,"闯金山"移民美洲要面对漫长的海路、高昂的路费,对船舶的远洋性能要求也相当高。"珠三角"社会经济发达、民众生活富裕。"中山一县每平方公里之耕地平均人口只有八百四十二人,全年产谷达六百三十五万市担。除供县民消费之外,还有余额推销邻近各县。""许多乡村大耕户的富有程度都是普通华侨所不及的。"⑦富裕的社会生活为中山人移民海外提供了经济保障,中山县"向国外谋生的邑人相当多,与四邑潮汕等县同为本省最多侨胞的一县"⑧。"新、台、开、恩四邑位于本省之中南,商业繁盛,一水注入,商埠颇多",各地"皆市廛繁盛,人烟稠密,经济状况极为充裕"。单"新会一县,年中输出之葵扇、柑橙、果皮等物不下百余万元","邑人除务农外,多向出洋谋生"。⑨"四邑是华侨之乡,往海外谋生者几占全部壮丁人数的五分之一,有些整条村(的人)都在海外谋生","华侨的子弟年龄十五岁至二十五岁间,已办妥出国手续(如领取护照、购置别人出世纸或入口纸等类),准备跟随父兄到海外谋生"。⑩

"广州为华南重镇,以与外洋通商最早之故,人民之移出海外为数极众"⑪,是近代中国最大的都市侨乡。在美洲和南洋部分地区,广州华侨的经济实力相当雄厚。美洲"檀香山华侨皆广东人,而广州人尤多。多经营商业"⑫。越南华侨"分为五大帮,即广州帮、客家帮、福建帮、潮州帮、琼州帮。其中以广州帮势力最大"⑬。与广州接壤的"佛山为南海经济中心,地处西江下游。

---

① 刘征明:《南洋华侨问题》,第224页。
② 吴承禧:《厦门的华侨汇款与金融组织》,《社会科学》1937年第8卷第2期,第209页。
③ 今吾:《中国海外侨民述略》,《侨声》创刊号。
④ 容华绶:《广东侨汇回顾与前瞻》,《广东省银行季刊》1941年第1卷第1期。
⑤ 《水客何姗姗归迟?》,《中山日报(梅县版)》1949年1月16日,第3版。
⑥ 区琮华:《劝导华侨投资几个问题》,《广东省银行季刊》1941年第1卷第2期。
⑦ 刘征明:《南洋华侨问题》,第50页。
⑧ 朱深:《侨汇与邑民经济的关系》,《中山月刊》第2期,广州市中山同乡会,1946年8月。
⑨ 《今非昔比之四邑经济状况》,《广州日报》1934年10月22日,第3版。
⑩ 《四邑婚姻嫁娶多》,《针报》1946年第100期,第5版。
⑪ 江英志:《广州市立银行的新使命》,1937年,第102页。
⑫ 丹徒、李长傅:《华侨》,第124页。
⑬ 《越南华侨生活之苦况》,《海口市商会月刊》1936年第4卷第6号,海口市商会。

在昔向被称为全国四大镇之一，工商各业发达，尤以手工业著称”，而且华侨众多。①

富裕的社会生活为“珠三角”民众“闯金山”提供了经济条件。

（三）完善的金融契约

出洋资金的筹措是移民美洲的关键。家庭经济富裕的华人可以以自由移民的身份进入美洲，而家庭经济拮据的华人可以通过民间借贷或变卖家产或出卖劳动力成为契约劳工等方式获得出洋资金。

光绪二十三年(1897)，华侨关如裕在香港向银号借银312元前往美国旧金山。根据借款收条的约定，关如裕“限搭花旗公司毡拿火船到金山大埠。上岸拾日即如数附回”所借款项，“不得拖欠，如无银交抑或交不清，照每百元每月加息银叁元算。向担保人取足，无得推诿，立单为据”。② 因此，1897年华人从香港前往美国旧金山所需要的费用约为312元。借款人须乘坐指定的火船出洋并在约定的时间内归还借款，否则需要支付3%的借款月息。宣统二年(1910)七月，汇丰银行广州分行的存款利率为：3个月周息2厘半，6个月周息3厘半，12个月周息4厘。③ 当时，华侨出洋所借款项的月息为1年期银行存款月息收入的1.8倍，处于相对合理的借贷区间。

契约劳工可以说是一群特殊的借款出洋群体。以契约劳工的身份出洋谋生在“珠三角”由来已久。嘉庆十年(1805)，英国驻马来半岛槟榔屿总督下令英属东印度公司驻广州的代表，在广州一带拐骗了300名粤人从澳门出发，经过海路抵达特立尼达岛，令其作为契约劳工充实各行业。嘉庆十五年(1810)，南美洲的“巴西试种茶树，继欲经营茶叶，乃招致中国茶工数百人赴巴从事种殖”④。

契约劳工的招募地主要是香港和澳门。在“香港开埠初期，已有人设机关从事宣传，大量招募粤人出洋的工作。有招募往南洋的，有往澳洲或美洲的”⑤。“南洋客馆需要工人，即通知香港客馆遣派客头(水客)亲赴内地招聘工人。诱以甘言动以小利，甚至有出以武力的”，招募的新客被“带到客馆，待船南渡。一切食住旅费”由水客代垫。到达南洋后“交新客于雇主”，水客可获得每人20—24元不等的介绍费。香港开埠之初“能够迅速地繁荣发达，广东人的出洋是一个大原因”。⑥ “道光二十六年(1846)，西班牙人贩黑奴之故技，至香港、澳门等地托言招契约工人，定期八年，运至古巴后发往各烟草糖厂工作。”⑦咸丰元年(1851)从香港招募到达美洲及澳大利亚的粤籍华侨为8 000人，翌年便超过3万人。⑧ 1856—1871年间，从澳门贩运到古巴的契约劳工为946 451人，贩运到秘鲁的契约劳工为83 192人。澳门当地的中介公司因此获得的商业利润高达3 100万—4 000万元。⑨

---

① 人丁：《战后佛山银钱业之厄运》，《商业道报》创刊号，广东省商会联合会经济研究委员会，1948年1月。
② 刘进：《五邑银信》，广东人民出版社，2009年，第18页。
③ 《汇丰银行广州分行广告》，《广东七十二行商报》宣统二年(1910)八月十八日，第1版。
④ 区琮华：《美洲华侨与侨汇》，《广东省银行季刊》1941年第1卷第1期。
⑤ 陈汝舟：《美国华侨年鉴》，第386页。
⑥ 李景新：《广东人的出洋》，《闽侨月刊》1936年第2、3期合刊，中南旅运社。
⑦ 丹徒、李长傅：《华侨》，第145—146页。
⑧ 李景新：《广东人的出洋》，《闽侨月刊》1936年第2、3期合刊。
⑨ 《澳门曾是“猪仔”中转站》，《广州日报》1999年12月20日，第17版。

相对发达的金融业、完善的履约机制以及合理的借贷成本,为"珠三角"民众"闯金山"提供了独特的地缘经济基础。"美洲华侨以本(粤)省之台山、开平、恩平、新会、鹤山、中山六邑为数最多。"①"檀香山华侨皆广东人,而广州人尤多。多经营商业","而服务于欧美银行公司中者亦多"。② "闯金山"使农耕文明与海洋文明相交融,中外金融理念相碰撞,所形成的大量侨汇弥补了近代粤省乃至中国的国际贸易逆差,平衡了华侨家庭收支,形成了新型股权投资关系,对国内社会经济的发展以及"珠三角"的社会变迁产生了重要的影响。

二、"闯金山"对国内社会经济的影响

"华人初来(旧金山)甚罕",到埠后一般"在埠中华人所设之杂货店当杂工,月薪极微,殊不敷出"。③ 但无论是华人餐馆还是杂货店,其"资本取自工人之积蓄,由集腋以成裘。管理基于分工之便宜,是随才而器使。故工也商也同为一体,雇也佣也尤难区别,事无大小均能通力合作"④。华侨在不同的侨居国(地)所从事的职业并不相同,形成了不同的经济力。"四邑人得之美洲者,皆类劳苦工资。潮梅人得之南洋各地者,多为经商溢利,且以此而成数千万之富豪其数亦不少。"⑤"美国虽号称黄金之国,但华侨之拥有百万美金资本者,只中山邑人梁某一人而已。彼已算旅美国华侨之首富。"由于"南美侨胞多从事小农业工作,北美(侨胞)多洗衣及餐馆两业,(因此美洲侨胞的)经济力远逊色于南洋侨胞",美国某华侨"服役纽约一华人餐馆,四十年还未尝一履第五街(纽约最繁华街市),汇款则委托他人代理。修发亦自备刀剪,起居饮食委促厨下"。⑥ 在澳大利亚,华侨"就是有钱的人也是穿着褴褛的衣裳"⑦。但美洲华侨"汇款额则殊巨大"⑧,虽然"华侨散居地域以南洋一带最多,但汇归款项则以美洲侨胞为多"⑨。1930 年,美洲华侨对港汇款"占全国侨汇总数的百分之五十以上",而当时"美洲侨胞人数只占侨胞总数二十分之一"。⑩ 抗日战争胜利后,中国侨汇"便为美洲(侨汇)进居首位"⑪。"彼等之捐输与汇款全从节衣缩食挪来,住破旧房屋,食粗励[粝]饭菜,穿陈旧衣服"⑫。

华人向国内的"捐输与汇款"具有"银"和"信"两大经济特征、"接济"与"沟通"两大社会功能。这种银信合一的华侨汇款在"珠三角"及闽南地区被称为"银信",在潮梅汕地区被称为"侨批"。海外移民是华侨银信形成的基础,没有海外移民就没有华侨银信;华侨银信是海外移民的

---

① 刘佐人:《当前侨汇问题》,《广东省银行月刊》1947 年第 2 卷第 1 期。
② 丹徒、李长傅:《华侨》,第 124 页。
③ 司徒献:《少小离乡老大回》,《纽约华侨餐馆工商会游河特刊》。
④ 《发刊词》,《纽约华侨餐馆工商会游河特刊》。
⑤ 参见《新汕头》,汕头市市政厅编辑股,1928 年,第 1 页。
⑥ 区琮华:《美洲华侨与侨汇》,《广东省银行季刊》1941 年第 1 卷第 1 期。
⑦ 刘元亨:《澳洲与澳洲华侨》,《南洋华侨》,第 99 页。
⑧ 区琮华:《美洲华侨与侨汇》,《广东省银行季刊》1941 年第 1 卷第 1 期。
⑨ 区琮华:《英美封存中日资金后对我侨汇的影响》,《广东省银行季刊》1941 年第 1 卷第 3 期。
⑩ 区琮华:《美洲华侨与侨汇》,《广东省银行季刊》1941 年第 1 卷第 1 期。
⑪ 刘佐仁:《当期侨汇问题》,《广东省银行月刊》1937 年第 3 卷第 1 期。
⑫ 区琮华:《美洲华侨与侨汇》,《广东省银行季刊》1941 年第 1 卷第 1 期。

动力，没有华侨银信，海外移民就难以持续进行。“闯金山”所形成的大量侨汇弥补了国际贸易逆差、平衡了华侨家庭收支、整合了各地的金融资源，从而使中国的国际经济关系和粤省的社会经济关系得到改善。

（一）弥补了国际贸易逆差

“所谓侨汇，就是我国侨胞在海外劳动或以资本取得工资或利润而汇回祖国的款项。”①侨汇对弥补近代粤省乃至中国的国际贸易逆差起到非常重要的作用。

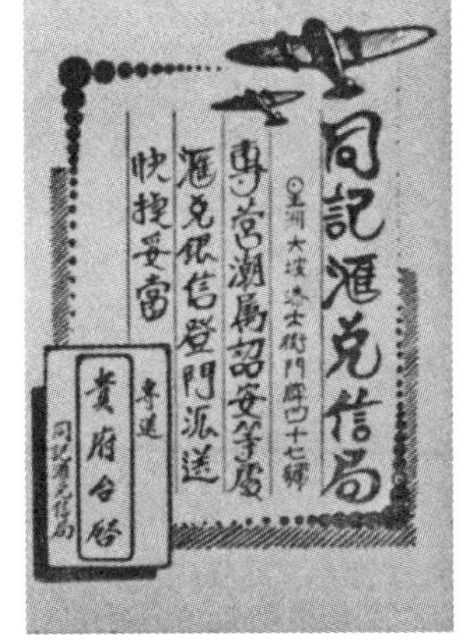

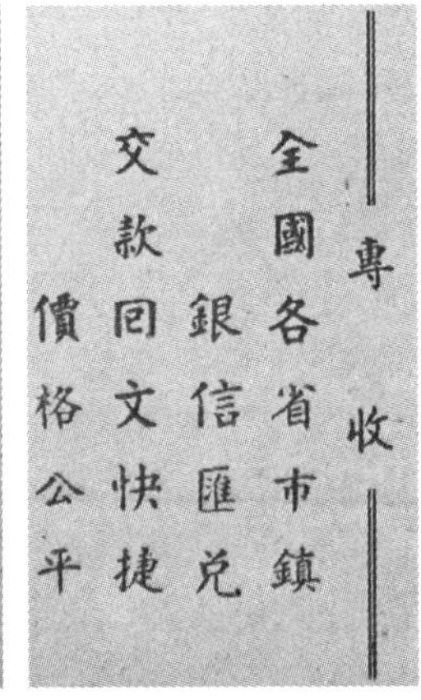

图 3 新加坡同记汇兑信局广告和新加坡泰南隆汇兑信局广告（局部）

据 1946 年出版的《美国华侨年鉴》记载：从 1864 年到 1913 年的 50 年间，中国对外贸易输出额为 695.5 亿海关两，输入额为 932.4 亿海关两。两者相抵消，“输入超过输出二百三十六亿九千万海关两”。进入民国以后，除了第一、第二次世界大战期间，中国对外贸易输入与输出额相差较少外，其他年份，中国对外贸易输入额均远远大于输出额。因此，近代中国是一个名副其实的国际贸易入超国。“华侨的大部分是广东人，而广东人之侨居美洲的汇款能力又特别大”，“广东的侨汇远非福建的所可及”；②广东是近代中国侨汇第一大省，同时也是国际贸易入超省份。抗日战争全面爆发前十年，“广东每年入超约在一万万元之间”③。

巨额“入超”虽然严重影响了国内的工农业生产。但从总体上看，长期处于“入超国”状态的中国并没有在国际贸易中“破产”。“广东连年巨额入超而不至民穷财尽”④，这主要得益于外国资本在中国的投资与消费，以及“华侨汇寄本国之汇款及归国时所带款项”⑤。“华侨汇款直接关系侨胞家属生计，间接关系国家资源”的利用。⑥

“粤省与海外交通最早”⑦，粤侨“分布海外为数之众甲于全国各省”⑧，其“侨胞遍殖世界，尤以南洋、东印度、美洲等处为数最多”⑨。由于“各地华侨颇多，汇款回国者为数亦巨”⑩。因此近代中国侨汇以粤省侨汇为数最多。“战前我国平均每年的侨汇有三亿四千万元，依当时汇率折算美金为一亿元，而广东一省则占全国侨汇总额的百分之八十以上。”⑪“每年（从南洋汇入

---

① 《现阶段的金融政策》，《广东省银行季刊》1941 年第 1 卷第 4 期。
② 《厦门的华侨汇款与金融组织》，《社会科学》1937 年第 8 卷第 2 期，第 209 页。
③ 陈宪章：《两年来广州的金融》，《珠海学刊》，珠海大学编辑委员会，1948 年 5 月。
④ 同上。
⑤ 陈汝舟：《美国华侨年鉴》，第 331—332 页。
⑥ 《邮局投派侨胞汇款各县团队应妥护送》，《中山日报（梅县版）》1940 年 10 月 31 日，第 2 版。
⑦ 《孙部长电邹宋彻底整粤财政与金融》，《金融周报》1936 年第 2 卷第 6 期。
⑧ 《广东省银行史料》，广东省银行编印，1946 年。
⑨ 《广东之金融货币》，《两广战时经济》第 1 期，第四战区经济委员会编印，1941 年。
⑩ 《孙部长电邹宋彻底整粤财政与金融》，《金融周报》1936 年第 2 卷第 6 期。
⑪ 陈宪章：《两年来广州的金融》，《珠海学刊》。

国内的侨款)平均三万万元,其中广东一省汇款已占全部侨款的百分之七十以上。"①"据粤海关统计,1931年—1937年,我国侨汇总额平均每年为1亿元,粤侨汇额占85%,共约5亿元。依当时汇率,折合美元为8 500余万元。"②1938年汇入中国的侨汇总额为6亿元,其中有85%是通过粤省汇入的。③

粤省侨汇以美洲侨汇为数最多。光绪三年(1877),美国加利福尼亚上议会估计美国华侨汇款每年平均高达1.8亿美元。④"根据美国国际贸易局的统计:由1930年至1936年,美国华侨汇款每年约国币八千万元至一万万元","美洲华侨汇款常占华侨汇款总数之半"。⑤ 1938年世界外汇汇率高企,"谋生异地"之华侨"遂乘此外汇高涨之际,努力搜集现款汇寄返国"。⑥ 各地汇入粤省的侨汇数量均有所增加,但"以本省旅居美属各埠之华侨汇寄返国之款占数最多"⑦。抗日战争时期,美洲"各地侨胞执此业者可利市三倍","旅美华侨之经济状况至为丰裕,无论任何一业均有相当之发展"。旅美华侨冲破重重障碍将大量的侨款汇回家乡,使汇入"我国的侨汇大部分为美洲侨汇"。⑧ 根据"美国邮局(1939年)报告,该年旅美华侨汇归中国款额共二千五百万美元。按照当时的汇率每元美金伸算国币十八元计算,得国币数肆万万五千万元"⑨。"美国华侨为数虽仅七万七千人,且大多是低薪阶级。自1937年以迄1945年,已向国内汇回三千万美元,接济难民。"⑩全面抗战前"南洋侨汇向较美洲、英伦、古巴各埠为多,惟此次(第二次)世界大战,南洋一带惨遭敌人破坏,华侨财产损失甚巨。且英属各地殖民地政府严厉限制华侨汇款。而美洲各地则未受战争损失,工商各业如常经营,华侨收益反因战时景气而较前增加";抗日战争胜利后,"美洲(侨汇)进居首位"。⑪

近代"侨汇(既)是平衡我国国际收支的重要项目",也是"补充我国外汇基金的主要来源"。⑫ 粤省侨汇之多,"足以堵塞我国贸易入超之漏洞,平衡国际收支"⑬。"闯金山"在其中发挥了重要的作用。

(二)平衡了华侨家庭收支

侨汇也"是平衡华侨家庭收支的有力因素"⑭。"粤省工商业之繁荣,人民经济之灵活,大半赖有大量侨款挹注","欲谋吾粤经济工商业之发展,首在使侨汇灵活"。⑮ 由于对侨汇的高度依

---

① 詹朝阳:《粤侨经济概况与侨资运用》,《新加坡汇业联谊社特刊》,第121页。
② 《广州市工商业经济金融状况及意见书》,《广州市商会周年特刊》。
③ 黄枯桐:《侨胞与经济建设》,《粤侨道报》1946年第1期,广东省政府粤侨事业辅导委员会。
④ 姚曾荫:《广东省的华侨汇款》,第31页。
⑤ 区琮华:《美洲华侨与侨汇》,《广东省银行季刊》1941年第1卷第1期。
⑥ 《侨胞汇款归国激增》,《越华报》1938年10月13日,第2版。
⑦ 同上。
⑧ 刘佐仁:《当期侨汇问题》,《广东省银行月刊》1937年第3卷第1期。
⑨ 刘征明:《南洋华侨问题》,第224页。
⑩ 《美洲华侨捐款达三千万美元》,《前锋日报(广州版)》1946年5月11日,第1版。
⑪ 刘佐仁:《当期侨汇问题》,《广东省银行月刊》1937年第3卷第1期。
⑫ 刘佐人:《侨汇问题》,《金融与侨汇综论》,广东省银行经济研究室,1947年,第36页。
⑬ 《广东之金融货币》,《两广战时经济》1941年第1期。
⑭ 刘佐人:《批信局侨汇业务》,广东省银行经济业书,1946年。
⑮ 《粤侨汇未畅通》,《广东七十二行商报》1946年8月10日,第6版。

赖，国际经济的发展变化深刻影响了“珠三角”的社会经济和侨眷生活。“每届播种时节，华侨汇款若停顿，则（粤省）耕稼无以开始，农民必受深切之痛苦”[2]，城镇“商业遂一落千丈”[3]，仰赖侨汇接济之侨眷“甚至有饥馑而死者”[4]。而当侨汇大量涌入，“衰落市面（则又）活现生机”[5]。

图 4 《侨汇期待》[1]

1927—1929 年间，世界经济危机爆发初期，汇入粤省的南洋侨汇激增。广州新增批信局超过 10 家。随着世界经济陷入困境，南洋“失业工人触目皆是”[6]，“华侨被迫回国返乡者甚多，汇款大为减少”[7]。1930 年，世界“金贵银贱，外国（货币）汇水日形高涨，为空前所没有，香港一般银业界之做炒家生涯，若专买空者，无不大受打击”，“虽具资本额雄厚，亦受牵连”的银号“倒闭者不下三四十家”。[8]

“佛山为南海经济中心”[9]，其社会经济主要依赖于对外贸易业务。世界经济大衰退使佛山的对外贸易额大幅度减少，各地商号拖欠银号的贷款达 30 多万元。24 家银号因无法收回贷款而倒闭，剩余的 18 家银号为了收缩银根“均持不放揭主义”，停止发放贷款和提供按揭；“为了节省皮费计，各银号伙伴均被裁去过半”。[10] 佛山的社会经济陷入瘫痪。

由于“华侨被迫回国返乡者甚多，汇款大为减少，四邑经济遂大为拮据”。“邑人购买力薄弱”，“商店之关歇者极多”，四邑“商业遂一落千丈”，“行走于四邑与省城之间的航运业务亦每况愈下，载运货物较前减少十分之三”。[11] 而省城广州也难逃一劫。1933 年广东省银行等发生挤兑后，“广州市内兆荣等十二家银号，岭海（银行有限）公司及大中储蓄银行等也相继破产”[12]。商办广东银行的倒闭引发了近代中国第二次银行停业倒闭的高潮，“一时间搅动得整个金融界人心惶惶不可终日”[13]。

抗日战争时期，“广州、汕头相继沦陷，沿海口岸被敌人封锁，交通梗塞，侨批往来顿形不便”[14]。

---

① 《侨汇期待》，《大同日报》1945 年 10 月 1 日，第 4 版。
② 黄文衮：《华侨汇款与广东经济》，《华侨问题专号》，广州大学社会科学研究社，1937 年。
③ 《今非昔比之四邑经济状况》，《广州日报》1934 年 10 月 22 日，第 3 版。
④ 《台山侨汇沟通问题》，《大同报》1945 年 3 月 13 日，第 1 版。
⑤ 《台城喜忧镜头》，《侨通》1946 年第 3、4 期合刊。
⑥ 《失业华工归国》，《台山民国日报》1931 年 6 月 20 日，第 3 版。
⑦ 《今非昔比之四邑经济状况》，《广州日报》1934 年 10 月 22 日，第 3 版。
⑧ 《金价的影响》，《广州日报》1930 年 6 月 18 日，第 6 版。
⑨ 人丁：《战后佛山银钱业之厄运》，《商业道报》创刊号。
⑩ 《佛山银号之营业近况》，《越华报》1934 年 5 月 7 日，第 5 版。
⑪ 《今非昔比之四邑经济状况》，《广州日报》1934 年 10 月 22 日，第 3 版。
⑫ 钱汉先：《中国金融恐慌的检讨》，《星华日报》1935 年 8 月 11 日，第 13 版。
⑬ 李一翔：《近代中国第二次银行停业倒闭高潮初探》，《上海档案史料研究》第 8 辑，上海三联书店，2010 年。
⑭ 《最近广东金融情势》，《广东省银行季刊》1942 年第 1 卷第 3 期。

太平洋战争爆发后,“南洋星洲等地侨汇断绝”①,“侨胞家属一时未得接济,彷徨焦灼”②。日寇侵占“三埠”使四邑地区的“美澳两洲侨汇中断”。“往昔仰赖该两地接济之侨眷”,“生活早已陷入困境,甚有不少饥馑而死者”,侨眷“多将仅存之衣饰变卖以维生计”;③“侨眷家用接济断绝,前有金饰或卖或押,早已罄其所藏”④。

抗战胜利后“美(国)财部解冻外国在美资金,并放弃对华汇款管制后,纽约各私营商业银行已开始经营对华汇款”⑤。美洲侨汇大量涌入,使“珠三角”的“每一个墟市都已繁荣起来了。在台城、新昌、荻海、斗山和白沙等墟市里,都有数目可观的金铺和兼营找换的商店。黄金外币的行情也和广州一样早晚变化着,行家跑出跑入,买卖着。各种大小行号都堆满从大都市运回的货物”⑥,“四邑侨眷一若涸水游鱼,渐睡醒”。“衰落市面活现生机,尤以金铺商店一若雨后春笋(般)纷纷开设,装修粉饰,勾心斗角”;“布匹商店星罗棋布,颜色娇艳夺目”,“四季服色,红白分明,招引仕女如云,购妆益者有之,添置四季衣服者有之,(商店)门前生意车水马龙,言价绝不计较。只见红色关金张张飞舞”。⑦“四邑侨汇畅通,游资日形充斥,一般‘金山婆’收得汇款后,多作藏金运动。”⑧

“珠三角”民众的婚嫁礼仪也得到恢复。在“六邑(四邑加上中山、鹤山两县)嫁女的行列,五箱十柜,三羊四猪,金钱港币挂满娇门,武装卫士拱护两边,大摇大摆,经常在乡间出现一女出嫁,常闻有耗费至数千万元者”⑨。

(三) 整合了各地金融资源

美洲华侨投资金融业,一些经营范围涵括“珠三角”“长三角”以及美洲和南洋各地的商业银行应运而生,大量的侨汇资源通过各地的金融机构在海内外流动。

1912 年 2 月,商办广东银行在香港创办,成为首家在香港注册成立的华资银行。这家由美洲华侨与香港殷商出资筹建的商业银行,“年中生意以美洲华侨存款为多”,“岁中美洲华侨汇驳存贮,多为该行是愿”。⑩ 在广州、上海、汉口以及旧金山、纽约、暹罗等地设有分行。⑪ 20 世纪 30 年代,世界经济大衰退,各国华侨经济走向崩溃。美洲华侨的收入大幅度减少,导致商办广东银行的“存款日少,提款日多”。在入不敷出的情况下,1935 年,商办广东银行香港总行和上海、汉口、广州分行同时倒闭,⑫并向香港法院提出破产申请。商办广东银行的倒闭引发了近代

---

① 《中央海外部订定沟通侨汇办法》,《广东省银行季刊》1942 年第 2 卷第 3 期。
② 《梅县府电请当局设法调剂侨汇》,《中山日报(梅县版)》1941 年 12 月 26 日,第 2 版。
③ 《台山侨汇沟通问题》,《大同日报》1945 年 3 月 13 日,第 1 版。
④ 《三埠游资多　黄金过十万》,《广东省前锋日报》1946 年 1 月 8 日,第 6 版。
⑤ 《美银行办理对华汇款新汇率》,《广东省前锋日报》1946 年 1 月 18 日,第 2 版。
⑥ 老乡:《黄金外币装饰下的台山》,《四邑通讯》1947 年第 1 期,台开新恩四邑青年联谊社。
⑦ 《台城喜忧镜头》,《侨通》1946 年第 3、4 期合刊。
⑧ 《三埠游资多　黄金过十万》,《广东省前锋日报》1946 年 1 月 8 日,第 6 版。
⑨ 《侨资涌进后之六邑》,《粤中侨讯》1947 年第 1 期,广州中国银行侨汇股编。
⑩ 《广东银行与四邑人士》,《环球报》1935 年 9 月 9 日,第 2 张第 2 版。
⑪ 《西堤商办广东银行》,《七十二行商报》1929 年 8 月 1 日,第 8 版。
⑫ 《商办广东银行昨突告停业》,《广州民国日报》1935 年 9 月 5 日,第 2 版。

中国第二次银行停业倒闭的高潮，“一时间搅动得整个金融界人心惶惶不可终日”①。但在各地金融财团的救助下，一年后，商办广东银行经过资产重组后重新开业，香港总行和上海、汉口、广州分行同时复业。1947 年 4 月，该银行在香港、广州、上海、汉口、美国三藩市（旧金山）同时向优先股东派发 1942—1946 年第一优先股息和 1942—1943 年第二优先股息，②成为近代中国最具戏剧性的商办银行之一。

工商银行于 1917 年创办于香港，在上海设有分行。1925 年广州分行成立后，“营业日形发达，美洲及南洋一带华侨汇款多由该行调剂办理”。“工商银行为华侨唯一金融机关，素以稳健不冒险为宗旨。”③该银行的设立改变了美洲侨汇的经营格局。“过去美洲华侨的汇款（业务）绝大部分由外国银行办理。自工商银行成立后，特别是（该银行）整顿业务后，对北美华侨的影响日益增加，广大华侨认为它是华侨银行，多把汇款转至该行办理。”④1928 年 6 月，广州分行在“原址不敷应用”的情况下，迁往广州“金融中心之十三行”继续营业。⑤ 工商银行加强了对“珠三角”和“长三角”地区的侨汇联营业务。在“厚集资本开办多年，信用久著于海内外（的基础上），对于华侨之招徕尤加注重。故在香港总行及上海分行特设侨务部以与侨胞接洽”。对美洲华侨“买单寄来香港总行”之仄纸，“自当妥为转驳汇交”至“内地各墟镇，以利便侨胞汇款回乡”。若华侨将定期存款或储蓄存款“寄来即当原船发回凭薄［簿］，依期付息”，“若储蓄款项以为子弟留省（广州）读书随时支取之用，省城（广州）分行亦能如命妥办”。⑥

各银行在“珠三角”“长三角”以及海外各地形成了错综复杂的侨汇经营网络。1923 年 8 月，香港国民商业储蓄银行在广州和上海设立分行，“专做按揭、汇兑、储蓄定期活期存款等生意”。该银行标新立异，向存户推出“新式储蓄银箱”⑦，在当时曾轰动一时。香港华商银行“兼营按揭汇兑”，在广州和上海设有分行，在越南西贡设有汇理处，在美国纽约、旧金山等地设有代理处，⑧“故汇兑四通交收快捷，凡经营洋行办庄或供给子弟出洋者甚望赐顾”⑨。

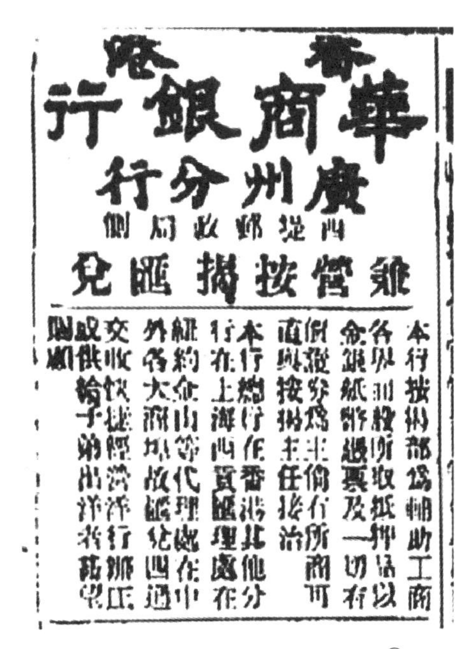

图 5　香港华商银行广州分行广告⑩

① 李一翔：《近代中国第二次银行停业倒闭高潮初探》，《上海档案史料研究》第 8 辑。
② 《广东银行有限公司股东公鉴》，《广东商报》1947 年 4 月 3 日，第 2 版。
③ 《工商银行新行落成》，《广州民国日报》1928 年 6 月 14 日，第 9 版。
④ 郭小东：《近代粤省二十余家商办银行述略》，《银海纵横——近代广东金融》，广东人民出版社，1992 年。
⑤ 《工商银行新行落成》，《广州民国日报》1928 年 6 月 14 日，第 9 版。
⑥ 《工商银行》，《美洲同盟会季刊》1928 年第 1 卷第 10、11、12 期合刊。
⑦ 《香港国民商业储蓄银行广告》，《广州民国日报》1923 年 11 月 1 日，第 2 版。
⑧ 《香港华商银行广州分行广告》，《羊城报》1912 年 5 月 24 日，第 1 版。
⑨ 《华商银行》，《七十二行商报》1924 年 5 月 22 日，第 9 版。
⑩ 《香港华商银行广州分行广告》，《羊城报》1912 年 5 月 24 日，第 1 版。

1915年广州盐业银行开业后,在上海、天津、北平、汉口、青岛、南京、杭州、香港等地设有分行,在其他"商埠设有分支行,各省会均有通汇机关,并代理四行储蓄"。广州五华实业信托银行在香港、台山、新昌以及上海开设分行,"经营中外各埠汇兑,日益普及;汇费格外从廉,尤为快捷"①,"接理外洋书信银两交收快捷","各种交易格外克己"。② 广州合德银行在江门、香港、上海和梧州开设分行,接驳华侨银信业务。③ 1937年11月,广州市立银行开办侨汇业务后,与广东省银行、中国银行、江苏农民银行、浙江地方银行、上海银行、"新加坡华侨银行总行及其港沪分行及世界各国之各分支行等,分别缔结通汇合同",并在国内各大商埠设立侨汇代理处所接驳各地侨汇。④

香港大鹏银号经营"金银找换业务买卖,外埠侨汇保证安全","外埠各国侨托信汇快捷妥当。兼代理名厂胶鞋大批发行。总代理芝加高[哥]肥皂厂各种出品",在"上海、广州、佛山、惠州、澳门、中山、台山、石歧[岐]、江门、梧州、潮汕等各大城市乡镇均可通汇"。⑤ 广州汇隆银号与香港的恒生银号、上海生大信托公司互为"汇驳联号"。昆昌钱庄与香港恒生银号、永丰银号,澳门大丰银号、恒益银号,广州湾的大丰银号,上海生大信托公司互为联号,"专营各埠汇兑"业务。⑥ 开平长沙大成银号以香港大源银业公司为接理处,"办理侨胞书信,凡香港、澳门、上海"等地"均能派伴送到"。⑦

1942年10月,中国银行在"珠三角"和"长三角"同时开办了"侨眷持有中国银行定期存单转作押款业务","凡华侨眷属持有敝(行)沪、港两行国币定期存单者。如由华侨公会或侨务机关证明存款人身份及其存款所有权者,得嘱觅具殷实店保按八折接做活期押款"。⑧ 有效沟通了两个三角洲的侨汇资源。

三、"闯金山"对"珠三角"城市建设的影响

近代"广州与上海、天津同为中国三大通商口岸"。"连接港澳接近南洋"的特殊地理位置,使"珠三角""不特为对外贸易之吞吐口,亦是华侨之汇合地,在经济上具有特殊情形者"。⑨ 大量侨汇被投入城市建设、交通运输和公司运作,形成了各种新型的股权投资关系。

(一)新型的股权投资方式

"粤汉路股、黄埔关埠股、美洲归侨陈宜禧创办之新宁铁路股"等,⑩各种新型的股权投资方

① 《广州五华实业信托银行》,《美洲同盟会季刊》1928年第1卷第10、11、12期合刊。
② 《五华信托实业银行广告》,《台山民国日报》1930年9月8日,第3版。
③ 《广州民国日报》1923年8月1日,第4张第2版。
④ 江英志:《广州市立银行的新使命》,1937年。
⑤ 《大鹏银号》,《香港海员》1946年第2号,香港海员工会。
⑥ 《澳湾大丰银号》,《大光报》1942年7月30日,第2版。
⑦ 《开平长沙大成银号营业广告》,《开平日报》1941年12月18日,第2版。
⑧ 《侨眷持有中国银行定期存单转作押款办法》,《开平日报》1942年10月26日,第3版。
⑨ 《广州游资的集散地》,《穗商月刊》创刊号,广州市商会编印,1948年。
⑩ 区琮华:《美洲华侨与侨汇》,《广东省银行季刊》1941年第1卷第1期。

式在“珠三角”出现，有效地推动了“珠三角”的近代化建设。“1904 年敷设潮州汕头间的潮汕铁路有限公司，资本大部分出自荷属东印度华侨（荷属东印度华侨以广东嘉属人为多），台山的宁阳铁路有限公司，股东大多数为美洲及南洋各地华侨（美洲华侨以四邑人为多）。”①1913 年 5 月，粤汉铁路有限总公司以“每股实收广东双毫银五元整”的价格向社会公开发售股票。②1946 年，“旅美华侨郑炳舜、梅友皁在美集股向美福特公司”购买了“最新式流线型之公共汽车三百辆”，在广州投入营运。根据郑炳舜等与广州市政府的合作协议，出资方可“获得十五年之专利权，而以溢利十分之二为市府建设”。③ 各种新型的股权投资方式的运用，使“珠三角”“公路纵横冠于他处，各项新建设均较他邑为进步，犹以宁城江门为最。其经济状况极为充裕”④。

与此同时，“珠三角”的商号、银号等通过海外招股的方式扩大经营规模。1929 年，经广东省建设厅批准备案，广州华侨兴业储蓄公司委托香港德荣银号、广州永生银号和成发银号为收股处，向“外埠招股”。⑤

各种装备精良的进口船只投入航运，使“珠三角”成为国际海上运输的重要节点。各种货物从“珠三角”运往世界各地。由广州开往渤海的渤海巨轮设有“冷气房及通风舱之设备，专供储藏水果及新鲜货物之用”⑥。具有“美国自由轮设计”的海平号货轮“由广州直驶台湾基隆”。⑦ 沪穗 · 沪丰巨轮由广州“直放上海”。⑧ “唯一新型的美洲大电船来往省（广州）梧（州）。”⑨

华侨银信成为“珠三角”社会信用的组成部分，良好的侨汇记录成为侨眷获得银行贷款的主要依据之一。1939 年 7 月，广东省银行在发放“侨胞家属信用借款”时，对“曾连续两个月内在本行收过侨胞汇款二次以上，而有证明函件”的侨眷免除借款担保。1942 年 3 月，该行发放“侨眷贷款”时要求贷款人“先持本人南洋寄回信件三封，或有其他可资证明者，来行证明确系华侨家属”才能提出申请。⑩ 1946 年，中国银行在四邑等地发放“侨眷贷款”时要求“凡四邑及附近各地侨眷，过去确有侨汇经中国银行承汇”才能办理。⑪

（二）独特的碉楼建筑

“田（地）不怕风雨，不怕水火”⑫是保值增值的主要前提。因此，美洲华侨从海外“携回的款项通常用在两件大事上，第一件是建房舍置田园，第二件为子女婚嫁”⑬。侨眷收到“‘金山银’

---

① 刘佐人：《当前侨汇问题》，第 3 页。
② 《他的股票上“大腕云集”》，《广州日报》2016 年 6 月 21 日，第 6 版。
③ 《台山侨领协助广州建设》，《大同日报》1946 年 9 月 6 日，第 2 版。
④ 《今非昔比之四邑经济状况》，《广州日报》1934 年 10 月 22 日，第 3 版。
⑤ 《华侨兴业储蓄公司启事》，《七十二行商报》1929 年 8 月 10 日，第 8 版。
⑥ 《渤海巨轮》，《广东商报》1947 年 4 月 1 日，第 1 版。
⑦ 《海平号货轮》，《广东商报》1947 年 4 月 6 日，第 3 版。
⑧ 《沪穗 · 沪丰巨轮》，《广东商报》1947 年 4 月 8 日，第 1 版。
⑨ 《美洲大电船》，《广东商报》1947 年 4 月 3 日，第 2 版。
⑩ 《侨属贷款》，《中山日报》1942 年 3 月 1 日，第 3 版，
⑪ 《改善侨贷之商榷》，《大同日报》1946 年 6 月 23 日，第 3 版。
⑫ 刘征明：《南洋华侨问题》，第 229 页。
⑬ 姚曾荫：《广东省的华侨汇款》，第 17 页。

汇返多者求田问舍,少者除藏储粮食外即补充金饰"①。"求田问舍"使"珠三角"的地价不断攀升。民国初年,珠江三角洲的沙田"每亩值三百元毫洋",租田耕种时每亩"每年最高只需八九元毫洋的租钱"。② 到了1947年,四邑"鹤山之宅梧,台山之端芬,开平之大宅,只要侨眷喜欢,每亩出价四百万元不算一回事,其他各地每亩亦两百至三百万元不等"③。在不到40年的时间内,珠江三角洲的土地价格提高了近万倍。

散落在大城小镇上的华侨建筑各具地域特色。"台山之往美国者为最多,故台山城之建设亦带有美国色彩。汕头之往南洋者较众,因而汕头货品运销南洋一带为最盛",而"广州一地之商业,不论大小资本之商店,皆有华侨之权势"。④ 1925年9月开业的广州新华侨酒店"以华侨的资本,以华侨的经验经营侨居生活",使到访广州的商民"唯住新华侨酒店,可得都市里一切的一切——心旷神怡;唯住新华侨酒店,可免都市里一切的一切——被人'揾丁'"。⑤

地处出海口的"珠三角",台风、洪涝等自然灾害频发,土匪、强盗经常骚扰乡民。于是,集商贸于一体、既防灾害又防兵匪的华侨私宅与碉楼应运而生。这些华侨建筑在风格上中西合璧、土洋结合。1946年,中山县涌头乡的"华侨住宅占全乡户口的百分之四十。有五间正式洋房,半洋房式的四十二家。所谓半洋房式,不过是门面类似洋房式而在房子后座加建两三层楼,平平的屋顶,四周疏栏,等于洋房的晒台"⑥。

碉楼建筑是"珠三角"城乡最为普遍的华侨建筑,有公家和私家之分。公家碉楼由乡民集资兴建,主要用于躲避土匪强盗的侵害以及防范洪涝泥石流等自然灾害,私家碉楼主要用于居住与营商。1946年,中山县涌头乡西闸门侧有一座十分引人注目的碉楼,"像这样的公家碉楼在(该乡)东闸门和南闸门侧各有一座,都是砖墙瓦盖三层楼高。除了这三座雄伟的碉楼外,还有十五座私家碉楼。在民国十二三年,土匪最猖獗时期,这些碉楼是村民唯一的保护力量"⑦。该县竹园乡的"碉楼有数不清之多(而且保护得特别好)。别的地方(在日寇)沦陷期间被破坏拆毁的有不少,这里却很少,顶多也不过三两座而已"⑧。

造型独特、高大宏伟的碉楼,其社会功能相当广泛。开平三埠是四邑华侨出入国门的必经之地,散落其间的万国宝雕楼、华商公司雕楼、宝祥银行雕楼、同昌公司雕楼等,既是私宅也是批信局,华侨可以在此进行各种侨汇兑换和买卖。⑨ 广州花都区洛场村至今还保留着45座碉楼;而该区另一处碉楼群是平山村碉楼群,由旅美华侨于20世纪初集资兴建,由安仔楼、肥同楼、刘显军楼和刘显林楼等组成,碉楼群的前面还有31座青砖房。当然,广东碉楼以四邑地区为数最多,保护也最为完善。"开平碉楼与古村落"被列入世界文化遗产名录。

---

① 《三埠游资多　黄金过十万》,《广东省前锋日报》1946年1月8日,第6版。
② 刘征明:《南洋华侨问题》,第229页。
③ 《侨资涌进后之六邑》,《粤中侨讯》1947年第1期。
④ 黄文裒:《华侨与广东经济》,《华侨问题专号》,广州大学社会科学研究社,1937年。
⑤ 《新华侨酒店新张广告》,《国华报》1925年9月16日,第1版。
⑥ 何景荒:《战后的涌头乡》,《中山月刊》1946年创刊号,广州市中山同乡会。
⑦ 同上。
⑧ 毓兰:《新生的竹园》,《中山月刊》1946年创刊号。
⑨ 叶娟:《开平碉楼的非主要用途探究》,《五邑大学学报》2015年第2期。

结　语

"珠三角"特殊的地缘经济为粤人"闯金山"提供了条件，而"长三角"又是粤人"闯金山"的海上重要节点。"闯金山"所形成的大量侨汇弥补了国内国际贸易逆差，改变了"珠三角"的城市建设。历史上的"珠三角"是中国最大的国际贸易区和海外移民区，与"长三角"有着密切的经济往来。今天的"珠三角"是中国开放程度最高、经济活力最强的地域之一，"粤港澳大湾区"与"长三角"和"环杭州湾大湾区"形成了相通相融、优势互补的经济文化共荣圈。加强对两个三角洲、两个大湾区的历史和现状的研究，对于促进海洋文明建设与三角洲社会经济发展具有重要的历史和现实意义。

阳澄湖大闸蟹与近代上海文化

——以《申报》为基础的考察研究*

陈 晔 宁 波**

摘 要： 河蟹（中华绒螯蟹的俗称）是中餐美味，自古以来颇受中国民众，尤其是文人墨客的喜爱。我国蟹文化起源于苏州地区，随后在大江南北发扬光大，出现诸如花津蟹、胜芳蟹等地方著名品种。清代中后叶上海开埠后，阳澄湖蟹"一统天下"，成为我国河蟹代表。上海是近代中国经济中心、文化中心和舆论中心，也是阳澄湖蟹的最大消费市场。历史悠久的《申报》曾刊登大量介绍阳澄湖蟹的文章，有力提升了阳澄湖蟹的知名度。如同越剧20世纪初诞生于浙江嵊州农村，却在上海生根发芽、茁壮成长，今日阳澄湖蟹远近闻名也得益于近代上海特有的社会文化环境。本研究试图从《申报》入手，考察阳澄湖蟹的品牌发生过程，以期对河蟹产业品牌发展与市场互动关系研究产生启发与借鉴意义。

关键词： 河蟹 阳澄湖 大闸蟹 近代上海文化 品牌

引 言

河蟹（中华绒螯蟹的俗称，有的文献中也称螃蟹）是中餐美味，自古以来颇受中国民众，尤其是文人墨客的喜爱，赢得不少雅名：傅肱叫它横行介士，扬雄称其郭索，葛洪名它无肠公子，现代人则称呼大闸蟹；此外，河蟹还有"含黄伯与夹舌虫""江湖之使""介秋衡"等别名。①

河蟹的学名是中华绒螯蟹，又俗称湖蟹、大闸蟹等，被誉为"天下一大美食也"。河蟹"美如玉珧之柱，鲜如牡蛎之房，脆比西施之舌，肥胜右军之脂"，自古以来赞美河蟹的诗篇不绝于耳，如唐朝皮日休的《咏蟹》、宋朝苏轼的《一蟹不如一蟹》、元代李祁的《讯蟹说》、明代王世贞的《题蟹》、清代李渔的《蟹赋》、曹雪芹的《螃蟹咏》等。宋朝吴江太尉徐自道《游庐山得蟹》中一句"不

---

* 本文为上海市中华绒螯蟹产业技术体系课题（沪农科产字2021－4）。

** 陈晔，上海海洋大学经济管理学院、海洋文化研究中心副教授，硕士生导师。
宁波，上海海洋大学档案馆（校史馆、博物馆）馆长、海洋文化研究中心副主任、经济管理学院硕士生导师，中国水产学会渔文化分会副主任委员、副研究员。

① 刘艳梅：《我国首部"蟹文化史"——〈说蟹〉》，《图书馆杂志》2008年第8期，第95—96页。

到庐山辜负目，不食螃蟹辜负腹”已成为咏蟹名句，广为传播。①

河蟹家族中，以阳澄湖蟹最负盛名。阳澄湖蟹的蟹苗很大一部分来自上海崇明岛。② 河蟹是一种洄游生物。长江品系的野生河蟹一般在崇明岛附近的长江入海口繁育，幼体溯江而上，到太湖、淀山湖、阳澄湖等长成，待性成熟后再回到长江口产卵孵化。河蟹人工育苗技术突破以后，养殖户直接从育苗场购买幼蟹养殖。阳澄湖蟹产在阳澄湖，出名却在上海。正如越剧虽诞生于 20 世纪初的浙江嵊州农村，却是在上海都市环境中生根发芽、茁壮成长，③阳澄湖蟹虽长成于苏州阳澄湖，但得益于近代上海文化，一举成名，名扬天下。本研究对了解阳澄湖蟹的品牌发生具有参考价值，对于品牌发展与市场互动关系的研究，亦具有一定启发意义。

一、蟹文化的起源

鲁迅有两段关于蟹的著名文字，可谓家喻户晓。鲁迅讲：

> 第一个吃螃蟹的人是很令人佩服的，不是勇士，谁敢去吃它呢？螃蟹有人吃，蜘蛛也一定有人吃过，不过不好吃，所以以后人就不吃了，像这种人我们应当极端感谢。

另一则是关于许仙与白娘娘的传说，鲁迅在《论雷峰塔的倒掉》中写道：

> 秋高稻熟时节，吴越间所多的是螃蟹，煮到通红之后，无论取哪一只，揭开背壳来，里面就有黄，有膏；倘是雌的，就有石榴子一般鲜红的子。先将这些吃完，即一定露出一个圆锥形的薄膜，再用小刀小心地沿着锥底切下，取出，翻转，使里面向外，只要不破，便变成一个罗汉模样的东西，有头脸，身子，是坐着的，我们那里的小孩子都称他“蟹和尚”，就是躲在里面避难的法海。

吴越，即现在的江苏和浙江地区，鲁迅的这段文字，反映了江浙地区有食蟹的风俗。

苏州民间有关于巴解的传说：相传在大禹治水时期，阳澄湖边的陆地还刚形成，大禹手下有位督工叫巴解，带领人们到湖边疏浚水道。④ 湖里有一种横虫，形状硕大，八爪两螯，夹人吐沫，横行无忌，称作“夹人虫”。为防止“夹人虫”侵袭，便在驻地开深沟，待“夹人虫”大批进入沟中后，用沸水烫。烫死的“夹人虫”散发一股独特香味，巴解拿起来尝试，味道极佳。从此，“夹人虫”成为人间美味。因巴解“镇压”这种“夹人虫”，人们将其改称为蟹。⑤

传说一般是上古的历史。巴解吃蟹的传说产生于苏州地区，据此可以推断，我国蟹文化就应该产生于该地区。苏州地区虽是中国蟹文化的发祥之地，但是在很长的历史时期，苏州阳澄湖蟹并非我国最著名的大闸蟹。地处苏、皖两省的古丹阳大泽的花津蟹是历史最悠久的大闸蟹品种之一，早在唐代已颇为著名。李白晚年在当涂时期，创作过不少咏蟹的诗句，赞美的就是花

① 王武、李应森、成永旭：《河蟹养殖及蟹文化(六)》，《水产科技情报》2007 年第 6 期，第 265—266 页。
② 陈晔、宁波：《上海崇明大闸蟹养殖历史与文化》，《上海农村经济》2017 年第 12 期，第 20—21 页。
③ 姜进：《越剧与上海都市文化的形成》，《上海艺术评论》2017 年第 5 期。
④ 吴振翔：《巴解治水得蟹助　名医疗病用奇方》，《大众卫生报》2007 年 1 月 16 日，第 4 版。
⑤ 王武、李应森、成永旭：《河蟹养殖及蟹文化(六)》，《水产科技情报》2007 年第 6 期，第 265—266 页。

津蟹。① 明朝朱元璋在南京建都,花津蟹进入全盛时期。清代花津蟹成为贡品,乾隆皇帝封其为"御之蟹"。除花津蟹外,白洋淀的胜芳蟹从元朝开始逐渐闻名。明朝中后叶,伴随苏州经济发展,阳澄湖蟹名声渐涨,至清朝中后叶,尤其上海开埠后,阳澄湖蟹的名气大涨,逐步盖过前两种名蟹。②

二、《申报》与蟹文化

《申报》原名《申江新报》,是近代中国发行时间最久、具有广泛社会影响的报纸,1872 年 4 月 30 日在上海创刊,1949 年 5 月 27 日停刊,前后总计经营 77 年,共出版 27 000 余期。因出版时间之长、影响之广泛,被人们称为研究中国近代史的"百科全书"。

《申报》关于蟹的记载情况,能在一定程度上反映近代我国蟹文化的发展状况。以"蟹"为关键词对《申报》进行检索,可以发现从 1872 年至 1948 年,"蟹"字总共出现 7 530 次。1908 年 4 月,经过 10 年的初勘和施工,311 千米的沪宁铁路全线通车,苏州和上海的联系变得更为紧密,这可能在一定程度上促成了 1910 年前后"蟹"字大量出现。1937 年抗日战争全面爆发后,"蟹"字出现数量大幅下降(见图 1)。由此可知,晚清时期,"蟹"文化还处于萌芽阶段;进入民国后,"蟹"文化进入高速发展阶段,抗日战争全面爆发使"蟹"文化发展受到重创。

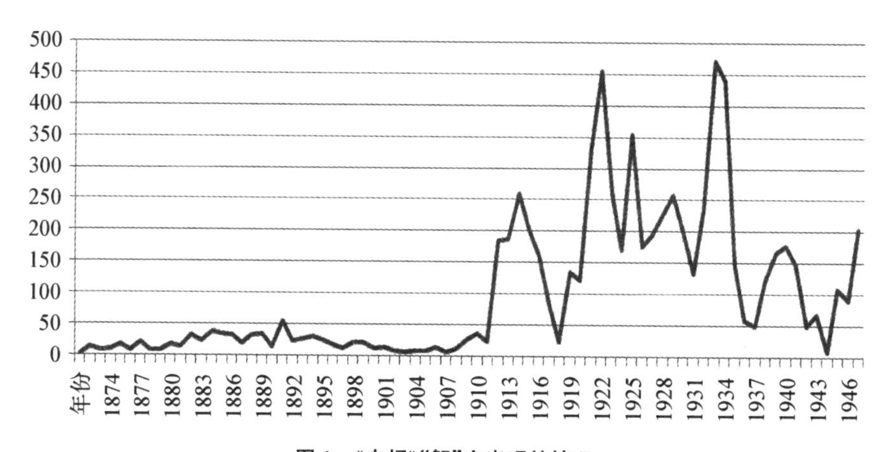

图 1　《申报》"蟹"字出现的情况

资料来源:《申报》数据库。

阳澄湖位于江苏省南部,是太湖下游湖群之一,位于苏州市东北,南北长 17 千米,东西最宽处达 8 千米,面积 117 平方千米,蓄水量 3.7 亿立方米。明代著名画家沈周在其《晚归阳城湖漫兴》诗中写有"阳澄不可唾",世人遂将其改称阳澄湖。③ 人们通常按照一定的规律对事物进行命名,事物的名称某种程度上反映了当时人们对其的认识,人们对某事物的认识越全面、越深

① 王武、李应森、成永旭:《河蟹养殖及蟹文化(六)》,《水产科技情报》2007 年第 6 期,第 265—266 页。

② 同上。

③ 徐秋明:《阳澄湖蟹好》,《江苏地方志》2011 年第 5 期,第 7—8 页。

刻，其名称也越细致。其实，国人很早就认识到阳澄湖蟹的美味，1848年（清道光二十八年）沈藻采编的《元和唯亭志》记载：河蟹“出阳澄湖者最大，壳青、脚红，名金爪蟹，重斤许，味最腴”①。由于该文献是地方志，影响面不大，故对阳澄湖蟹的推广作用有限。《申报》中“阳澄湖蟹”最早出现在1920年11月19日第11版的《刊登青年会消息两则》：

> 青年会交际科以现值菊花盛放之时，因订于本星期六（即二十号）晚六时半，在该会童子部餐堂，大开菊宴，四围陈列名菊数百盆，并由阳澄湖选购大蟹，佐以名肴……②

从这则报道可知，阳澄湖地区的蟹冠以“阳澄湖蟹”之名是在1920年前后。这也是阳澄湖蟹品牌初步确立之际。

三、阳澄湖蟹与上海

阳澄湖盛产清水大闸蟹，其以个大体重、青背白肚、金毛黄爪、蟹黄肥厚、肉质白嫩、滋味鲜美而享誉海内外。章太炎的夫人汤国梨女士曾经写下这样的诗句：“不是阳澄湖蟹好，此生何必住苏州。”她把人们对阳澄湖蟹的喜爱，淋漓尽致地表达出来。③ 20世纪二三十年代，上海发展成为集航运、外贸、金融、工业、信息中心为一体的多功能经济中心。④ 当时阳澄湖蟹的名声大涨亦得益于近代上海文化。

（一）《申报》对阳澄湖蟹品牌确立的影响

《申报》中有不少赞美阳澄湖蟹的记载。

《申报》1925年11月1日第13版，絜庐在《词蟹法》中写道：

> 水国秋深，蒹花已老，无肠公子，堪荐盘餐，蟹之种类颇多，蚌蛸（俗名枪蟹）产于海中，螯蜞产于湖田，而市上所售之大炸蟹，以产于苏州之阳澄湖为第一。……余尝购阳澄湖大蟹十余只，蓄诸缸中，缸中注水少许，再罄蛋白蛋黄七枚，搅之使匀，侗蟹此缸中，阅一昼夜，烹而食之，则蟹膏蟹黄蟹油等物，尤觉鲜美无比，而蟹肉亦益为肥美可口矣。⑤

1933年10月25日第16版有篇近千字的文章，对蟹的种类、蟹的形态、蟹的食法等进行了十分详尽的介绍，在介绍蟹的种类时特别指出：

> 湖蟹以阳澄湖蟹最称佳品，那种蟹，爪上的毛，闪闪似金，能够在红木台上爬行，所以叫做金爪阳澄蟹。⑥

1934年9月17日第14版的一篇专栏文章，指出“苏州的阳澄湖，是产蟹著名的”：

---

① 邹国华、刘新中：《阳澄湖蟹志》，海洋出版社，2012年。
② 《申报》1920年11月19日，第11版。
③ 徐秋明：《阳澄湖蟹好》，《江苏地方志》2011年第5期，第7—8页。
④ 陈晔：《承继、流变与创新：海派绘画与近代上海文化》，《都市文化研究》2012年第1期，第257—272页。
⑤ 《申报》1925年11月1日，第13版。
⑥ 《申报》1933年10月25日，第16版。

蟹是秋季当令的美味,与松江之鲈,一般的名驰江南。在蓼红芦白的湖畔,郭索横行,快人朵颐。苏州的阳澄湖,是产蟹著名的。那种蟹,爪上的毛,黄黄的透着金光,爪力很足,能够在广漆台上竖着横行,所以叫金爪阳澄。只可惜今年亢旱为灾,阳澄湖也干涸不少,当然要影响蟹的产量了。蟹除了捣姜沥醋,蒸食大嚼外,和着麦粉煮食,或出着蟹肉。①

1945 年 6 月 25 日第 2 版的《常熟见闻　物产富饶》对阳澄湖蟹进行了十分详细的介绍:

本邑可耕之田共计一百七十余万亩,其中水田占一百十万亩。故农产物以来为大宗,年产二百二十万石以上。东北乡沙地则盛产棉花,棉田四万五千余亩,年产八万余担,其中以产于常阴沙者为最佳。西乡一带,略有蚕桑之利,年出约四十余万斤。近江多潮荡,故水产极丰饶,人民有专恃网罟为生计者甚众。阳澄湖之蟹,黄衣荡之菱藕均为特产。②

(二)上海:阳澄湖蟹的主要销售地

上海是阳澄湖蟹的主要销售地,上海市场支持其阳澄湖蟹的发展。《申报》1924 年 8 月 26 日第 8 版中,钏影的《海上蜃楼》第九回里讲到去苏州昆山吃阳澄湖蟹的故事:

这蟹的出产地距离上海相近的,可也有不少地方,却以和昆山相近的阳澄湖为最佳,其肉甘美,和别处不同。③

1931 年 9 月 6 日第 21 版郑逸梅的《清道人画以换蟹》讲到上海人专门去阳澄湖品尝大闸蟹的故事,“乃特赴苏购阳澄湖金毛团脐蟹三大筐贻之”:

沪上闻人。近有曾、李同门曾会之组织。并拟刊布曾、李两先生之作品,以便流传,洵属一大佳事。偶忆清道人嗜蟹成癖,有李百蟹之号。时道人局处海上,秋风劲,紫蟹初肥,欲快朵颐。苦于囊涩,无已,乃绘蟹百小幅,聊以解馋。蟹均染墨为之,不加色泽,然韵味酣足,神来之笔也。且加跋语,颇隽趣,被其友冯秋白所睹,大为赏识。乃特赴苏购阳澄湖金毛团脐蟹三大筐贻之,用以换画。清道人得蟹欣然,竟割爱与以百幅,秋白遂榜其书室曰百蟹斋,以示珍异。闻秋白于去岁浮海而东赴台湾,以营商业。此百蟹图未知曾挟往异域否?否则大可谋假之以付锓也。清道人固以书名者,画不过以余绪为之耳。曩岁心汉阁主人,与故书画名宿翁印若先生,于吴中护龙街某骨董肆见有清道人一聊,印若亟称精品。心汉主人乃以五金易之,联为七言句:“高步正齐韩魏国,奇文何异蔡中郎。”④

1934 年 11 月 3 日第 16 版刊登了颜波光的《蟹的种种》,其中提到最好的阳澄湖蟹都运至上海,在苏州反而吃不到真正的阳澄湖蟹:

光阴过得真快,一眨眼又到了丹枫染脂、黄菊破绽的时候。一般骚人词客,又要及时行乐,对菊持螯,秋老蟹肥,正是应时第一美味。

记得在苏州供职的时候,因为阳澄湖蟹,久已脍炙人口,每晚必命茶役购两只,一快朵

---

① 《申报》1934 年 9 月 17 日,第 14 版。
② 《申报》1945 年 6 月 25 日,第 2 版。
③ 《申报》1924 年 8 月 26 日,第 8 版。
④ 《申报》1931 年 9 月 6 日,第 21 版。

颐。但总不能买到金爪黄毛的，相传阳澄湖蟹，比较其它产处有异，金爪黄毛，放在金漆桌上，悬腹疾爬，足部有力。

朋友告诉我，真正阳澄湖蟹，就是苏州人也吃不到的。它们都运销上海了，我暗暗的叹上海人口腹不浅！①

1936年10月22日第9版《阳澄湖蟹亦丰年》中提到阳澄湖的大闸蟹运销至上海、南京、苏州。其中有一处值得关注，南京为当时国民政府首都，但书写顺序时，上海却在其之前，由此可见，上海对阳澄湖蟹产业的重要性：

吴县深秋名产阳澄湖大蟹，产地为湘城区与唯亭区。往年的产二千担左右，以运销上海、南京、苏州为大宗。今秋阳澄蟹出产特涌，据阳澄湖中专捕湖蟹之二百余艘渔船上人言，今年至少可获三千担。现在产地大号湖蟹每担市价为四十元，次则三十五元至三十元。②

1938年10月17日第11版刊登的荤菜价格表中就有阳澄湖蟹一栏，而且使用鲜蟹，说明阳澄湖蟹已进入寻常百姓家，在上海水产市场上销售：

(荤菜)鲜猪肉每元二斤；鲜鸡每斤八角；鲜鸭每斤自一元八角起至一元三四角；鲜蟹(指阳澄湖)大者每只八角，小者二三角不等；鲜鱼鲜虾，不易多见，即有少数鱼贩，亦奇货可居，每条三寸长之鲫鱼，竟售大洋三角；而咸肉咸鱼之类，比较战前更售价加倍。(素菜)青菜每斤六分，白菜六七分，菠菜一角二分，草头(即金花菜)一角二分，韮菜五分，荠菜一角三四分，黄豆芽六分，绿豆芽五分，发芽豆六分，黄瓜每条二三分，冬瓜每斤七八分，秦芹每(斤)五分，碱菜每斤一角分③。

1948年11月21日第6版刊登了陈诒先的《酒话》，其中有吃阳澄湖蟹的内容。当时的上海文人将去阳澄湖吃河蟹作为一种休闲方式：

日前有苏州友人来函，约去看天平红叶，吃阳澄湖蟹，余以苏州无好酒，竟鼓不起兴致。酒之魔力最大，有好酒之东道主人，虽其菜肴略差，亦欣然赴会。盖酒徒所法重者在酒，有好酒，一盘发芽豆，一包油氽果肉，即可吃得满意。④

小　结

河蟹是中餐美味，自古颇受华人喜爱。我国蟹文化起源于苏州地区，随后在大江南北发扬光大，出现诸如花津蟹、胜芳蟹等著名品种。到清朝中后叶，尤其上海开埠之后，阳澄湖蟹“一统天下”，成为我国当今河蟹代表。阳澄湖蟹的发展，得益于近代上海文化。

---

① 《申报》1934年11月3日，第16版。
② 《申报》1936年10月22日，第9版。
③ 《申报》1938年10月17日，第11版。
④ 《申报》1948年11月21日，第6版。

近代上海是中国的经济中心、文化中心和舆论中心。以《申报》为代表的上海报业引领着全国的舆论。《申报》刊登了大量介绍阳澄湖蟹的文章,无形中推动了阳澄湖蟹的发展。此外,阳澄湖蟹的产地苏州紧邻上海,上海市民对阳澄湖蟹的旺盛需求,推动阳澄湖蟹的发展。正如越剧原是产生于嵊州农村默默无闻的地方戏曲,进入大上海之后,一跃成为著名地方戏曲。类似地,上海开埠之后,伴随上海城市的发展,阳澄湖蟹一下子压倒了其他蟹,成为我国河蟹代表。1949年后,叠加其他原因,如其他河蟹产地自然环境遭到破坏,样板戏"沙家浜"的宣传,等等,阳澄湖蟹的品牌更是一枝独秀,获得长足发展。① 近代上海文化造就了闻名遐迩的阳澄湖蟹,阳澄湖蟹的发展对于品牌发展与市场互动关系的研究,具有一定启发意义。

参考文献:

[1] 朱希祥:《从古诗文看中国蟹文化的含义》,《上海食文化论文集萃(1996年—2006年)》,2006年,第274—275页。
[2] 钱仓水:《说蟹》,上海文化出版社,2007年。
[3] 王武、成永旭、李应森:《河蟹养殖及蟹文化(一) 河蟹的生物学》,《水产科技情报》2007年第1期,第25—28页。
[4] 陈旭麓:《陈旭麓文集》第2卷,华东师范大学出版社,1996年,第598—602页。
[5] 马逢洋:《上海:记忆与想象》,文汇出版社,1996年,第180—188页。
[6] 陈伯海:《上海文化通史》,上海文艺出版社,2001年。
[7] 李太成:《上海文化艺术志》,上海社会科学院出版社,2001年。
[8] 苏智良:《上海:近代新文明的形态》,上海辞书出版社,2004年。
[9] 张颖:《海派文化概览》,上海人民出版社,2008年。
[10] 张仲礼:《近代上海城市研究(1840—1946年)》,上海文艺出版社,2008年,第909—933页。

① 王武、李应森、成永旭:《河蟹养殖及蟹文化(六)》,《水产科技情报》2007年第6期,第265—266页。

中华人民共和国成立初期国家水产经营体制的建立

——以浙江为例*

叶君剑**

摘 要: 在水产经营领域中,1949年以前,鱼行通过放行头、借旗号等方式掌控了水产品的交易与流通。中华人民共和国成立后,浙江通过设立国营鱼市场、水产运销公司等初步实现了水产品的国家经营。水产经营权从私商转移到国家后,一度出现多方介入与竞争的局面。1952年以后,各种水产经营组织在不断整合中呈现集中化的趋势。其中,鱼市场职能发生变化且被下放给地方政府管理,水产运销公司因长期亏损而被撤销。随着水产供销公司的建立,水产经营领域最终形成统一的全国体制。从这一时期浙江水产经营体制的变化中可以看出,计划经济体制的建立是一个"破""立""统"的过程。

关键词: 水产品　鱼行　鱼市场　国营公司　计划经济体制

水产品的经营不仅是海洋渔业发展的一环,同时也是社会商业活动的重要组成部分。明清以来,私商开设的鱼行在水产经营中长期占据主导地位,学界对此关注较多。既有研究一方面肯定了鱼行在水产品流通中起到的积极作用,另一方面则指出鱼行的消极影响,如操纵鱼价、压榨渔民等。① 民国时期,政府尝试设立鱼市场以取代鱼行,但最终未能有效实现。② 中华人民共和国成立以后,国家治理能力显著提高,各类关乎经济命脉与国民生计的事业逐渐被纳入国家的管理中。在水产经营领域,鱼行纷纷转业退出,国营鱼市场、运销公司等建立,初步实现了水产品的国家经营。之后,水产经营体制又在不断调整中趋向集中统一。本文以海洋渔业发达的浙江为例,重点论述水产经营领域中私商经营如何转变为国家经营,国营体制发生了怎样的

---

* 本文系中央高校基本科研业务费专项资金资助项目(505203 * 17222012202)的阶段性成果。

** 叶君剑,浙江大学历史学院特聘副研究员。

① 相关研究参见尹玲玲《明清长江中下游渔业经济研究》,齐鲁书社,2004年,第236—238页;邱仲麟《冰窖、冰船与冰鲜:明代以降江浙的冰鲜渔业与海鲜消费》,《中国饮食文化》(台北)第1卷第2期,2005年7月;谈群、周宁《民国时期安徽鱼行贸易初探》,《安徽农业大学学报(社会科学版)》2017年第3期。此外,水产品流通过程复杂,经营主体很多,除鱼行外,还有冰鲜商、鱼厂、鱼店、鱼贩等。各地对鱼行的称呼或有不同,如广东称"鱼栏"。

② 相关研究参见白斌《明清以来浙江海洋渔业发展与政策变迁研究》,海洋出版社,2015年,第187—195页;丁留宝《上海鱼市场研究(1927—1937)》,江西人民出版社,2019年。

变化以及地方体制最后如何统一为全国体制，从而深化对计划经济体制建立过程中“破”“立”“统”①演变态势的认识。

一、鱼行的类型与经营

早在唐宋时期，江浙一带就有鱼行。但这种鱼行应该只是简单连接渔民与消费者的纽带，可理解为专卖水产品的店铺，性质上与后来的鱼行不同。明清以来的鱼行属于牙行的一种，是渔业生产规模扩大、产销分工深化的结果。邱仲麟指出，清代江浙各鱼市在冰鲜交易过程中，逐渐发展出中介角色的冰鲜鱼行，让收鲜船不用在渔港发卖鱼货，下完货即可再出海，节省了时间，从而使收购量进一步增加。② 按照市场等级，鱼行属于水产中间商，主要从事水产品批发交易，其下还有更低级别的市场直接供一般消费者购买水产品，如菜市、卖鱼店、腌腊店等。③

另外需要注意的是“鱼栈”。就浙江而言，鱼栈大部分集中在定海。严格区分的话，鱼行主要代客买卖，联系渔民与鱼厂；鱼栈经营的业务除代客买卖外，还包括收购运销、腌制加工。之所以称“鱼栈”，还有特定用意：称“行”者，按规定一行一帖(帖相当于营业执照)纳税，称“栈”可掩盖经营规模，联合其他鱼栈向政府申领一个牙帖，少纳税；鱼栈还能供渔民歇脚，相当于栈房。1949 年以后，一般将鱼行和鱼栈统称为“鱼行栈”。④ 不管是鱼栈还是鱼行栈，均属本文讨论的范围。⑤

清末以后，特别是民国时期，浙江的鱼行栈发展十分迅速。1936 年，舟山有鱼行栈 350 家，1947 年发展到 678 家，几乎垄断舟山海洋捕捞的全部鱼货。据 1947 年春汛时浙江省渔业局对沿海 16 个县的统计，鱼行栈共有 1 772 家，其中鱼行 564 家，鱼栈 1 208 家。⑥ 这些鱼行栈规模不等，有的握有大量现金，信誉卓著，业务广泛；有的并无周转资金，以代销为主。不同规模的鱼行，其人员数量差异也较大，“鱼行视其资本之大小及贸易额之多少，而定用人数之多寡”⑦。据《瓯海渔业志》记载，温州一带大的鱼行人数有 10 余人，小的鱼行有五六人。一般中等规模的鱼行，内设经理(或老板)1 人，主管进货出货与账务；账房 1—2 人，帮助经理登记账目；秤手 2—3 人，称量货物；学徒 2—3 人；出栈 5—6 人，负责搬送货物等。⑧

除了规模不同，鱼行栈也分本帮与客帮。本地人组织的鱼行栈即为本帮，外地人组织的鱼行栈为客帮。这种本、客差别主要集中在鱼市兴盛、人员流动频繁的舟山地区。沈家门鱼行栈分为本帮与八闽帮两种：本帮即定海帮，其放款对象主要为大对船渔民，其次为小对船和大捕

---

① 在本文中，“破”“立”“统”三者分别指的是打破旧格局、建立新秩序、统合各方面。这是考察计划经济体制建立需要注意的三个维度。

② 邱仲麟：《冰窖、冰船与冰鲜：明代以降江浙的冰鲜渔业与海鲜消费》，《中国饮食文化》(台北)第 1 卷第 2 期。

③ 伍振华：《清末民国上海水产市场的演变特征与动力机制》，张利民主编《城市史研究》第 32 辑，社会科学文献出版社，2015 年，第 37 页。

④ 浙江省舟山市政协文史和学习委员会编：《舟山文史资料》第 17 辑，中国文史出版社，2014 年，第 23 页。

⑤ 本文在表述时，兼用“鱼行”“鱼栈”“鱼行栈”三者，不严格区分。另外，关于中国近代行栈的整体研究，可参见庄维民《中间商与中国近代交易制度的变迁：近代行栈与行栈制度研究》，中华书局，2012 年。

⑥ 浙江省水产志编纂委员会编：《浙江省水产志》，中华书局，1999 年，第 411、472 页。

⑦ 林茂春、吴玉麒：《鄞县渔业之调查》，《浙江省建设月刊》1936 年第 10 卷第 4 期。

⑧ 方扬编：《瓯海渔业志》，浙江省政府建设厅第三区渔业管理处，1938 年，第 101、105 页。

船渔民，和渔民的关系最密切；八闽帮指福建帮，是随着渔汛季节渔民的需要而来沈家门设立的，具有临时性，放款对象为小钓船渔民。① 细究的话，客帮可分为临时、定点两类。在岱山，临时的有上海、乍浦、宁波、台州等地鱼行，每年渔汛前三四个月，派人携款并运来烟、米、麻、栲等物资，贷放给渔民，渔汛结束后返回；定点长期设立的有奉化、东门、螺门、桃花等帮，其中奉化帮最多，1933 年设于岱山东沙的就有 14 家。②

根据经营鱼货的差别，鱼行栈又可分为鲜货行、咸货行等。在宁波，鲜货行也称外行，多设在半边街(该街一面临江)；咸货行也称里行，多设在江厦街。外行营业的旺淡季根据渔汛而定。在渔汛旺季，半边街灯火通宵达旦，一般鱼行都在半夜开秤做买卖，各地鱼贩向鱼行购得鱼货后快速肩挑到各地售卖。与外行没有存货的情况不同，里行有庞大的仓库，经营咸鱼与鱼干两大类，可长年洽购鱼货。宁波还有一种水货行，经营的是活货，有奉化的蛄子、宁海的青蟹等。③ 当然，一些鱼行栈也不会如此严格区分，它们兼售鲜货、咸货。

上述两种分类，侧面反映了鱼行栈经营方式与业务的复杂情况。概括鱼行栈的经营方式，主要有：1. 代客卖买，收取佣金；2. 自置冰鲜船收购运销；3. 开设鱼厂腌制加工和销售；4. 向渔民供应生产生活用品；5. 放行头(亦作"放桁头")、借旗号，控制鱼货专买权。④ 不同规模的鱼行栈，其业务丰富程度不一样。一般来说，能够自置冰鲜船、开设鱼厂的鱼行栈，其资本往往较为雄厚，且有一定的政治背景，多集中在舟山。所谓政治背景，指的是官商合一、亦商亦官。如沈家门的李乾泰鱼行主李寄耕，本人就是沈家门镇镇长；1939 年定海被日本侵略者占领后，沈家门陈仁兴鱼行的行主陈仁兴当上了日伪维持会会长。⑤

如果不考虑自置冰鲜船或开设鱼厂的情况，那么鱼行栈与鱼厂、冰鲜船以及渔民存在着盘根错节的关系。最能体现这种关系的，就是上文所说的放行头与借旗号。所谓放行头，也称贷渔本、放山头、放水头金(米)。鱼行栈通过借贷关系与渔民订立契约，取得该渔船所生产的鱼货专买权。所谓借旗号，也称投行权。鱼行栈向冰鲜船出借旗号，冰鲜船打着旗号到海上向那些借过该鱼行栈行头的渔船收购鱼货，收来的鱼货必须投售给出借旗号的鱼行栈，鱼行栈同时向冰鲜船收取一定佣金。⑥

一些缺少周转资金的鱼行，需要仰赖鱼厂来放行头，鱼厂通过鱼行获取鱼货的专买权。据姚咏平调查，一般在上一年度的 9、10 月份，"由厂家放款于鱼行，再由鱼行过付渔民，每船四艘为一驳(即渔船一艘，驳船四艘)，每驳放款四百五十元……大的厂家，有放二驳或三驳者"；到来年渔汛生产时，"该船之鱼，即归该厂收买，无论多少或腐败，厂家不能推辞，放出之款，不取利息，至收鱼时还本，亦归鱼行居间过付"；鱼行则要从中收取一定佣金，"鱼行秤出之鱼，均收佣

---

① 中央水产实验所舟山组、浙江省农林厅水产局舟山组：《舟山群岛水产资源调查：沈家门区工作总结报告》，1951 年，浙江省档案馆藏，档号：J122-003-004。

② 黄均铭、张明权：《岱山鱼行栈浅说》，浙江省岱山县政协文史工作委员会编《岱山文史资料》第 4 辑，1992 年，第 43 页。

③ 范延铭：《宁波水产》，浙江省政协文史资料委员会编《浙江文史集粹(经济卷)》上册，浙江人民出版社，1996 年，第 79—82 页。

④ 葛银水：《清代民国时期海水产品购销》，舟山市普陀区政协教文卫体与文史委员会编《普陀文史资料》第 1 辑，中国文史出版社，2005 年，第 193—195 页。(按：以下引用时，省略编者)

⑤ 浙江省水产志编纂委员会编：《浙江省水产志》，第 411 页。

⑥ 葛银水：《清代民国时期海水产品购销》，《普陀文史资料》第 1 辑，第 194 页。

钱,放桁头者,每一元收五分”。① 在岱山东沙角,大多数鱼行“有先向各鱼厂兜揽者,俗谓‘揽驳’,如厂方应允,则先付以三四百元之定洋”,如果鱼厂资本薄弱,鱼行本身资金宽裕,“则可略减”,有的“不付定洋而只表示应允者亦可,惟于年终,须给与鱼行数十元之津贴”。② 此类情况,鱼行居于渔民与鱼厂之间,既保证了渔民出海资金的来源以及鱼货的完全出售,又免去了鱼厂直接同渔民打交道的麻烦,为鱼厂提供加工鱼货的稳定来源,鱼行自身也能赚到佣金,在一定程度上可以说是三方互利共赢。

至于打着鱼行栈旗号的冰鲜船,其出海收购也需要一定成本,如生活资料的购买、雇工薪水的支付等。冰鲜商视个人经济情况,有的向鱼行栈借钱,也有的不借。如宁波鲜货行,“有放资本与冰鲜商者(俗曰放山本),有无资本放出者”,绝大多数冰鲜船“与鱼行有债务关系”,信用较好的冰鲜商,“每船年可得鱼行三四千元之借款”。③ 冰鲜船在海上向渔民收购鲜鱼时,一般不直接付给现金。冰鲜商出具定期兑现的票据,上面写明收购数量、金额等,交由渔民到岸上向鱼行栈兑现。因为写这种票据的字体别具一格,酷似鸟形,所以这种票据被称为“鸟头票”。也有在双方所执的凭折上写明数量、金额等,上岸结算支取(后来“鸟头票”改用联单,称为“水票”)。④ 冰鲜船出售鱼货后,则用所得款项支付鱼行栈的借款。

放行头、借旗号的鱼行栈,它们实际控制了重要的渔业捕捞以及水产品收购与加工。以沈家门规模较大的陈顺兴鱼栈为例,它在民国后期放行头的大对渔船达 108 对,拥有水产加工桶口容量 3 000 担,此外还建有 1 座天然冰厂,容量为定海之最。⑤ 在整个水产品交易过程中,如图 1 所示,不管是产地还是销地,鱼行栈都处于重要环节。从全局来看,鱼行栈垄断了水产经营,并在很大程度上起到了类似金融机构的作用。

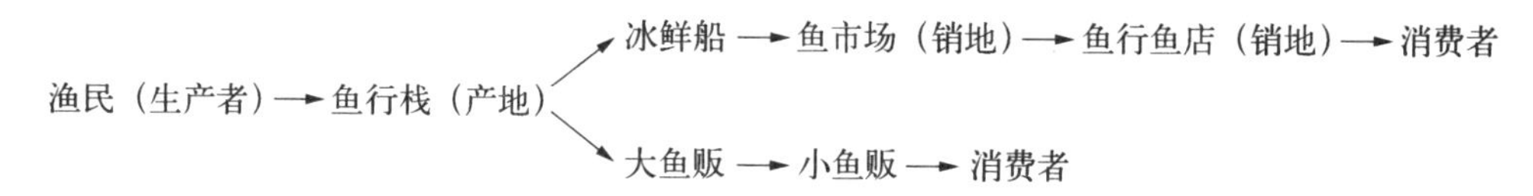

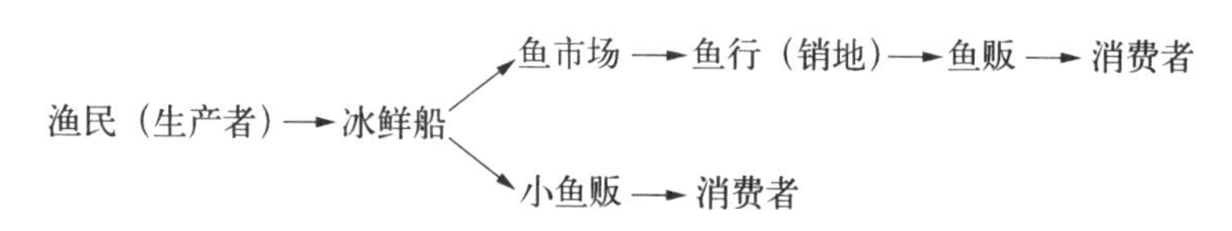

图 1 民国后期沈家门水产品交易过程

资料来源:中央水产实验所舟山组、浙江省农林厅水产局舟山组《舟山群岛水产资源调查:沈家门区工作总结报告》,1951 年,浙江省档案馆藏,档号:J122-003-004。

说明:图中的“鱼市场”系官商合营,鱼行栈在其中发挥了重要作用,而且当时不经过鱼市场的鱼货交易仍较普遍。

---

① 姚咏平:《岱山水产之调查》,《浙江省建设月刊》1933 年第 6 卷第 7 期。

② 金之玉:《定海县渔业之调查》,《浙江省建设月刊》1935 年第 9 卷第 4 期。

③ 林茂春、吴玉麒:《鄞县渔业之调查》,《浙江省建设月刊》1936 年第 10 卷第 4 期。

④ 赵以忠:《舟山的冰鲜商和鱼行栈简析》,浙江省定海县政协文史资料研究委员会编《定海文史资料》第 2 辑,1985 年,第 66 页。

⑤ 沈家门镇志编纂领导小组编:《沈家门镇志》,浙江人民出版社,1996 年,第 156、160—161 页。

二、水产经营权的转移

民国时期，为有效介入水产经营领域，扩充财源，国家设立了鱼市场。经过多年计划与筹备，到1936年5月，国民政府实业部发起的上海鱼市场正式成立。上海鱼市场采用官商合营形式，试图打破鱼行对水产品交易市场的垄断，但旋因1937年全面抗战而宣布解散。① 抗战结束后，各地继续举办鱼市场，如浙江先后成立宁波、温州、沈家门三处鱼市场。1949年以后，新政权沿用鱼市场这种形式并进行筹建，同时以鱼市场来推动鱼行的改造。设立鱼市场与改造鱼行，既"破"又"立"，归根到底就是要实现水产经营权的转移，由国家统一经营水产品。

(一) 设立鱼市场

1949年5月上海解放后，原有的上海鱼市场随即被接管，并在1950年进行了清理、整顿和改造，如裁撤员工，改官商合办为国营，减少经纪人佣金，实行现款交易、统一收付，等等。② 上海鱼市场的运作与管理经验被移植到浙江。1950年11月，浙江省农林厅水产局派冯维周、董大成等12人去上海鱼市场实习，回来后在宁波市人民政府的协助下，筹建国营宁波鱼市场。1951年2月9日，国营宁波鱼市场正式开业，隶属于浙江省农林厅水产局。浙江省农林厅水产局又从宁波鱼市场抽调20多名干部去舟山沈家门建立国营舟山鱼市场(3月19日开业)，抽调12名干部去温州筹建国营温州鱼市场(4月25日开业)。③ 这三个鱼市场是浙江沿海地区最主要的国营鱼市场，有的还在各地设立办事处或工作站(组)。另外同期建立的还有岱山、余姚、象山、海门四个国营鱼市场。

鱼市场的主要任务是"掌握鱼价，调剂产销，通过行政管理，对鱼行封建剥削作斗争，以保障生产者与消费者的利益"④。鱼市场被赋予集中管理水产品交易的权力，即"海河鲜鱼首次交易必须在鱼市场行之"⑤。在建立舟山鱼市场的计划中，规定鱼市场业务的第一项是市场管理，内容是"为杜绝大入小出，货主无权决定自己货品价格等不合理的交易行为，到港鱼货第一次交易必须在鱼市场进行"⑥。在建立温州鱼市场的计划中，鱼市场业务范围第一项是"集中管理到达温州水产品的第一次交易，建立合理负责的交易制度，取缔中间商贩的操纵垄断行为，以保护生产者和消费者的利益"⑦。

鱼市场集中管理鱼货交易，尤其是到港鱼货必须先进入鱼市场交易，是为了打破原先鱼行对水产经营的垄断。如果这一规定被严格执行，而鱼市场又系完全国营(不同于民国时期的官

---

① 白斌：《明清以来浙江海洋渔业发展与政策变迁研究》，第190—195页。

② 《上海渔业志》编纂委员会编：《上海渔业志》，上海社会科学院出版社，1998年，第227页。

③ 浙江省水产志编纂委员会编：《浙江省水产志》，第476—479页。

④ 《第二次全国水产会议总结》，1951年1月30日，农牧渔业部水产局编《水产工作文件选编(1949—1977年)》上册，1983年，第12页。

⑤ 方原：《华东水产工作报告》，《华东水产》1951年第1期。

⑥ 《建立舟山鱼市场计划草案》，1951年3月20日，浙江省档案馆藏，档号：J122-003-018。

⑦ 《恢复温州鱼市场的业务计划草案》，1950年10月，浙江省档案馆藏，档号：J122-002-012。

商合营),鱼行在其中缺少发言权,无法参与各种政策的制订,那么实际上也就与鱼店、鱼贩差不多。鱼行只能先经过鱼市场拿到鱼货并向鱼市场支付一定的服务费,再进行转销。在这一过程中,鱼行与鱼店、鱼贩等属于竞争关系。鱼市场则偏向保护鱼贩的利益,如宁波鱼市场“为了防止鱼行(现改业为竞买人)操纵,对鱼货的销售,鱼摊贩得优先承购,其次为竞买人”①。

除了市场管理的行政职能外,鱼市场还具有企业经营的经济职能。华东军政委员会水产管理局在1951年初曾强调:“鱼市场是具有市场管理和企业经营的两种性质。惟前者为主导,后者为从属,但二者不能分离而孤立起来。”并指出:“鱼行业方面硬要把鱼市场的性质限定于行政管理或企业经营,或把他们分成两个独立的东西,是不对的。”②从部门设置来看,如宁波鱼市场下设秘书、管理、财务、运销四个课室,运销课又分推销、收购、加工、渔需品供应四部分。③ 从开展的业务来看,宁波鱼市场在开业后向渔民大量供应麻、网、栲、桐油、食米等渔需品;舟山鱼市场对渔民进行小额贷款,帮助渔民出海。④ 这些或多或少与鱼行原有的业务发生重叠,再加上当时政府积极向渔民发放贷款以及一些供销合作社向渔民提供出海物资,鱼行的营业空间被大大挤压。

(二) 改造鱼行

除了业务萎缩外,鱼行还直接面临着政府的改造。政府改造鱼行主要采用了转业的方法,即让鱼行从业人员放弃原有职业,另谋出路。当时鱼行老板和职工转业的方向主要有改造为正当的鱼商如冰鲜商、加工商、运销商、鱼店、鱼贩等,回乡生产,转向其他工商业,转为鱼市场经售员。⑤ 一般来说,成为鱼市场经售员是很好的出路,但有一定的条件限制。鱼市场规定吸收经售员有5项标准:1. 转业困难者;2. 年龄18岁至45岁,身体健康、无不良嗜好者;3. 具有业务经验与熟练技术者;4. 品行端正为一般人公认者;5. 具有殷实铺保者。根据这些标准,在鱼行职工中每12人普选评议1人,组织评议小组,以自报公议、民主评定、市场批准的方式进行人员筛选。宁波54家鱼行803名职工中,245人被鱼市场吸收为经售员,136人去渔区生产,182人转为鱼商、鱼贩,97人转向咸货店、加工商,120人回乡生产,剩余人员在鱼市场帮助下组织联运小组等,就业问题基本解决。⑥

各地鱼行的改造情况有所差异。据1951年7月宁波、舟山、温州三地统计,鱼市场成立后,275家鱼行中有190家转业,另有85家仍等待观望或准备转业。⑦ 其中宁波54家鱼行全部转业;舟山161家鱼行中,转向加工42家,转向冰鲜商70家,剩下49家在观望;温州60家鱼行中,转业24家,另有36家坐等不动。⑧ 在余姚,城区15家鱼行全部被改造,鱼行职工经教育后被吸收为干部⑨26人,失业23人,转业约30人;鱼行老板转业2人,

① 浙江省农林厅水产局:《浙江省运销情况总结报告》,1951年2月,浙江省档案馆藏,档号:J122-003-001。
② 华东军政委员会水产管理局:《对于国营上海鱼市场几项问题的说明》,《华东水产》1951年第1期。
③ 周科勤、杨和福主编:《宁波水产志》,海洋出版社,2006年,第324页。
④ 张秉海:《浙江水产经济制度的改革》,《浙江日报》1951年7月28日,第2版。
⑤ 同上。
⑥ 浙江省农林厅水产局:《恢复与建立宁波、温州、舟山鱼市场的情况与经验》,《华东水产》1951年第5期。
⑦ 徐的、秉海:《浙江渔业生产的恢复》,《浙江日报》1951年7月26日,第2版。
⑧ 浙江省农林厅水产局:《恢复与建立宁波、温州、舟山鱼市场的情况与经验》,《华东水产》1951年第5期。
⑨ 此处干部应该主要指鱼市场管理人员。

失业7人。[1] 在象山，鱼市场开业后，石浦镇鱼行一般照常存在，但主要业务为加工运销，延昌乡、丹门乡、东门岛等地鱼行栈及虾皮行除加工厂外，已取消半数以上。[2] 由此可见，各地鱼市场成立后，大部分鱼行从业人员只能接受转业的命运。而暂时留存的少数鱼行，其业务基本上发生了变化。到资本主义工商业社会主义改造时，剩下的鱼行或关闭，或被改造为水产合作商店、合作小组等，鱼行彻底退出了历史舞台。

（三）新格局的形成

设立鱼市场与改造鱼行，使水产品的流通发生了明显变化。以沈家门的鱼货交易过程为例，不管是在市场交易还是洋面交易中，鱼市场都发挥了重要作用。

在市场交易中，渔船到达沈家门后，渔民凭航政局发给的航行证和水产局发给的证明文件向鱼市场管理课登记鱼货，委托鱼市场卖出。管理课发给渔民一张鱼货委托证，待鱼货售出后，渔民凭此证向市场财务课领取货款。管理课接受鱼货委托后，将鱼货调配到市场交易棚内，指定经售组，鱼价由市场统一规定。如渔民认为市场议定的价格过高或过低，事先可向管理课说明自己所愿出售的价格。经售组参考议定价格，由货主与买主在双方自愿的原则下进行交易。买主购得鱼货后，将货款交给经售组，再由经售组交至市场财务课。买主凭经售组填发的货票，即可取货出市场。如果加工厂商或冰鲜商收购大量鱼货时，事先必须向市场管理课登记收购数量，以便统一调配。[3]

在洋面交易中，渔汛期间，货主和冰鲜商向市场管理课登记鱼货数量和收购数量，鱼货不必运到岸上，由鱼市场指定交易地点（均在洋面）并派经售员两人执行司秤、司账工作。交易完毕后，经售员将交易数量、交易金额报至市场管理课。国营或公营公司经营的冰鲜船向市场登记后，获得三角旗一面，可直接在洋面向渔民收购交易，再在一定时间内向市场报告收购数量，缴纳管理费用。[4]

在水产品内销与外销过程中，由图2可见，鱼市场起到的作用与原来的鱼行相差无几。不同的是，鱼市场主要充当中介角色，且渔民获得了一定的议价自主权；而原本鱼行通过放行头、借旗号，迫使渔民和冰鲜商对其形成较强的依附。鱼市场建立后，在水产经营中逐渐占据主导地位。据估算，1951年浙江省海洋鱼类、贝藻类生产量为88 310.56吨，通过宁波、舟山、温州3个鱼市场交易的鱼货达40 518.06吨，约占生产量的45.9%。[5] 不过，当时介入水产经营领域的不止鱼市场。在舟山，除了国营舟山鱼市场外，涉及水产经营的还有国营浙江水产运销公司、公营衡昌水产运销公司[6]，此外舟山土产公司、宁波元昌贸易公司[7]以及部分供销社也兼营水

① 余姚鱼市场：《为报告本场在开业前当地鱼行向渔民索取佣金剥削情况由》，1952年11月9日，浙江省档案馆藏，档号：J122-004-003。

② 象山鱼市场：《为嘱我场了解封建鱼行剥削情况今汇总上报由》，1952年11月8日，浙江省档案馆藏，档号：J122-004-003。

③ 中央水产实验所舟山组、浙江省农林厅水产局舟山组：《舟山群岛水产资源调查：沈家门区工作总结报告》，1951年。

④ 同上。

⑤ 《一九五一年浙江省水产工作初步总结》，1951年，浙江省水产局《浙江渔业史》编辑办公室编《水产工作文件选编（1950—1985年）》上册，1987年，第27页。

⑥ 1951年5月成立，简称衡昌公司。后改名华东新建水产运销公司，简称新建公司。

⑦ 隶属于宁波专员公署生产科领导，下设水产部等4个部，并在绍兴、象山、慈溪设分支机构。

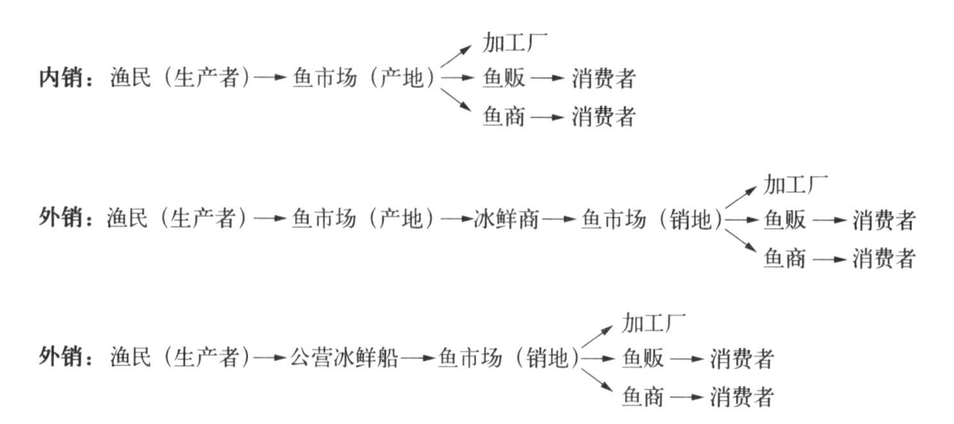

图2 1951年鱼市场建立后沈家门水产品交易过程

资料来源：中央水产实验所舟山组、浙江省农林厅水产局舟山组《舟山群岛水产资源调查：沈家门区工作总结报告》，1951年，浙江省档案馆藏，档号：J122-003-004。

产品购销。随着国家经营水产品这一基本格局的确立，之后的焦点不在于私营抑或国营，而是转移到了如何限制、整合不同的经营组织。

三、水产经营组织的整合

从1952年开始，浙江水产经营组织的整合呈现出集中化的趋势。鱼市场变成交易服务的部门，下放给地方政府管理；浙江水产运销公司在鱼货收购中遭遇挫败，长期被亏本问题困扰。两者的结局是被整合进供销社系统。而在全国体制调整的背景下，水产经营权最终集中到水产供销公司，实现了计划经济体制建立过程中"统"的目标。

(一)鱼市场性质的变化

如前所述，1951年初，华东军政委员会水产管理局强调鱼市场具有市场管理和企业经营两种职能，两者不能分离孤立。但到了1952年，随着绝大部分鱼行完成改造，鱼市场的性质开始发生变化。1952年2月，农业部下发指示："确定鱼市场为行政管理机构，不兼营运销，取消经纪人制度，尽量减低管理费用。"①由此可见，鱼市场被定性为行政管理机构，不再具有企业性质，经营业务范围要缩小。

为贯彻中央指示，1952年8月2日，浙江省农林厅水产局专门召开全省各地鱼市场经理会议研究鱼市场问题。会议形成《有关鱼市场的几个重要问题的初步意见》，同意将鱼市场的性质确定为"行政管理机构"，建议在名称上将"国营××鱼市场"改为"××水产市场"，经理制改为主任制；并建议鱼市场行政上属当地财委领导，业务和财务仍属水产局领导，为双重领导关系。② 如果

① 《关于一九五二年水产工作的指示》，《华东水产》1952年第7期。

② 浙江省农林厅水产局：《为鱼市场方针、性质、任务和组织机构改变等情报请核示由》，1952年8月12日，浙江省档案馆藏，档号：J122-004-026。

按照这一结果，鱼市场将被确定为“行政管理机构”并接受双重领导，可实际情况又有变化。

1952年12月，浙江省农林厅召集商业厅、劳动局、水产局、杭州市工商局等部门开会。会议讨论了鱼市场性质和领导关系问题，提出两种解决方案。其一，根据中央农业部和华东军政委员会指示，鱼市场性质一律确定为行政管理机构，不兼营业务，各鱼市场拟即划归所在当地政府工商科、局直接领导，为其直属机构之一，在业务上由水产局给予指导和协助。其二，根据华东军政委员会贸易部指示精神，鱼市场既然是交易市场的一种，就不能同时又是一个行政管理部门；市场行政管理权应集中于工商行政部门，市场本身不能作为行政管理机构，以免造成交易市场代替行政。①

1953年1月16日，浙江省农林厅会同浙江省商业厅召开各鱼市场经理及有关工商行政部门联席会议，确定鱼市场的性质按照华东军政委员会贸易部指示的“市场与交易所不是行政管理机构，而是为交易服务的部门”来定义，提出鱼市场今后应成为为渔业生产和物资交流服务的机构，不再经营企业，将“国营××鱼市场”更名为“××水产交易市场”，交由商业厅领导，经理制改为主任制。② 浙江省财政经济委员会基本同意上述意见。③ 3月，浙江省农林厅水产局发文通知，将国营鱼市场改名为水产市场。10月，浙江省人民政府发文指示各地水产市场交由当地市县人民政府工商行政部门领导与管理。水产市场的主要任务由集中统一交易管理，转变为管理渔民自销鱼货、调节市场供应、组织推销鱼货、活跃水产品流通；同时业务范围缩小，交易量和经营额减少，机构人员精简，经售员多数转业，只留少数为市场正式业务员。④

从一开始具有市场管理和企业经营两种职能，为浙江省农林厅水产局直属机构，到1952年被确定为“行政管理机构”，最后到1953年成为“为交易服务的部门”并改称水产市场，交由地方政府管理，短短两年时间里，鱼市场的性质、职能和地位发生了重大变化。这一变化，与鱼市场设立之初所面临的国营与私营并存局面消失密切相关。为打破鱼行的垄断，鱼市场一开始被赋予了较大的权力，同时业务范围涵盖广泛，开展了企业经营活动。即便规划的各类业务短期不能实现，至少也要呈现出与鱼行相抗衡并有所超越的态势，这是一种策略性手段。随着鱼行的改造与退出，鱼市场无须进一步去实现原来的业务规划，只要能对水产市场进行管理即可，所以才有鱼市场只作为“行政管理机构”的提出。此外，浙江水产运销公司于1951年成立后，负责水产品跨地区运销，这与鱼市场的运销业务发生重叠。所以，最后将鱼市场改为水产市场并下放给地方政府管理，让其只负责当地渔民的自销鱼货。概括来说，鱼市场的变化反映了在不同国营力量介入水产经营领域后，政府对职能上有所冲突的经营组织进行调整与取舍的历史进程。

---

① 浙江省农林厅：《为将召开减低各鱼市场管理费及动员经售员转业问题会议情况，呈请鉴核示遵由》，1952年12月17日，浙江省档案馆藏，档号：J158-006-179。

② 浙江省农林厅水产局：《为鱼市场之方针、性质、任务和经售员转业及移交商业厅领导由》，1953年1月22日，浙江省档案馆藏，档号：J158-006-179；浙江省农林厅：《为减低鱼市场管理费用，取消经售员制度，改变今后鱼市场的管理等问题，报请核示由》，1953年1月29日，浙江省档案馆藏，档号：J158-006-179。

③ 浙江省财政经济委员会：《关于减低鱼市场管理费用，取消经售员制度及今后管理等问题》，1953年2月5日，浙江省档案馆藏，档号：J158-006-179。

④ 浙江省水产志编纂委员会编：《浙江省水产志》，第477页；浙江省人民政府：《决定各地水产市场交由当地市县人民政府领导并附发交接方案希遵照执行》，1953年，浙江省档案馆藏，档号：J101-004-094。

(二) 浙江水产运销公司的亏损

在鱼市场职能收缩的同时,浙江水产运销公司的地位则逐渐上升。1951 年 3 月中旬,华东军政委员会水产管理局在上海召开关于组织收购、开展运销会议,会议最后确定在华东鱼产重要地区浙江、苏南等地建立水产运销公司,进行收购和运销。① 5 月 19 日,国营浙江水产运销公司正式成立,浙江省农林厅水产局副局长邓林华兼经理,张立修任副经理。② 浙江水产运销公司在杭州设立营业部,经营销售业务,并在舟山设立分公司以组织收购、调剂供求、掌握鱼价、加工运销。③ 5 月 29 日,正式成立国营浙江水产运销公司舟山分公司,并由国营浙江水产运销公司副经理张立修兼分公司经理。④ 浙江水产运销公司还在绍兴、嘉兴、温州、台州等地设办事处或收购站,逐渐成为全省海水产品运销的主导力量。

如前所示,通过鱼市场交易的鱼货,其价格可以由产销双方协商议定,这是一种较为自由的议价体系。国营公司介入水产品购销后,水产品价格开始有国营牌价。国营公司根据市场价格、供求情况、企业利润等,拟定收购价格,报经主管部门审批同意后执行。⑤ 但在 1952 年春汛,浙江水产运销公司等收购鱼货时定价过低,严重损害了渔民的利益。华东方面曾规定产地大黄鱼最低价格为每斤 600 元,⑥但水产局和各公司担心鱼货销路不畅,认为定价太高,实际收购时鲜鱼运销价格平均每斤 584 元,鲜鱼加工价格平均每斤 530 元。最终 3 个公司(浙江水产运销公司、新建公司、宁波水产运销公司)冰鲜运销 1 283 万斤鱼货,纯收益 24.4 亿元,平均每斤获利 190 元。所以,“不是鱼价太高,而是鱼价太低;不是没有销路(开始销路不畅,小黄鱼赔钱,也是事实),而是销路很广,不是亏本而是有利,而且利润太大太厚”⑦。

1952 年 7 月 15 日,浙江水产运销公司召开水产运销工作检查会议。8 月 25 日,中共浙江省委召开渔区工作会议。这两次会议集中批判了资本主义经营方式和单纯盈利观点。⑧ 受此影响,浙江水产运销公司在 1952 年冬汛收购鱼货时更多出于政治考量,忽略了实际状况和成本计算。冬汛刚开始时,鱼价偏高,每担达到 22 万元,其他收购单位观望不前,而公司全都收购下来,导致第一批亏本 7 000 多万元,第二批亏本 4 亿多元。同时因为规定只准船等鱼,公司 20 多只船提早半个月出海,冰块融化 40%以上,损失资金 2 000 多万元。⑨

1952 年春汛和冬汛的反差,折射出浙江水产运销公司在经营上的矛盾状态。作为市场主体,浙江水产运销公司在承担收购运销任务时,按照市场规律从中获取一定利润,本无可厚非。

---

① 《国营浙江水产运销公司成立》,《浙江日报》1951 年 5 月 24 日,第 2 版。

② 国营浙江水产运销公司:《为国营浙江水产运销公司成立启用印件由》,1951 年 5 月 19 日,浙江省档案馆藏,档号:J116-005-040。

③ 《国营浙江水产运销公司成立》,《浙江日报》1951 年 5 月 24 日,第 2 版。

④ 国营浙江水产运销公司舟山分公司:《为国营浙江水产运销公司舟山分公司成立及启用印件由》,1951 年 6 月 13 日,浙江省档案馆藏,档号:J116-005-040。

⑤ 张立修、毕定邦主编:《浙江当代渔业史》,浙江科学技术出版社,1990 年,第 450—451 页。

⑥ 此处为旧币,旧币 1 万元相当于 1955 年发行的新币 1 元,下同。

⑦ 浙江省农林厅水产局:《关于今春执行与掌握鱼价政策的检讨报告》,1952 年 9 月 4 日,浙江省档案馆藏,档号:J116-006-108。

⑧ 《国营浙江水产运销公司一九五二年度工作总结》,1953 年 2 月 2 日,浙江省档案馆藏,档号:J122-004-014。

⑨ 国营浙江水产运销公司:《为报送一九五二年冬季带鱼汛运销亏损情况报告祈核示由》,1953 年 4 月 4 日,浙江省档案馆藏,档号:J116-006-108。

但按照当时的经营要求，国营公司与渔民打交道，从渔民手中收购鱼货，还需要兼顾政治影响，不能只看重利润，更不能损害渔民利益。

1952 年春汛盈利被严厉批评，以致冬汛时矫枉过正而亏本，到 1953 年春汛，浙江水产运销公司又陷入亏本的境地。由于渔民优先满足合作社收购需求，公司收购被动，再加上鱼价偏高，仅以产区计算，浙江水产运销公司舟山分公司共计损失 5.66 亿元。公司中有干部指出："做水产运销公司的企业工作，比水产生产及行政工作者低，他们是革命的，为渔民服务的，光荣的，而搞企业工作者提出意见不管对不对，均不给予考虑，在会议上一提意见，就说是'本位主义，营利观点，群众观念不强'。如再解释，就是'暴利思想，资本主义经营'……"①从中可见，各级行政部门不再全力支持浙江水产运销公司的工作，不仅不重视公司的意见，反而简单地用"营利""暴利""资本主义经营"等眼光看待公司。浙江水产运销公司陷入四面楚歌之中，一场新的变革正在酝酿。

（三）供销体制的确立

1953 年 8 月 10 日，浙江省农林厅水产局提出改变浙江水产运销公司领导关系的请示报告。报告指出，水产局是水产行政管理机构，不懂公司的经营和管理，既无专人负责，又无经验领导企业，所以需要改变浙江水产运销公司的领导关系。报告中提出了两种解决方案：一是按照公司性质、方针与经营的业务，借鉴东北、上海的经验，浙江水产运销公司交给商业厅领导；二是根据渔业生产特点与发展前途，考虑到目前渔民正在由个体生产走向集体互助合作，参照山东的经验，浙江水产运销公司交给省合作社统一领导。② 从实际情况看，浙江采用了第二种方案，将运销业务整合进供销社系统，其结果是撤销了公司，而不是改变领导关系。

从 1953 年开始，浙江加快了水产经营组织的整合，例如浙江水产运销公司宁波办事处并入宁波水产市场，浙江水产运销公司舟山分公司并入省供销社舟山办事处，舟山水产市场也并入当地供销社。1954 年 2 月，中共浙江省委决定撤销国营浙江水产运销公司，所属机构的人员、财产移交给浙江省供销合作社，在省供销社下设水产经营管理处，负责全省水产供销业务。③ 以浙江水产运销公司的撤销为标志，各地水产经营组织相继被并入供销社系统，如温州水产市场、余姚水产市场、宁波水产市场、象山水产市场等都被直接并入当地供销社或省供销社在当地的水产站，只保留土产公司和少数私商经营一部分水产品业务。

从 1953 年到 1955 年，适值浙江渔业互助合作运动逐步推进，各地渔民的组织化程度不断提高。面对加入集体经济组织的渔民，各级政府既要帮助他们解决出海物资，供应各类渔需品，又要负责鱼货的运输与销售。如果不同水产经营组织再分管一块、画地为牢的话，势必影响到全局的物资调配与鱼货运销，不利于集体经济组织的巩固与发展，甚至可能起到破坏作用。这是浙江将水产经营组织集中整合到供销社系统中的一个重要考量。

1955 年 10 月，国务院将水产生产、加工、运销企业划归商业部统一领导，并规定各地与水产相关的行政管理单位和水产企业都移交给商业部门领导。12 月，商业部成立中国水产供销

---

① 国营浙江水产运销公司舟山分公司：《春季渔汛加工、运销工作报告》，1953 年 6 月 30 日，浙江省档案馆藏，档号：J122－005－038。

② 浙江省农林厅水产局：《为改变浙江水产运销公司今后领导问题的请示报告》，1953 年 8 月 10 日，浙江省档案馆藏，档号：J122－005－007。

③ 浙江省水产志编纂委员会编：《浙江省水产志》，第 479、485 页。

公司，管理全国水产品的收购、运销以及对渔民生产、生活资料的供应等。[①] 浙江原本确立的水产经营归入供销社的体制也不得不作出调整。浙江省决定将中国土产公司浙江省公司（经营水产品）、省供销社水产经营管理处合并建立中国水产供销公司浙江省公司，各地也相应合并成立水产供销公司。1956 年 1 月 24 日，中国水产供销公司浙江省公司正式成立，属省商业厅领导。[②] 按照规划，省公司直属分市公司（6 个）、萧山县公司、上海工作组，包括县（市）公司 30 个、县级经营组 15 个、营业部 13 个及乍浦转运站，形成全省水产供销商业网络。[③] 相较原来的供销社系统，水产供销公司还合并了土产公司的水产业务，对水产经营组织的整合已经很彻底。此外，各地的水产合作商店、合作小组、冰鲜船和鱼货加工厂等，一律归当地水产供销公司领导和管理，不能直接向渔船收购、运销、批发水产品，只能向水产供销公司批发进货。水产供销公司按计划对水产品“统一收购，统一调拨，统一运销，统一价格”，对渔需物资“统一采购，统一供应”，形成统购包销、保障供给的经营模式。[④]

结　语

中华人民共和国成立后，国家对重要社会经济活动的管理不断加强并逐渐建立计划经济体制。计划经济体制涉及计划管理体制、财政体制、流通体制（包括商业体制、物资体制和外贸体制）、劳动工资体制等多个领域，[⑤]是一个非常庞杂且深入基层的体系。具体到本文探讨的水产经营体制，它属于流通体制中的商业体制。考察浙江水产经营体制的演变，可以呈现特定地域和具体领域中计划经济体制的建立与调整，进而加深对“破”“立”“统”这一过程的认识。

水产经营领域在国家介入前，主要由鱼行充当水产品交易中介代理的角色。鱼行通过放行头、借旗号使渔民对其形成较强的依附，少数大鱼行还自营冰鲜船、加工厂，实际上形成了垄断地位。地方国营鱼市场的建立有效打破了鱼行独大的局面，是“破”与“立”的开始，成功改造鱼行则表明“破”的结束。但当时除了鱼市场，在水产经营领域还有浙江水产运销公司等多种国营或公营力量，这又是一个多方参与的竞争格局。可见在“立”的过程中，一开始并没有确立集中统一的体制，所以出现了“并立”的局面。

从 1952 年开始，水产经营体制调整向“统”的目标迈进。鱼市场先是被定性为行政管理机构，企业经营职能消失；后又改为水产市场，下放给地方政府管理。作为鱼市场原先的主要竞争者，浙江水产运销公司逐渐主导了全省海水产品的运销，却终因长期亏损而被撤销。将各类水产经营组织整合进供销社系统一度是浙江水产经营体制调整的方向，但随着 1955 年顶层设计的明确，浙江的地方体制不得不向统一的全国体制转变。各级水产供销公司的建立，标志着水产经营体制“统”的目标得以完成。从“破”到“立”再到“统”，计划经济体制一步步深入水产经营中，最终实现了高度集中统一的水产经营模式。

---

① 宫明山、涂逢俊主编：《当代中国的水产业》，当代中国出版社，1991 年，第 20 页。

② 1956 年 3 月，浙江省农林厅水产局改为浙江省水产局；5 月，中国水产供销公司浙江省公司划归省水产局领导。

③ 浙江省水产志编纂委员会编：《浙江省水产志》，第 485—486 页。

④ 葛银水：《新中国成立后海水产品购销》，《普陀文史资料》第 1 辑，第 216 页。

⑤ 朱培民编著：《中华人民共和国经济简史》，中共中央党校出版社，1994 年，第 54—58 页。

“入唐”抑或“渡韩”：丰臣秀吉“侵略朝鲜”的战略目标及其重塑东亚秩序构想的溃败*

王煜焜**

摘　要：“入唐”和“渡韩”分别代表了丰臣秀吉不同时刻的战略目标，而调整的原因是战局的变化以及受到明朝天下观的影响。秀吉利用政治手段成了原本只有少数家族的成员才能担任的关白，又通过外交僧侣了解室町幕府以来的外交旧事并以此来制订外交战略。或许，若能成功“入唐”，其事迹就可以同曾以天皇名义推进的内政外交事务遥相呼应。毋庸讳言，意图重塑东亚秩序的秀吉与自认地位低于明朝的日本，在外交认知上皆是一体的。在战局改变后，秀吉及时调整战略，中止了“入唐”计划。显然，秀吉层次段落分明的对外政策是基于局势而动。

关键词：万历援朝战役　丰臣秀吉　战略调整

丰臣秀吉于日本天正十八年(1590)七月击败北条氏。其后，以改封德川家康至关东为契机而实行大规模的改封和除封行动，改变了百年以来地方大名势力的统治基础。利用天皇家族尚存的传统权威，秀吉趁势完成了系列“惣无事令”①政策，将丰臣政权的掌控力推上日本政坛百年未见的巅峰。② 至此，在日本国内已然不存在能挑战这位关白的政治势力。不愿止步于此的“天下人”遂将战略着眼点转移海外。在强迫宣祖派遣通信使后，他因不满朝鲜的应对，以其拒绝“征明向导”为由，于天正二十年(1592)悍然发兵十余万入侵朝鲜。③ 然而，常令学界困惑的是秀吉对东亚诸国的认知以及其军事战略中仍存难解之处，而这又导致有些结论认为侵略的原因只是他狂妄自大④或欲

---

* 本文为上海市哲学社会科学规划课题“长崎唐通事候文史料群的译注及研究”(2022ZLS001)的阶段性成果。

** 王煜焜，上海理工大学中国近现代史国情研究所副教授。

① 惣无事令是由学者藤木久志提出的概念，是刀狩令、海上贼船禁止令、喧哗停止令等一系列禁止私斗法令的集合，亦被称为丰臣平和令。简而言之，核心是禁止大名之间私下争夺领土，领土纠纷的处理权归于丰臣政权，违反法令的大名将被严格处罚。作为关白，实际上最终是通过天皇的命令完成了禁止私斗(天下静谧)。见[日] 藤木久志《丰臣平和令と战国社会》，东京：东京大学出版会，1985年，序第5页。有趣的是，藤井让治认为并不存在系列的惣无事令，见[日] 藤井让治《惣无事令はなかった》，《天下人秀吉の时代》，东京：敬文社，2020年，第103—145页。

② [日] 朝尾直弘：《丰臣政权の问题点》，《朝尾直弘著作集》卷四，东京：岩波书店，2004年，第24—25页。

③ [日] 德富苏峰：《近世日国民史　丰臣时代》丁编《朝鲜役上卷》，东京：明治书院，1921年，第304—310页。

④ [韩] 韩佑劢：《壬辰倭乱の原因に关する检讨》，《历史学报》1952年第1期，第93页。

使“本朝之威武显赫异域”①。本文的研究将通过分析秀吉在万历援朝战争前后的军事部署,来探讨文献中“入唐”“渡韩”词语转换背后的意味及日本此时对外战略的演进。

一、问题缘起:丰臣秀吉侵略朝鲜的目标是“入唐”还是“渡韩”

以“入唐”为目的,丰臣秀吉在天正十九年(1591)命令国内诸将先行准备来年渡海侵略朝鲜半岛,完成前人未尽之大事。② 表面看,那是一场最终以征服明朝为导向的侵略战争,秀吉计划成为世界的“天下人”。然而,秀吉发动的战争究竟是“入唐”还是“渡韩”呢?毕竟,加藤清正抵达兀良哈已为至深,日军从未一睹“大唐”山水。无疑,这场战争超越了日本国内的“天下”“公仪”范围,绝非“惣无事令”背后的敕令所能干预。换言之,这是日本统一后秀吉所推动的单方面侵略行为,是依靠强大的地方军力和短暂的统治力而勉强发动的战争。实际上,日本国内尚未摆脱战国大名和领邦君主制的影响,地方封建领主林立、乱象丛生,“日轮之子”统一后的静谧仅为幻象,秀吉对百姓实施的收缴武器政策尚未贯彻至底层,“太阁检地”在点滴推进,地方只是无奈配合,双方矛盾依旧存在。即便丰臣政权试图削弱庞大过剩的武士集团,但若在政策上无法打出“大义名分”的话,国内好不容易出现的片刻稳定亦会受到冲击。

从江户时代开始,学者们就在探寻丰臣秀吉侵略朝鲜的目的,随着时代的发展、史观的进步,陆续出现诸如功名心、征服欲、恢复勘合贸易、转移国内矛盾、打造东亚国际秩序、征服明朝、丧子之痛、征服朝鲜等解释。③ 尽管尚未形成统一的意见,但学界现今多接受秀吉的目标是明朝。然而,有趣的是,在秀吉逝世后不久就出现了对他“征伐”的另类考察。堀正意的《朝鲜征伐记》④,成书于日本宽永中期。如其书名所示,其书的内容显然是以出兵朝鲜为中心的丰臣秀吉传记,以及以出兵朝鲜为对象的军记物语。《朝鲜征伐记》是已知最早的以秀吉出兵朝鲜为对象的文献,详细叙述了议和交涉及庆长之役。然而,堀正意并未说明为何不是“大明征伐”,而直接转化为“朝鲜征伐”。自此直至二战前的日本军国主义膨胀前,日本“学界”似乎有意地将秀吉的目的“矮化”为征服朝鲜半岛,而非明朝,或许这同江户幕府的建立是取代丰臣政权有关。尽管丰臣氏留下数量庞大的文书群,但其发动战争的目的总是令人感到如雾里看花,或许对“入唐”

---

① [日]德富苏峰:《近世日国民史　丰臣时代》丁编《朝鲜役上卷》,第119页。

② 日本东京大学文学部所藏《觉上公御书集》下,京都:临川书店,1999年,第227页。秀吉以平民之出身而荣登关白之职,在彼时,已然属于“前代所未闻也”。《多闻院日记》:“秀吉昨日在京。今日腾跃入京中,于内里参观云云。(秀吉)成为内大臣,又议定为近卫殿大御所之养子云云,则关白之职可成矣。此真乃前代所未闻之事也。……此次,近卫、二条殿下为关白一事折衷而定,秀吉出任关白,其中本有不可言虑之事也。”羽柴秀吉随即于1585年7月11日发布天皇命令之文书。此前,关白二条昭实同近卫信尹等人争论激烈,进而引退。此时,内大臣羽柴秀吉成为近卫前久的养子,获得藤原之姓,此后就任关白。作为回礼,近卫家被赐予千石,其他摄关家获赐五百石的家领。兴福寺的多闻院英俊认为,五摄家之外的人员出任关白一事可谓闻所未闻。[日]近卫信尹:《古记录编》45,东京:续群书类从完成会,1975年。

③ 相关学术史回顾,参见陈尚胜、赵彦民、孙成旭、石少颖《地区性历史与国别性认识——日本、韩国、中国有关壬辰战争史研究述评》,《海交史研究》,2019年第4期。

④ [日]松元爱重编:《朝鲜征伐记》,《丰太阁征韩秘录》,东京:成欢社,1894年。

和"渡韩"的考察，正是研究秀吉侵略战争的一个绝佳切入点。

简而言之，从"入唐"字面意思看，是秀吉前往明朝，而背后的衍生意味是日本征服明朝。"渡韩"的话亦然，表面是秀吉赶赴朝鲜，而对应的背后含义则是日本征服朝鲜半岛，有如堀正意的书名所表示的那样。"入唐"与"渡韩"，无论是表里意味，还是最终指向的目标，都存在极大差异。不过，从战略目标的推进来看，依然存在顺序问题，即秀吉必须先完成"渡韩"，随后才能"入唐"进驻宁波而称霸天下。但是，在彼时的史料文献中，"渡韩"所指的更多是秀吉亲身前往朝鲜，内涵并未延伸至占领半岛。事实上，学界对丰臣秀吉本人是否"渡韩"，即是否亲率大军侵略朝鲜半岛，仍有保留，甚至衍生出"阴谋"猜测，①认定秀吉坐镇日本才是其本来的计划。然而，现存的史料都表明秀吉确有打算前往朝鲜半岛，只是被诸多事务所影响。例如，天正二十年(1592)五月十六日，秀吉就命令诸将修建京洛至朝鲜半岛釜山浦的御所。② 又如，《德富猪一郎氏所藏文书》载："前两日已攻陷高丽王都。故此吾(秀吉)需尽快渡海，本次将攻克大明国。彼处终将为此事而动，可准备待机而用。"③此外，据秀吉的外交顾问、起草外交通商文书的相国寺鹿苑僧录西笑承兑在其《鹿苑日录》"庆长二年(1597)八月九日"条中记载："太阁即乘快船。御意当是赶赴朝鲜也。"④可见，无论是文禄年间，还是庆长年间，秀吉始终在考虑在必要之际"渡韩"，这点应该是可信的。据说西笑承兑同时受到丰臣秀吉和德川家康的信任，但鹿苑僧录本身却在元和元年(1615)被废，由于金地院崇传设立了金地院僧录，所以西笑承兑是鹿苑僧录中最后的政僧，其史料愈发显得珍贵。并且，上述《鹿苑日录》的同日条又记载说丰臣秀吉曾召见政权的大老德川家康、上杉景胜、前田利家等三人，而家康和景胜在秀吉的许可下商谈许久。同日条中存有"自朝鲜国有紧急报告"之记载，应当是大老们在商讨朝鲜半岛的战况。在战事吃紧之际，秀吉将家康、景胜、利家三人招至府邸，显然是想同三人讨论战况和今后的战略制订，但三位大老并未就此进言秀吉停止侵略半岛。换言之，秀吉逝世前一年，这位"暴君"并未考虑停止战争，若不是因为身体原因，⑤或许确实将会实行"渡韩"而解决战况困境。

与"渡韩"相对，"入唐"的意味直截了当，指的是征服明朝。如《多闻院日记》载："(天正十五

---

① ［日］平川新：《丰臣秀吉の朝鲜出兵をめぐる最近の论议》，《16—19世纪の日通说を见直す》，大阪：清文堂，2015年，第3—4页。平川新认为，丰臣秀吉出兵朝鲜正是为了更为稳固地坐镇日本本土，征伐朝鲜只是第一步，主要是要对抗西班牙帝国的向外扩张。故此，秀吉的目标更多是在朝鲜半岛，而非明朝帝国的天下。

② 据《毛利家文书》载："自釜山浦至京洛。太阁殿下御动座(秀吉的临时居所)路次，御座所普请(工事)。釜山浦—东莱—梁山—密阳—清道(辉元)—大邱(辉元)—八莒(辉元)—仁同(辉元)—善山(辉元)—尚州(辉元)—咸昌(辉元)—闻庆(辉元)—鸟岭(辉元)—延丰(隆景)—槐山(隆景)—清安(隆景)—竹山(隆景)—阳智(四国众)—龙仁(四国众)—果川(四国众)—沙平院(四国众)—汉江(备前宰相)—京中(备前宰相)—以上。"见《毛利家文书其三》，《大日古文书》"家わけ第八"所收《丰臣秀吉朱印状写》929号、《丰臣秀吉高丽诸泊普请注文》927号，东京：东京大学出版会，1970年。秀吉在普请工事的安排思考上极为细致，显然并未回避前往半岛的问题。

③ 丰臣秀吉文书号4101，天正二十年五月十八日前田玄以宛、丰臣秀吉朱印状，(日本)名古屋市博物馆《丰臣秀吉文书集》五"天正十九年—文禄元年"，东京：吉川弘文馆，2019年，第194页。

④ 《鹿苑日录》卷二"庆长二年八月九日"条，东京：续群书类从完成会，1991年。

⑤ 秀吉多次令岛津等诸多武将狩猎老虎，为的是养生，此时的"天下人"健康不佳。江户时代初期画师永井庆竺还留下一幅相关作品，即"高丽虎狩图屏风"(见 https://www.miyazaki-archive.jp/d-museum/details/view/3816)。《吉川家文书》："太阁殿下为保养之故，望猎虎，以盐制之，悉可献上，此乃殿下(丰臣秀吉)之意。虎皮，殿下所不需，可留之。头、肉、肠，丝毫不剩，全部以盐腌之。恐惶谨言。木下大膳大夫(木下吉隆)，(文禄三年)十二月廿五日，吉俊(花押)、浅野弹正少弼(浅野长政)、长吉(花押)。"刊本769，文禄三年十二月二十五日吉川广家宛、木下吉隆、浅野长政联署书状。

年三月三日)听闻将侵入高丽、南蛮、大唐。盖此鸿篇巨制,前代未闻也。”①在正式发动侵略前,秀吉已在多个场合谈及“入唐”之词。二战结束前,日本在朝鲜设立的朝鲜史编纂委员会编修的《朝鲜史》言:“秀吉欲合并明朝与朝鲜,将皇都迁至明朝首都,周边十国皆为其直属领地。日本帝位移交给皇储或皇弟。以丰臣秀次为大明国的关白,国都附近百余国为其封地。日本关白之位让于羽柴秀保或者宇喜多秀家。朝鲜交由羽柴秀胜或者秀家。九州岛之地由羽柴秀秋掌管。本人则入居明朝的宁波。而且今年当入明朝京都。令先锋诸将继续行军,攻取天竺。渡海之意颇为紧急。”②《朝鲜史》乃是殖民地时期,朝鲜总督府令学者模仿《资治通鉴》编纂而成的史书,其史料来源的文书与此记载大致相同,如《古迹文征》。③

《古迹文征》中的秀吉文书,乃是丰臣秀吉在得知以小西行长和加藤清正为首的先锋队获得良好开局的情况后写就之战略。部署极为细致,首先安排天皇移居明朝首都北京,其次是令秀次担任明朝的关白,第三是日本事务交由皇太子或皇弟处理,第四是朝鲜由织田信秀或宇喜多秀家看管。然而,此处值得注意的是“将皇都迁至明朝首都,周边十国皆为其直属领地”,“以丰臣秀次为大明国的关白,国都附近百余国为其封地”。从以上部署看,秀吉应当从外交顾问处习得不少历史知识,知晓室町幕府曾经朝贡明朝、足利义满受封日本国王之故事。此外,若回溯历史至平安时代末期,平清盛曾居住于福原,该地在大轮田泊附近,远离京都,但这位政治强者依然能把持京都朝政。犹如平清盛为牵制山门的势力曾在治承四年(1180)六月迁都福原,秀吉是否想迁都明朝宁波的计划却并不明确,但至少在对明的战略部署上有政经分离的意图,这点毋庸置疑。然而,文献中仅仅出现“周边十国”“国都附近百余国”和“攻取天竺”等抽象的记载,可见在编纂《朝鲜史》之际,日本的学者都未知晓秀吉对朝鲜和明朝的具体安排如何,事实上此后再未出现过如此的“三国部署”。

学者张玉祥注意到,秀家动员侵略朝鲜的主力部队都是其直属的中央官僚派,例如小西行长和加藤清正,地方大名派系所属的部队比例很低。故此,他认为秀吉利用战争来消耗大名的实力,进而达到解除对自己威胁的观点站不住脚。说到底,那是一场由于秀吉欠缺正确的对外认识和海外情报,最终导致其对外野心和领土欲望膨胀而引发的一场侵略战争。④ 与此相对,李进熙和姜在彦⑤却指出,尽管秀吉将朝鲜国王视为日本国内的大名,但这并不代表他欠缺室町幕府以来的外交知识,朝鲜显然是斡旋于明朝与日本之间极为重要的“中介”。⑥ 秀吉也深知朝鲜与日本的“中介”无疑是对马岛宗氏,⑦尽管宗氏在日朝的交往中颇有两边欺瞒之举动。毋

① [日]辻善之助:《多闻院日记》第4卷,东京:三教书院,1936年,第68页。

② 《朝鲜史》第四编卷九,东京:东京大学出版会,1986年,第462页。

③ 日本前田育德会尊经阁文库所藏文书,丰臣秀吉文书号4097,天正二十年五月十八日丰臣秀次宛、丰臣秀吉朱印状,(日本)名古屋市博物馆《丰臣秀吉文书集》五“天正十九年—文禄元年”,第192—193页。

④ 张玉祥:《织丰政权と东アジア》,东京:六兴出版,1989年,第221—226页。

⑤ [韩]姜在彦等:《日朝交流史》,东京:有斐阁,1995年,第101—120页。

⑥ [日]田中健夫:《新订续善邻国宝记》,东京:集英社,1995年,第376—378页。

⑦ 如《神原家所藏文书》所载:“去年出征九州岛岛津氏之际,其后着力高丽之事已然通达。兵力已发,(宗氏)尔父子于箱崎抵达吾处之时,哀叹高丽事处理之经纬。曾令高丽国王上洛觐见,却迟迟不至。吾思之今年怕是亦如此。故令小西摄津守(行长)、加藤主计头(清正)两人率军屯于筑紫国,充当先锋渡海攻打高丽。本年夏至,(宗氏)当同(高丽)国王共同上洛觐见。派军出征亦非本意,令其不可再度延迟不动。国王参洛之事,(太阁)遂其意,乃是紧要之事。若有阻碍,京都路途遥远,可通报小西摄津守和加藤主计头。此后发展情况亦应及时上报两位,不可大意。”见丰臣秀吉文书号2664,天正十七年三月二十八日宗义智宛、丰臣秀吉判物写,(日本)名古屋市博物馆《丰臣秀吉文书集》四“天正十七年—天正十八年”,东京:吉川弘文馆,2018年,第6页。换言之,秀吉一直让宗氏通知朝鲜派遣通信使来日,至少说明秀吉了解日朝的交流必须通过对马岛宗氏。

庸讳言，秀吉一方面得到西笑承兑等外交顾问僧的建议，基于详细地分析过往的事例和进一步讨论可执行方案，才会开展对东亚诸国的外交行动。但是，从结果来看，秀吉使得参战的，特别是参与渡海至朝鲜半岛的大名疲惫不堪，最终导致支持自己的政权基础崩溃，引发丰臣氏和德川氏交替，这或许是秀吉始料未及的。

在后世的解读中，"入唐"和"渡韩"代表丰臣秀吉不同的战略目标。然而，在文书史料中，"入唐"指向的就是征服明朝，而"渡韩"仅仅代表前往朝鲜半岛，有着更为明晰的具体行动意味。从战略顺序考虑的话，"渡韩"必定在"入唐"之前，即便有着远大的"入唐"部署，但若未能完成"渡韩"任务，一切野心皆若水中月，对秀吉的历史考察只会陷入哲学家的视野瓶颈。无法否认的是，在找寻秀吉侵略目的时，若从单一的角度归纳，这将导致结论之间的壁垒分明，非此即彼，如征服明朝和勘合贸易的需求不能两存，而征服大明和征服朝鲜只能选择其一。实际上，"入唐"和"渡韩"的关系是动态的，而非泾渭分明的。换言之，秀吉在战争的推进过程中，随时在调整其战略，"入唐"和"渡韩"分别代表了秀吉不同时刻的战略目标，调整的原因是战局的改变。

二、"朝贡体系"的天下观：丰臣秀吉的东亚认知及"后天下人"的世界建构

跡部信以东亚国际关系为中心，重新整理和探讨已然陷入研究低谷的"丰臣政权对外构想和秩序观"问题。① 他指出，秀吉意图通过依照自己意志撰写的外交文书格式来重构东亚国家间的关系和国际秩序。跡部信的研究最具启发性的部分在于他认为秀吉并非是狂妄无知的"天下人"。也就是说，在秀吉看来，日本比其他国家尊贵的原因是天皇的存在，而他亦自视为"日轮之子"，试图用这种政治逻辑来推进其外交政策，进而改变东亚的国际关系。不过，尽管跡部信注意到了秀吉的认知特点，但最终陷入纠结文书格式本身的问题中。荒木和宪的考察则更具比较视野，梳理了日本同明朝、朝鲜、琉球、东南亚和欧洲之间的外交文书往来，值得借鉴。②

日本的最高政治象征是天皇，秀吉试图用自身强大的军力支撑天皇制度的延续，并以作为天皇左右手的关白来行使外交之事。然而，秀吉更多地是接受了"天命"的政治逻辑。天正十五年(1587)六月十九日，丰臣秀吉在禁止基督教传教的文书开头写道："日本，神国也。"③至此，将中世以来的日本中心论调提至顶峰。④ 天正十八年(1590)十一月，丰臣秀吉曾在要求朝鲜宣祖为"征明向导"的国书中提及："予当于托胎之时，慈母梦日轮入怀中。"⑤此后，类似的逻辑语言经常出现在秀吉发给周边诸国和禁止西方宗教传教士的文书中。关于"日本乃神国"与"日轮之

---

① ［日］跡部信：《丰臣政权の对外构造と秩序观》，《日本史研究》第585号，2011年，第56—82页。

② ［日］荒木和宪：《中世日本の往复外交文书——十五至十六世纪の现存例を中心として》，《古文书の样式と国际比较》，东京：太平印刷社，2020年，第302—328页。

③ 其开头写道："一、日本ハ神国たる。"日本长崎县平户市松浦史料博物馆收藏之《松浦家文书》，天正十五年六月十九日。最早出现"神国"二字的文献是《日本书纪》，不过，其时所谓的"神国"并不是日本人的自我意识。经历元世祖忽必烈征日后，促成日本的神道思想克服末法思想。参见陈小法《明代中日文化交流史研究》，商务印书馆，2011年，第365—381页。

④ ［日］村井章介著、康昊译：《中世日本的内与外》，社会科学文献出版社，2021年，第193—195页。

⑤ 《宣祖修正实录》卷二五"宣祖二十四年三月丁酉"条。

子”,铃木良一有如下见解:“成为太政大臣和关白,(秀吉)认为是在实现自己的‘天道’,他将自己置于比天皇更高的位置。到了侵略朝鲜时,自己摇身变成了日轮之子。”①“如此,丰臣秀吉立于农民、商人的要求和力量之上,在抑制葡萄牙的侵略和大名的卖国政策的同时,以最强大的专制统一为目标……神国正是相对基督教的邪法而言的。”②看起来,以上的“日轮之子”等“帝命天授”的说法是为侵略周边诸国合理化的托词解释。秀吉在部署战略时,“入唐”的合理性和可能的政治基础即在“天命”上,但却有很强的等级秩序,显然受到以明朝为中心的天下观影响。

天正十六年(1588),秀吉曾通过九州岛大名岛津氏与琉球国交涉。③ 不久后,琉球国王派遣天龙寺使者前来庆贺丰臣秀吉统一日本,但并未表达臣服日本之意。作为外交回复,丰臣秀吉将书信给予琉球天龙寺僧人桃庵。④ 秀吉先是称呼琉球国王为“阁下”,清晰地表明自己的地位高琉球国王一等。跡部信认为,“江户时代初期,在对外文书中,家臣称德川家康为‘日本国主阁下’的事例不在少数,因此,当时(丰臣时期)的日本称呼‘阁下’是否比‘殿下’地位更低是有疑问的”⑤。然而,日本室町幕府时期,将军皆称呼朝鲜国王为殿下。⑥ 与此相对,秀吉必然以前代事例为师,但并无可能穿越时空,逆向参考德川时代之例使用,故此室町时代的传统用法比德川时代的事例更具说服力和参考价值。继而,秀吉称呼日本为本朝,这同样表示在他眼中,琉球国的地位远逊日本。因为在此之前,日本普遍称自己为“本国”或者“吾国”,甚至使用“陋邦”之说法,⑦罕见“本朝”的用法,直到江户时代才开始普遍使用“本朝”,甚至出现“中朝”。⑧ 然而,在接连抬高日本的地位后,秀吉亦使用“贵国”等尊敬语。之所以说此处是尊敬之语,因为此后在秀吉写给当时其他国家及地区的文书中使用过“其国”之词。如此对比下,日本国与琉球国至少是并列平出的。有趣的是,三鬼清一郎亦曾注意到文书的样式问题,但他强调的重点在秀吉所使用的日本年号上,未有进一步的推进,甚是遗憾。⑨

万历十八年(1590)十一月,秀吉曾让使节黄允吉等人将其国书带回朝鲜。⑩ 与写给琉球国的书信逻辑一致,秀吉在使用“阁下”⑪“本朝”“吾朝”等词语抬高自己的地位后,亦会使用“贵国”等敬语。不过,朝鲜的地位显然仍低于日本。有些学者提到,秀吉之所以会在国书中命令朝鲜作为“征明向导”的原因在于,他认为朝鲜派遣使节前来是表示朝鲜臣服日本之意,故此在国

---

① [日]铃木良一:《丰臣秀吉》,东京:岩波新书,1954年,第85页。

② 同上,第143—144页。

③ 天正十六年八月十一日琉球国王宛岛津义弘书状,《大日本古文书》“家わけ第十六”《岛津家文书》第3册,东京:东京大学出版会,1966年,第248页。

④ 天正十八年二月二十八日琉球国王宛丰臣秀吉书函,[日]田中健夫《善邻国宝记 新订续善邻国宝记》,第362页。

⑤ [日]跡部信:《丰臣政权の对外构想と秩序观》,《日本史研究》第585号,第59页。

⑥ [日]田中健夫:《善邻国宝记 新订续善邻国宝记》,第144—146页。

⑦ 同上,第2页。在《善邻国宝记》中,室町幕府的将军一般亦称日本为本国。

⑧ 如“1672年林春胜父子所编的《华夷变态》,1669年山鹿素行所著的《中朝事实》都已经开始强调,应当把‘本朝’当作‘中国’,这是‘天地自然之势,神神相生,圣皇连绵’。”引自葛兆光《宅兹中国》,中华书局,2011年,第13页。

⑨ [日]三鬼清一郎:《关白外交体制の特质をめぐて》,《日本前近代の国家と对外关系》,东京:吉川弘文馆,1987年,第77—81页。

⑩ 《宣祖修正实录》卷二五“宣祖二十四年三月丁酉”条。

⑪ 丰臣秀吉的国书原本称呼朝鲜宣祖为阁下,但是在黄允吉等人的抗议下,由景辙玄苏修改为陛下。

书中用到领纳"方物"等言语。[①] 然而，参看秀吉写给琉球国的文书后会发现，他在赠送礼物给琉球之际同样使用"方物"一词，因而上述的解释未必成立，应是秀吉对"方物"一词的理解与传统用法有偏差所致。藤木久志也曾言及丰臣政权在外交上要求令朝鲜、菲律宾等臣服，而明朝与南蛮是同等级的贸易国，其外交政策有着极其分明的层次感。[②]

尽管秀吉认为日本的地位应在琉、朝两国之上，但似乎依然带有某种程度的敬意。然而，给予西班牙属菲律宾诸岛长官的书信就有着根本的差别。文书同样出自外交顾问僧西笑承兑之手笔。[③] 此时恰是万历援朝战争爆发后的初始议和期。与侵略战前写给琉球、朝鲜两国的文书脉络不同，此时秀吉发出文书的考虑出现了较大变化，"入唐"的战略颜色已趋向淡化，转而说明因日本意欲征伐大明之际，朝鲜出现"反谋"，故此秀吉的出兵是"朝鲜征伐"。不过，秀吉使用的政治语言依旧利用儒家逻辑，强调自己乃是"天命所归"，故此能一统日本，"辉德色于四海"。值得注意的是，关于明朝与日本的议和，秀吉将其美化为明朝的"乞降"。显然，这是与事实不符的。村井章介认为，丰臣秀吉要打破16世纪环中国海域交流闭塞的状况，意欲从国家的层面出发，将环中国海域整体纳入支配领域。他指出，秀吉"意欲将日本海与东海造成与罗马帝国之地中海相同之领域"[④]。村井的主要依据就是秀吉曾对菲律宾等国家和地区发出具有类似"臣服"要求的文书。不过，村井并未注意到菲律宾等国家和地区在明朝册封体系中所处的位置。从秀吉相关书信的内容看，完全不存任何敬意，"阁下""贵国"之称皆由"其国"代替。故此可知，秀吉认为相关主体地位犹在朝鲜与琉球之下。

天正十九年(1591)，秀吉向菲律宾诸岛发出文书。[⑤] 在使用"吾朝"等抬高自己的语言后，使用"其国"称菲律宾，并不尊重彼国。简而言之，学者对于秀吉狂妄无知的判断正是基于他在外交文书中的"逻辑混乱"。事实上，日本古代、中古时期，交通认知之国有限，远仅天竺，临近只有中国与朝鲜。近世初期，由于大航海时代的来临，国际环境为之一变。与日本有往来之国，在欧洲有葡萄牙、西班牙、荷兰、英国，在亚洲则有中国、朝鲜、琉球、吕宋(菲律宾)、安南、占城、柬埔寨、暹罗、大泥等。换言之，在大航海时代打通东西道路之前，日本对外的认知多是来自中国以及佛教的起源地印度。无论是"三千世界的中心"抑或"天下的中心"，两者在某种程度上是重合的。如若只是把秀吉视为战争狂人，那么很难理解他既然已经视日本为"世界的中心"，却依旧会在外交文书中采取层次分明的处理方法。在解读以上所引的秀吉外交文书后可知，至少在秀吉的外交政策中，除却明朝外，亚洲诸国的地位排序如下，日本＞朝鲜、琉球＞吕宋等国。那么，应当考察的是，以上诸国在东亚册封体系中的原本地位又该如何排序呢？

明朝洪武五年(1372)，琉球遣使朝贡。[⑥] 据《明史》载，朝鲜虽是在洪武二十七年(1394)入

---

① ［日］中村荣孝：《文禄・庆长の役》，《岩波讲座　日本历史》第6卷，东京：岩波书店，1935年，第10—11页。

② ［日］藤木久志：《丰臣平和令と战国社会》，第247页。

③ ［日］辻善之助：《增订海外交通史话》，东京：内外书籍株式会社，1930年，第443页；［日］北岛万次：《丰臣政权论》，《讲座日本近世史1》，东京：有斐阁，1981年，第112—116页。

④ ［日］村井章介：《アジアの中の中世日本》，东京：校仓书房，1988年。

⑤ ［日］村上直次郎：《异国往复书翰集》，东京：骏南社，1929年，第29—30页。

⑥ 《明太祖实录》卷七七"洪武五年十二月壬寅"条。

贡明朝，[①]但正式加入册封体系则在永乐元年(1403)。[②] 而吕宋(菲律宾)“居南海中……洪武五年正月遣使偕琐里诸国来贡……(永乐)八年与冯嘉施兰入贡，自后久不至……万历四年……复朝贡”[③]。从中可知，尽管吕宋于洪武五年(1372)入贡，但中途曾中断过，后又恢复入贡。据《大明会典》与《明史》的记载，琉球是两年一贡(有时一年一贡)，朝鲜是一年数贡，日本照规定是十年一贡。[④] 根据秋山谦藏的统计，琉球总共遣使贸易171回、朝鲜30回、日本19回，[⑤]显然高低立判。

稍加梳理后可知晓，在明朝的朝贡体系中，诸国(地区)的地位如下，明朝＞朝鲜＞琉球＞日本＞吕宋。换言之，撇开明朝和自抬身价的日本，秀吉对周边国家地位的认知显然来源于明朝的朝贡体系，而这种认识同时也影响着秀吉对周边诸国的外交行为。尽管秀吉一直提的“入唐”是取代明朝，而村井章介认为这是“向中华发起的挑战”[⑥]。吕宋在朝贡体系中属于“化外之国”，是日本眼中所谓的“蛮荒之地”，故此江户时代末期编纂成书的《通航一览》就将吕宋国相关的记载归入所谓的“南蛮部”中。对于位于化外之地的“南蛮国”，秀吉要求的“来朝”并不意味着臣服，从秀吉派出的使者是大商贾原田孙七郎来看，恐怕丰臣政权更为重视的是日本与“南蛮”之间的贸易，或许这也是部分学者认为秀吉发动战争的目的是为勘合的原因。

然而，在秀吉的眼中，明朝又是处于何等地位呢？万历二十一年(1593)六月二十八日，秀吉向明朝的“伪使”提出议和七条件。[⑦] 值得注意的有如下几点。首先，在所有明朝与日本同时出现的语句中，明朝始终位于日本之前，如“大明、日本和平条件”“迎大明皇帝之贤女，可备日本之后妃事”“大明、日本通好”“大明、日本会同事”等。然而，翻看近代的外交文书后可以发现，一般出现本国和他国之际，惯例是将本国放置于前。例如，日本和伪满洲国签订的所谓外交文书中均是日本在前，伪满洲国在后。[⑧] 结合此前日本所发出的诸国文书，秀吉多是抬高自己和日本，很难想象他会自觉地将明朝的地位置于日本前。其次，据田中健夫依据日本内阁文库所藏的文书重新编列的“两国和平条件”和“对大明敕使可告报之条目”所载，所有出现“大明”字样的地方皆抬头或者另起一行，而日本显然低明朝一格。而日本写给朝鲜与琉球的外交文书，其格式都是朝鲜、琉球和日本并列平出，这同明朝的地位迥异，并不在相同的等级上。并且，文中“大明敕使”亦是抬头一格出现，显然又高于日本。由此可见，秀吉默认明朝为朝贡体系的中心一事并无疑问。

在原有的国际体系中，地位高低的排列依次是明朝＞朝鲜＞琉球＞日本＞吕宋。然而，在秀吉看来，国际秩序的排序应是明朝＞日本＞琉球＞朝鲜＞吕宋。某种程度而言，村上章介所提的改编东亚国际秩序的说法是成立的。[⑨] 实际上，从中可见的是，将日本地位放置在明朝之下的秀吉并未习以为常地沿袭室町幕府以来的传统外交形式。即便秀吉能相应改变日本同明

---

① 张廷玉等：《明史》卷三二〇《朝鲜传》，中华书局，1974年，第8279页。
② 《明太宗实录》卷一六“永乐元年二月甲寅”条。
③ 张廷玉等：《明史》卷三二三《吕宋传》，第8370页。
④ 《大明会典》卷一五〇《礼部六十三・东南夷上》。
⑤ [日]秋山谦藏：《日支交涉史研究》，东京：岩波书店，1939年，第552页。
⑥ [日]村井章介著、康昊译：《中世日本的内与外》，第194页。
⑦ [日]田中健夫：《善邻国宝记　新订续善邻国宝记》，第376—377页。
⑧ 日本外务省编纂：《日本外交年表并主要文书下卷》，东京：日本国际连合协会，1955年，第215页。
⑨ [日]村井章介：《アジアの中の中世日本》。

王朝的关系，但他显然依旧受到中华外交思想的束缚，无法摆脱。朝贡体制的形式并非秀吉亟待改造的部分，秀吉的意识中仍然存在面对中华时的自卑感。换言之，秀吉试图利用神国思想和天皇制度来强调日本优越性的理论本体来自儒家思想，这不仅无法使明朝接受秀吉的论调，反而使秀吉更易陷入"政治自卑"的陷阱中。

自文禄二年(1593)始，秀吉的诸多对明文书显示，他似乎并未计划超越明朝，这同他提出的"入唐"计划有异。秀吉在提到明朝与日本时，总是自觉地将明朝置于日本前。也就是说，秀吉在发送国书时并非临时起意才授权外交顾问僧去起草文书。事实上，秀吉曾阅览过同琉球国和大泥国相关的外交文书，并亲自确认过里面的内容。天正二十年(1592)三月四日，秀吉发给岛津义久的朱印状就记载了相关情况。① 但是，对于"两国和平条件"而言，就目前所见的史料很难断定秀吉事前是否得见。据《毛利家文书》所载的"丰臣秀吉和平条件书案"看，不能否定秀吉参与了案文的起草和商议。关于"大明敕使可告报之条目"，应是得到秀吉允诺的政权后，经奉行众石田三成、增田长盛、大谷吉继和小西行长等四人的商讨才发出的。

《义演准后日记》文禄五年(1596)五月二十五日条载："已知大唐国敕使赴日。令其归伏之例，亘古未有。"②文中出现的"明朝敕使"就是来日本册封秀吉为日本国王的册封使。然而，至少京都范围的人都认为敕使是明朝来降的使者。有趣的是，这到底是单纯的情报混乱，还是沈惟敬欺诈所造成的呢？又或是此乃丰臣政权有意为之而四处散布的政治谣言？不仅一般的庶民，甚至连同秀吉极为亲近的醍醐寺住持义演准后都相信这个说法，可见情报的源头应当来自秀吉。故此，秀吉的下属或许在当时确有欺骗君主的行为，这可能同双方的关系相关，如秀吉曾在信上告诫毛利家"不可妄言"③，尽管无需过度解读，但也能说明秀吉对属下存在不信任感。宗义智和小西行长是否私下替换"征明向导""假途入明"等外交言辞尚且不论，由于材料不足，难以判断秀吉是否知晓日朝交流中的细节，但可以肯定的是，秀吉在战役中的诸多战略都是随着局势的发展而动态调整的。换言之，于天正二十年(1592)前往肥前国名护屋城的秀吉尽管难以判断来自小西等议和派的情报的真伪，但因诸方文书的往来，其对局势的判断基本准确。

如上所述，秀吉通过外交僧侣获取室町幕府以来的外交记录，并以此制订外交战略。对日本而言，站在制度顶端的是天皇，但应仁之乱以来，这种权威跌宕掉入谷底。幕府的衰落，自顾不暇的足利氏让渡出了权力，而秀吉在打败北条氏后完全填补了权力的真空。秀吉用强大的军力重新支撑业已逐渐没落的天皇制度。究竟是秀吉的权威提升了天皇的威信，还是天皇的余威福泽了秀吉呢？尽管两者并不矛盾，但希望成为天皇左右手的秀吉首先利用政治手段成了原本只有少数家族的成员才能担任的关白，并以天皇左右手的名义来推进外交之事。或许，若能成功"入唐"，两者就会遥相呼应，这是秀吉征服后的政治逻辑。在日本，自武家政权建立以后，都是利用军队来摧毁权力，开创新的幕府，从未出现中国反复爆发的"王朝革命"。作为天皇的"代表"，幕府通过武家政权来运营国家的行政机器，自然需要在表里不同的架构中发挥稳定的作用，统治的"润滑"效果颇佳。秀吉若认识到这点，必然清楚作为"异民族""夷狄"的日本人在中国开创新王朝的结果或以暴乱的结局收尾。最初提出"入唐"计划时，正是秀吉人生的高光时

---

① 《岛津家文书其一》，《大日本古文书》"家わけ第十六"所收，刊本 361 号。

② 《义演准后日记》卷一，东京：续群书类从完成会，1991 年。

③ 《毛利家文书其三》，《大日本古文书》"家わけ第八"所收，刊本 928 号。

刻,从足轻到"天下人",获得了无上的权力,甚至能用天皇的权威判罚不遵守号令的大名。在局势尚好时,秀吉外交政策的背后是朝贡体系逻辑,对除却明朝以外的国家和地区采取层次感分明的战略。然而,文禄二年(1593)时,诸多问题同时交集爆发,逃兵、军粮、天气恶劣、平壤战役的失利,使得秀吉在衡量现实后给予明朝的文书更为务实。毋庸讳言,意图重塑东亚秩序的秀吉与自认地位低于明朝的日本,在外交认知上皆是一体的,两者并非一成不变。显然,秀吉的东亚认知是基于明朝的朝贡体系,层次段落分明的对外政策是基于局势而动。

三、"入唐"战略构想的现实发展:丰臣秀吉于万历援朝战役前的军事部署

秀吉侵略朝鲜,最初并非是以朝鲜为目标,其文书所载开宗明义地便说是"入唐",是以明朝为战略目标的军事行动。秀吉提出"入唐"计划是在天正十三年(1585)九月写给美浓大垣城一柳直末关于藏入地管理的指示中。[①] 此前,大垣城主加藤光泰招揽了过多家臣,与其地位不符,甚至给予直辖地家臣俸禄。有鉴于此,秀吉强烈谴责光泰,褫夺其城主之位。进而,秀吉将此事告知亲近部将一柳末安。换言之,秀吉希冀标榜自己为了部将,将征服明朝、称霸天下作为统一日本后的事业。

天正十四年(1586),秀吉在接见西方传教士时透露了"入唐"的想法。《耶稣会日本年报》载:"五月四日[②],(款待传教士卡斯珀鲁等人的秀吉言)吾征服日本,获得今天的地位。现已得到全国的财富,故而并不奢求其他之物。唯一所念,只在驾鹤西归后于世上留下美名。秀吉计划在处理、稳定日本国内的事务后,将日本的官职让渡于其兄弟美浓殿(丰臣秀长),而自己则出海亲征,征服朝鲜和中国。"[③]尽管秀吉缘何在此时将"入唐"大计告知异教徒仍有争议,但毋庸置疑的是,远征计划需要大量的船只以及具备经验的水手。至次年,即天正十五年(1587)三月一日,秀吉为征伐岛津,离开大阪,彼时记载此事的兴福寺僧侣英俊《多闻院日记》该年三月三日条上载有"听闻将侵入高丽、南蛮、大唐。盖此鸿篇巨制,前代未闻也"[④]。从时间看,英俊知晓的时间或许与基督教传教士接近。其他大名亦有知晓者,《毛利家文书》亦载"高丽渡海之事",秀吉转达了他的"入唐"野心。[⑤]

在征伐九州岛津氏时,秀吉调整了对朝部署。按《宗家文书》载:"盖九州岛之地悉已平定,现有空暇调配遣往高丽军队之事,要务在于选取忠义之士。今为要求彼处献上人质,但需以世

① 天正十三年九月三日一柳末安宛、丰臣秀吉朱印状,(日本)名古屋市博物馆《丰臣秀吉文书集》二"天正十二年—天正十三年",东京:吉川弘文馆,2016年,第224页。

② 实际为天正十四年三月十六日。

③ [日]村上直次郎:《耶稣会日年报下》,东京:雄松堂书店,1969年,第149—150页。

④ [日]辻善之助:《多闻院日记》第4卷,第68页。

⑤ 刊本949,天正十四年四月十日毛利辉元宛、丰臣秀吉朱印觉书。另,日本名古屋市博物馆《丰臣秀吉文书集》三"天正十四年—天正十六年"(东京:吉川弘文馆,2017年)第17—18页亦载有此文书,据日本东大史料编纂所所藏影写,文书号1874。

子为准。"①显然，在平定九州岛后，秀吉希望对马岛宗氏能尽"忠义"之气节，为丰臣氏前往朝鲜交涉，令宣祖交出质子，如此可先暂停军队的派遣。又如《妙满寺文书》载："壹岐、对马国送上人质。高丽王亦应上洛(日本)，需尽早渡海，若然不从，来年自当征伐，甚至唐国也将落入吾等囊中。"②《本愿寺文书》③之言亦类似。据上可知，丰臣政权此时主要是想通过对马岛宗氏让朝鲜宣祖臣服，要求派遣世子。不过，战国时期的幕府对地方大名的干涉相对有限，故此《九州岛御动座记》言及："欲使高丽国来年上洛日本王宫之事，并无干涉其内务，仅是留名后世而已。"④换言之，秀吉存在"渡韩"之思考，要将朝鲜纳入掌控之中。

天正十六年(1588)三月，秀吉再次告知宗氏出兵的意向，宗氏夏季渡海前往朝鲜交涉，故此再渡延迟出兵。同年八月，岛津义久在给琉球国王的书信中提及："高丽国已然拜领朱印，终是得到(太阁)眷顾机遇……虽说音信已然通达，(琉球)臣服之举却未见踪影。"⑤一方面，岛津虚构"高丽"的响应，另一方面，催促琉球臣服日本。琉球国王于翌年派遣使节，恭贺取得天下太平，这被秀吉认定为臣服。天正十七年(1589)，朝鲜在对马岛宗氏的再三要求下，决定派遣通信使。得到回复的秀吉，告知十二月"天寒"，指示其国主可延期至来年春天再次上洛。天正十八年(1590)三月，朝鲜通信使从汉城出发，七月抵达京都。该年三月，秀吉因攻伐北条氏离开京都，返回时已是八月。秀吉告知小西行长、毛利吉成，来年春天"入唐"，令其准备。尽管秀吉九月即返回京都，但并未接见朝鲜使节，直至十一月才于聚乐第引见通信使。尽管宣祖的国书祝贺秀吉统一了日本国内，但并未表达任何臣服之意。然而，秀吉认定使节的来朝即是朝鲜对日本的臣服，以此为前提来要求朝鲜承担"征明向导"的任务。天正十八年末，同朝鲜使节一同离开京都的宗氏使者将秀吉要求的"征明向导"替换为"假途入明"。⑥ 天正十九年(1591)七月，秀吉于给予印度副王的书信中提及治理"大明"的志向，进而强调日本乃是神国，尽管禁止基督教的传播，但允许贸易往来。八月，秀吉颁布身份统制令，确保武家奉公人的掌控，为"入唐"做准备。九月，秀吉发出要求菲律宾政厅臣服的书信，强调秀吉诞生之际的祥瑞，且仅用短短十年便统一日本，而朝鲜和琉球等亦来朝，现在他已经准备征服大明国。至此，秀吉的"入唐"构想已经扩展至包括大明国的整个东亚世界。

天正十九年(1591)，秀吉之子鹤松往生，更坚定了"暴君"来年侵略之举。《相良家文书》载："少主殿下(鹤松)已于五日往生他界。秀吉殿下除下元结(披头散发、伤心无比)。周边侍者，皆为此事。……来年三月朔日，大举入唐。"⑦因秀吉之子的去世与秀吉决定"入唐"的时间有交集，这导致有人据此认为秀吉是因为哀伤过度而失去理智继而发动侵略。如林罗山于《丰臣秀

① 丰臣秀吉文书号 2176，天正十五年五月四日宗义调宛、丰臣秀吉朱印状，(日本)名古屋市博物馆《丰臣秀吉文书集》三"天正十四年—天正十六年"，第 118 页。

② 丰臣秀吉文书号 2210，天正十五年五日二十九日夫人杉原氏宛、丰臣秀吉文书，(日本)名古屋市博物馆《丰臣秀吉文书集》三"天正十四年—天正十六年"，第 134 页。

③ 丰臣秀吉文书号 2223，天正十五年六月朔日本愿寺宛、丰臣秀吉朱印状，(日本)名古屋市博物馆《丰臣秀吉文书集》三"天正十四年—天正十六年"，第 138 页。

④ [日] 北岛万次：《丰臣秀吉朝鲜侵略关系史料集成》卷一，东京：平凡社，2017 年，第 19 页。

⑤ 刊本 1440，天正十六年八月十二日琉球国正宛、岛津义久书状案。

⑥ 在与朝鲜的通交过程中，伪使的派遣从西日的有力大名大内氏就开始了。见[日] 长谷川博史《大内氏の兴亡と西日社会》，东京：吉川弘文馆，2020 年，第 29—34 页。

⑦ 刊本 699，天正十九年八月二十八日相良长每宛、石田正澄书状。

吉谱》中提及“丧失爱子鹤松,为解忧,故而出兵”①。这种观点成为明治以前较为通行的秀吉侵略朝鲜的原因。池内宏是坚决反对这种观点的学者,他认为丰臣秀吉决定征明的时机是在1587年降服九州岛津后产生的。那时,秀吉的征明企图比以往任何时刻都要强烈。1591年8月以前,他就开始计划筑名护屋城,准备侵略明朝。② 尽管池内宏对秀吉的崇拜影响了其学术判断,但以上的分析大致无误。

天正十九年(1591)三月九日,秀吉传令召集政权的五大老和五奉行集聚大阪城,并发表“入唐”的决议,决定于次年春天渡海侵朝,而征兵条件严苛。如五大老之一上杉景胜,据该月十五日制定的《朝鲜阵军役条》规定,其越后国每满一万石就要有两百人服军役,③基本上越后国的武士将被“一扫而空”,这导致在次年正月的朱印状里规定严禁“阙落”,违反者家属、同族都会受到严厉的军纪处罚。④ 在该年,秀吉对征伐的战略部署已经颇为细致,对军需物品的征调令已下达至各大名处。据《锅岛直茂谱考补》载:“今年秋(天正十九年),国内所至,诸国商人皆去大分购置硝烟。”⑤又据《萨藩旧记杂录》载:“关白来年春将出征入唐,命贵国(琉球)与本邦(岛津分国)分摊一万五千人之军役。”⑥名护屋的建造亦有吩咐,按《黑田家谱　朝鲜阵记》所载:“此前太阁于肥前松浦郡海边名护屋之处筑城,巡幸。所在之际,下令军队征伐异国,命令普请工役。其丈量任务交由(黑田)孝高。”⑦而《加藤文书》所载的内容包括调动部队、军粮等。⑧ 甚至,秀吉对“入唐”部队的管理亦甚严苛。按《小早川家文书》载:“关于此次出征大明国随军之事。诸国海道沿途之所,军队在驻扎之时骚扰当地百姓等,使其弃家逃散之行为须得处罚。若有住宿町内、往来商业行为、随意令人出入阵营、赌博、劫掠乱暴等行为,处以斩刑。”⑨而《浅野家文书》则记载了计划“入唐”详细的行军安排。⑩

---

① [日]林罗山:《丰臣秀吉谱》,(日本)国文学研究资料馆,http://basel.nijl.ac.jp/iview/Frame.jsp?DB_ID=G0003917KTM&C_CODE=0281-074601&IMG_SIZE=&IMG_NO=75。

② [日]池内宏:《文禄・庆长の役》正编,东京:吉川弘文馆,1914年,第218—219页。

③ 《觉上公御书集》下,第227—228页。

④ 可见,秀吉的告示已然揭露了日军在侵略朝鲜半岛前出现了如此重大的问题。对于远离家乡的越后国军士而言,战争的目的并非为了守卫家乡、土地、家族,甚至不是为了民族大义,发生这样的情况也是在所难免的。然而,即便如此,慑于秀吉的威望,上杉景胜和其在名护屋城统军的直江谦续毫无怨言。实际上,在侵略朝鲜的战斗行动中,有位名叫“沙也可”的日军武士投降,被李氏策反,作为朝鲜的友军对抗本为同根生的日军,这恰好说明众人对侵略战的目的毫不知晓。据《宣祖实录》载:“降倭同知要叱其,佥知沙也加。”其出身有阿苏大宫寺家、冈本越后守和杂贺众等数种说法,未有定论。不过,结果是最后成为“降倭”的沙也可曾经作为加藤清正的手下带着三千日军渡韩归化。他被赐名金忠善,官位至正二品,其家大约在今天韩国大邱广域市西南二十千米的友鹿洞。时至今日,金家对于本族的来源也不甚明了,可能是沙也可刻意消除自身经历的结果,同时也是一种宣誓,表明他对新生活的肯定和对日侵略行为的不满。关于沙也可的相关研究,可参见[日]宫本德藏《虎炮记》,东京:新潮社,1991年。

⑤ 《锅岛直茂谱考补》,日本国立公文书馆内阁文库藏。

⑥ 后编26,天正十九年十月二十四日琉球国王宛、岛津义久书状。

⑦ [日]贝原益轩:《黑田家谱　朝鲜阵记》,日本国立公文书馆内阁文库藏。

⑧ 日本前田育德会尊经阁文库所藏文书,丰臣秀吉文书号3866,天正二十年正月五日毛利吉成、加藤清正、黑田长政、小西行长宛,丰臣秀吉朱印状,(日本)名古屋市博物馆《丰臣秀吉文书集》五“天正十九年—文禄元年”,第99页。

⑨ 丰臣秀吉文书号3874,刊本505,天正二十年正月五日丰臣秀吉掟书,(日本)名古屋市博物馆《丰臣秀吉文书集》五“天正十九年—文禄元年”,第103页。

⑩ 刊本81,唐入军势进发次第书(年月日欠)。

以上所援引的诸多史料，除却详细的战略部署外，共同的特点是秀吉的朱印状中多直接以"入唐"一词代指征服大明。换言之，此时的秀吉，战略目标极为清晰。若是秀吉慎重地考虑征伐明朝是从"天正十三年(1585)秋，丰臣秀吉就任关白，名实皆为武家之栋梁，亦为公家之首"①开始的话，则因此时秀吉政权握有"以畿内为中心组织起来、拥有丰富经验和优良武器的军队，通过身边所掌控的商业资本力和对外部贸易的需求，丰臣秀吉迈向了全国统一的道路"②，也就是说，彼时的"入唐"尚处萌芽阶段的话，至此已然发展成为确实的军事部署。尽管如此，秀吉却并未着急发动侵略，而是继续通过小西行长和宗义智同朝鲜交涉。《黑田文书》载："小西摄津守为使，遣往高丽国。其回信前，待机于一岐岛、对马岛的阵营中，不可前往高丽。"③更为具体的有《加藤文书》言："此次入唐，诸国军队，直至奥州、津轻外浜，皆以备战。前锋行动之事，次月廿日出征……待对马守、小西守消息而动，切不可随意前往高丽也。"④概而言之，秀吉依旧在等待来自朝鲜方面的佳音，如《毛利家文书》所载："若是收获已前往高丽的部队音信……可令后续部队渡海。若然情况有异，则部队先行转移到高丽周边的岛屿。"⑤

四、"入唐"战略构想的破灭与调整：丰臣秀吉于万历援朝战役时的军事部署

天正二十年(1592)三月，秀吉出阵。据《多闻院日记》载："(天正二十年三月)昨日廿六日，太阁入唐出征。所率三万人，不仅整齐划一，更是(所携带物品)金银如山，绫罗绸缎云云。"⑥《鹿苑日录》的记载更为细致有趣："(三月)廿五(日)……及深更自传左有使者也。明日相公(丰臣秀吉)御出阵云云……太阁御参，累刻款话高声，人人倾耳听之，个个举头望之。太阁徒步而御参于院御所。三公九卿门迹众扈从行也。金玉甲胄，锦绣之衣裳，古往今来如此奇观，蔑以加焉！上而贵介，下而庶士，光彩夺目，稠人广众，三韩大唐归麾下者，计日而俟之。"⑦由此可知，秀吉在营造一种"前代所未闻"之武威气氛，而《多闻院日记》则点出其中奥妙所在，即"太阁入唐出征"，随后在"四月廿五日，(秀吉)着阵(抵达)名护屋"。⑧

天正二十年(1592)四月十二日，小西行长与宗义智率领"兵船七百余艘，辰刻发大浦，申尾

---

① [日]田保桥洁：《壬辰役杂考》，《青丘学丛》14号，1933年，第27页。

② [日]铃木良一：《丰臣秀吉の朝鲜征伐》，《历史学研究》第155号，1952年，第41页。

③ 丰臣秀吉文书号3887，天正二十年正月十八日毛利吉成、加藤清正、黑田长政宛，丰臣秀吉书状，(日本)名古屋市博物馆《丰臣秀吉文书集》五"天正十九年—文禄元年"，第107页。

④ 日本前田育德会尊经阁文库所藏文书，丰臣秀吉文书号3968，天正二十年三月八日加藤清正宛、丰臣秀吉朱印状，(日本)名古屋市博物馆《丰臣秀吉文书集》五"天正十九年—文禄元年"，第129—130页。

⑤ 丰臣秀吉文书号3986，刊本885，天正二十年三月十三日毛利辉元宛、丰臣秀吉朱印状，(日本)名古屋市博物馆《丰臣秀吉文书集》五"天正十九年—文禄元年"，第141—143页。

⑥ [日]辻善之助：《多闻院日记》第4卷"天正二十年三月二十七日"条，第341页。

⑦ [日]辻善之助：《鹿苑日录》第4卷"天正二十年三月二十五、二十六日"条，第58—59页。

⑧ [日]太田牛一：《大かうさまくんきのうち》，日本庆应大学数字图书馆重要文化财收藏，https：//dcollections.lib.keio.ac.jp/ja/icp/132x-27-1。

到釜山”[①],正式揭开侵略朝鲜战争的序幕。次日,“倭兵随至登陆,四面云集,不移时城陷”[②]。日军取得相当不错的开局,朝鲜军队兵败如山倒,宣祖大惊,与廷臣商议退移平壤,请求明朝增援。“是月(四月)二十九日夕,上闻忠州败报,出御东厢,议决西幸之计。大臣等启,事势至此,车驾暂幸平壤,请兵天朝,以图恢复。”[③]可知,当时局势之紧张。五月十日,明朝接到朝鲜上报,得知秀吉侵略朝鲜的消息,不过并未讨论何时派兵援救。《明实录》载:“朝鲜国王咨称,倭船数百直犯釜山,焚烧房屋,势甚猖獗。兵部以闻,诏辽东、山东沿海省直督抚道镇等官,严加整练防御,无致疏虞。”[④]然而,战争的信息传递在当时总是滞后的,七日前朝鲜的首都已被日军攻破,小西行长与宗义智在五月三日“戌刻,两将陷京城”[⑤]。军情吃紧至极,宣祖于七日之际,“自中和,入平壤”[⑥]。略加整顿后,十一日,“(宗)义智、(小西)行长、(加藤)清正离开京城,北上。”[⑦]。

尽管取得不错的佳绩,秀吉仍然采取稳健的推进战略。[⑧] 与此同时,他还反复告知来岛兄弟准备好船只,以便随时“渡韩”。《久留岛通利氏所藏文书》载:“于京都所思,若在名护屋待上三十天,先派遣部队前往,吾于此后亦能渡海往高丽。抵达名护屋后,时刻都在思考尽快渡海……望八幡大菩萨庇佑也。”[⑨]至五月,秀吉指示加藤抓捕朝鲜宣祖、约束部队、准备兵粮、沿途准备自己居住之“御动座”,反复提及“入唐”以及“渡海”入朝之事。[⑩] 而关于作为秀吉临时居所的“御动座”,另由毛利家负责自釜山浦至京洛之地的秀吉居所。[⑪] 如此,根据秀吉对加藤和毛利氏分别交付的临时居所建造任务看,此时的秀吉正在践行“入唐”计划。与此相对,“三国计划”的颁布,亦象征着秀吉的“入唐”梦想似乎已经触手可及。[⑫]

此时,秀吉已然开始计划如何处理大明国,因“前两日已攻陷高丽王都。故此吾需尽快渡海,本次将攻克大明国。彼处终将为此事而动,可准备待机而用。唯一的结果即明后年天皇陛下移驾大明国。日本天皇之位交由若宫(皇太子良仁亲王)或八条殿下(皇弟智仁亲王)”[⑬]。秀吉对三国处置的计划颇似妄语,如将皇都迁至明朝首都,周边十国皆为其直属领地;日本帝位移交给皇储或皇弟;以丰臣秀次为大明国的关白,国都附近百余国为其封地;日本关白之位让于羽柴秀保或者宇喜多秀家;朝鲜交由羽柴秀胜或者秀家;九州岛之地由羽柴秀秋掌管;本人则入居

---

① ［日］松元爱重校正:《西征日记》,东京:成欢社,1894年,第4页。

② ［朝］柳成龙:《惩毖录》卷一,《朝鲜史料汇编》18,全国图书馆文献缩微复制中心,2004年,第287页。

③ 《宣祖修正实录》卷二六“宣祖二十五年四月癸卯”条。

④ 《明神宗实录》卷一四八“万历二十年五月己巳”条。

⑤ ［日］松元爱重校正:《西征日记》,第7页。

⑥ 《宣祖实录》卷二六“宣祖二十五年五月丙寅”条。

⑦ 《朝鲜阵记》,日本国立公文书馆内阁文库藏。

⑧ 日本前田育德会尊经阁文库所藏文书,丰臣秀吉文书号4034,天正二十年四月二十六日加藤清正宛、丰臣秀吉朱印状,(日本)名古屋市博物馆《丰臣秀吉文书集》五“天正十九年—文禄元年”,第165页。

⑨ 丰臣秀吉文书号4052,天正二十年四月二十八日来岛兄弟元宛、丰臣秀吉朱印状,(日本)名古屋市博物馆《丰臣秀吉文书集》五“天正十九年—文禄元年”,第172—173页。

⑩ 日本南葵文库所藏文书,丰臣秀吉文书号4090,天正二十年五月十六日加藤清正宛、丰臣秀吉朱印状,(日本)名古屋市博物馆《丰臣秀吉文书集》五“天正十九年—文禄元年”,第186—187页。

⑪ 刊本927,丰臣秀吉高丽诸泊普请注文。

⑫ 日本前田育德会尊经阁文库所藏文书,丰臣秀吉文书号4097,天正二十年五月十八日丰臣秀次宛、丰臣秀吉朱印状,(日本)名古屋市博物馆《丰臣秀吉文书集》五“天正十九年—文禄元年”,第192—193页。

⑬ 丰臣秀吉文书号4101,天正二十年五月十八日前田玄以宛、丰臣秀吉朱印状,(日本)名古屋市博物馆《丰臣秀吉文书集》五“天正十九年—文禄元年”,第194页。

明朝的宁波，而且当在本年入驻明朝京都。但不应忽视的是，他在给予时任关白秀次的书信中还大量提及具体的战略部署，包括催促秀次尽快出阵，至迟于次年即应动身。此外，他亦推出具体管理朝鲜的方案："高丽国代官所之事，以地图所绘分配。别纸所书，据能力情况，处理所负责之处。政道、法度，皆依日本所制规条。百姓安排，收缴上纳年贡诸物。"①也就是说，秀吉确实认为朝鲜的治理应当完全参照日本的法规。并且，还希望加藤清正"安排通往大明国道路上的御座所工程建造"。此时秀吉的"野心"已不止于"入唐"，据《毛利家文书》所载："朝鲜国征伐之事……匪啻大明，况亦天竺、南蛮可如此，谁不羡乎。"②在入朝日军战绩尚可的影响下，秀吉感觉"大明国可如山压卵者也"，更有甚者，"况亦天竺、南蛮可如此"。然而，祸兮福所倚，福兮祸所伏，三国处置计划的推出并未使秀吉离北京的龙椅更近，反而是他从"入唐"转换到"渡韩"的一个关键分水岭。

天正二十年(1592)五月末开始，朝鲜民众开始反击，六月后，抵抗侵略的起义"遍地开花"，义军与僧兵成为游击战力，不断影响日军的"统治"。另一方面，五月时，日本水军在巨济岛周边的海战败于朝鲜水军，基本丧失在朝鲜南部的制海权。结果，不得不停止渡海的秀吉在七月十五日时，尽管撤回了入侵明朝的指示，但仍表示来年春天将前往朝鲜，并指示朝鲜国分割的计划。八月，同明朝来回拉扯的议和交涉启动。此后，秀吉获知母亲大政所病危，急速赶回大阪，但仍未见到大政所最后一面，于十一月返回名护屋。至文禄二年(1593)三月，秀吉转换战略，指示攻略庆尚西道的晋州城。另一方面，同明朝的议和有所进展，尽管是伪使，但确有"大明使节"抵达名护屋。六月二十九日，获悉晋州城陷落的秀吉表明朝鲜的处置结束后，战争亦旋即终结。作为答礼使，内藤如安同归国的明使一同前往半岛。然而，因为秀吉仍然在攻略晋州城，故此议和交涉变得无比冗长，直至文禄三年(1594)十二月，明朝万历皇帝决定，若日军撤退，将同意册封秀吉为日本国王，并决定正式派遣使节前往日本进行册封。文禄四年(1595)九月，明使从汉城出发，翌年九月一日在大阪会见秀吉，册封秀吉为日本国王。秀吉于此时知晓朝鲜使节要求其放弃所有在朝鲜的城池并撤军，瞬间点燃怒火，决定再次出兵。于是，庆长二年(1597)五月，日军再次渡海。然而，此时的目标显然不再是"入唐"，而是征服朝鲜南部的全罗道。八月开始，日军侵略全罗道，利用在陆地上的军力优势，慢慢地推进战场至忠清道。不过，日军在全罗道南海域的战役中败给朝鲜水军，试图从海上攻略全罗道的计划就此终结。此后，日军同明朝和朝鲜的联军来回拉锯，直至来年正月蔚山城爆发大规模的攻防战役。

明朝于六月始相继派出援军，③日军开始调整战略。据《加藤光泰、贞泰军功记》载："(天正二十年)该年援军部队抵达朝鲜。在王都同先前到达的诸将会合，召开军议会。因大明援军已然出动，先头诸军返回釜山浦，谋求后动，其功有之。彼时，光泰出而言之，既然已然知晓大明援军必至，于今还有甚惧怕。釜山浦距此数百里，若诸军退回釜山浦，京城必为敌军所夺，有何面

---

① 日本前田育德会尊经阁文库所藏文书，丰臣秀吉文书号 4124，天正二十年六月三日加藤清正宛、丰臣秀吉朱印状，(日本)名古屋市博物馆《丰臣秀吉文书集》五"天正十九年—文禄元年"，第 202 页。

② 丰臣秀吉文书号 4132，刊本 903，天正二十年六月三日毛利辉元宛、丰臣秀吉朱印状，(日本)名古屋市博物馆《丰臣秀吉文书集》五"天正十九年—文禄元年"，第 204—205 页。

③ 《宣祖实录》："调度使洪世恭驰启曰：'广宁游击王守官原任参将郭梦征等领兵五百六名，马七百七十九匹，本月十七日越江。副总兵祖承训领军一千三百十九名，马一千五百二十九匹，昨日继到。'"见《宣祖实录》卷二七"宣祖二五年六月戊申"条。

目可言。诸将皆言兵粮后续之故。"①换言之,驻守半岛的诸将对于突然来援的明军仍有警惕之心,认为需得小心部署行事,伺机而动。又据《小早川文书》所载,秀吉指示:"尽管曾有指示七人本年内攻进唐堺,但可先静守高丽之事。大明国之事,来年春天渡海处置。"②此时的朝鲜义兵相继崛起,③给日军的统治和行军造成很大的麻烦,加之明朝援军抵达,秀吉暂时停止了"入唐"计划。另一方面,获知平壤败北的明朝,重新派遣宋应昌及李如松前往朝鲜。明军游击将军沈惟敬同小西行长的议和交涉亦开启,先是约定五十日的停战。④

值得注意的是木下吉隆的一封书信,据《吉川家文书》所载:"来月十日,定为前往名护屋。来春必将渡海,彼等受命分割高丽诸国。御驾亲征大明国之事,暂时先为停止。"⑤《大日本古文书》在收录书信时认定文书乃是文禄二年(1593)之物,然而,其中言:"来月十日,定为前往名护屋。"实际上,秀吉是八月十五日才从名护屋出发,至二十五日抵达大阪,若此时言"来月十日"再赶赴名护屋,无论怎样都不合情理,加之彼时并未存在亟须秀吉处理的问题,其行程断然不会如此仓促。另一方面,秀吉在天正二十年(1592)七月廿二日从名护屋出发,廿九日抵达大阪,此后十月一日从大阪出发,前往名护屋。尽管秀吉实际从大阪出发的时日同书信所言有差,但确实是因其他事务(天皇)影响所导致的,两者未存根本的冲突,所以基本可以判断这封书信是天正二十年所作。并且,该信中除了提及前往名护屋的时间外,主要是秀吉言说来年春天计划渡海前往朝鲜,但战略目标显然并非"入唐",而改为"渡韩",要分割"高丽国"。十月一日,秀吉从大阪出发,因受到后阳成天皇的嘱咐,比预定的时间晚了几天,十一月一日才抵达名护屋。到达后,秀吉旋即告知诸将来年必将亲自前往朝鲜。据《宗家文书》载:"来年春天三月必然渡海,需得平定反叛(朝鲜义兵)。然而,冬天之事,勿得懈怠,需得费心。纵使大明必然行动,四处一揆叛乱蜂起,勿需远方应对。"⑥秀吉给诸将的文书内容类似,主要的意思是来年春天必将渡海,应储存兵粮,坚守城池,显见此时的口吻已同五月时的意气风发不同,部署也不同。

文禄二年(1593)正月,明军、朝鲜军、义兵联合向平壤发起攻击。因攻势凌厉,日军无法抵抗而放弃平壤,退回京畿道的开城,后又退往朝鲜王都。追击日军的明军乘势向汉城进发,信心满满地在王都北部的碧蹄馆同日军交战,却大败而归。尽管日军获胜,但只是惨胜,已无反击的余力,只得引军退回汉城。如此,秀吉在二月之际,颁布新的战略方针,将重点转换到庆尚道西

---

① ［日］黑川道真编:《加藤光泰、贞泰军功记》,《续々群书类从》第3辑,1907年,第13页。

② 《丰臣秀吉文书集》,文书号4208。

③ 《宣祖修正实录》:"玄风人郭再佑,故牧使郭越之子也。本儒生,以善居丧闻。早弃举业,有武勇亦自晦,家颇饶财。闻贼渡海,尽散家藏,交结材武,以为怯盗果悍异于平人。跟寻其类,说以祸福,先得数十人,渐聚兵至千余人。及贼入右道,倭将安国司者声言向湖南,再佑往来江上,东西剿击,贼兵多死。常着红衣,自称红衣将军,出入贼阵,驰骤如飞,贼丸矢齐发不能中。忠谠果敢,能得士心,人自为战,善于应机合变,军无伤挫。既复宜宁等数邑,仍屯兵鼎津江右,下道获安农作,义声大彰。"见《宣祖修正实录》卷二六"宣祖二十五年六月己丑"条。又见《壬辰录》:"前掌令郑仁弘、前佐郎金沔起兵讨倭。仁弘,陕川人也。素围乡郡时民所畏服,至是纠集乡兵。以前佥使孙仁甲为副将。仁甲武勇过人,异军别阵,而禀令于仁弘。仁弘歼贼百人于茂溪,烧其屯根而还。沔,高灵人也。与仁弘同时起兵,数日之间聚兵二千余人,击贼于洛东江。获两帆,收其所载,皆宫中宝物。于是,沔屯居昌,仁弘屯高灵,郭再佑兵相连,形势江右一带,赖以安保。"见［朝鲜］李舜臣《李忠武公全书》附录《宣庙中兴志》。

④ 《朝鲜阵记》。

⑤ 刊本752,(天正二十年)八月卅日吉川广家宛、木下吉隆书状。

⑥ 丰臣秀吉文书号4300,(日本)名古屋市博物馆《丰臣秀吉文书集》五"天正十九年—文禄元年",第270页。

部的晋州城以及全罗道。① 从秀吉的朱印状来看，日军的部署重点主要在守住王都，进而更加稳固地控制全罗道与庆尚道。加藤清正主要驻守在王都以北，宇喜多秀家稳固驻守在汉城，其余的部队保障兵粮、控制朝鲜南部。此后，小西行长与明朝之间的议和交涉开始，明朝方面提出的议和条件有派遣议和使者、明军从朝鲜撤退、日军从汉城撤退、返还朝鲜两王子等。此后，五月十五日，小西行长同"伪使"一同抵达名护屋。秀吉并未直接接见明朝使节，而是在五月二十日命令十二万大军进攻全罗道的晋州城，并告知在朝鲜的毛利辉元，尽管大明派遣使节前来，但是议和的内容同他意愿不符，未必会成事。《岛津家文书》载秀吉所言："即便从大明国传来议和之言，亦不得懈怠，如以上所嘱咐行事。来年渡海，于名护屋待机。"②五月廿三日，秀吉接见明使，彼时秀吉提出议和七条件。③ 值得注意的是，秀吉并未希冀成为"日本国王"，对明朝的要求主要是开启勘合贸易，这是务实的条件。此外，属于实质性的条件就是要求日本必须获得朝鲜南部的四道。抛开明朝与朝鲜的考虑，秀吉此时的战略目标显然已经从"入唐"转换到"渡韩"。局势的转换、小西和沈惟敬的全力推进议和，都是导致秀吉调整战略目标的主要外因。六月，内藤如安同归国的明使前往朝鲜，但是议和进展缓慢，陷入长久的停滞期。

文禄二年(1593)后半期开始至文禄三年(1594)即所谓的休战期。在此期间，秀吉在日本多地实施了检地。④ 从表面看，是为"渡韩"做军粮准备。此时在朝鲜，兵粮不足的问题极为严峻，出现逃兵的现象。文禄三年正月，伏见城的建筑工程正式推进，计划在日本再构建据点。⑤ 文禄三年十二月，明朝皇帝终于接见内藤如安，同意议和，要求日军撤退，并册封秀吉，决定派遣使节前往日本。⑥ 文禄四年(1595)五月，获悉明朝使节之事的秀吉再度提出议和条件：朝鲜王子来日为质，割让朝鲜南四道，撤去日军十五所军营中的十所，皇帝的敕书和使节派遣，日明勘合贸易即刻施行，等等。七月三日，秀吉褫夺秀次的关白职位。八月，召唤秀次到伏见城，令其剃发并逐放至高野山。受到如此待遇的秀次认清政治现实，旋即自尽。在政情不稳的过程中，秀吉召集家康等大老前来，要求起誓，向丰臣秀赖尽忠。八月三日，颁布五大老联署的尽忠文书。⑦ 九月，明使从汉城出发，正使在十一月抵达釜山。然而，翌年四月，明朝正使逃亡，只得起用副使转正，以沈惟敬为副使，六月抵达对马岛。明使抵达后不久，京畿发生地震，伏见城受到

---

① 丰臣秀吉文书号4462，(日本)名古屋市博物馆《丰臣秀吉文书集》六"文禄二年—文禄三年"，东京：吉川弘文馆，2020年，第30—31页。

② 丰臣秀吉文书号4578，(日本)名古屋市博物馆《丰臣秀吉文书集》六"文禄二年—文禄三年"，第74—75页。

③ [日]田中健夫：《善邻国宝记　新订续善邻国宝记》，第376—377页。

④ [日]堀新：《天下统一から锁国へ》"指出检地と太阁检地"，东京：吉川弘文馆，2009年。

⑤ [日]小和田哲男：《城と秀吉》，东京：角川书店，1996年，第180—202页。

⑥ 《明实录》载："兵部尚书石星疏请封倭……方倭之没朝鲜，迹涉匪茹，则利用威，及其退还王京，送回王子、陪臣，则利用信。皇上慨然许封，敷布诏旨，则一封而倭奴以退朝鲜，以保外患，以息内备，以修无烦。再计惟久住釜山，我之欲封不封，既已失信，彼之请封未封，又复怀疑。故封后，而敕令尽归，宜无不得封前，而数为责备，似难必行宜。一面令小西飞进京，确示予封之信，一面谕行长还退，以待册使之临，即行长不敢遽归，许令待册使，而后返亦无不可。盖既予封，则朝鲜必有一二年之安，彼亦乘此以自为战守，我亦因之以自为备。若复设难成之约，则祸中朝鲜，全罗必失，辽左以残破之余，虏乘其内，倭攻其外，其何以支。又况海内兵端屡动，无处无患，所在兵疲饷竭，无一堪恃。乃不为中国，而为属国，是舍腹心而救四肢也。又言封后，或有反复，臣请自往莅之，不济，则治臣罪。上允其奏，准小西飞进京，许其予封，如倭奴不去，则兴兵正罪，一意征剿，仍令督抚及时修备。"《明神宗实录》"万历二十二年十月丁卯"条。

⑦ [日]小和田哲男：《骏府の大御所德川家康》，静冈：静冈新闻社，2007年。

严重损害。①

九月一日,秀吉在大阪城接见明使,接受明朝皇帝的册封文和常服。有学者认为,激怒秀吉的是明朝册封秀吉为日本国王,故此再度出兵朝鲜。② 然而,真正令秀吉愤怒的是使僧告知秀吉,朝鲜使节要求日本放弃在朝鲜半岛所有的城池并撤军。据《日本往还记》载:"(关白大怒)天朝则既已遣使册封,我姑忍耐,而朝鲜则无礼至此。今不可许和,我方再要厮杀,况可议撤兵之事乎?"③同样,《岛津家文书》所载亦言及相同原因:"大明敕使本月朔日有幸得见太阁一面。然而,朝鲜皇子本次并未前来,此最要紧。告知官人(沈惟敬)此事,底下之间亦已传开。官人所言之事如何中道崩殂,现下暧昧交涉之事业已终结,交由武力解决。"④显然,秀吉此时要求岛津"渡韩",而其本人的战略目标同样在朝鲜半岛。文禄五年(1596)十二月,小西行长以王子来日为主轴条件,试图继续推进议和交涉。

庆长二年(1597)正月,加藤清正通过朝鲜僧侣惟政要求朝鲜臣服,结果未成。⑤ 七月,日本的九州岛、中国地方、四国等地大名再度率军前往朝鲜。显然,再次出兵的目标已然不是征服明朝,而是转为压制朝鲜南部,或是集中在全罗道。八月,日军开始对全罗道的进攻。在陆地上,日军还是保持一定的优势,计划征服全罗道后,率军往北部的忠清道进发。另一方面,在全罗道的南部海域,日本水军最初尚有优势,但此后败给李舜臣所率领的朝鲜水军,自此,日军计划在海上攻略全罗道的战略完全失败。十二月,明朝和朝鲜军开始攻击蔚山城,直至庆长三年(1598)正月四日为止,该地爆发了大规模的攻防拉锯战。尽管日军击退明军,但亦损失惨重,不再具备追击的能力。为此,庆长三年二月,朝鲜在阵的诸将向秀吉提议,缩小在番城池的规模。据《立花文书》载:"已获知希望从蔚山、梁山、顺天撤退之意,但吾不甚同意,特此告知。无法给予改变,若从以上三处撤退,必将惩罚。……来年派遣部队前往朝鲜,彼等当受命攻下朝鲜王都。需当知晓吾意,准备兵粮、火药,需得在阵。"⑥秀吉不仅没有接受大名的要求,甚至还令在阵诸人准备充足的兵粮、火药,巩固在朝鲜半岛所取得的"成绩"。例如,《锅岛家文书》亦载有明年继续派兵的记载:"数度下令,来年将遣大部队。"⑦

然而,六月初,秀吉再度发病,六月底时出现赤痢的症状。七月十五日,秀吉向皇室、公家分配"遗物"。八月五日,秀吉给德川家康、前田利家、毛利辉元、上杉景胜、宇喜多秀家等人留下遗书。遗书主意是托孤,故此召集政权大老,但未提及是否继续向朝鲜派兵的问题。⑧ 八月十八日,秀吉逝去,亦象征着持续数载的战争即将终结。八月二十五日,丰臣政权大老决定暂时秘不

---

① [日]松田时彦:《要注意断层の再检讨》,《活断层研究》第996卷第14号,1996年,第1—8页。日本京都的伏见城天守、东寺、天龙寺皆严重受损,死者超过千人。

② [日]笠谷和比古、[日]黑田庆一:《秀吉の野望と误算:文禄・庆长の役と关ヶ原合战》,东京:文英堂,2000年,第121页。

③ 《日往还日记》,《海行总载》"九月壬寅"条—"癸亥"条。

④ 文禄五年九月十一日岛津忠恒宛、岛津义弘书状,《萨藩旧记杂录》后编三七。

⑤ 《朝鲜松云赠清正书》,见[日]伴信友《中外经纬传》,《伴信友全集》第3卷,东京:内外印刷株式会社,1907年,第368—369页。

⑥ 丰臣秀吉文书号5765,(日本)名古屋市博物馆《丰臣秀吉文书集》七"文禄四年—庆长三年",东京:吉川弘文馆,2021年,第264—265页。

⑦ 丰臣秀吉文书号5813,(日本)名古屋市博物馆《丰臣秀吉文书集》七"文禄四年—庆长三年",第282页。

⑧ 丰臣秀吉文书号5848,(日本)名古屋市博物馆《丰臣秀吉文书集》七"文禄四年—庆长三年",第296页。

发丧，派遣携带秀吉朱印状的使节前往朝鲜。不久后，政权大老经商议决定撤军，"告知朝鲜在阵的诸多将领，无论如何都将归朝。此时，直茂公在竹岛、清正于蔚山、岛津于泗川、小西在顺天城。其余诸将皆准备归朝"①。至此，无论是"入唐"，还是"渡韩"的计划，皆随秀吉的往生而烟消云散。

综上所述，通过研究秀吉在万历援朝战役前后的战略部署后，可以知晓：1. 秀吉在一扫六合，统一日本前后，其政治野心达到巅峰，暂且不论其侵略的真正原因何在，但毋庸置疑的是他最初的战略目标是"入唐"，即征服明朝。2. 秀吉在战略上藐视敌国，但在战术的部署上极为谨慎。从名护屋的建造、外交的往来交涉、大名的安排、军粮的调集、军纪的发布、通事的调配、大名领土的检地等战略准备可知，秀吉绝非单纯的狂妄无知，或因丧子之痛而疯狂。3. 小西行长、加藤清正等人在朝鲜获得良好开局时，秀吉正式推出"三国计划"，其战略目标直指明朝。然而，在局势改变后，秀吉及时调整战略，及时中止"入唐"计划，更多在考虑如何保住在朝鲜半岛已经获得的战略利益，这是从"入唐"转变为"渡韩"的重要分水岭。4. 由小西行长和沈惟敬推动的议和交涉亦可看出秀吉的要求中"里子"大于"面子"，议和条件中关键的就是分割朝鲜南四道、交出朝鲜王子为质子以及同明朝的勘合贸易。5. 庆长之役的战略目标指向更为明确，他从最初就是要夺取朝鲜的南部疆域。换言之，日军在二度前往朝鲜时的核心任务就是"渡韩"，从宣祖身上获取更多的政治利益。

结　　语

在后世的解读中，"入唐"和"渡韩"分别代表丰臣秀吉不同的战略目标。然而，在史料中，"入唐"指向的是征服明朝，而"渡韩"却只意味秀吉前往朝鲜。若从战略的顺序来看，"渡韩"必定在"入唐"前，即便有着远大的"入唐"部署，但若未能完成"渡韩"任务，一切野心皆若水中月，对秀吉的历史考察只会陷入哲学家的视野瓶颈。无法否认的是，在找寻秀吉侵略目的时，若从单一的角度归纳，这将导致推导出的结论之间壁垒分明，非此即彼，如征服明朝和勘合贸易的需求不能两存，而征服大明和征服朝鲜只能选择其一。实际上，"入唐"和"渡韩"的关系是动态的，而非泾渭分明的。换言之，秀吉在战争的推进过程中，随时在调整其战略。秀吉在一扫六合、统一日本前后，其政治野心达到巅峰，其最初的战略目标就是"入唐"，即征服明朝。"入唐"和"渡韩"背后的意味分别代表了秀吉不同时刻的战略目标，而调整的原因是战局的变化以及受到明朝朝贡体系的天下观影响。可以看到，秀吉通过外交僧侣获取室町幕府以后的外交故事，并基于此来制订外交战略。对于日本而言，站在制度顶端的是天皇，但"应仁之乱"以来，这种权威跌入谷底。幕府的衰落，令自顾不暇的足利氏让渡出了权力，政权出现真空状态，而秀吉在打败北条氏后完全填补了权力的空隙。秀吉用强大的军力重新支撑逐渐没落的天皇制度。究竟是秀吉的权威提升了天皇的威信，还是天皇的余威福泽了秀吉呢？尽管两者并不矛盾，但希望成为天皇左右手的秀吉首先利用政治手段成了原本只有少数家族的成员才能担任的关白，并以天皇左右手的名义来推进外交之事。或许，若能成功"入唐"，两者就会遥相呼应，这是秀吉征服日本

① 《锅岛直茂谱考补》。

后的政治逻辑。在日本,自武家政权建立后,都是利用军队来摧毁权力,开创新的幕府。故此,日本从未出现中国反复爆发的"王朝革命"。作为天皇的代表,幕府通过武家政权来营运国家所有的行政机器,自然在表里不同的架构中发挥稳定的作用,其统治的"润滑"效果颇佳。最初提出"入唐"计划时,正是秀吉人生的高光时刻,从"足轻"到"天下人",他获得了无上的权力,甚至能用天皇的权威判罚不遵守号令的大名。在局势尚好时,秀吉外交政策的背后是朝贡体系逻辑,故此,对于除却明朝外的国家和地区皆采取层次感分明的外交战略。然而,文禄二年(1593)时,诸多问题同时交集爆发,逃兵、军粮、天气恶劣、平壤战役的失利,使得秀吉在衡量现实后给予明朝的文书更为务实。毋庸讳言,意图重塑东亚秩序的秀吉与自认地位低于明朝的日本,在外交认知上皆是一体的,在局势改变后,秀吉及时调整战略,中止了"入唐"计划,转而考虑如何保住在朝鲜已经获得的战略利益,这是秀吉的战略目标从"入唐"转变为"渡韩"的重要分水岭。由小西行长和沈惟敬推动的议和交涉亦可看出秀吉的要求中"里子"大于"面子",议和条件中关键的就是分割朝鲜南四道、交出朝鲜王子为质子以及同明朝的勘合贸易。换言之,日军在二度前往朝鲜时的核心任务就是"渡韩",从宣祖身上获取更多的政治利益。显然,秀吉的东亚认知亦是基于明朝的朝贡体系,层次分明的对外政策则是基于局势而动。

1590年朝鲜赴日使行与丰臣秀吉国书"真相"

王鑫磊*

摘　要：壬辰战争是16世纪末爆发的一场涉及中、日、朝三国的国际战争。战争爆发前，日本丰臣秀吉致信朝鲜国王，提出"假道入明"的要求，朝鲜拒绝担当"征明向导"，最终日本悍然出兵。这一历史情节一直以来被学界及大众所熟知和广泛接受。然而，从亲历该国书传递过程的当事人金诚一留下的日记中，我们可以发现一些关于该国书事件及国书内容新的记述。再结合其他一些周边史料进行佐证分析，可以看到该国书事件存在着十分复杂的状况。现今为人熟知的那些历史情节，或许只是后世史家构建的结果，这种构建在某种程度上已经遮蔽了一些历史的真相。而通过对原始文献的梳理和分析，我们可以将这些被遮蔽的真相再次呈现出来，包括：国书定稿过程的复杂交涉，被带回朝鲜的国书的真实内容，国书是否有被改写的可能，等等。仅仅提出这些基于史料的新发现，或许还不足以动摇既存的历史叙述，但可呈现历史面貌的诸多可能性，留待后人征取臧否，亦是历史研究的应有之义。

关键词：壬辰战争　丰臣秀吉　日本国书　金诚一

引言：从"假道入明"与"征明向导"说起

1592年至1598年间，以朝鲜半岛为战场，中、日、朝展开了一场三国大战，"壬辰倭乱"是韩国学界对于这一场战争的通常称呼，相较而言，"壬辰战争"则是更为国际学界所接受的一种表述。这场战争一直以来都是中、日、韩三国历史学界重要的研究母题。而近年来在中国学界，相关研究又掀起新一轮的高潮。究其原因，主要是因为新的文献资料，尤其是域外所藏新资料的浮现，一方面为研究者提示了新的研究视角，另一方面也使得相关的研究课题有了进一步拓展和细化的可能。①

因受到这一最新学术潮流的启发，笔者也尝试进行一些利用韩国方面资料重新审视壬辰战

---

* 王鑫磊，复旦大学文史研究院副研究员。

① 山东大学陈尚胜教授领衔的学术团队，近年来在壬辰战争研究领域开展了令人钦佩的工作，通过系统性地收集整理域外相关文献资料、定期召开工作坊形式的国际学术会议等，搭建了中、日、韩乃至欧美学者共同参与的学术交流平台，催生了大量高质量的研究成果，推动了壬辰战争研究的新发展。

争历史的研究,且有幸在研读史料的过程中获得了一些新的发现,在此稍作陈述,期得方家指正。

此处所谓新发现,具体是指壬辰战争爆发前日本的丰臣秀吉写给朝鲜国王的一封国书。这封国书是一份知名度颇高的历史文献,而围绕着这封国书,也形成了一个为学界乃至大众都熟知和普遍接受的历史情节,即丰臣秀吉向朝鲜国王提出“假道入明”的要求,朝鲜方面拒绝担当“征明向导”,最终导致日本悍然出兵朝鲜。这也使得这封国书在某种程度上具有了战争导火索的意味。

“假道入明”和“征明向导”均是颇为抓人眼球的用词,或许也因为它们和后来战争形势的发展,特别是和明朝参战的结果十分契合,所以鲜少有研究者去关注它们的文献出处问题并对其提出质疑。但是,一个颇令人意外的事实却是,稍作文献检索便可以发现,这两个词,均没有出现在作为官方历史文献留存下来的《丰臣秀吉致朝鲜国王书》的原文[①]之中。那么它们究竟是如何出现的呢?就此,笔者所能找到的一个可能的文献来源线索是日本人赖山阳(1780—1832)所著《日本外史》,该书中是这样记述该国书全文的:

> 秀吉既至自伐关东,见韩使者,乃命史作书以答之曰:“日本丰臣秀吉,谨答朝鲜国王足下:吾邦诸道久属分离,废乱纲纪,阻隔帝命。秀吉为之愤激,被坚执锐,西讨东伐,以数年之间,而定六十余国。秀吉鄙人也,然当其在胎,母梦日入怀。占者曰:‘日光所临,莫不透彻,壮岁必耀武八表。’是故战必胜,攻必取。今海内既治,民富财足,帝京之盛,前古无比。夫人之居世,自古不满百岁,安能郁郁久在此乎?吾欲假道贵国,超越山海,直入于明。使四百州尽化我俗,以施王政于亿万斯年,是秀吉宿志也。凡海外诸藩后至者,皆在所不释。贵国先修使币,帝甚嘉之。秀吉入明之日,其率士卒会军营,以为我前导。”[②]

《日本外史》一书,是赖山阳撰著的通俗性的日本通史作品,用汉字写作,成书于1826年。书中有关秀吉致朝鲜国书的内容,虽是以全文转录的形式呈现,事实上却已经有了加工润色的痕迹,而其中与“假道入明”和“征明向导”两种表述密切相关的关键词“假道”和“前导”,恰恰就是这一番加工润色的产物。这一点,只需将《日本外史》所记国书与目前日本和韩国文献中同时都有留存的权威版本国书内容作一比对即可确知。[③]

已有研究者指出,赖山阳的《日本外史》在1862年传入中国,之后在中国有广泛的流传,一度成为中国学人了解日本历史的重要知识来源。[④] 民国时期戴季陶所著《日本论》一书中,就曾直接转引过赖山阳《日本外史》中的这封国书的全文。[⑤] 另一方面,韩国和日本官方文献中留存的更为原始和权威版本的国书原文,在中国的流传却极为有限,在很长一段时间内似乎都并不

---

① 目前《丰臣秀吉致朝鲜国王书》原文有两个较为权威的版本,一是朝鲜方面的官方文献《宣祖修正实录》中收录的全文版本,二是日本方面的文献《续善邻国宝记》中收入的全文版本。这两个版本的内容基本一致,仅存在个别文字出入,总体上可以互为印证。

② [日]赖山阳:《重订日本外史》,北京大学出版社,2015年,第347—348页。

③ 如果说《日本外史》中所记国书内容完全出自作者赖山阳的加工润色,似乎还有些武断,另外的一种可能是赖山阳确实原文抄录了在他之前的日本文献中记载的某一个版本的国书。由于笔者目前尚未看到相关文献存在的证据,故此种可能性只能待考。但无论如何,这一版本的国书与韩、日官方文献中权威版本的国书存在差异,尤其是存在“假道”和“前导”两处关键性差异,这一点确实无疑。

④ 赵建民:《〈日本外史〉的编撰、翻刻及在中国的流传》,《复旦学报(社会科学版)》1996年第1期,第91—97页。

⑤ 戴季陶:《日本论》,民智书局,1928年,第40页。

为国人所广泛知晓。① 或许正是在这种情况下，赖山阳版国书便在中国人的普遍认知中烙刻下了"假道入明"和"征明向导"这两个有关壬辰战争历史的深刻印象。

当下，中国学界的研究者在获取国书原文这一点上，早已不存在任何障碍，但此前却未见有研究者关注到这一文本差异现象，通过文本比对提出相关疑问。然而，赖山阳版国书与官方文献所载国书的差异，于本文而言还只是一个引子，笔者在研读文献的过程中还发现，即便是就韩、日两国同时留存的国书原文而言，也还存在着一些问题，该国书产生的历史背景和事件过程的复杂性，还有很多值得去揭示和探讨的地方。

到这里就要提出本文关切的一个核心问题：韩、日官方文献中留存的国书原文的内容，与实际到达朝鲜国王手中的国书内容是否一致？这是一个此前研究者从未提出过的问题，但却被笔者所研读的文献强烈地提示出来。为了回答这个问题，我们需要再次回到国书本身以及国书产生的历史事件中去。

一、国书交涉过程的再探析

壬辰战争爆发前夕，1590年三月至1591年三月间，朝鲜王朝应日本方面要求，向其派遣了由正使黄允吉、副使金诚一、书状官许筬所率领的通信使团。对于这次通信使活动，在朝鲜王朝看来，一是应日本所请遣使祝贺丰臣秀吉统一日本，二是为了探查日本国情；而在日本方面，特别是丰臣秀吉个人看来，这次遣使活动是朝鲜向日本朝贡。这种双方对使行性质认识不对等的情况，在朝鲜使臣收到丰臣秀吉写给朝鲜国王书信的那一刻，无可避免地暴露出来，从而引发了一场国书交涉事件。

为便于本文论述的展开，在此先将引发该次国书交涉事件的《丰臣秀吉致朝鲜国王书》，也即较权威版本的国书全文抄录如下②：

> 日本国关白(秀吉)，奉书朝鲜国王阁下。雁书熏读，卷舒再三。[吾国](抑本朝虽为)六十余州，比年诸国分离，乱国纲废世礼而不听朝政。故予不胜(堪)感激，三四年之间，伐叛臣讨贼徒，及异域远岛悉归掌握。窃谅余事迹，鄙陋小臣也。虽然，余当托胎之时，慈母梦日轮入怀中。相士曰：日光(之)所及，无不照临。壮年必八表闻仁[声](风)、四海蒙威名者，何其疑乎。[依](有)此奇异，作敌心(者)，自然摧灭，战[必](则无不)胜、攻[必](则无不)取。既天下大治，抚育百姓，[矜闷](怜愍)孤[寡](独)，故民富财足，土贡万倍千古矣。本朝开辟以来，朝政盛事，洛阳壮[丽](观)，莫如此日也。(夫)人生[一](于)世(也)，[不满百龄](虽历长生，古来不满百年)焉，郁郁久居此乎？不屑国家之[远、山河之隔](隔山海之远)，[欲]一超直入大明国，[欲]易吾朝风俗于四百余州，施帝都政化于亿万斯年者，在方寸中。贵国先驱(而)入朝，依有远虑无近忧者乎？远[方](邦)小岛在海中者，

---

① 作出此推论的原因，很大程度上是因为目前笔者未能找到中国方面文献中全文载录日韩权威版本国书原文的情况，如有方家指出相关情况的存在，笔者将不胜感激。

② 因该文献两个主要版本存在个别文字差异，笔者在引文中进行了对勘标注，就存在差异的文字，属《宣祖修正实录》版的以"[ ]"标记，属《续善邻国宝记》版的则以"( )"标记，以供参照比对。

后进[辈](者)不可作容许也。予入大明之日,将士卒[望](临)军营,则弥可修邻盟(也)。[余愿](予愿无他,)只[愿]显佳名于三国而已。方物如目录,领纳。[且至于管领国政之辈,向日之辈皆改其人易置官属,非前名号故也,当召分给。余在别书。]珍重保啬。[不宣。天正十八年庚寅仲冬日秀吉奉复书。][1](此国书在后文以"国书 1"称之——笔者注)

从这篇国书的内容来看,它是以丰臣秀吉的名义,以上国日本主政者的姿态向作为朝贡国的朝鲜的国王宣谕的口吻写就的。首先,篇首称朝鲜国王为"阁下",篇末称朝鲜带去的物品为"方物",篇中又赫然有"贵国先驱入朝"之语,这些用词用语均是将朝鲜使行视作前来朝贡的表述。其次,该国书的前半篇为丰臣秀吉自述功绩的文字,意在表达朝鲜的入贡不仅是向日本这一国家的臣服,更应是对丰臣秀吉个人的敬服。其三,在后半篇中,丰臣秀吉直抒胸臆,向朝鲜国王表达自己"欲一超直入大明"(即征服明朝)的心愿,并要求朝鲜作为朝贡国,与日本结盟,合兵攻入明朝。

面对这样一封国书,朝鲜使臣显然是断难接受的,他们当即向日本方面提出改写国书的要求。朝鲜王朝《宣祖修正实录》对该次国书交涉过程描述如下:

诚一见书辞悖慢,尝称殿下,而称阁下,以所送礼币为方物领纳。且"一超直入大明国""贵国先驱"等语,是欲取大明,而使我国为先驱也。乃贻书玄苏,譬晓以大义,云:"若不改此书,吾有死而已,不可持去。"玄苏有书称谢,诿以撰书者失辞,但改书殿下、礼币等字,其他慢胁之辞,托言此是入朝大明之意,而不肯改。诚一再三移书请改,不从。黄允吉、许筬等以为:"苏倭自释其意如此,不必相持久留。"诚一争不能得,遂还。[2]

由该段描述可知,朝鲜使臣收到国书,发现"书辞悖慢",因而向日方提出改写国书的要求。日方同意改"阁下""方物"两处表述,但对"贵国先驱入朝"一句,托词不改。朝鲜使臣金诚一再三请求,日方仍"不从"。之后,朝鲜使臣内部发生意见分歧,正使黄允吉与书状官许筬认为应接受日方解释,不必相持不下,而金诚一则仍想争取但最终无果。于是,使臣带着将"阁下"改为"殿下"、"方物"改为"礼币"的国书,返回了朝鲜。实录记述的这一情节,便构成了后世对该次国书交涉事件的一种普遍认知。

然而,笔者在研读文献的过程中,又看到了关于此次国书交涉过程更丰富的记述。当事人金诚一所撰使行录(《金鹤峰海槎录》)中收录了四封书信,分别是《答玄苏》《与黄上使》《重答玄苏》及《拟答宣慰使平行长》。[3] 从这四封书信中,可以发现国书交涉过程更多的细节。

见国书后,朝鲜三使臣最初均认为国书内容极为不妥,如果带着这样一封存有"朝鲜朝贡日本"之意的国书回国,将是外交使节最大的失职,是令国家蒙羞的行为。于是,他们立即向日方提出严正交涉,提出三项改写要求:一是"阁下"改为"殿下",二是"方物"二字不可用,三是删去文中"贵国先驱入朝"一句。之后,日本方面的景辙玄苏答复:同意更改"阁下"与"方物"两处,至于"贵国先驱入朝"一句,因所指为朝鲜向明朝朝贡,而非指朝鲜入贡日本,故不同意更改。此

① 该国书内容两个权威版本的出处分别是:1. 朝鲜王朝《宣祖修正实录》卷二五"宣祖二十四年三月一日"条;2. [日] 田中健夫编《新订续善邻国宝记》,东京:集英社,1995 年,第 374 页。

② 朝鲜王朝《宣祖修正实录》卷二五"宣祖二十四年三月一日"条。

③ [朝鲜] 金诚一:《鹤峰先生文集》卷五《书》,韩国古典翻译院编《韩国文集丛刊》第 48 册,首尔:韩国古典翻译院,2009 年,第 114—119 页。

时，黄允吉与许筬为了息事宁人，想要接受玄苏的意见，而金诚一坚持不肯妥协。①

接下来发生的事，并没有在《宣祖修正实录》中被继续讲述，实录在这里作了一个截断，让读者觉得通信使一行无奈之下带回了国书1。但是，实录未表之事，从金诚一的记载中却能够大体还原出来。在此，笔者将试着把这个事件继续讲述下去。

金诚一完全无法接受玄苏的解释，但是黄允吉和许筬形成息事宁人的共识，使他成了少数派。尽管如此，金诚一仍然没有妥协，既不向玄苏妥协，也不向黄、许二人妥协。他先后给玄苏写了两封信（《答玄苏》《重答玄苏》），驳斥其解释荒唐无稽并再次要求必须删去“贵国先驱入朝”一句。同时，他也给黄允吉写信（《与黄上使》），既申明大义，又苦口婆心，努力劝说其与许筬回心转意，重新站到他一边，共同争取国书的彻底改写。

金诚一的行为，使得朝鲜使臣与负责接待的日方人员陷入僵持不下的局面。但是据金诚一书信内容中的记载来看，最后朝鲜使臣的要求还是得到了日本方面的满足，日方最终将一封重新改写后的国书交到朝鲜使臣手中。就此，金诚一认为，国书改写交涉的圆满解决，主要得益于之后参与此事处理的日方宣慰使小西行长的斡旋，因而他准备写信对其表示感谢（《拟答宣慰使平行长》），信中有言：

> 某等白，书契一事，荷足下善图，得以改撰，岂但使臣之幸，实贵国之光也。②

在金诚一给小西行长的书信中，同时还透露出一个有关改写后国书内容的细节：

> 今书契内有曰：“欲一超大明国。于时，贵国重交邻之义，党吾国，则弥可修邻盟也。”③

金诚一书信中摘录的改写版国书文字中，有“贵国重交邻之义，党吾国”的表述，这些词句在国书1中是没有的。可见，如果金诚一所述属实，此时朝鲜使臣拿到了一封修改后的国书，而这一封国书，除了已经按照朝鲜使臣提出的三项要求删改外，还加入了新的内容。

金诚一给小西行长写信，除了表示感谢外，更主要的目的是想与他探讨关于国书中“欲一超直入大明”的问题。首先，他表达了自己的困惑：国书中所言“欲一超直入大明”、希望朝鲜与之为党之语，到底是关白真实意图的表达，还是文书写作者用夸张的言语试探朝鲜与日本交邻的诚意？④ 其次，他明言：日本根本不应该存有朝鲜会与之为党的幻想，明朝是朝鲜的父母之国，而日本与朝鲜最多是手足关系，朝鲜是最讲大义的国家，不可能做出“子弟攻父兄”之有悖“人理”的举动。⑤ 接着，

---

① 事实上，黄允吉与许筬的做法也有一定的道理，“阁下”和“方物”两处，是无论如何都解释不过去的，而“贵国先驱入朝”则是可以用“两国对文意理解不同”的理由搪塞过去的。所以，只要日方改了前两处“硬伤”，使臣回国之后，通过解释的方式还是可以推脱掉失职、辱国的罪名的，最多就是被批评做得不够完美而已。可是，他们没想到的是，金诚一是一个“完美主义者”。

② ［朝鲜］金诚一：《鹤峰先生文集》，韩国古典翻译院编《韩国文集丛刊》第48册，第118页。

③ 同上。

④ “今书契内有曰：‘欲一超大明国，于时，贵国重交邻之义，党吾国，则弥可修邻盟也。’呜呼。此实关白殿下之意乎？抑行辞者偶为大言以试我国乎？”（同上）

⑤ “而况皇明乃我朝父母之国也，我殿下畏天之敬、事大之诚，始终不二。故北望神京，天威咫尺，玉帛之使，冠盖相望，此实天下之所共闻知也。贵国今虽绝和，数十年前曾有观周之使，岂不知我邦一家于天朝乎？呜呼，君臣之义，乃天之经、地之义，所谓民彝也。人而无此，冠裳而禽犊，国而无此，中夏而胡羯也。天朝我朝，大义已定，犹天地之不可易位也，其敢有二心乎？如有二心，则是手足戕头目、子弟攻父兄，其于人理何如耶？若贵邦侵犯之计，则各有谋国之臣，固非使臣所敢知也，至于我国之义，则使臣之所明知也。”（同上，第118—119页）

他表示:如果带回这封有对大明存不敬之辞的国书,对朝鲜使臣来说是不义之举,而日本写作国书,更是不应该出现这种"非法之言,害义之谈",言下之意是希望日本方面将这部分文字也加以修改。① 最后,金诚一还建议行长:作为"谋国之良臣",应该将自己这一番劝诫之言转达关白,如此才是"保邦安民、永全邻好"的做法。②

然而,在金诚一即将送出这封信的时候,使臣一行人得知其内容,皆因担心送信之后再生事端,故而百般阻挠,致使该信最终未能送出。对此,金诚一颇感郁闷,在归国途中将信投于大洋并作一诗,中有"水底鱼龙应识字"之句,以寄托自己的无奈与遗憾之情。③

金诚一写给小西行长的书信,为我们提供了一条关于朝鲜使臣最后可能收到了一封改写过的国书的关键线索,而这封信却戏剧性地是一封"未送出的信"。在韩、日学界以及近年来的中国学界,有关金诚一的研究都不在少数,他的《海槎录》也反复被讨论壬辰战争前期韩日关系史的研究者所引用,而偏偏这一封《拟答宣慰使平行长》的书信,或许是因为其"未送出"的属性而成为研究者的盲点,以至于如此关键的一条线索,始终游离于研究者的视野之外。

以上即为由金诚一笔下所见1591年朝鲜通信使国书交涉事件的完整情况。很明显,它与朝鲜王朝实录所记情形存在比较大的出入。出入之处在于:实录记载国书交涉中朝鲜使臣提出的要求只得到了部分满足,使臣带回的国书只是改了"阁下""方物"两处文字的国书1。而据金诚一记载,国书交涉的最终结果是令使臣满意的,日方最后所给国书,不仅修改了使臣提出的三处,还加入了一些新的语句。

二、朝鲜使臣带回国内之国书及其内容的新发现

朝鲜王朝实录的记载和金诚一的记述呈现出不同的状况,但究竟何者才是真实发生的历史?所谓孤证不立,既然已经发现了事件另一个走向的可能,笔者就顺着新线索的指向,试图去寻找相关证据链,而一些材料证据也确实浮现出来,以下试一一列举分析之。

材料一:

辛卯三月,允吉等还自日本。秀吉报书曰:

日本国关白奉书朝鲜国王殿下。雁书熏读,叙卷再三。从余之请,见差三使,幸甚。吾国六十余州,比年分离,乱国纲废世礼而不听朝政。故余不胜感激,三四年之间,伐叛臣讨逆徒,及异域远岛悉归掌握矣。夫人生一世,难保长生,古来不满百年,焉能郁郁久居此乎?不屑国家之远、山海之隔,欲一超大明国。方乎其时,贵国重邻之义,以党于吾国,则弥可修

① "今见书契之辞如此,而默默无言而归,则是岂使臣之义乎。……非法之言,害义之谈,何可形诸文墨。说与邻国乎?"([朝鲜]金诚一:《鹤峰先生文集》,韩国古典翻译院编《韩国文集丛刊》第48册,第118—119页)

② "呜呼。足下谋国之良臣也,亦尝念及于此乎?使臣此言,非为我朝,实贡忠于贵国之义也。足下倘以之转闻于关白,则亦保邦安民、永全邻好之一道也。"(同上,第119页)

③ 郑逑撰金诚一行状中有载:"赍书将遗,而一行皆以生事为惧,互相怂恿,百般沮抑,使不得传致。盖玄苏既以公言为是,颇有愧屈之意。而一行之事,制在上使,书状又与之合焉。故公终不得行其志,愤叹郁抑,乃以其书投于洋中。因作诗,有'水底鱼龙应识字'之句。"(同上,第315—316页)

邻盟。(此国书在后文以"国书2"称之——笔者注)

初,秀吉出山东道,闻我国使至,使摄津守平行长营傧接,民部卿玄以营支供。第八日,秀吉始还国都,乃修答书曰:

日本国关白秀吉,奉书朝鲜国王阁下。雁书熏读,卷舒再三。本州岛虽为六十余州,比年诸国分离,乱国纲废世礼而不听朝政。余不堪感激,三四年之间,伐叛臣讨逆徒,及异域远国悉归掌握。窃谅余事迹,鄙陋小臣也。虽然,余当于托胎之时,慈母梦日轮入怀中。相士曰:日光所及,无不照临,壮年必八表闻仁风,四海蒙威名者。何其疑乎?依有此奇异,作敌心者自然摧灭,战则无不胜,攻则无不取。既然,天下大治,抚育百姓,矜愍孤寡,故民富财足,土贡万倍千古矣。本朝开辟以来,朝政盛事,洛阳壮丽,莫如此日也。夫人生于世也,虽历长生,古来不满百年,焉郁郁久居此乎?不屑国家之远、山河之隔,一超直入大明国,易吾朝风俗于四百余州。施帝朝亿万斯年者,在方寸中。贵国先归入朝,依有远虑无近忧者乎?远方小岛在海中者,后进辈者不可作容许也。余入大明之日,将士卒望军营,则弥可修邻盟。余愿无他,只愿佳名于三国而已矣。此书间有不通晓处,夷文本如此。

金诚一见其书曰:"不可以此报国王。"移书行长、义智、玄苏者再。遂改本稿。①

上述材料出自朝鲜人申钦(1566—1628)的文集《象村稿》中《壬辰倭寇构衅始末志》一文。申钦,字敬叔,号象村,是朝鲜宣祖至仁祖朝重臣,官至领议政。他是壬辰战争的亲历者,曾于1594年任书状官,与尹根寿共同出使明朝。战后,他受宣祖之命参与编撰《天朝将官征倭事迹》。申钦晚年在整理《征倭事迹》稿本的基础上,致力于增补编撰壬辰史志,于1622年成稿。其所编撰壬辰史志,收录在文集《象村稿》中,后人称之为"征倭志",《壬辰倭寇构衅始末志》便是其中一部分。申钦所记壬辰史事,是作为事件亲历者的回忆性记述,具有一定的可靠性。

值得注意的是,该段材料中所述国书事件的情况,与前文笔者基于金诚一书信内容勾勒的情况基本一致,即其结果是:1591年朝鲜通信使经与日方交涉,最终得到了一封改写的新国书。在这段材料中,申钦抄录了两封国书,一封为修改后的国书(国书2),另一封为修改前的国书(国书1),并且明确指出了两封国书间的关系,即国书2是经金诚一(而并没有提到另外两位使臣黄允吉与许筬)与日方再三争取而在国书1的基础上得以改写而来。这段材料最大的价值在于,申钦把改写后的新国书全文抄录了下来,而这篇全文是在金诚一笔下也没有留下过的。

从引文中国书2的内容来看,"阁下"已改为"殿下",没有了"方物"一词,"贵国先驱入朝"一句也不复存在。显然,从这封国书中已经丝毫看不到"朝鲜向日本朝贡"的意思。不仅如此,国书2甚至还在国书1的基础上删去了不少丰臣秀吉个人化的表达,比如其自述出生时异象,又比如"予入大明之日""余愿显嘉名于三国"等语句。这些删改,令国书少了一些私人性的感觉,更增添了一种国与国对话的意味。

国书2最值得注意的地方,是其中有"欲一超大明国。方乎其时,贵国重邻之义,以党于吾国,则弥可修邻盟"一句,这与金诚一在《拟答宣慰使平行长》中摘录之句"欲一超大明国,于时,贵国重交邻之义,党吾国,则弥可修邻盟也"几乎一样,两者恰可相互印证。

申钦《象村稿》中的这一段材料,之后还被他的孙子申炅征引,用在了其所创作的另外一部

① [朝鲜]申钦:《象村稿》,韩国古典翻译院编《韩国文集丛刊》第72册,第253—254页。

更为知名的有关壬辰战争的历史文献——《再造藩邦志》[①]中。申炅在《再造藩邦志》一书中原文照录了祖父所记下的这两篇国书的全文，仅因为行文的需要对调了其先后顺序。[②] 申钦的记录或可说是因其文集被阅程度不高而不易被发现，但大量壬辰战争的先行研究者在阅读《再造藩邦志》时，竟也未注意到出现“两封国书”的问题，这就不免有些令人惋叹。

如果申钦的这番记述值得采信，那么它就再次向我们提示了一个可能的情况：朝鲜使臣实际带回国内的，是一封不同于见诸官方史书记载的新的国书。不仅如此，现在这封新国书的内容也全文呈现在了我们眼前。对于这一情况，笔者仍试图找寻更多的证据，而新的材料又再次浮现出来。

材料二：

通信使黄允吉等自对马岛发向大坂，至秀吉所居，留数月。秀吉使僧倭兑长老、哲长老等修答启，出示允吉等。其书云：

日本国关白秀吉，奉复朝鲜国王阁下。雁书熏读，卷舒再三。吾国六十余州，近年乱国纲废世礼而不听朝政。故予不堪感激，三四年之间，伐叛臣讨贼徒，及异域远岛悉归掌握。盖自开辟以来，朝廷之盛，洛阳之壮，未有过于斯时者也。慈母梦日轮入怀中，相士曰：日光所及，无不照临。壮年必八表闻仁声、四海蒙威名者。何其疑乎？故与我为敌者，必先恐怯，战必胜、攻必取矣。贵国先驱而入朝，有远虑无近忧者乎。人生一世，不满百年，焉郁郁久居此乎。不屑国家之隔、山海之远，欲一超直入大明国，欲显佳名于三国。<u>方乎其时，贵国重邻交之义，以党吾国，则弥可修邻盟也。</u>方物如目录领纳。且至于管领国政之辈，向日之辈皆改其人，当召分给。余在别书。珍重保啬。不宣。天正日本僧号十八年庚寅仲冬日秀吉奉复。

书辞极其僭傲。副使金诚一大怒推纸曰：“海内外相截，国华夷有分，侮慢之甚，何可至此。吾等一死而已，不忍持此生还。”秀吉乃还其书，改阁作殿，易奉为拜。言忠信，行笃敬，虽蛮貊可行。鹤峰前后所措，画出于正，至于壬辰之初，益可见其忠节。[③]

这一段材料，出自赵庆男所撰《乱中杂录》。赵庆男(1570—1641)，字善述，号山西，朝鲜文臣，壬辰战争亲历者。其所著《乱中杂录》以日记体形式记述1582年至1610年间史事，也是壬辰战争历史的重要参考文献之一。

在这段材料中，赵庆男也抄录了一篇国书，从这篇国书的内容看，其大体与国书1一致。但是，值得注意的是，与国书1不同，其中同时加入了“方乎其时，贵国重邻交之义，以党吾国，则弥可修邻盟也”这句出现在金诚一笔下的文字。对这一特殊现象，笔者推测：赵庆男首先应该是掌握了国书1的全文，同时也读到了金城一的日记，进而认为修改后的国书中应该是加入了这句话的，因此在自己写作时，将两者合璧，写成这一版他认为更完整准确的国书。

---

① 《再造藩邦志》是申炅(1613—1654)编撰的一部记录壬辰战争史事的文献，成书于1649年。申炅在书中自述：“此志以《征倭志》(申钦所著——笔者注)为源，参入《惩毖录》、类说等书，且采诸集中片言只字有可者附之，务其的确，不敢妄附己意。”([朝鲜] 申炅：《再造藩邦志》，[韩国] 民族文化促进会编《大东野乘》卷九，首尔：民族文化促进会，1989年，第120页)

② [朝鲜] 申炅：《再造藩邦志》，(韩国)民族文化促进会编《大东野乘》卷九，第105页。

③ [朝鲜] 赵庆男：《乱中杂录》，(韩国)民族文化促进会编《大东野乘》卷六，第106页。

然而，赵庆男记述的这段材料的价值似乎仅止于再次提示我们注意"方乎其时，贵国重邻交之义，以党吾国，则弥可修邻盟也"这句话与修改国书之间的关联性，对于是否存在申钦所记第二封国书，并没有直接的佐证意义。

材料三：

通信使黄允吉还日本。通信正使黄允吉，副使金诚一，书状官许筬，从事官车天辂。其还也，玄苏、平调信偕来。书启极悖慢。书启到日，上于夕讲令入侍诸臣见之。……判书尹斗寿首进曰："事当具奏天朝，仍陈我国通信本末可也。"上颔之，与尹某意合。以为彼此利害不暇论，而以小事大，大义所在，岂可不为之奏闻乎？朝廷不得已具奏。《寄斋杂记・辛卯史草》

秀吉报书曰："日本国关白奉书朝鲜国王殿下。雁书熏读，叙卷再三。从余之请，见差三使，幸甚。吾国六十余州，比年分离，乱国纲废世礼而不听朝政。故余不胜感激，三四年之间，伐叛臣讨逆徒，及异域远岛悉归掌握矣。夫人生一世，谁保长生，古来不满百年，焉能郁郁久居此乎？不屑国家之远、山河之隔，欲一超大明国。方乎其时，贵国重邻之义，以党于吾国，则弥可修邻盟。"①

这段材料出自《厚光世牒》卷三《龙蛇扈从录》。《厚光世牒》，编者不详，其所录内容为朝鲜时代文臣尹斗寿(1533—1601)的生平事迹，其中《龙蛇扈从录》一卷主要记述尹斗寿在壬辰战争期间的事迹。《厚光世牒》的编撰方式，是从各类文献中辑出尹斗寿事迹，而对于文献来源，一般都会进行标注。上述材料中即标注出参考了《寄斋杂记・辛卯史草》一书。故此，笔者又考出《寄斋史草》②相关原文，一并抄录如下：

允吉等之还也，日本书契有曰：自嘉靖年大明不许日本入贡，此大羞也。明年二月，直向大明，朝鲜亦助我飞入大明宫乎？辞不多，而悖慢极甚。允吉回到釜山，先启书契。书契到之之日，适夕讲也。上览毕，使入侍人等见之。判书尹斗寿亦在筵中，见讫首进曰："此等即当具奏天朝，因陈我国通信本末可也。"上颔之。③

从上述两段材料中，我们了解到：朝鲜国王宣祖在收到黄允吉等传递回国的国书后，于当晚召集一批大臣前来，将国书交给他们传阅，并与之商讨是否要将国书一事上奏明朝。

《厚光世牒》的编者在记述这一事件时，将他所认为的当时君臣所见之国书全文，以附注的形式抄录于文中。而其所抄录的国书内容，与前文申钦所记国书2是一致的。笔者注意到，《厚光世牒》引用这封国书时并没有注明文献出处。而按其编撰体例，如有明确出处，一般都会加以标注。之所以没有标注转引，是否表示这一国书内容是编撰者亲见，或为当时人所熟知的，因而才无须特别标注出处呢？如果是这样的话，是不是反过来就能够证明国书2的真实存在呢？

再来看前引《寄斋史草》中的那段材料，其中提到黄允吉等带回的"日本书契"中有这样一句话："自嘉靖年大明不许日本入贡，此大羞也。明年二月，直向大明，朝鲜亦助我飞入大明宫乎？"

① 编者不详：《厚光世牒》卷三，http://db.itkc.or.kr/dir/item? itemId=GO#/dir/node? dataId=ITKC_GO_1446A_0040_010_0010[2020-07-12]。

② 《寄斋史草》，作者朴东亮，字子龙，号寄斋；该书以日记形式，记述壬辰史事。

③ [朝鲜]朴东亮：《寄斋史草》，(韩国)民族文化促进会编《大东野乘》卷一三，第31页。

这句话在本文述及的两个版本的国书中,均未见到,为何会出现在这里?《寄斋史草》的编者朴东亮(1569—1635)也是壬辰战争的亲历者,战后获封二等扈圣功臣,被册封为锦溪君。笔者认为,以他的经历和身份,当不可能不知道秀吉国书的真正内容,但为何他笔下所记的国书内容中的语句,竟然会完全不见于我们已知的两版国书中呢?笔者推测:这或许是朴东亮本人在晚年回忆时产生错误联系所致,他可能是将相近时间段内日本给朝鲜的另外某一封国书①中的文字,错误联系到了这一封国书上来。

暂且排除掉朴东亮这段材料中的这一条干扰性信息,再次回到《寄斋史草》中的那段记述,笔者还注意到另外一个细节:朴东亮对"日本书契"有这样一个形容——称其"辞不多"。而恰恰是这个细节,对我们的推测有一定帮助。一般而言,在时隔久远之后,要一个人回忆之前见过的一封书信中的具体文字,也许容易产生差错,但是如果只是要他回忆这封信是长还是短,字数多还是少,当不会出错。因而,朴东亮称日本国书"辞不多"这一点,就成为一个有用的信息。就前述两个版本的国书而言,何者担得起"辞不多"的评价?答案应该是很明显的。所以,或许我们可以把《寄斋史草》的这段材料,作为朝鲜君臣所见国书实为国书2的一个旁证。

材料四:

> 玄苏等归,付答书契曰:
>
> 使至,获审体中佳裕,深慰深慰。两国相与,信义交孚,鲸波万里,聘问以时。今又废礼重修,旧好益坚,实万世之福也。所遗鞍马、器玩、甲胄、兵具,名般甚夥,制造亦精,赠馈之诚,敻出寻常,尤用感荷。<u>但奉前后二书,辞旨张皇。欲超入上国,而望吾国之为党,不知此言奚为而至哉?</u>自敝邦言之,则语犯上国,非可相较于文字之间。而言之不雠,亦非交邻之义。敢此暴露,幸有以亮之。惟我东国,即殷太师箕子受封之旧也。礼义之美,见称于中华凡几代矣。逮我皇朝,混一区宇,威德远被薄海,内外悉主悉臣,无敢违拒,贵国亦尝航海纳贡而达于京师。况敝邦世守藩封,执壤是恭,侯度罔愆。故中朝之待我也,亦视同内服,赴告必先,患难相救,有若家人父子之亲者。此贵国之所尝闻,亦天下之所共知也。夫党者,偏陂反侧之谓。人臣有党者,天必殛之,况舍君父而党邻国乎?呜呼!伐国之问,仁者所耻闻,况于君父之国乎?敝邦之人,素秉礼义,知尊君父,大伦大经,赖以不坠。今固不以私交之厚而易天赋之常也,岂不较然乎?窃料贵国今日之愤,不过耻夫见摈之久,礼义无所效、关市不得通,并立于万国玉帛之列也。贵国何不反求其故,自尽其道,而唯不臧之谋是依,可谓不思之甚也。二浦开路之事,在先朝约誓已定,坚如金石。若以使价一时之少倦,而轻改久立之成宪,则彼此俱失之矣,其可乎哉?不腆土宜,具在别幅。天时正热,只冀若序万重。不宣。②

这段材料出自《宣祖修正实录》,讲述的是在黄允吉等人回国后不久,日本派遣的使臣柳川调信和景辙玄苏来到朝鲜,朝鲜方面按例接待并修回答国书给付,此处所引即该国书全文。

这篇国书中有一关键语句:"但奉前后二书,辞旨张皇。欲超入上国,而望吾国之为党,不知

---

① 在黄允吉等人回国之后,日本又派遣柳川调信和景辙玄苏来到朝鲜,他们当时应该也携带了国书,在那一封国书中,可能就有明朝"不许人贡""飞入大明宫"等语句。

② 朝鲜王朝《宣祖修正实录》卷二五"宣祖二十四年五月一日"条。

此言奚为而至哉?"这里"前后二书",大体可以有两种解读。其一,所谓"前后二书"所指的是本文前述国书1和国书2。如果作此种解读,就能够在很大程度上佐证确实存在国书2这一点。其二,所谓"前后二书",是指朝鲜在前、后两次不同的外交过程中收到日本的两封国书,第一封是黄允吉等带回的国书,第二封是紧随黄允吉等人之后来到朝鲜的调信与玄苏带来的国书。若如此解读,则"欲超入上国,而望吾国之为党"的语句也可能是出现在第二封国书中,那么此前分析过程中基于这一句话而为国书2的存在提供的证据支撑,就可能全面消解。当然,这里仍然存在一个悖论,如果说"欲超入上国,而望吾国之为党"一句只是出现在调信与玄苏带来的国书中的话,金城一又是如何了解到并一早就在书信中记录下了这一语句呢?故第二种解读似乎也需再行斟酌。

不过,柳川调信和景辙玄苏来到朝鲜时确实携带了国书这一点当无疑。首先,需有日本来书,朝鲜才有可能给付答书;其次,由朝鲜答书中最后对"二浦开路之事"的答复,亦可见日方应该是以国书方式向朝鲜提出了开放港口的相关要求,故而朝鲜需在国书中正面答复。如若当下我们能够看到调信与玄苏携来国书的具体内容,此处种种疑问当能迎刃而解,无奈笔者遍寻未见,甚至连相关转述性材料亦未能提供直接的线索,因此该问题还是无法作出最终的解答。

通过对以上四段材料的分析,我们对国书事件及国书内容的探究,应该说已经在金城一书信这一条线索之上,有了相当程度的深化。整个国书事件的复杂程度,至少应该超出了朝鲜王朝实录所记。同时,就朝鲜实际收到的国书的内容这一点,我们也从周边史料中得到了新的发现。尽管仅仅依据这些材料仍不足以充分证明朝鲜实际收到了国书2这一情况,但至少对这一事件的复杂性和另外一种可能性,我们已经有了一定的把握。

三、关于国书被改写的可能性推测

既然从文献资料中暂时无法找到更多的头绪,笔者试图切换一个思路,从事件之间关联性的角度去分析相关的问题。而笔者找到的一个事件关联性分析的切入点,就是日本方面负责接待朝鲜使臣的对马岛势力在处理国书交涉中的应对。

之前已经提到,1590—1591年朝鲜通信使的派遣存在着双方对使行性质认识不对等的情况,而造成这一情况的始作俑者就是对马岛。为了促成通信使的派遣,他们在与朝鲜方面沟通时,刻意隐瞒丰臣秀吉令朝鲜朝贡的意图,此后则一直努力掩盖这一真相。事实上,朝鲜使臣在使行途中已经感受到日本方面将他们的到来视作朝贡。只不过,在收到国书之前,他们一直没有把这一层窗户纸捅破而已。①

---

① 关于这一点,从金诚一所作《倭人礼单志》一文可见一斑:"入海之后,受职倭人争致下程,使臣一皆受之而行回礼,所以答向国之诚也。七月中,行到堺滨之引接寺,有西海道某州某倭等送礼单,其书曰朝鲜国使臣来朝云云。余初失于照管,因修日记而觉之。……即令陈世云告上使书状曰:'倭人以来朝为辞,辱莫大也,辱身且不堪,况辱国乎?辱国之食,断不可受,而始不致察,至于分馈下人,将若之何?'上使曰:'夷狄之言,何足较乎?'书状曰:'吾则初已觉之,而无知妄作也,且置之耳。'余奋然曰:'夷狄虽无知,使臣亦无知乎?古人于取与之际,一毫不放过,惟其义而已。吾辈为使臣而受辱国之食,则其义安在哉?'……上使书状乃许之,即贸还而具道其由。"([朝鲜]金诚一:《鹤峰先生文集》,韩国古典翻译院编《韩国文集丛刊》第48册,第129页)

使臣与丰臣秀吉见面之后，没有立即拿到国书，他们被要求先行返程，到界滨等待国书，而这极有可能是对马岛的刻意安排，为的就是将国书可能引发的问题置于自己的掌控之中。果不其然，第一封国书的措辞引起了朝鲜使臣的极大反感。如果此时朝鲜使臣的国书改写要求传到秀吉耳中，对马岛的努力将功亏一篑，后果不堪设想。好在此时使臣已经远离秀吉身边，对马岛也就有了将事件影响控制在最小范围内的可能。

对马岛此时的应对方式，首先就是封锁消息，这一点不难做到，因为在日本境内，朝鲜使臣向外传递消息的唯一渠道就是对马岛人。其次，他们要做的，就是与朝鲜使臣尽力周旋，想办法息事宁人。于是，对马岛方面先派出景辙玄苏应对使臣，玄苏表现出一贯的狭隘和斤斤计较的处事风格，只答应改两处字词，还妄图用糊弄的方式搞定朝鲜使臣；眼见正使和书状官即将妥协，却因为碰到较真的金诚一，最终没有得逞。

于是，对马岛方面只能由主事的小西行长出面打圆场，显然他的处事格局要大得多，决断力也更强，而且大概只有他才敢于做出接下来的举动：在隐瞒丰臣秀吉的情况下，答应朝鲜使臣的全部要求，炮制了一封让朝鲜使臣满意的国书，交给其带回国内。

笔者在此作出了一个大胆的猜测——“对马岛伪造了 1591 年朝鲜通信使带回的国书”，而这一猜测并非毫无依据。回到历史的语境中看，当时的对马岛处在一个十分特殊的定位中，因为经济利益的驱使(对马岛需要在朝、日两国关系和谐的大环境中实现在朝、日双边贸易中谋利的目的)，它需要同时向日本和朝鲜两方面负责，朝鲜人甚至直接称其“东事贵国(日本——笔者注)，北顺我朝(朝鲜——笔者注)”①。顺利把朝鲜使臣带到日本，再平静地送走，是对日本负责；将朝鲜使臣安然送回国内，不让朝鲜产生向日本朝贡的感觉，是对朝鲜负责。而要同时实现这两个目标，隐瞒秀吉，伪造国书，或许就成为一个合理的选择。

此外，还有一个细节也不应该被遗漏。在国书 1 的篇末有这样一段文字：“方物如目录，领纳。且至于管领国政之辈，向日之辈皆改其人，当召分给。”②这是日本对收到朝鲜礼物的答复文字。这句话看似无关宏旨，但是细究之下，实际上指向了对马岛的失职行为。为什么这么说呢？该次使行，朝鲜礼曹在制定礼单时，给此前与朝鲜交好的六位日本地方大名准备了礼物，而其中的京极氏、细川氏、大内氏、小贰氏的势力，在当时实际上都已不复存在(被丰臣秀吉消灭)，对马岛显然是知道实情的，但是从朝鲜礼曹制定礼单直到使臣传送礼物，他们都没有发声。不难想象，当朝鲜使臣看到国书中“向日之辈皆改其人”这句话的时候，内心必然会对对马岛的知情不报有所不满。

不仅如此，金诚一还敏锐地发现，对马岛知情不报的背后，可能还有其他的隐情。金诚一给小西行长、景辙玄苏及宗义智写信时，把这个问题讲得非常透彻。他认为，在国书下达之前，对马岛不告知实情可以解释为不敢随意透露国家机密，但在国书下达以后，四地大名改换之事显

---

① 此处所言对马岛的特殊性，从金诚一《拟答对马岛主》一文中可见一斑：“朝廷之于贵岛，亦何厚薄之有？有功则赏之以职而许其来朝，有罪则镌其职而不许相通，此已事之明验也。岛中如有愿复其旧者，足下何不令输忠效劳，而听朝廷之指挥乎？不然，则足下虽望使臣之转达，不可得也。……复有一言可以取譬者，足下试听之。介两国之间者，贵岛也，足下东事贵国，北顺我朝。畏天事大之敬至矣。倘有贼寇借足下之路，以犯两国，则足下其许之否？名为事大，而潜启贼路，则其反复不信甚矣。贵国且不可出借路之言，况足下而敢为此言乎？”([朝鲜]金诚一：《鹤峰先生文集》，韩国古典翻译院编《韩国文集丛刊》第 48 册，第 121 页)

② 朝鲜王朝《宣祖修正实录》卷二五“宣祖二十四年三月一日”条。

然已不具有机密性质。而此时，朝鲜使臣在界滨仍收到号称是大内殿、小贰殿送来的书信，对马岛明知此二殿已不复存在，却仍不向使臣言明，最后还是靠使臣自己分析才发现冒名顶替的真相。所以，对马岛此时的表现，已经不能单纯用知情不报来解释，金诚一甚至认为，对马岛人实际上是在配合冒名顶替者一起欺骗朝鲜，意图从中牟利。①

由此可见，国书1中这一句看似无关痛痒的话，竟然被金诚一敏锐地捕捉到了，并就此质问对马岛对朝鲜刻意隐瞒国内大名更替的真实意图。以对马岛的立场而言，此时大概也会觉得这封国书“言多必失”了吧。如果这封国书传到朝鲜国内，金诚一等人抓住这一句话做文章，则很有可能会进一步引起朝鲜对对马岛的不满。对马岛显然不愿意看到这样的情况发生，那么，这是否也构成了对马岛决定改写(伪造)国书的另一条理由呢？

再者，对马岛长期周旋于朝鲜与日本之间，为了行事便利，经常会对双方间传递的国书内容进行改写(伪造)，为此，他们甚至还伪造了朝鲜国王和日本将军的印章。这一情况在此后发生的一个著名事件——“柳川一件”中被揭露出来。所以，以对马岛的立场来说，伪造1591年通信使带回的国书，不过就是一种惯性驱动之下的行为而已，他们应该不会想到这一举动会给后人观察这一段历史蒙上一层迷雾。

还有一个问题值得我们思考，据笔者目前所掌握的情况，在日本方面的文献中，从来就只留有国书1这一个国书版本，而有关国书交涉过程的记载，一律只记到到玄苏答复为止。朝鲜方面文献中出现的国书交涉后续以及存在第二封修改国书的情节，日本方面完全没有记载。这个现象，如果用对马岛单方面改写(伪造)国书去解释的话，其实就完全说得通了。因为只要对马岛不说，日本官方就可能完全不知情，在官方记载中也就不会留下痕迹。毕竟在当时的信息传递条件下，朝鲜方面很难绕过对马岛将信息传到日本中央，对马岛诸多改写(伪造)国书的行为最后是因为日本内部人的告发而败露，也反证了这一点。而更关键的是，之后朝鲜的官方记录中竟然也抹去了国书2的痕迹而只记录下国书1，那么日本方面自然也就更加无从知晓国书曾被改写(伪造)之事了。

不仅如此，如果我们试着站在对马岛的角度上来看改写(伪造)国书这件事，如下这种想法

---

① 金诚一《与上、副官、对马岛主》一文中：“今兹使臣之来也，我殿下念交邻之义，推恩数于诸殿。有若京极、细川等六殿处，皆有礼物矣。及到贵国，则右等诸殿无一人存者。关白殿下以信义为重，不以我国之不知为可侮，乃能处置得宜，留礼物以俟代职者，而具载曲折于国书中，俾使臣得免委命于草莽。其处事明白，实非常情之所可冀及也。呜呼！关白殿下之盛意既如此，使臣何敢不尽言于此日，以贻疑阻之端乎。三足下其亮之。……(大内、小贰)二殿之亡，亦如京极、细川等殿，万万无疑也。然于使臣之赠礼物也，三足下不为之直言者，何哉？噫！三足下之心，岂庸众人之所能测哉？彼京极诸殿之亡，三足下非不知之也，一国命令，制在关白，未禀关白之前，三足下何敢以国内事情透漏于他邦乎？惟其若是故，当初礼曹之作书契，使臣之传礼物也，三足下终不敢吐实，此固理势之所必至也，岂三足下有意于欺邻国而如此哉？此使臣所以恕足下之不言，而益多其临事慎密者也。今则关白殿下昭示大信，已将诸殿存亡，洞然别白而言之矣。惟兹二殿之存亡，三足下更何所难而不言之乎？前之不言者，以无关白之命也。今之可言者，以有关白之令也。前后语默虽殊，皆合于时宜，亦何害义之有？呜呼！使臣既明知二殿之亡矣，虽亲见二殿之面，犹不能无疑，况过境之际，所谓二殿者未曾驰一介之使以候境上。虽或使人于堺滨，二殿之书，乃一笔所写也，二殿总统方面，岂无写手，而借书于堺滨乎？此又必无之事也。足下于是而不言，则始为害义失信，而不免欺邻国之为矣。如何，如何！且我朝通好于贵国者。岂有新旧之异，夫废兴存亡，有国有家者之常。今者毛利殿、小早川既有二殿之土，如欲代二殿而继好，则从实输款，以听我朝之命可也，何必黯黯自欺，以假败亡者之名号乎？念惟三足下皆以关白殿下之心为心者也，必不以使臣之言为非也。使臣亦奉命于我朝，以通信为职，何敢闷默受伪书，以诳我殿下乎？此事理之至明且著者也，三足下其垂察焉。”([朝鲜]金诚一：《鹤峰先生文集》，韩国古典翻译院编《韩国文集丛刊》第48册，第121—123页)

可能比较符合对马岛的心理：既然已经决定要改写(伪造)国书，比起只改寥寥几字而留下今后自己与朝鲜间再起龃龉的隐患，倒不如改得更彻底一些，把可能引起朝鲜对对马岛不满的内容尽数删去，关于朝贡的意思当然必须全部删除，关于朝鲜给大名的礼物被改送的内容也要一并删去，少说少错，务求简短为好。倘若当时对马岛果真如此考虑的话，最后改写出来的国书，就大概率会更接近于前文所见国书2的样子了。

如果对马岛伪造了国书2这个事实成立的话，笔者要提出的第二个事件关联性分析的切入点也就可以接续上了，那就是朝鲜君臣在看到国书之后的反应。我们假设，不同的国书被传递回国，引起的朝鲜君臣的反应应该有所不同，那么，我们是否可以从他们的实际反应，试着去反推朝鲜使臣到底传递了哪一封国书呢？

我们已经知道，当国书被交到朝鲜国王手中之后，他在第一时间就召集大臣进行商议。目前所见各类文献记录，对于此时朝鲜君臣商议对策情形的记载基本上是一致的：他们只是集中于讨论是否应将日本欲出兵明朝的意图上奏给明朝方面。仅就这一个情形而论，似乎不论带回的是国书1还是国书2，都足以导向这个结果，因为在这两封国书中，都能明显看出日本有出兵明朝的意图。

或许我们可以再稍稍转换一下思路，有时候并非只有发生的事情才说明问题，没有发生的事情往往也代表着某种意涵。笔者认为，在当时朝鲜君臣应对国书的过程中，有一个事情没有发生，恰恰更能说明问题，那就是：几乎没有任何材料显示，朝鲜君臣在收到国书之后，曾就日本认为"朝鲜向日本朝贡"这一问题进行讨论，这一点显得有些反常。

国书1与国书2在内容上的最本质差别在于，国书1中仍然留有"贵国先驱入朝"这一会令人联想到"朝鲜向日本朝贡"的表述，而国书2中则已经丝毫看不出这一点。如果朝鲜君臣看到的是国书1，对于日本竟在国书中妄称朝鲜向其朝贡这样一件事情，他们怎么可能不以为然，等闲视之？而使臣带回如此内容的国书，往小了说是事涉失职，大了说甚至可以是辱国行为，但是为何未见任何使臣受到追究的迹象？须知，在朝日通信外交过程中，因日本国书措辞不当获罪的外交使臣可不在少数。这显然有些不太合理。

反之，倘若朝鲜君臣看到的是国书2，那么指责日本狂妄和向使臣进行追责的事情没有发生，才可能合理化。因为国书2中根本没有"朝鲜向日本朝贡"的意思存在，自然刺激不到朝鲜君臣的神经。而就算使臣汇报国书交涉经过时依然会提及此前的国书1中曾有关于朝贡的表述，朝鲜君臣的反应也不至于太激烈了，因为这已经是一个在外交过程中被解决的问题，反倒应该表彰使臣据理力争的气节。再说，他们当下有更重要的问题必须面对——是否要向明朝汇报情况。

基于以上分析，笔者认为，如果从朝鲜君臣收到日本国书之后的反应来看，1591年通信使臣带回的国书为国书2的可能性显然更高。

余论：历史编撰的目的性与真实历史的复杂性

本文前述文字中，笔者呈现了一个从发现线索到展开求证，从提出证据到自我质疑证据的有效性，从提出假设到自省假设的非专业性的过程，且最终还是无法给出确定的结论。但是，就笔者个人而言，事实上对此国书的问题已经有了倾向性的态度，即更愿意采信金城一、申钦等人的记述，并充分质疑朝鲜王朝实录记载的客观性和真实性。因此，在本文的最后，相较于对国书问题得出某种结论，笔者更想做的，是与数百年前的朝鲜王朝实录编撰者们展开一番隔空对话。

首先还是从笔者发现的朝鲜王朝《宣祖修正实录》中对1590—1591年通信使国书交涉事件的记载有失偏颇之处说起。让我们再来重新看一下实录中记载国书交涉经过的这段文字：

> 诚一见书辞悖慢，尝称殿下，而称阁下，以所送礼币为方物领纳。且"一超直入大明国""贵国先驱"等语，是欲取大明，而使我国为先驱也。乃贻书玄苏，譬晓以大义，云："若不改此书，吾有死而已，不可持去。"玄苏有书称谢，诿以撰书者失辞，但改书殿下、礼币等字，其他慢胁之辞，托言此是入朝大明之意，而不肯改。诚一再三移书请改，不从。黄允吉、许筬等以为："苏倭自释其意如此，不必相持久留。"诚一争不能得，遂还。①

细读这一段文字，可以发现其中存在不少问题。

首先，这段文字表述中，将"'一超直入大明国''贵国先驱'等语，是欲取大明，而使我国为先驱"这样一种认知，嫁接到金诚一的身上，与事实情况不符。首先，笔者遍寻金诚一前后日记、书信，未见其有此种认知。其次，就我们所知，金诚一与玄苏苦争的原因，就是他认为"贵国先驱入朝"是指朝鲜先向日本朝贡，那他又怎会将"先驱"与"欲取大明"相联系呢？此处，实录编撰者犯了一个明显的逻辑错误。事实上，日本欲以朝鲜为"征明先驱"的这种表述，应该是出于别处，与金诚一毫无关联。实录的此种表述，完全是张冠李戴了。

其次，这段文字中又称：金诚一致玄苏信中有"若不改此书，吾有死而已，不可持去"一句。此句笔者在金城一书信中同样遍寻未见。不过，类似的表达，倒是出现在赵庆男的《乱中杂录》中，②由此或可推断此话为金诚一在其他场合所说而被有心者记录下来，但可能只是旁人一种文学性的发挥。至少，它没有如实录所言出现在金诚一给玄苏的信中。此又为实录编撰者明显不严谨之处。

再者，这段文字中有所谓以"礼币"一词改代"方物"的表述，而"礼币"一词也未知何故出现于此。至于其又称黄允吉、许筬等对金诚一说"苏倭自释其意如此，不必相持久留"，看似引用原话，实际亦不见于金诚一本人的记载中。实录编撰者的自我发挥，由此可见一斑。

总的来说，由实录中的这段文字可见，编撰者以金诚一为主角写作该内容，试图描述其在国书交涉过程中的行事表现；然而其写作过程中事实上并没有准确地参考当事人留下的第一手材料(即金诚一的日记《海槎录》)，充其量只是在一些二手史料上打转，拼凑完成。因此当我们以金诚一书信为据去分析这段文字，就很容易发现其错漏百出。此一段实录的编撰者的专业水平实在令人不敢恭维。须知，为我们留下所谓《丰臣秀吉致朝鲜国王书》权威版本的，正是这一位(批)编撰者。

其实，抛开编撰者的专业水平问题，换个角度去看，或许也不难理解实录中出现这些有问题的表述的深层原因。实录是一种后来编撰的历史，在实录编撰之时，不管是国书事件，还是金诚

---

① 朝鲜王朝《宣祖修正实录》卷二五"宣祖二十四年三月一日"条。

② 赵庆男《乱中杂录》载："书辞极其僭傲，副使金诚一大怒推纸曰：'海内外相截，国华夷有分，侮慢之甚，何可至此。吾等一死而已，不忍持此生还。'"([朝鲜]赵庆男：《乱中杂录》，[韩国]民族文化促进会编《大东野乘》卷六，第106页)

一的人物形象,都已经被其后的历史进程附加上很多原本没有的因素。在实录编撰工作开展当时的历史情境之下,我们很难苛求实录的编撰者完全做到剥离这些附加因素,准确复原历史的真实状态。

再回到国书的问题上来,将国书内容编入实录之时,已经是经历过战争之后的时代,因此就一般人的认知和情感来说,大概都会倾向于认为国书1的内容更符合战争历史书写的需要。国书1至少有这样几个符合需要的点:1. 丰臣秀吉自述身世和功绩的部分能够充分显示这一战争罪魁的自我膨胀;2. 将朝鲜表述为日本的朝贡国,是可忍孰不可忍,足以激发朝鲜的同仇敌忾之情;3. 大言不惭要征服大明朝,取代其万国来朝的地位,尽显丰臣秀吉的无端狂妄。而此三点内容所能起到的效果,如以另一简短版本的国书2代之入实录,显然是无法达到的。如果当时实录编著者更看重的是史书文字的现实影响和功用,那么即使有两版国书同时摆在面前供其取舍,大概率的结果也仍然是取详而舍略吧。

笔者同时还注意到实录记述国书的方式颇耐人寻味。它并不是以某日朝鲜收到日本国书,内容为何,然后全文抄录的方式呈现出来的,而是采用了以金城一为主人公的叙事模式,讲述朝鲜使臣在日本收到国书,内容为何,然后全文抄录,且抄录的还是日本方面最早给出的未作修改的版本。笔者不免揣测,这样的写作手法,或许也是实录编撰者的精心设计,因为如此写法,实际上仍是符合历史事实的,因为最初朝鲜使臣确实收到了那样一封国书。如此,实录编撰者既达到了用长篇国书配合战争历史书写需求的目的,又规避了歪曲史实的问责。

然而,在笔者看来,实录编撰者的这个如意算盘还是打错了,因为他们没有意识到,故意不书或漏书一部分历史事实,本身就已经是历史记录者最大的失职。因为想凸显国书1而隐去了国书2存在的事实,就是他们不可推卸的过失。当然,也有另外一种可能,实录的编撰者已经清楚知道国书2是对马岛伪造的这一事实,因而不能将一封伪造的国书载入官方记录,这也算有充分的理由。这条理由或许可以让实录编撰者问心无愧,但却不足以消解其对后世产生的负面影响,那就是人为掩盖了部分历史真相。

所幸,保留历史真相的权力并不只掌控在一批人手中,历史记录者的多样性使得历史真相能够通过多重途径被保存下来。理论上来说,后世的历史研究者是可以通过一定的努力,重新揭示出前人有意无意间掩盖的历史真相的。然而,这个问题的复杂之处在于,经某些途径留存下来的历史真相,可能还不得不经历一个"自证清白"的过程,特别是当其与所谓的权威记录存在差异时,这个"自证清白"的过程还可能会异常艰辛。本文所涉及的国书真伪问题,也许正是这样一个鲜活的案例。

作为历史研究者,在面对不同类型文献资料所展现出的多样性的历史事实时,首先当然是以小心求证为最优选择,而当求证过程受阻,无法得出确切结论之时,不妨将其先视作一种可能的真相暂存,而不是轻易放弃。须知历史的复杂程度永远超出我们的想象,在当下保留任何一种可能的真相,留待后人臧否征取,或许就是为将来更接近复杂真实的历史预留了一扇窗户。

回顾与展望：清代前中期江南海洋经济研究综述*

陆勤洋**

摘　要： 清代前中期江南海洋经济史的研究成果业已丰硕，但仍有较大的开拓前景。空间上，相比于清代前中期闽粤海洋经济的研究，对江南海洋经济的研究较为薄弱；时间上，相比对鸦片战争之后的近现代海洋经济研究，对清代前中期江南海洋经济的研究相对欠缺。江南海洋经济史的开拓，需要同时从研究视野、方法、文献史料等多重领域全方位推陈出新，开拓进取。

关键词： 江南海洋经济　江南港口　海商　江浙海关

何处是江南，对于江南地域范围的界定，学术界一直存在多种说法，李伯重认为这种现象出现的原因是缺乏统一的标准，并且他认为江南应当为如今的苏南、浙北，包括苏州、松江、常州、宁波、镇江、杭州、嘉兴、湖州以及太仓州等八府一州。① 周振鹤认为江南一词在地理概念上是动态变化的，江南更狭义的范围应当仅指太湖流域。② 范金民对江南的地域范围界定大致相当于长三角地区。③ 本文是对清代江南海洋经济的研究梳理，所以尽量延伸江南的地域范围，笔者在文中所指的江南除了八府一州外还包括绍兴府。

江南因其地理优势，一直是海上贸易的重点区域。清军入关后，面对沿海反清势力威胁，清廷采取以海禁方法应对，使得江南民间海上贸易受到重挫，走私商人和郑氏集团在这一时期成为江南海上贸易的主要力量。平定三藩和收复台湾后，清朝统治逐渐趋于稳定，同时康熙帝认识到海洋经济对于濒海群众是重要的生计来源，所以在康熙二十三年实行开海政策，在江南地区设置江、浙海关。开海后，江南海上贸易呈现指数型增长趋势，往来其上的商品种类繁杂，主要有丝绸、白银、蔗糖、书籍等。江南商人沿着航路不仅深入国内各地，而且踏足海外诸国，与日本、马尼拉等地有了密切的经济交往。江南海洋经济发展对国内外都产生了深远影响，江浙海关税收一直是清朝的重要财政收入，同时江南海洋经济也加强了本地与全国其他地区的经济联

* 本文系国家社科基金一般项目"江南—马尼拉海上贸易西文档案（1769—1776）的整理、翻译和研究"（20BZS154）的阶段性成果。

** 陆勤洋，上海师范大学人文学院硕士研究生。

① 李伯重：《简论"江南地区"的界定》，《中国经济史研究》1991年第1期。

② 周振鹤：《释江南》，《中华文史论丛》第49辑，上海古籍出版社，1992年，第141页。

③ 范金民：《明清江南商业的发展》，南京大学出版社，1998年，第1—2页。

系。江南对外贸易发展不仅影响了海外诸国消费品结构,也对他国文化产生了深远影响。

正因为江南在历史上的显著地位,江南史研究一直是国内外学界的热点领域,而有关江南海洋经济的研究,也是其中至关重要的部分。笔者因目力有限,在此仅对所收集到的中、日两国学者有关清前中期江南海洋经济的研究作一粗浅的梳理和归纳,一方面意在回顾近数十年来学界的相关研究进展,另一方面试图探寻既有研究尚可进展完善之处,展望江南海洋经济史今后的发展。笔者初涉学术,挂一漏万,在所难免,恳请读者方家批评指正。

一、江南的海洋贸易

江南在清前中期不仅是国内海上贸易的关键枢纽,也是对外贸易的重要窗口。江南海上贸易商品种类繁多,其中比较重要的有丝绸、棉布、粮食等。同时其在中日贸易中一直占据重要地位,从江南出发的唐船商人往返于长崎、乍浦等地,不仅对中、日两国的经济发展作出了重要贡献,也对两国文化交往产生了深远的影响。

(一)江南区域内的国内海上贸易

1. 相关综合性研究

清代江南的国内海上贸易十分发达,商人通过不同航路源源不断地将各地商品贩运至江浙,又将江浙产品贩往全国各地,形成庞大的贸易网络。随着海上贸易的发展,江南与各地的经济联系越加紧密。这种联系不仅对江南,也对全国各地的经济发展产生了深远影响。笔者将从江南对外海上经济联系、江南海上贸易路径两个方面来梳理学界对此的论述。

(1) 江南对外海上经济联系

郭松义指出江南的海运贸易不仅促进了国内市场的发展和城乡之间的交流,也使得各地的经济联系更为紧密。① 范金民通过对史料的梳理,指出清代江南与各地的商品流通格局与明代相比基本未变,但是海上商品运输在商品流通中的地位更加重要,同时又指出明清时期江南与各地的商品流通是全国商品流通的主体部分。② 他考察了明清时期江南与华南的经济联系,发现两大区域有较强的经济互补性。③ 李伯重通过考察明清江南与外地交流中数量前六的产品——稻米、大豆与豆饼、蚕丝与丝织品、棉花与棉布、铁与铁器、木材,发现这一时期江南与全国各地的经济联系逐渐加强。他又指出,19 世纪之后,江南与各地紧密的经济联系对江南经济发展产生了一定的消极影响。④ 张海英系统梳理了明清时期江南地区的市场结构,指出其中传统因素和新生因素矛盾共存,并且江南的三级市场通过河运、海运等形式与全国其他地区产生了密切的经济交往。⑤ 她发现明清时期无论是闽粤出口贸易的发展,经济作物的种植,还是两湖流域商品粮基地的形成,又或是华北棉纺织业的发展,等等,背后都有着江南经济的助推,并

---

① 郭松义:《清代国内的海运贸易》,《清史论丛》第 4 辑,中华书局,1982 年,第 92—111 页。
② 范金民:《明清江南商业的发展》,南京大学出版社,1998 年。
③ 范金民:《明清时期江南与福建广东的经济联系》,《福建师范大学学报(哲学社会科学版)》2004 年第 1 期。
④ 李伯重:《明清江南与外地经济联系的加强及其对江南经济发展的影响》,《中国经济史研究》1986 年第 2 期。
⑤ 张海英:《明清时期江南地区商品市场功能与社会效果分析》,《学术界》1990 年第 3 期。

且江南经济在全国经济发展中起到重要的龙头作用。[①] 陈忠平通过对地方志的研究，发现明清时期江南内部之间以及江南与全国其他区域之间流通的商品主要有四类：粮食产品、手工业品、农业品、农林产品。[②] 许檀对比了江南经济与华北、珠江三角洲、长江中上游、边疆地区经济的差别，发现江南区域经济特色的形成不仅依赖于自身的发展，同时与外部市场条件有关。[③]

（2）江南海上贸易路径

许檀指出清代开放海禁之后，海运逐渐取代河运，成为主要商品流通渠道。同时因为长江的航运价值，江南许多重要港口都是在清代前期崛起。[④] 张照东发现当时南北方主要采用漕运的形式进行物资的交流。到了道光年间，运河堵塞，海运逐渐取代漕运，成为江南与北方重要的物资交换渠道。[⑤] 陈学文通过对明清时期日用类商书的研究，展示了明清时期江南水运的发达。同时江南水运将江南市场与全国市场紧密联系在一起，这一时期出现了许多与水运业相伴的服务业。[⑥] 邓亦兵对清代沿海运输业进行了系统性考察，他指出江南海上运输与内地运输、内陆运输连为一体，形成了环绕沿海的运输网络，并且沿海运输促进了东北、华北、江浙和闽广四个区域之间的商品流通。[⑦] 张海英阐述了明清江南商路的经济内涵，她发现明清江南商路凸显了苏州和杭州的中心城市功能——江南地区丝绵的最大聚集地以及对外贸易的窗口。同时因为江南自成体系的商路使得商品可以源源不断地向外输出，巩固了江南的经济地位。[⑧]

2. 国内海上贸易的具体商品研究

江南的国内海上贸易商品种类庞杂，有丝绸、棉布、粮食、图书等。笔者将从丝绸、棉布、粮食与其他商品等四个方面总结学界的研究成果。

（1）丝绸

丝绸是清代江南价值较高的大宗商品，以往对于江南丝绸的研究较多聚焦跨国贸易，而范金民发现有清一代，江南的丝绸消费市场主要在国内而非国外。他发现清代经营江南丝绸者除了江浙商人、山陕商人等地域商人，许多达官显贵也涉足其中，而江南丝绸贸易的兴盛也与各地对江南丝绸的依赖有很大关系。[⑨] 陈剑峰考察了江南丝绸贸易中的湖丝贸易，发现当时湖州府有许多丝绸业专业市镇，这些市镇招徕了全国各地商人从事湖丝贸易，使得湖丝在国内外赢得了极其广阔的市场，这种广阔市场反过来又进一步促进了湖州丝绸工业的发展。[⑩]

（2）棉布

明清时期江南棉纺织业对于江南商品经济的发展有重要影响，棉花和棉布的外销一方面促

---

① 张海英：《明清江南与闽粤地区的经济交流》，《社会科学》2002 年第 1 期；《清代江南与两湖地区的经济联系》，《江汉论坛》2002 年第 1 期；《明清江南与华北地区的经济交流》，《历史教学问题》2003 年第 2 期。

② 陈忠平：《明清时期江南地区市场考察》，《中国经济史研究》1990 年第 2 期。

③ 许檀：《明清时期区域经济的发展——江南、华北等若干区域的比较》，《中国经济史研究》1999 年第 2 期。

④ 许檀：《明清时期运河的商品流通》，《历史档案》1992 年第 1 期。

⑤ 张照东：《清代漕运与南北物资交流》，《清史研究》1992 年第 3 期。

⑥ 陈学文：《明清时期江南的商品流通与水运业的发展——从日用类书中商业书有关记载来研究明清江南的商品经济》，《浙江学刊》1995 年第 1 期。

⑦ 邓亦兵：《清代前期沿海运输业的兴盛》，《中国社会经济史研究》1996 年第 3 期。

⑧ 张海英：《明清江南商路的经济内涵》，《浙江学刊》2005 年第 1 期。

⑨ 范金民：《清代江南丝绸的国内贸易》，《清史研究》1992 年第 2 期。

⑩ 陈剑峰：《明清时期江南丝绸贸易的缩影——湖丝贸易发展探析》，《浙江经济》2003 年第 10 期。

进了江南经济发展,一方面又影响了江南经济结构。张海英研究了江南的重要经济作物——棉花,她发现江南棉花市场主要包括三个方面:内部流通、松棉外运和外棉输入。① 邓亦兵通过对地方县志和碑记的梳理,阐明棉花和棉布在江南与全国其他区域的海上贸易中具有重要地位。②

(3) 粮食

由于人口稠密,加之广泛种植经济作物,明清江南的粮食因而缺口较大,粮食在这一时期成为江南与外地贸易中的重要商品。邓亦兵指出海运在清代粮食运输中具有重要地位,同时海运将江南市场与全国其他地区市场联系起来,形成了农副产品、手工业产品交流和生产资料互相交换的格局。③ 张海英指出清时期江南因为粮食紧缺,越来越依赖外来粮食的输入,并且江南粮食流通有单向和双向两种形式。④

(4) 其他

徐建青发现清前期江南榨油业是全国最发达的。江浙地区所生产的油大部分是在境内销售,并且其中有很多是通过海路运往上海销售。⑤ 陈学文论证了江南水运对于江南图书市场的发展起到了极大的促进作用。⑥ 郭孟良通过研究湖州书船这一江南特有的图书贸易形式,发现书船贸易对江南图书销售和文化传播都起到了重要作用。⑦

(二) 对外海洋贸易

1. 江南对日贸易

日本是清代江南对外海洋贸易的重要目的地,唐船商人来往于江南与日本两地,将江南商品源源不断地销往日本,对日本的经济、文化等产生了深远影响。同时,这些唐船商人将日本的铜、海产品等商品带回国内,一定程度上缓解了清朝的铜荒。但是因为铜的大量外流,日本德川幕府颁布了正德新例,通过发放信牌来限制唐船来日的数量。明末清初时,一艘苏州商船赴日贸易,在日停滞八年,此一事件引起学界关注。笔者将从江南对日总体贸易、贸易商品、苏州商船滞日八年、正德新例和唐船商人五个方面梳理学界对此的研究成果。

(1) 江南对日贸易总体阐述

木宫泰彦考察了清朝赴日唐船数量的波动以及日本对于清朝来长崎交易船只限制的变化。⑧ 大庭脩发现赴日唐船在江户时代初期,出发港来源较多,分为南京船、宁波船、中奥船(即来自广东、福建的船只)等;而在江户时代后期,去长崎交易的船只均起航于上海和宁波。他还

① 张海英:《明清江南地区棉花市场分析》,《上海社会科学院学术季刊》1992 年第 2 期。

② 邓亦兵:《清代前期棉花棉布的运销》,《史学月刊》1999 年第 3 期。

③ 邓亦兵:《清代前期沿海粮食运销及运量变化趋势——关于粮食运销研究之三》,《中国社会经济史研究》1994 年第 2 期。

④ 张海英:《清代江南地区的粮食市场及其商品粮流向》,《历史教学问题》1999 年第 6 期。

⑤ 徐建青:《清代前期的榨油业》,《中国农史》1994 年第 2 期。

⑥ 陈学文:《论明清江南流动图书市场》,《浙江学刊》1998 年第 6 期。

⑦ 郭孟良:《书船略说——明清江南图书贸易的个案分析》,《中国出版》2009 年第 1 期。

⑧ [日]木宫泰彦著、胡锡年译:《日中文化交流史》,商务印书馆,1980 年,第 634—672 页。

发现由于日本幕府对天主教的敌视，为防止天主教书籍进入日本，故对唐船书籍的审查十分严格。① 万明认为清朝在江浙设置官商是为了出海购铜，有利于国计民生。而她也认为清代海外政策的主体是封闭的，清朝海外政策严重阻碍了民间海外贸易的发展。②

荆晓燕动态展现了清开海之后，江浙迅速超过闽粤成为对日贸易中心的过程。她在前人研究的基础上，从中、日两方梳理了对外贸易政策的变化，并阐述了这种变化对于对外贸易产生的影响。③ 何宇将江南对日贸易迅速崛起并繁荣的原因归结为三点：首先，江南有其资源优势；其次，江南具备其他地区无法比拟的地理优势；最后，清政府的政策也对江南对日贸易起到了一定的推动作用。何宇还发现因为江浙地位的上升，福建海商开创了一条从福建到乍浦，再从乍浦到长崎的新航线。④ 孙文通过对华夷变态的研究，发现长崎的唐通事会对来长崎的船标以序次和出发地，但是作者认为出发地只是起锚地而不一定是原籍地。作者发现赴日的江苏船虽然被称为南京船，但出发地为上海港。⑤ 以往对中日贸易的研究较多集中于正德新例时期，冯丽红对江户初期的中日贸易作了全面考察。她发现江户时代初期，赴日唐船在日本形成了以地域为纽带的商帮，大致以福建、宁波和广东为主。她总结了 17 世纪中日贸易的三个特点：一是渠道多样化；二是区域贸易成为全球贸易的一部分；三是国家政策导致对外贸易萎缩，但是唐船贸易却在夹缝中蓬勃发展。⑥

（2）江南对日贸易商品研究

山胁悌二郎对江南与长崎贸易中的主要商品如生丝、铜等的数量变化以及价格涨落进行了系统性考察。⑦ 范金民根据永积洋子和大庭脩的研究成果对清代前期的江南书籍出港地、江南书籍输日数量以及江南书籍市场等问题进行了系统性阐述。他发现乾隆时期输入日本的江南书籍基本上是由江浙船，尤其是乍浦船运载。他后续又利用《天保十二年唐贸易公书》和《漂海咨文》抄本等原始文献，对清代长崎贸易作了进一步的深入研究。他发现虽然黄金在清朝是严禁出口的，但是在正德新例之后，黄金反而由清朝商船输出到日本。同时他认为日本因其国内手工业发展，丝织品质量不断提高，对中国丝绸需求不断下降。对此，他进行了更为深入的研究，认为康熙之际中国丝绸输出由盛转衰的根本原因是日本蚕丝业兴起以及丝织业发展使得日方对华丝绸的依赖降低，丝绸大宗贸易商品减少，而书籍和药材等产品的增加又填补了这个空白。⑧ 王来特也发现随着日本丝织业技术发展以及铜产量的不足，德川幕府从元禄时期就开始将海产品作为与铜并重的产品来与中国商人进行贸易结算。⑨

---

① ［日］大庭脩著、徐世虹译：《江户时代日中秘话》，中华书局，1997 年，第 17—29、50—58 页。

② 万明：《中国融入世界的步履——明与清前期海外政策比较研究》，故宫出版社，2014 年，第 314—444 页。

③ 荆晓燕：《明清之际中日贸易研究》，山东大学博士学位论文，2008 年，第 136、175—218 页。

④ 何宇：《清前期中日贸易研究》，山东大学博士学位论文，2010 年，第 158—163 页。

⑤ 孙文：《唐船风说：文献与历史——〈华夷变态〉初探》，商务印书馆，2011 年，第 120、220—230 页。

⑥ 冯丽红：《江户早期唐船贸易及唐商管理研究》，浙江大学博士学位论文，2021 年，第 88—102、129 页。

⑦ ［日］山胁悌二郎：《近世日中贸易史研究》，东京：吉川弘文馆，1960 年。

⑧ 范金民：《缥囊缃帙：清代前期江南书籍的日本销场》，《史林》2010 年第 1 期；《文书遗珍：清代前期中日长崎贸易的若干史实》，《文史》2010 年第 1 期；《16 至 19 世纪前期中日贸易商品结构的变化——以生丝、丝绸贸易为中心》，《安徽史学》2012 年第 4 期。

⑨ 王来特：《朝贡贸易体系的脱出与日本型区域秩序的构建——江户前期日本的对外交涉政策与贸易调控》，《日本学刊》2012 年第 6 期。

(3) 苏州商船滞日八年研究

顺治九年,一艘旅日多年的苏州商船归国,学术界对该商船的赴日时间以及贸易形式存在争议。安双成、关嘉录通过翻阅满文老档认为这一行苏州商人于1644年携带大量丝织品赴日贸易,通过丝织品换取日本的铜等物品,顺治朝处理这一事件的结果对中日民间贸易起到了一定的积极作用。① 但是魏能涛对这一说法进行了反驳,他认为苏州商船不可能在日本滞留八年之久,他通过列举七条理由认为赴日的苏州商船有可能是1650年或1651年私自下海,所谓的八年只是为了逃避惩罚而编造的说辞。② 松浦章通过满文档案、朝鲜资料以及荷兰的长崎出岛商馆日记等文献,多方考证,认为他们是1645年出发赴日的,但是之后并没有长期滞留在日本,而是在日本和越南之间来往贸易。③ 荆晓燕通过对朝鲜实录的研究反驳了魏能涛的说法,她认为该商船并非滞日不动,而是通过与交趾之间的贸易来维持自身的生计,亦不违背日本的管理体制,所以荆晓燕认为该商船就是1644年赴日并于顺治九年返回的。④

(4) 正德新例

王来特通过在长崎的亲身考察以及在日本翻阅大量资料,发现赴日的江南商人一直受到幕府压制。因为洋铜商人的存在让日本铜、银等金属大量外流,这就促使日本颁行正德新例。他对唐通事的不同职位作了说明,并强调唐通事所发挥的政治作用是将日式的华夷秩序渗入中国商人的日常活动中。⑤ 松浦章研究了康熙帝对于正德新例的反应,清廷的置之不理使得江浙商人赴日从商进入限制时期,同时康熙帝的态度也影响了清朝后来的皇帝对日本的认识。⑥ 易惠莉探讨了康熙时期废太子等政治斗争事件对中日长崎贸易的影响,在信牌事件发生后,康熙帝极力淡化其中的政治意义,一方面是因为中国对日本铜的依赖,一方面是因为满族入关后所引发的意识形态危机,使得清朝很难正常构建华夷秩序观念,从而导致康熙帝很难采取积极的应对态度。⑦

(5) 唐船商人

陈东林比较了康、雍、乾三帝的对日贸易政策,他发现三帝对于中国民间商人赴日贸易一直持保护和鼓励的态度。乾隆帝进一步整顿了赴日办铜制度,将洋铜的采买置于官府的直接控制下。⑧ 朱德兰发现许多海商采用合作的形式,在长崎市场与国内外商人展开竞争,将日本市场与国内市场、南洋市场有机联系为一个整体。⑨ 松浦章通过对清朝船员见闻录以及当时史料的研究,阐述了当时江浙商人来往长崎贸易的状况。他发现当时赴日商船多从乍浦出发,这些商船船主以及船员对日本当地文化产生了深远影响,使当时中日文化交流带有地域性色彩。他后

---

① 安双成、关嘉录:《清代的两起中日民间贸易活动》,《故宫博物院院刊》1983年第1期。

② 魏能涛:《明末清初苏州商船滞日八年辨伪》,《故宫博物院院刊》1984年第3期。

③ [日]松浦章著、孙世春译:《满文档案和清代日中贸易》,《日本研究》1985年第1期。

④ 荆晓燕:《清初苏州商船赴日贸易史实辨析》,《故宫博物院院刊》2007年第4期。

⑤ 王来特:《近世中日通商关系史研究:贸易模式的转换与区域秩序的变动》,清华大学出版社,2018年,第137—211页。

⑥ [日]松浦章著、常家勤译:《康熙帝与日本的海舶互市新例》,《社会科学辑刊》1987年第2期。

⑦ 易惠莉:《清康熙朝后期政治与中日长崎贸易》,《社会科学》2004年第1期。

⑧ 陈东林:《康雍乾三帝对日本的认识及贸易政策比较》,《故宫博物院院刊》1988年第1期。

⑨ 朱德兰:《清开海令后的中日长崎贸易商与国内沿岸贸易(1684—1722)》,《中国海洋发展史论文集》第3辑,台北:台湾"中研院"中山人文社会科学研究所,1989年,第369—417页。

续通过对中、日两国史料的梳理，分析了江户时代不同时期清朝来长崎的商人的居住情况，商品数量等发生变化及其中的内在规律。① 王来特从浙海关商照等史料中发现唐船贸易已经由“小资本合伙”转变为“货主和船主分离的公司式经营状态”，并且在官商和额商制度确立后，这种分离速度进一步加快。同时他从《译家必备》《信牌方记录》和《和汉寄文》等史料中发现当时从江南出发的赴日唐船商人都饱受国内和日本双重压迫。② 华立发现办铜额商的出现是乾隆初年铜政改革的产物，并且在乾隆二十年确定了十二额商。③ 她之后以雍正初年发生的两起苏州欠铜案为切入点，揭露了当时活跃在东亚海域的洋铜商人的真实样貌。通过她的研究，可以发现当时洋铜商人主要是由徽商、闽商、粤商和浙商构成，并且通过欠铜案的解决，江苏额商集团占据了主导地位。④

2. 江南与其他海外地区的贸易

江南除了是对日贸易窗口，也与许多其他国家有密切的经济往来。许多中国帆船往来于江浙和海外马尼拉、安南、吕宋等地，将中国商品销往海外，将白银带回中国。江南出发的商人所从事的海外贸易不仅促进了本国经济发展，也对海外各国产生了十分深远的影响。笔者将从江南与其他地区海外贸易概览的角度来梳理学界对此的研究成果。

陈希育发现因为国内木材短缺、进口木材价格上涨，国内造船业逐渐萧条，之后江浙来往船只逐渐减少，进而影响了对外贸易的格局。他将海外贸易对于清朝的影响总结为四点：首先，促进了当时沿海地区外向型经济成分的增长；其次，增加了清王朝财政收入；再次，推动了货币经济发展；最后，对于当时民生环境有一定程度的改善。⑤ 蒋兆成分析了清时期杭嘉湖地区海上贸易，在开海前，杭嘉湖地区是郑氏海商集团的重要商业网络；开海之后，清朝在当地设立了浙海关，浙海关的三大关口是温州、宁波、乍浦，乍浦是浙江贸易最盛的港口。杭嘉湖海外贸易除了与东南亚的暹罗、安南、吕宋等国家，还与欧洲展开了贸易往来。⑥ 松浦章论述了当时江浙船只与欧洲、东南亚国家的贸易往来。他发现因为商船的建造以及出海费用不菲，出海者往往选择合伙经营形式或者是由有巨额资产的商人出资支持。⑦

通过刘军、王询的研究，可以发现当时江南与他国之间流通的商品种类繁多，出口的主要有丝绸、瓷器、棉布、药材和书籍等，进口的商品如铜、硫黄、大米、海产品、日本折扇和白银等。海上贸易对中国以及与之发生经济联系的国家都产生了深远的影响。⑧ “南京布”是清代中外贸易中的畅销品，范金民对于南京布的概念以及南京布销往各国的情况作了全面的阐述，从他的研究中可以发现南京布不应当限定为松江布，而应为苏松棉布。他后续论述了当时江南丝绸和棉布的海外贸易对于中外都有深远影响，使外国改变了衣着习惯。

---

① ［日］松浦章著、晓峰译：《清代船员看日本》，《紫禁城》1989年第3期；［日］松浦章著、葛继勇译：《来日清人与日中文化交流》，《唐都学刊》2009年第2期；［日］松浦章著、孔颖译：《江户时代之日中交流》，《浙江工商大学学报》2014年第2期。

② 王来特：《“唐船商人”：活动在东亚海域贸易前沿的群体》，《清史研究》2015年第2期。

③ 华立：《清代洋铜贸易中的额商集团》，《明清论丛》第11辑，故宫出版社，2011年，第451—461页。

④ 华立：《雍正欠铜案与苏州的洋铜商人》，《清史研究》2019年第3期。

⑤ 陈希育：《中国帆船与海外贸易》，厦门大学出版社，1991年，第221—271页。

⑥ 蒋兆成：《明清杭嘉湖社会经济研究》，浙江大学出版社，2002年，第373—384页。

⑦ ［日］松浦章著、李小林译：《清代海外贸易史研究》，天津人民出版社，2016年，第199—341页。

⑧ 刘军、王询：《明清时期中国海上贸易的商品（1368—1840）》，东北财经大学出版社，2013年。

海外贸易也直接推动了当时江南地区的纺织业发展,同时大量白银的流入使得中国发生了价格革命。①

二、江南主要港口

清代江南海上贸易的繁荣使得本地港口迅速发展崛起,虽然清初海禁使得江南商品经济出现了一定程度的衰落,但是开海之后随着对日贸易展开,加之与西方国家之间的贸易往来等因素,使得港口进入了快速发展期。江南这一时期主要沿海港口有上海港、宁波港和乍浦港,下文也将以这三个港口为主体,总结学术界对此的研究成果。

(一) 上海港

上海港是清代东南地区最重要的港口,上海因为其地理位置的优势取代了太仓、松江,成为新的经济中心。大量船只从上海港出发到国内外各地从事贸易活动,将大量货物输入上海港,使得上海成为江南首屈一指的航运中心。熊月之主编的《上海通史》、唐振常的《上海史》等都是研究上海整体历史的通史性著作。辛元欧的《上海沙船》、松浦章的《清代上海沙船航运业史研究》和张忠民的《上海:从开发走向开放(1368—1842)》等都对上海海洋经济有较为深入的研究。笔者将从上海沙船业、上海港崛起原因、上海港历史地理、上海海洋经济四个方面梳理学界对此的成果。

1. 上海沙船业

辛元欧探讨了上海沙船业的发展历程,通过对当时上海沙船本身的结构特点、船型、造船方法以及当时船员操驾船只技术的分析来阐明当时中国造船技术在世界造船发展史中的历史地位。② 松浦章对清代上海沙船业有更为细致和全面的考察,他通过对大量中国漂流商船史料的考究,动态地展现了17世纪至20世纪上海沙船前往朝鲜、日本等地的航运活动。③

萧国亮认为当时的上海沙船业中已经出现了资本主义萌芽。他通过史料梳理发现当时的沙船运输业出现了采用雇佣劳动的经营方式,同时作者强调当时的上海沙船业开始向产业资本转化,其赢利构成中包含了剩余价值。④ 金立成对于沙船的船型和规模都作了一定程度的考察,并且提出承接漕运以及清政府的政策优待使得沙船业取得了更大程度的发展。⑤ 之后李国环对于清代上海沙船业的兴衰作了总体的考察,他发现在乾隆、嘉庆和道光时期,上海的沙船业十分繁荣,它控制着当时的北洋航运,促进了上海的商业、手工业和钱庄业的发展。⑥ 易惠莉通

---

① 范金民:《清代中外贸易中的“南京布”》,《南京大学学报(哲学·人文科学·社会科学)》2017年第2期;《16—19世纪前期海上丝绸之路的丝绸棉布贸易》,《江海学刊》2018年第5期。

② 辛元欧:《上海沙船》,上海书店出版社,2004年,第65—93页。

③ [日]松浦章著,杨蕾、王亦铮、董科译:《清代上海沙船航运业史研究》,江苏人民出版社,2012年。

④ 萧国亮:《沙船贸易的发展与上海商业的繁荣》,《社会科学》1981年第4期;《清代上海沙船业资本主义萌芽的历史考察》,《中国资本主义萌芽问题论文集》,江苏人民出版社,1983年,第419页。

⑤ 金立成:《试论沙船运输业的兴衰》,《上海海运学院学报》1992年第1期。

⑥ 李国环:《清代上海地区沙船业的兴衰》,《南京经济学院学报》1997年第4期。

过梳理上海邑城王氏家族从沙船业主向知识精英与官绅转变的过程，表明虽然当时上海沙船业十分繁荣，但是依然摆脱不了中国传统商业的脆弱性。大的沙船业主发家后将钱财用在了捐纳或科举之上，使得当时沙船业主在商业经营上延续数代。她之后又探讨了上海沙船业对城市化产生的影响，认为上海由村落发展为一个繁荣的港口城市是源于当时崇明地区的沙船业。① 饶玲一以清代中叶发家的上海沙船船主郁氏为切入点，既论述了当时上海沙船业的兴盛以及上海沙船业主所拥有的巨额资产，也叙述了以郁氏为代表的上海沙船业主发家后在本地社会事务中扮演着地方管理者的角色，对于上海城市发展起到一定积极作用。② 除了对郁氏、王氏家族的研究，还有刘锦对于沙船业主朱家的研究，他在对于朱氏家族的研究中，提出人口过多导致朱家的经济压力不断加大，难以转变为近代工商业者。③

2. 上海港崛起的原因

张忠民对当时上海社会经济作了较为全面的考察，强调上海本身即使没有遭遇西方列强的入侵，凭借自身地理优势以及当时国内经济状况，也能发展为国内最大的海港城市和全国工商业经济中心。他认为明清时期上海地区的经济中心由西向东移动，作为后起之秀的上海县城取代了最初的松江府城成为新的经济中心。张忠民还对清代前期上海港的发展脉络进行了梳理，他发现从康熙开海到乾隆前期，刘河镇和上海都获得了长足的发展，但是因为刘河镇的存在，上海还无法一枝独秀。在乾嘉时期，刘河镇因为河道堵塞逐渐衰落，而上海却蓬勃发展并最终成为江南第一大港。他发现明清时期上海两大经济支柱产业分别为棉纺织业和沙船运输业，两大支柱产业对于上海的发展发挥了无可替代的作用。④

吴仁安通过对文献资料的考察以及自己的实地调查发现，明清时期上海地区的城镇有 8 条产生途径：① 地方世族和官吏为了满足商品经济需要而创立；② 由税务机构地方演变而来；③ 由军事驻地转变；④ 因为处于交通要道演变为城镇；⑤ 因为捍海护塘和东海盐场的开辟而出现一大批城镇；⑥ 农业和纺织业的发展使得一大批城镇出现；⑦ 明清时期上海地区设立了青浦、川沙六县一厅，县厅的增设又使得一大批农村集镇出现；⑧ 因为上海自身的地理条件，出现了一批海港城镇。⑤ 许檀发现乾隆中叶北洋贸易的一系列变化给上海的发展营造了重要的契机：首先是东北豆货输出开禁，使北洋贸易得以大规模地发展；其次是浏河的淤塞使得北洋贸易中心由太仓转移到上海；最后是乾隆后期运河的航运能力不足，使得许多货物由海运北上。她又依据方志和碑刻等资料对上海崛起过程以及其流通枢纽地位的确立作了细致考察。作者发现上海城市商业是以南北海船转运贸易为中心发展起来的，汇聚在此的商帮中，江浙、闽粤和山东商帮实力较强。⑥ 吴松弟对于明代以来我国沿海最主要的外贸港口由福建转移到江南的趋势，总结了三点：① 嘉靖年间宁波的双屿港是最大的私人贸易港口；② 隆庆以后，因为政府

---

① 易惠莉：《从沙船业主到官绅和文化人——近代上海本邑绅商家族史衍变的个案研究》，《学术月刊》2005 年第 4 期；《沙船商人与上海传统城市化和近代社会变迁》，《国家航海》2016 年第 1 期。

② 饶玲一：《清代上海郁氏家族的变化及与地方之关系》，《史林》2005 年第 2 期。

③ 刘锦：《清代上海沙船商"沈生义"的兴衰》，《国家航海》2018 年第 2 期。

④ 张忠民：《上海：从开发走向开放(1368—1842)》，上海社会科学院出版社，2016 年，第 306—312 页；《清前期上海港发展演变新探》，《中国经济史研究》1987 年第 3 期。

⑤ 吴仁安：《明清上海地区城镇的勃兴及其盛衰存废变迁》，《中国经济史研究》1992 年第 3 期。

⑥ 许檀：《清代前期的沿海贸易与上海的崛起》，《城市史研究》1998 年第 1 期；《乾隆—道光年间的北洋贸易与上海的崛起》，《学术月刊》2011 年第 11 期。

管制,相当多的对外贸易船只只能在福建港口—江南港口—外国港口之间进行三角贸易;③ 清开海禁之后,上海港迅速崛起成为最主要的沿海贸易港口和第二大对外贸易港口。① 范金民认为海运在上海的崛起过程中具有不可替代的作用,在上海从事海运者,势力最大的是上海及附近的崇明(当时属太仓)、南通三地之人。他后续又分析了清代中期上海成为航运中心的原因:首先是因为清时期商品的南北流通,上海以其地理优势取代太仓成为航运中心;其次是因为江南腹地本身发达的商品经济;最后是因为江南粮食加工业副食品生产发达。②

3. 上海海洋经济

杜黎对当时往来上海的不同船只的目的地作了区分。他根据经营业务的性质和规模,将当时从事航运和海上贸易的活动分为牙行、商号、商船主,兼营商船的商号和牙行,以及当时在上海港口码头出卖劳动力的搬运脚夫和驳船工。③ 谯枢铭通过对史料的梳理发现在雍乾时期,英国人只是对上海有所听闻,并没有亲身到过。道光年间,英国商人才开始在上海从事鸦片走私。④ 李荣昌的研究也说明了在嘉庆末,西方商人才对于上海有了一定程度的了解。⑤ 王守稼对于明清时期上海地区的两次资本主义萌芽以及最后夭折作了一定程度的考察。⑥ 何泉达以一个新的角度解释了当时上海盐业衰落的原因,他发现吴中水利变迁使得盐场淡化,同时以盐为生的人民找到了新的谋生手段,从而导致当时上海盐业逐渐衰落。⑦ 陆伟芳对比了 18 世纪到 19 世纪上海和英国利物浦在发展过程中的异同。她发现上海和利物浦都濒江临海,同时,两个城市都是依托港口性经济,从事进出口贸易,是服务性城市,并且因为时代发展,两个城市迅速崛起繁荣。但是利物浦在发展过程中经济结构较为单一,而上海经济结构逐渐多元化。⑧ 张晓东探究了明清时期上海地域范围内与古代海上丝绸之路的交流活动,他发现到了清代,虽然因为西方殖民主义兴起,传统海上丝绸之路的繁荣逐渐走向尾声,但上海作为丝绸贸易的枢纽并没有衰落,而是实现了海上丝绸之路的某种复兴。⑨

(二) 宁波港

宁波港是清代江南地域对外贸易中十分重要的港口,广义上的宁波港不仅仅包括宁波府城及外港镇海,还包括舟山定海港及宁波府所辖的其他港口。但学界对于宁波的研究较多局限在明朝之前,而对于清代宁波海外贸易的研究较少。1949 年以来,郑绍昌主编的《宁波港史》是第一部关于宁波港口的通史性著作,之后傅璇琮主编的《宁波通史》对宁波从古代到现代的发展过

---

① 吴松弟:《明清时期我国最大沿海贸易港的北移趋势与上海港的崛起》,《复旦学报(社会科学版)》2001 年第 6 期。

② 范金民:《清代前期上海的航业船商》,《安徽史学》2011 年第 2 期;《清代中期上海成为航运业中心之原因探讨》,《安徽史学》2013 年第 1 期。

③ 杜黎:《鸦片战争前上海航运业的发展》,《学术月刊》1964 年第 4 期。

④ 谯枢铭:《清乾嘉时期的上海港与英国人寻找新的通商口岸》,《史林》1986 年第 2 期。

⑤ 李荣昌:《上海开埠前西方商人对上海的了解与贸易往来》,《史林》1987 年第 3 期。

⑥ 王守稼:《明清时期上海地区资本主义的萌芽及其历史命运》,《学术月刊》1988 年第 12 期。

⑦ 何泉达:《吴中水利与滨海盐利——兼论明清两代上海盐业衰颓的原因》,《史林》1991 年第 3 期。

⑧ 陆伟芳:《港口城市:18—19 世纪上海与利物浦发展的比较研究》,《学术月刊》2000 年第 3 期。

⑨ 张晓东:《明清时期的上海地区与海上丝绸之路贸易活动——兼论丝路贸易和殖民贸易的兴替》,《史林》2016 年第 2 期。

程作了完整的展现。关于宁波经济方面的著作有王慕民的《宁波与日本经济文化交流史》，李英魁主编的《宁波与海上丝绸之路》，乐承耀的《宁波经济史》，白斌、刘玉婷、刘颖男的《宁波海洋经济史》，刘恒武、白斌、金城的《宁波对外贸易史》，等等。笔者将从宁波海洋经济、宁波港对西方贸易、宁波对日贸易三个方面梳理学界对此的研究成果。

1. 宁波海洋经济

李英魁主编的《宁波与海上丝绸之路》是一部学术论文集，其中林士民的《浅谈宁波"海上丝绸之路"的历史发展与分期》、鲍志成的《试论宁波"海上丝绸之路"的历史地位及主要特征》、白芳的《宁波与海上丝绸之路》、储建国的《宁波海上丝绸之路与东方货币圈研究》和施祖青的《宁波"海上丝绸之路"与移民关系初探》对宁波与海上丝绸之路的关系作了探讨，点明了宁波在清代海上丝绸之路上具有的重要地位；王元林的《广州、宁波等中国沿海外贸港口比较刍议》、陆芸的《宁波、泉州的比较研究》等论文将宁波与其他港口作比较，发现宁波有属于自己独特的优势。① 乐承耀对明清时期宁波经济发展作了较为详细的说明，清代前中期宁波港口虽然受到一定程度的影响，但是民间海上贸易仍然十分活跃。乾隆时期，虽然因为广州一口通商政策的实施，宁波对外贸易受阻，但是国内海上贸易扩大；嘉道时期，宁波港口更加繁荣，国内腹地逐渐扩大，在这一时期，宁波也出现了资本主义萌芽。② 白斌、刘玉婷、刘颖男的《宁波海洋经济史》对于宁波海洋经济产业作了全面考察，其中对于清代宁波造船业和海洋贸易进行了探究，有助于更好地看清这一时期宁波在江南对外贸易中所具有的重要地位。③ 刘恒武、白斌、金城的《宁波对外贸易史》梳理了宁波对外贸易各个阶段的特点，发现清代政策变动虽然使宁波对外贸易受挫，但是宁波在有清一代一直是对外贸易的重要港口，为宁波 1949 年后的发展奠定了坚实的基础。④

乐承耀、徐兆文发现明清时期宁波府市镇的发展既推动了浙东地区商品经济的发展，又促进了宁波港的发展。⑤ 斯波义信对宁波的发展过程及其腹地的变化作了总体考察，他认为宁波在清代发展为一个成熟的中心地体系。宁波成为一个高度商业化的发达的经济中心的原因包括三点：① 宁波与外在市场的联系促进了地区专业化的发展；② 宁波发达的水道和远洋沿海贸易的航线使宁波的运输费用较低；③ 宁波商人以宗族形式从事集团活动、合股经营较为普遍和制度化的管理等特点对宁波商人拓展海外贸易较为有利。⑥

2. 宁波港对西方贸易

朱雍认为虽然乾隆帝因为洪仁辉事件进一步限制了英国商人来江浙的宁波等地贸易，但是英国商人从没有放弃过冲击广州一口通商体制。⑦ 贝逸文通过对定海"红毛馆"兴废的考察来探究清朝政策的转变对当时海洋贸易的影响，康熙时红毛馆的设置使得舟山贸易呈现了生机勃

---

① 李英魁主编：《宁波与海上丝绸之路：丁种第 1 号》，科学出版社，2007 年。
② 乐承耀：《宁波经济史》，宁波出版社，2010 年，第 212—254 页。
③ 白斌、刘玉婷、刘颖男：《宁波海洋经济史》，浙江大学出版社，2018 年，第 217—225 页。
④ 刘恒武、白斌、金城：《宁波对外贸易史》，浙江大学出版社，2021 年。
⑤ 乐承耀、徐兆文：《明清时期宁波府市镇的发展》，《浙江学刊》1994 年第 3 期。
⑥ [日] 斯波义信：《宁波及其腹地》，[美] 施坚雅主编、叶光庭等译《中华帝国晚期的城市》，中华书局，2000 年。
⑦ 朱雍：《洪仁辉事件与乾隆的限关政策》，《故宫博物院院刊》1988 年第 4 期。

勃的景象,往后乾隆帝取缔红毛馆,禁止英国商人来浙贸易的举措严重影响了宁波海上贸易。① 陈君静发现英国商人来宁波贸易主要集中在康熙二十四年至乾隆元年以及乾隆二十年至二十二年这两个时间段,乾隆二十四年洪仁辉事件发生后,宁波口岸与英国的直接贸易往来就中断了。他认为宁波口岸与东印度公司贸易交往有四个特点:① 贸易量不大;② 所载货物以番银为主;③ 关税较轻;④ 对广州贸易影响大。② 廖大珂探究了明清时期欧洲人对宁波地理范围认识的变化,从侧面反映出欧洲商人来华贸易的一步步扩展,他发现因为英国东印度公司在远东的贸易扩张以及西方传教士的介绍,欧洲人对宁波的了解越来越深入,到17世纪后期,Limpo专指宁波陆地,而舟山岛则被称为Cheuxan。③ 王万盈发现清代宁波港发生了两次功能的转变:首先是海禁时期海商主要从事走私贸易,康熙开海之后,宁波民间对外贸易蓬勃发展;乾隆时期,洪仁辉事件后,宁波港再次转型,承担起国内沿海贸易和转运港的职责。④ 王文洪发现英国商人来舟山贸易,英国的东印度公司在其中扮演重要角色;同时英国商人一直希望打开宁波口岸,但清政府的阻挠使其无功而返。他认为中英之间的矛盾其实反映出的就是西方自由贸易体系对中国朝贡体系的不断撞击。⑤

3. 宁波港对日贸易

王慕民发现清朝开海禁之后,对日各港口呈现多元化趋势,虽然乍浦港和上海港的崛起削弱了宁波港的重要性,但是宁波港仍然在中日经济文化交流中占据枢纽的地位,宁波港不断有唐船去往日本长崎进行贸易活动,对中日经济交流起到重要作用。⑥

忻鼎新、高汉玉发现明清时期宁波丝织品大量销往日本,推动了日本丝织业的发展,同时宁波海外贸易的发展也推动了当地纺织业的发展。⑦ 周中夏认为宁波港虽然在康熙开放海禁时,经济一度出现复兴。但宁波港在清朝一直是逐渐衰落的,他将原因总结为三点:首先,清政府规定宁波港只同以日本为主的东北亚通商;其次,清政府严格限制丝、茶等出口商品的品种、数量;最后是因为日本的锁国自守。⑧

(三) 乍浦港

乍浦港在清代一直是对日贸易的主要港口,在对日贸易中的地位甚至要超过宁波港。乍浦港的繁荣一直延续到太平天国时期,但是学界对于乍浦港的研究因为史料匮乏等原因,成果不甚丰富。

刘序枫梳理了清代乍浦港从繁荣到衰落的过程,他认为乍浦港独占清代中日贸易的原因是其优越的地理位置使商人可以最大限度地降低运输成本,同时还因为将对日贸易集中在乍浦港有利于清政府的管理。19世纪后,漕运改海运以及太平天国战争对于乍浦的破坏导致乍浦彻

---

① 贝逸文:《定海"红毛馆"与十八世纪舟山对外贸易》,《浙江海洋学院学报(人文科学版)》1999年第3期。
② 陈君静:《略论清代前期宁波口岸的中英贸易》,《宁波大学学报(人文科学版)》2002年第1期。
③ 廖大珂:《世界的宁波:16—17世纪欧洲地图中的宁波港》,《世界历史》2013年第6期。
④ 王万盈:《清代宁波港口的转型清型》,《中国港口》2014年第10期。
⑤ 王文洪:《清朝前期英国与舟山的贸易往来》,《宁波大学学报(人文科学版)》2015年第2期。
⑥ 王慕民:《宁波与日本经济文化交流史》,海洋出版社,2006年,第202—232页。
⑦ 忻鼎新、高汉玉:《明州港的丝绸外贸与技术交流》,《海交史研究》1982年第1期。
⑧ 周中夏:《宁波港历史上的衰落》,《海交史研究》1985年第1期。

底衰落。[①] 殷水根对于清代乍浦港贸易状况作了总的概括，同时作者点明《红楼梦》最早就是从乍浦港出海，从而流传海外的。[②] 徐明德将乍浦港成为清代国际贸易大港的原因归结为五点：① 清代乍浦港取代了杭州港的优势，同时也是宁波港远航船的基地；② 清代乍浦港是苏杭和皖南地区物资的集散地；③ 乍浦港一批航海世家的兴起和海外贸易集团的形成；④ 清政府把乍浦港列为对日本贸易的主要港口；⑤ 为保证海内外贸易和远洋航线的畅通，清政府派遣了水师巡视。[③] 冯佐哲认为清代从乍浦到日本进行海外贸易的商人主要分官商和民商。他发现中日往来贸易时，佛僧、漂流民和商人等群体对清代中日文化交流起到重要作用。[④] 华立通过对日本漂流民史料的梳理，对于当时乍浦的对日贸易盛况以及中日文化交流作了考察。[⑤] 焦鹏认为清初对日贸易主要港口由闽粤向江浙转移是由中、日两国所采取的贸易政策共同造成的，并且商人的活动以及乍浦自身地理优势使得江浙主要港口的地位也发生了波动，最终乍浦港发展为近世中国江南地区主要的中日贸易港口。[⑥] 王子文、陈清通过对地方志等史料的梳理，分析了乍浦港兴起的背景以及当时江南地区对日贸易状况。他们认为兴起的原因包括四个方面：首先，乍浦港是一个天然良港；其次，乍浦港是国内外航线的交汇点；再次，当地形成了以家族为代表的海外贸易集团；最后，是因为清政府的政策。[⑦]

三、清代江南海商群体的构成

在太平天国之前，江南的海上贸易十分繁荣，全国各地的商人云集此处，其中实力雄厚的包括江浙商人、徽商还有闽粤商人等。海商将江南市场与国内外市场连接在一起，使国内外经济联系更为紧密，对江南的经济文化发展有重要影响。笔者将从江浙本地商人、徽商、闽粤商人三个方面梳理学界对此的研究成果。

(一) 江浙本地商人

陈希育对清代海外贸易商作了大致的考察，他发现康熙开海禁后，不仅福建的施琅等官员从事贸易，当时浙江官员也在从事海上贸易，但是在康熙二十四年时，被康熙帝制止。乾隆之后，江浙有一批获政府允许的办铜商人，这批官商通过取得特权从而从事与日本之间的洋铜贸易，但是这批官商在取得特权后往往会阻止民间贸易，阻碍了海外贸易的发展。[⑧] 邱旺土对于清代海外贸易商的构成也作了一定程度的研究，他将清代前期的海外贸易商总结为四种类型：

---

① 刘序枫：《清代的乍浦港与中日贸易》，《中国海洋发展史》第5辑，台北：台湾“中研院”人文社会科学研究中心，1993年，第187—245页。

② 殷水根：《200年前乍浦港的经贸概况谈》，《红楼梦学刊》1994年第1期。

③ 徐明德：《论清代中国的东方明珠——浙江乍浦港》，《清史研究》1997年第3期。

④ 冯佐哲：《乍浦港与清代中日贸易和文化交流》，《明清论丛》第2辑，紫禁城出版社，2001年，第245—264页。

⑤ 华立：《日本漂流民眼中的清代乍浦港》，《复旦史学集刊》第3辑，复旦大学出版社，2009年，第252页。

⑥ 焦鹏：《清初中日贸易格局演变与乍浦港之兴起》，《中国社会历史评论》第14卷，天津古籍出版社，2013年，第374—390页。

⑦ 王兴文、陈清：《清中前期江南沿海市镇的对日贸易——以乍浦港为中心》，《浙江学刊》2014年第2期。

⑧ 陈希育：《清代的海外贸易商人》，《海交史研究》1991年第2期。

郑氏海商集团、官商、民间海外贸易商、华侨商人。①

张海鹏、张海瀛发现,从康熙开海禁到鸦片战争前这段时间,是宁波商帮迅速发展的时期。宁波商帮除了经营传统的药材业、成衣业等,还在沙船业和钱庄业中占据了一席之地。② 顾红亮、徐怡发现宁波商人在清代时经营的行业已经涉及沙船运输业、药材业、成衣业等。③ 林树建将宁波商人定义为旧宁波府所属鄞县、奉化、慈溪、镇海、定海、象山六县从事商业经营活动的区域人群。同时他认为宁波商人的性格特质是在当地环境、外来文化、浙东学派思想等多种因素影响下形成的。④ 林树建、林旻发现清代宁波商帮不仅在国内各个地区的市场十分活跃,而且已经远涉海外。同时,作者对于宁波商帮群体的性格特质也作了考察,他们认为宁波商帮的性格特质是在多种因素影响下共同形成的。⑤ 张守广认为虽然像其他商帮一样,宁波商帮主要受到儒家伦理精神影响,但是宁波商帮也有属于自己的特点,即海商特征:宁波商帮所经营的行业都与沿海贸易有关系,同时宁波商帮的发展主要是建立在商品经济基础之上的,并不依赖封建官府。在封建势力压迫消失后,宁波商帮会进入了一个快速发展的时期。⑥ 宫凌海通过考察浙东海商家谱,探讨了海商家族的演变轨迹;同时通过研究浙东海商家族家训,分析浙东海商文化的特色。⑦

(二)徽商与海上贸易

张海鹏、张海瀛发现,明朝嘉靖年间到清朝嘉庆时期是徽商的兴盛时期,主要表现在:1. 活动范围广;2. 经营行业多;3. 资本雄厚。⑧ 王世华对于徽商也作了一定程度的研究,他发现清代徽商所经营的茶叶和丝绸等,不仅在国内畅销,还远销海外,是江浙从事对外贸易的主力军。⑨ 张海鹏发现当时近海的北洋航线和南洋航线是徽商主要的商运路线之一,徽商通过此航线,活跃在国内外各地市场。⑩

汪绍铨分析了徽商的地位和作用,他认为徽商首先促进了商品经济发展,加强了地区之间的经济联系;其次促进了不少地区城市的兴起和繁荣;再次促进了资本主义生产关系的萌芽发展;最后促进了对外贸易发展。⑪ 王廷元认为徽商活动首先促进了上海棉织业发展,其次促进了上海造船业发展,再次促进了上海海上贸易,最后徽商对上海工商业发展起到了一定作用。⑫ 周晓光发现在鸦片战争之前,徽商茶叶贸易是逐渐兴盛的,甚至已经涉足海外。徽商除了从事

---

① 邱旺土:《清代前期海外贸易商的构成》,《中国社会经济史研究》2007 年第 4 期。
② 张海鹏、张海瀛:《中国十大商帮》,黄山书社,1993 年,第 110—161 页。
③ 顾红亮、徐怡:《双峰并峙的浙商》,浙江人民出版社,1997 年,第 73—88 页。
④ 林树建:《宁波商人》,福建人民出版社,1998 年,第 10—53 页。
⑤ 林树建、林旻:《宁波商帮》,黄山书社,2007 年。
⑥ 张守广:《宁波商帮史》,宁波出版社,2012 年,第 96—138 页。
⑦ 宫凌海:《浙东传统海商家谱研究》,上海交通大学出版社,2019 年,第 7—203 页。
⑧ 张海鹏、张海瀛:《中国十大商帮》,第 449—492 页。
⑨ 王世华:《富甲一方的徽商》,浙江人民出版社,1997 年,第 58—142 页。
⑩ 张海鹏:《论徽商经营文化》,《安徽师范大学学报(人文社会科学版)》1999 年第 3 期。
⑪ 汪绍铨:《徽商在中国商业史上的地位和作用》,《商业经济与管理》1985 年第 2 期。
⑫ 王廷元:《徽商与上海》,《安徽史学》1993 年第 1 期。

茶叶贸易、盐业之外，也涉足当时的江南丝绸业。① 松浦章发现当时徽商为了参与土布经营而进入上海，在上海的土布销售中占有重要地位。② 秦宗财和王艳红认为明清时期的茶叶市场主要有初级、中级、边疆和海外运销四个类型。当时的徽商分为产销型和贩销型两类，徽商对于明清时期茶叶贸易的发展起到了不可或缺的作用。③

（三）闽粤商人在江南的贸易活动

当时在江浙从事贸易的商人除了本地商人，还有许多闽粤商人。对于闽粤商人在江浙的活动，学界较少有专门论述这一现象的成果。

陈忠平研究了明清时期闽粤商人在江南市镇的活动，江南是销售闽粤产品的重要市场，同时闽粤也十分需要江南的手工业原料和农副产品。他发现当时在苏、嘉、湖三府的闽粤商人主要从事生丝与绸缎的贸易。在苏、松、嘉三府的市镇中，闽粤商人的活动主要是购买棉花、棉布和贩卖蔗糖、木材、水果等货物。④ 蔡鸿生通过对苏州清碑《潮州会馆记》的研究，考察了潮州商人在苏州的商业活动，当时潮州商人通过海路来往两地从事贸易。⑤ 范金民对于福建商人和潮州商人在江南的商业活动也进行了细致研究。他发现清代前期福建商人在苏州、上海和宁波等地大力发展沿海贸易，将福建的木材、蔗糖、水果等销卖到江南，不仅使两地的经济联系更加紧密，同时也改变了两地的经济结构。当时福建商人在江南的经营活动主要涉及棉花棉布、粮食、丝绸、蔗糖、木材、纸张、蓝靛、烟叶、南货和典当业；潮州商人将当地的蔗糖等产品大量输入江南，并从江南转运到日本，同时又将江南商品以及从东北运到江南的粮食转运回自己家乡，对潮州和江南等地的商业发展都有卓越的贡献。⑥

四、清朝江浙海关

清初开海禁之后，清廷在东南设江、浙、闽、粤四海关负责对外贸易，江南地区有江海关、浙海关。四海关设立后，江南和闽广的对外贸易迅速繁荣，海面上一时桅杆林立。对于海关的研究学界一般较多注目于粤海关，对于江海关和浙海关的研究较少。笔者将从江南海关总体研究、江海关、浙海关三个方面梳理学界对江南海关的研究。

（一）江浙海关总体研究

黄宗盛分析了康熙时设立海关的原因，他认为首先是康熙帝觉得开海与设置海关有利于国

---

① 周晓光：《清代徽商与茶叶贸易》，《安徽师范大学学报（人文社会科学版）》2000 年第 3 期。

② ［日］松浦章撰、程菲菲译：《徽商汪宽也与上海棉布》，《中国社会经济史研究》2000 年第 4 期。

③ 秦宗财、王艳红：《明清徽商与茶叶市场》，《安徽师范大学学报（人文社会科学版）》2006 年第 4 期。

④ 陈忠平：《明清时期闽粤商人在江南市镇的活动》，《学术研究》1987 年第 2 期。

⑤ 蔡鸿生：《清代苏州的潮州商人——苏州清碑〈潮州会馆记〉释证及推论》，《韩山师专学报（社会科学版）》1991 年第 1 期。

⑥ 范金民：《清代前期福建商人的沿海北艚贸易》，《闽台文化研究》2013 年第 2 期；《明清时期福建商帮在江南的活动》，《闽台文化研究》2014 年第 4 期；《清代潮州商人江南沿海贸易活动述略》，《历史教学（下半月刊）》2016 年第 4 期。

计民生;其次是要稳定当时的沿海社会;再次,康熙帝本人有一定程度的重商倾向;最后,康熙帝认识到设置四海关可以给国库带来大量税收。黄宗盛之后说明了当时江海关、浙海关口岸的设置、沿革和海关口岸在对外经济交往中的作用。① 廖声丰对清代不同时期沿海、沿江等众多常关的税收变化作了详细探讨,他认为乾隆时期设置一口通商,除了为维护国家安全和社会稳定,还有一个原因是,当时中国国内市场统一,使得对海外贸易的依赖有限。作者将清代常关与区域经济的关系总结为六点:首先,常关口岸是城市商品流通的重要载体;其次,区域经济的发展促进了常关税收的增加;再次,常关对区域经济有促进作用;又次,通过各地的常关税收,一定程度上可以了解当时清朝各大区域经济发展的程度;再来,一口通商时期主要对南方沿海省份的经济有影响;最后,区域经济格局的变迁对城市和常关影响非常大。② 陈希育论述了当时清朝海关对于民间海外贸易的管理,首先,他认为江海关最初设在松江府华亭县,后来迁至上海县城,并且从整体上看,粤闽海关的口岸比江浙海关多,分工程度也比江浙海关高。之后,他分析了当时海关管理中存在的弊端,例如海关缺少相应的监督机构,使得海关内部贪腐现象十分严重。③ 李金明也对清代海关的设置和关税作了一定程度的考察,他发现当时清代海关征收的贸易税有三种:船舶税、货物税和附加税。征税的过程中有种种弊端:首先,正税的征收没有统一的标准,容易随意增减;其次,各种杂税、陋规的名目过于繁多;最后,存在普遍派遣家人管理口岸的弊端。④ 王宏斌反驳了乾隆帝关闭江、浙、闽三海关的说法,认为当时从江、浙、闽三地出海贸易的人还有很多,江、浙、闽海关在乾隆、嘉庆和道光时期正常承担着管理对外贸易的职责。⑤ 王日根研究了清前期海洋政策的转变对于江南市镇发展的影响。作者认为康熙开海禁、设立四海关之后改变了明隆庆时期月港一口开放的格局,使得江南农副产品和手工业产品有了广阔的销售市场,推动了江南商品经济的发展,使得江南与全国其他地区的经济联系更加紧密,从而使得当时的江南市镇蓬勃发展。⑥

(二)江海关

对于江海关的研究较多是关于江海关的早期选址。彭泽益对清初设置四榷关的地点和贸易量进行了考察,他认为江海关的地点就是在上海,并不是云台山。⑦ 李荣昌赞同彭泽益的说法,认为江海关不可能设置在海州云台山,原因首先是云台山不具备地理条件;其次是海关设立对于地方来说是大事,但地方志并没有记载;再次,江海关建置的演变也可以佐证;最后,海州海禁情况与江海关设关情况不符。李荣昌通过对上海地方志、碑刻资料等史料的考察,认为当时江海关应当就是设置在上海。⑧ 谢俊美认为江海关不可能设置在江宁府和松江府的云台山,同时也反驳了江海关最早设置在上海的说法。他认为当时在上海设的只是普通的常关,而江海关

---

① 黄宗盛:《鸦片战争前的东南四省海关》,福建人民出版社,2000 年。
② 廖声丰:《清代常关与区域经济研究》,人民出版社,2010 年,第 15—131 页。
③ 陈希育:《清朝海关对于民间海外贸易的管理》,《海交史研究》1988 年第 1 期。
④ 李金明:《清代海关的设置与关税的征收》,《南洋问题研究》1992 年第 3 期。
⑤ 王宏斌:《乾隆皇帝从未下令关闭江、浙、闽三海关》,《史学月刊》2011 年第 6 期。
⑥ 王日根:《清前期海洋政策调整与江南市镇发展》,《江西社会科学》2011 年第 12 期。
⑦ 彭泽益:《清初四榷关地点和贸易量的考察》,《社会科学战线》1984 年第 3 期。
⑧ 李荣昌:《江海关究竟设在哪里》,《学术月刊》1985 年第 11 期。

最早设置在海州云台山，后来迁移到丹徒境内的云台山，最后移到上海。① 而施存龙认为江海关最早的地点应当是镇江的云台山，而后迁移到华亭县，最后迁移到上海。② 张耀华则不赞同此类说法，他认为云台山既没有海上对外贸易的先例，也并不具备必要的地理条件，江海关最早应当设立在松江华亭县，两年后迁移到上海。③ 除了对于江海关选址的考察，也有学者对于江海关流通的商品量及经济情况作了考察。廖声丰发现因为江南商品流通的繁荣，发达的沿海贸易推动了江海关的设立，而江海关的设立也推动了上海的发展，使上海成为当时东南地区最重要的港口之一。④ 周育民通过对史料的阅读，探析了从江海关到江海新关的演变，他发现鸦片战争之前，江海关流通的货物主要是国内南北货，主要征收的是国内贸易的常关税收。⑤

（三）浙海关

学界对于浙海关的研究一直是四个海关中最为薄弱的，但浙海关的地位其实在清代也很重要，浙海关税收也一直是清朝财政收入的重要组成部分。

胡丕阳、乐承耀对浙海关的创建与发展过程作了系统的梳理，揭露了浙海关管理中的漏洞。他们首先分析了浙海关设立的原因，其次梳理了浙海关对海外贸易的管理，最后辩证地分析了浙海关在宁波海外贸易中所起到的作用。⑥ 松浦章通过对浙海关黄册的研究，认为乾隆时期浙海关沿海管辖的大多是近海作业的渔船和沿海贸易的小型商船，乍浦则因为其地理优势有许多大型商船来返贸易。⑦

孙善根认为浙海关建关的时间应该是康熙二十四年，交巡抚兼理是康熙六十年。⑧ 王琦、朱紫墨、王和平分析了清代浙海关从宁波迁移到定海的原因：一是因为便于促进对外贸易；二是容易增加关税。并且海关从宁波迁移到定海之后，提高了国内外商人从事贸易的效率，使定海成为东南沿海最繁华的对外贸易港口之一。⑨

五、对于江南海洋经济史的一点展望

近数十年来，学界对于江南史的研究可以说是汗牛充栋，不少学者以铁杵磨成针的精神细心钻研，创造了众多有价值的成果，其中包括众多有关海洋经济的研究著述。但笔者梳理有关清代前中期江南海洋经济的研究成果后，发现其中尚有不少可进一步深入与完善之处。笔者以为，这也是今后这一领域继续开拓进取的方向，值得重视。

---

① 谢俊美：《清初江海关关址质疑》，《历史教学》1990 年第 12 期。
② 施存龙：《上海“江海关”始设港口论证》，《海交史研究》1988 年第 1 期。
③ 张耀华：《江海关始设地址之我见》，《学术月刊》1994 年第 10 期。
④ 廖声丰：《清代前期江海关的商品流通与上海经济的发展》，《上海财经大学学报》2008 年第 5 期。
⑤ 周育民：《从江海关到江海新关（1685—1858）》，《清史研究》2016 年第 2 期。
⑥ 胡丕阳、乐承耀：《浙海关与近代宁波》，人民出版社，2011 年。
⑦ ［日］松浦章著、李小林译：《清代海外贸易史研究》，天津人民出版社，2016 年，第 573—590 页。
⑧ 孙善根：《清浙海关建关时间考》，《浙江档案》1999 年第 2 期。
⑨ 王琦、朱紫墨、王和平：《清代浙江海关从宁波移关定海的缘由》，《浙江海洋大学学报（人文科学版）》2021 年第 1 期。

首先,空间上,相比于清代前中期闽粤海洋经济的研究,对江南海洋经济的研究可谓相形见绌,值得深入之处甚多。如清代江南前中期海洋贸易方面即有许多有待深入的领域,除了丝绸、茶叶、粮食等研究较为丰富的大宗商品,蔗糖、油品等民生物资的海上贸易,学界尚无太多关注。此外,不少学者已注意到江南与国内外其他地区的海上经济联系,但是缺乏空间比较视野,比如说,是否可以进一步对比探究历史上江南海洋经济与闽粤海洋经济的差别,以及江南海洋经济与世界其他区域海洋经济的异同,等等。另外,清代前中期江南与除日本外的海外地域,尤其是与东南亚地区的海上直接贸易的研究,始终较为欠缺。

其次,时间上,相比于鸦片战争之后的近现代史相关研究,对清代前中期江南海上贸易、海关、海商群体等方面的研究相对薄弱。清代前中期,江南海上贸易是全国海内外海上贸易的重要组成部分,江海关和浙海关的税收是清王朝重要的财政支柱,但相关研究成果数量较少且不够深入。学界可大力开展对档案文献、公私文书、地方史料的挖掘,加大对清代前中期江南海关、海上贸易等内容的探索,尝试利用家谱、时人文集等文献开展海商群体的研究,展现一个完整的清代前中期江南海洋经济面貌。

最后,江南海洋经济史的开拓,需要同时从研究视野、方法、文献史料等多重领域全方位推陈出新,开拓进取。研究视野上,可以借鉴大历史观、全球史理念开展清代江南海洋经济研究,将其置于大航海时代到来后全球一体化的时代大背景下加以考察。方法上,江南海洋经济研究应当更多引入跨学科的方法,通过不同学科领域的结合,更好更全面地把握清代江南海洋经济的实质与全貌。此外,清代江南海洋经济研究的文献史料,不应局限于前人已经掌握的传统史料,有必要广泛探寻新的原始文献资料。笔者参与的国家社科基金项目"江南—马尼拉海上贸易西文档案(1769—1776)的整理、翻译和研究",即是利用海外收藏的西班牙文档案,通过对其进行整理传抄、翻译及解读,呈现清代中期由江南地区前往马尼拉贸易的商船的运载商品数量内容及船主身份等,分析探讨目前少有研究的清代中叶江南对菲律宾海上贸易的概况,探究这一贸易体现的江南地区在18世纪全球化贸易网络中的意义与地位。这即是从研究视野、方法、文献史料等诸多方面,对于江南海洋经济史研究的开拓创新所做的一项尝试。